1+X 职业技能等级证书教材

# 智能制造单元集成应用与维护（初级）

梁伟东 李壮威 莫奕举 李义梅 主 编
徐志伟 罗劲松 蔡松明 刘小平 副主编

化学工业出版社
·北京·

## 内容简介

本书是1+X智能制造单元集成应用职业技能等级证书（初级）和1+X智能制造单元维护职业技能等级证书（初级）考证配套用书，书中将“智能制造单元集成应用职业技能等级标准（初级）”和“智能制造单元维护职业技能等级标准（初级）”考核要求细化、分解到每个任务中，任务按照【学习内容】→【学习目标】→【思维导图】→【任务描述】→【任务分析】→【任务实施】→【学习评价】→【练习与作业】→【生产任务工单】组织内容，并配套视频讲解。书后附有智能制造单元集成应用职业技能等级要求（初级）、智能制造单元集成应用职业技能等级实操考核任务书（初级）、智能制造单元维护职业技能等级要求（初级）、智能制造单元维护职业技能等级实操考核任务书（初级）。

本书可作为职业院校智能制造、数控技术、工业机器人技术等相关专业的教材，以及“智能制造单元集成应用职业技能等级证书（初级）”和“智能制造单元维护职业技能等级证书（初级）”考试培训教材，也可供从事智能制造单元集成应用和维护的相关人员参考。

**图书在版编目（CIP）数据**

智能制造单元集成应用与维护：初级 / 梁伟东等主编. -- 北京：化学工业出版社，2024. 12. --（1+X职业技能等级证书教材）. -- ISBN 978-7-122-47101-7

Ⅰ. TH166

中国国家版本馆CIP数据核字第202450074X号

责任编辑：韩庆利　　文字编辑：吴开亮
责任校对：王　静　　装帧设计：刘丽华

出版发行：化学工业出版社
（北京市东城区青年湖南街13号　邮政编码100011）
印　　装：北京云浩印刷有限责任公司
880mm × 1230mm　1/16　印张 $16^1/_2$　字数449千字
2024年12月北京第1版第1次印刷

购书咨询：010-64518888　　售后服务：010-64518899
网　　址：http://www.cip.com.cn
凡购买本书，如有缺损质量问题，本社销售中心负责调换。

定　　价：59.80元

# 前言

党的二十大报告中指出“实施科教兴国战略，强化现代化建设人才支撑”，将“大国工匠”和“高技能人才”纳入国家战略人才行列。本书以技能培养为主线来设计内容，积极响应国家职业教育对人才培养的需求。本书编写团队在充分解读“智能制造单元集成应用职业技能等级标准（初级）”和“智能制造单元维护职业技能等级标准（初级）”的基础上，按照中等职业教育人才培养目标，遵循“智能制造单元集成应用与维护”职业人的成长规律，结合编者多年的企业工作、课程教学和改革的实践经验，采用任务驱动型教学法进行教材编写，设计了“平台篇、基础篇、互联互通篇、联调篇”四篇，将“智能制造单元集成应用职业技能等级标准（初级）”和“智能制造单元维护职业技能等级标准（初级）”细化、分解到每个任务中，同时融入敬业、精益、专注、创新等工匠精神，突出课程思政，提高学习者的职业素养。

本书以智能制造单元集成应用与维护的需求为逻辑起点设计任务顺序，任务按照“【学习内容】→【学习目标】→【思维导图】→【任务描述】→【任务分析】→【任务实施】→【学习评价】→【练习与作业】→【生产任务工单】”九个阶段组织内容。各学习任务分别从知识、能力、职业素质、职业素养四个维度进行详细分析，帮助学生从学习任务中全方位地掌握知识点，融会贯通并学以致用。

本书编写以职业为导向，打破传统的学科型教材模式，以学习任务的结构组织学习内容，以“实用、够用”为原则，每个学习任务中穿插必需的基础知识与技能，实现了教学的可操作性，同时运用了“互联网 +”技术，在部分知识点附近设置了二维码，使用智能手机进行扫描，便可在手机屏幕上显示和教学资源相关的多媒体内容，方便读者理解相关知识，进行更深入的学习。

本书可作为职业院校智能制造、数控技术、工业机器人技术等相关专业的教材，以及“智能制造单元集成应用职业技能等级证书（初级）”和“智能制造单元维护职业技能等级证书（初级）”培训教材，也可供从事智能制造单元集成应用和维护的相关人员参考。本书参考学时为 72 ~ 96 学时，可根据实际情况适当增减。

本书由梁伟东、李壮威、莫奕举、李义梅担任主编并统稿；徐志伟、罗劲松、蔡松明、刘小平担任副主编，骆佩文、林亮行、冯建财、庞德标、肖卫东、何正文、钟雨璠、吕玉天、姚伟津、纪霁珊、龙国钦、朱子婕等参加了本书的编写。书中所用部分视频资料由深圳华中数控有限公司何正文提供；附录及书中部分图片由肖卫东整理。本书在编写过程中得到深圳华中数控有限公司有关技术人员的大力支持和帮助，在此表示衷心感谢。

由于编者水平有限，书中难免有不妥之处，敬请广大读者批评指正。

编者

# 目录

## 第四篇　联调篇 /183



## 附录 /235



## 参考文献 /255

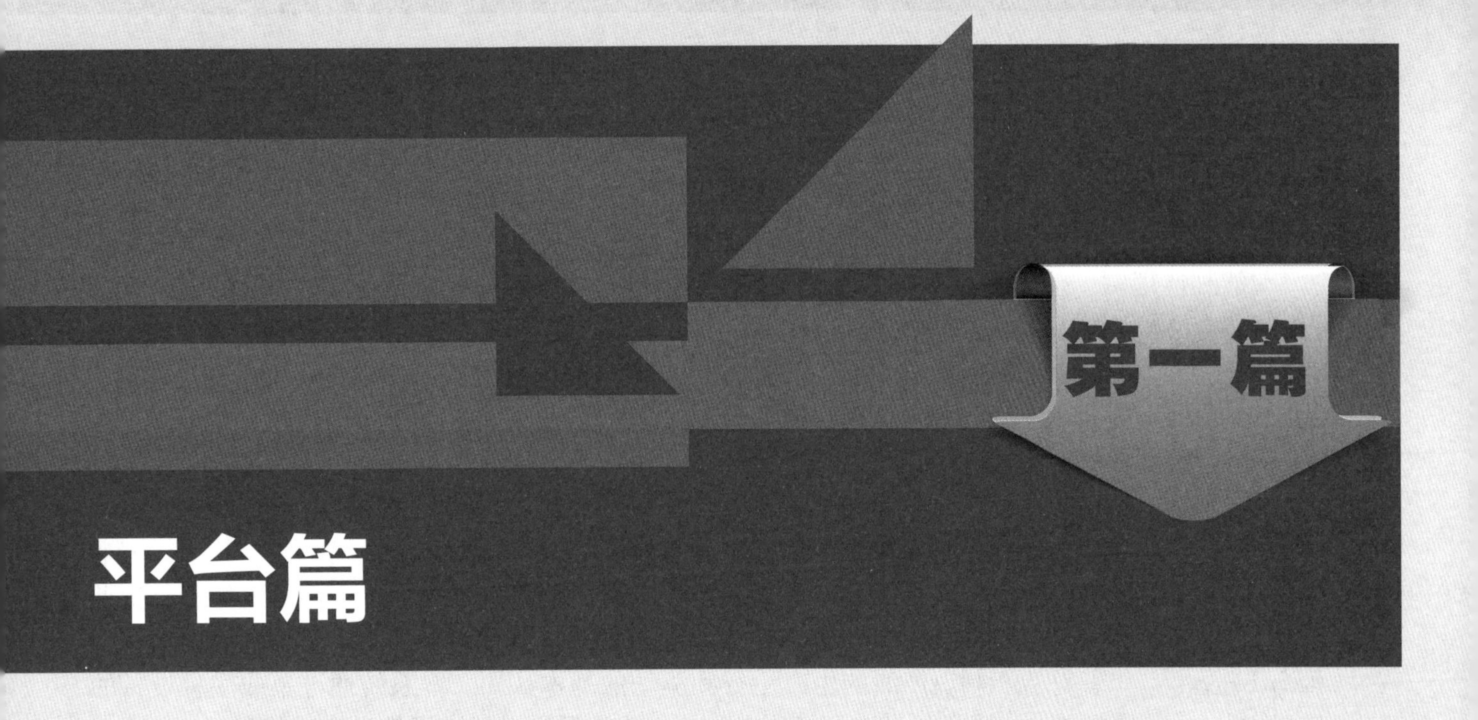


## 学习任务　切削加工智能制造技术应用实训平台认知

### 学习内容

学习智能制造理实一体化实训平台的硬件组成；了解实训平台各模块的作用以及可开展的学习项目；了解实训平台通信架构；学习正确的开关机操作。

### 学习目标

通过本任务的深入学习，能够认识智能制造理实一体化实训平台的硬件组成，掌握实训平台各模块的作用以及可开展的学习项目，了解实训平台通信架构，学会正确的开关机操作。

### 思维导图

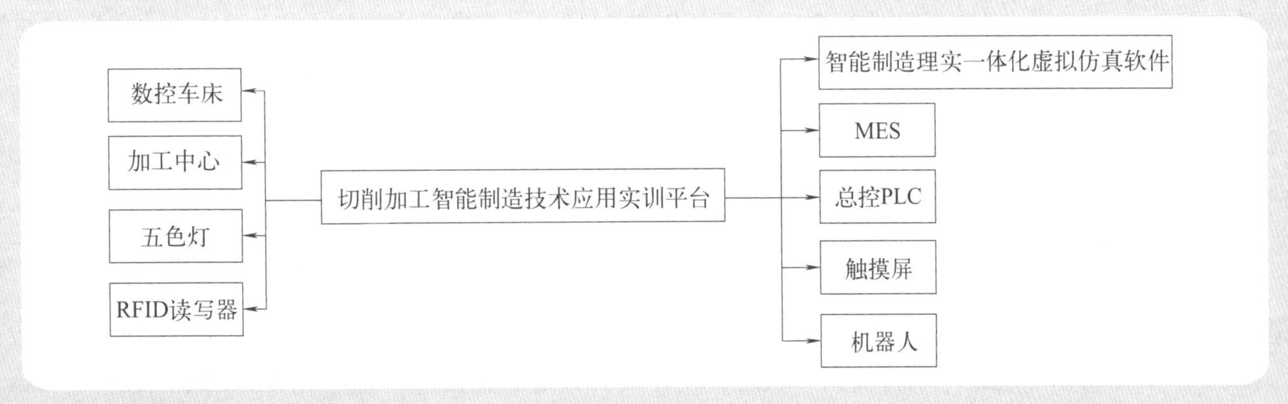


### 任务描述

认识智能制造理实一体化实训平台的硬件组成，了解各模块的作用以及可开展的学习项目，学习安全操作注意事项。

## 任务分析

### 一、实训平台简介

智能制造理实一体化实训平台（图 1.1.1）由智能制造理实一体化虚拟仿真软件、MES、西门子 PLC S7-1200 CPU、华数二型机器人控制系统和示教器、触摸屏、数控系统、RFID 读写器、显示屏、五色灯、I/O 接口等组成，控制器为实体硬件，执行部分由虚拟仿真软件实现，完全模拟了智能制造单元，是理实一体化虚拟仿真实训平台。

#### （一）智能制造理实一体化虚拟仿真软件

智能制造理实一体化平台介绍

智能制造理实一体化虚拟仿真软件（图 1.1.2）是一款能够进行产线生产加工虚拟仿真的多功能教学与训练平台系统，通过在仿真环境中模拟数控机床、工业机器人等产线典型设备，进行数控车床操作编程、数控加工中心操作编程、工业机器人操作编程、PLC 编程应用、RFID 编程应用等多种类型的教学实训，实现操作者对智能制造产线的生产运行和驱动的基本认知。本系统通过集成多种设备的虚拟仿真，有效地补充和拓展了学校的实训手段，促进了教学的改革和创新。

图 1.1.1　智能制造理实一体化实训平台

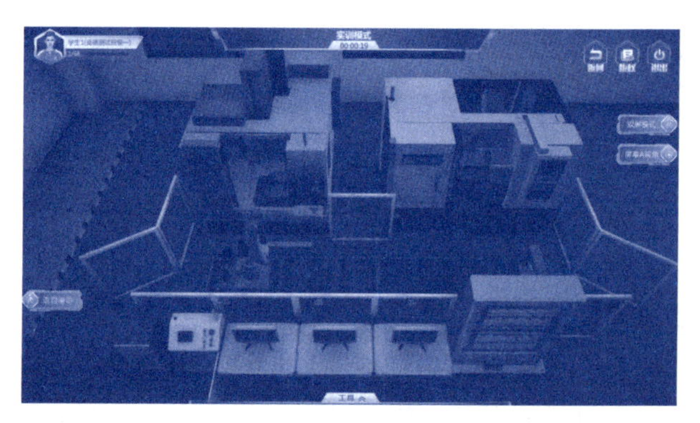

图 1.1.2　智能制造理实一体化虚拟仿真软件

智能制造理实一体化虚拟仿真软件通过 3D 技术在虚拟空间中真实地还原了智能制造产线的生产加工环境，使学生能够在构建的产线场景中通过阅读相关的操作资料，完成数控车床基本操作及加工编程、加工中心基本操作及加工编程、工件在线尺寸测量程序编辑、机器人运行控制、PLC 逻辑编程等多种类型的学习任务，掌握数控机床、工业机器人、PLC 以及 RFID 等设备的基本使用方法。平台系统采用任务驱动方式，让学生在任务操作中进行相关知识的学习；通过学练一体的训练模式进行单项学习及练习；通过自由训练模式使学生不仅能够进行知识技能的学习，还能够对产线进行自主的流程设计。

#### （二）MES 系统

智能产线 MES（图 1.1.3）是部署在电脑上的、运用于自动产线的控制系统。它可用于对实训平台上的虚拟机床、机器人、测量仪等设备的运行进行监控，并提供方便的可视化界面展示所检测的数据。同时，MES 可以将数据（状态、动作、刀具等）上报，将生产任务和命令（CNC 切入切出控制指令、加工任务）下发到设备。

#### （三）总控 PLC 模块

总控 PLC 模块如图 1.1.4 所示。系统所使用的 PLC 为 S7-1200 系列，型号为 S7-1215C DC/DC/DC。SIMATIC S7-1200 是一个紧凑型、模块化的 PLC 系列，可完成简单逻辑控制、高级逻辑控制、HMI 和网络通信等任务，是单机小型自动化系统的完美解决方案，对于需要网络通信功

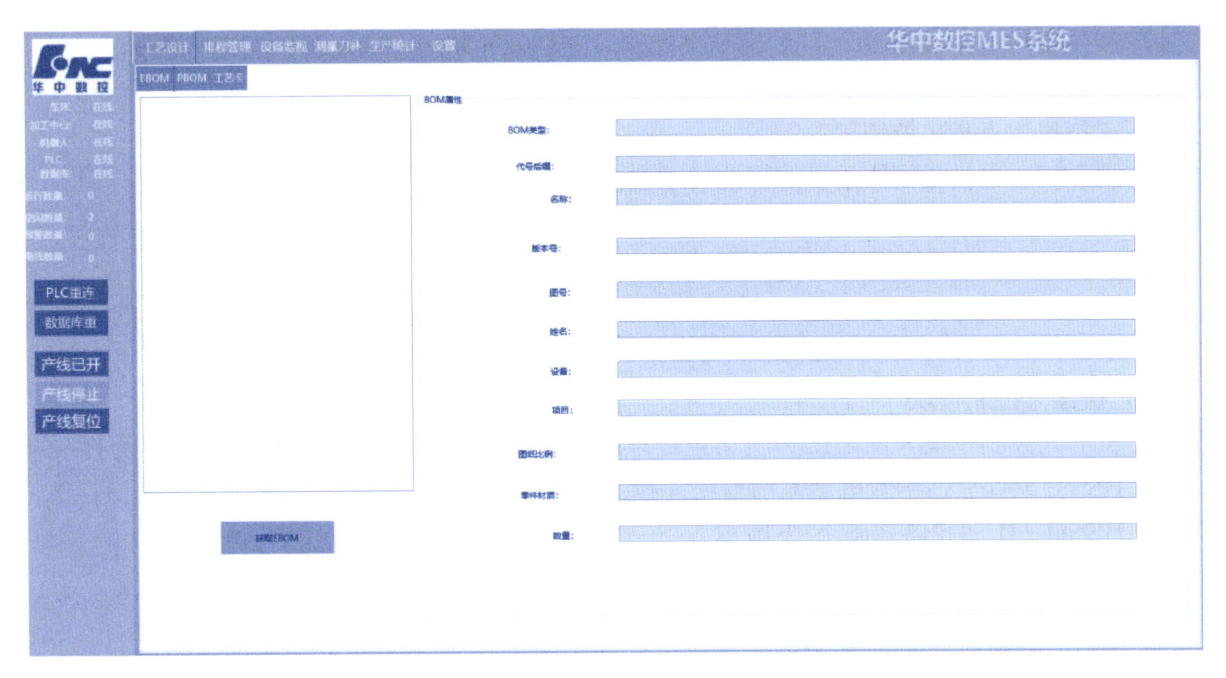


图 1.1.3　MES 系统

能和单屏或多屏 HMI 的自动化系统，易于设计和实施，具有支持小型化运动控制系统、过程控制系统的高级应用功能。

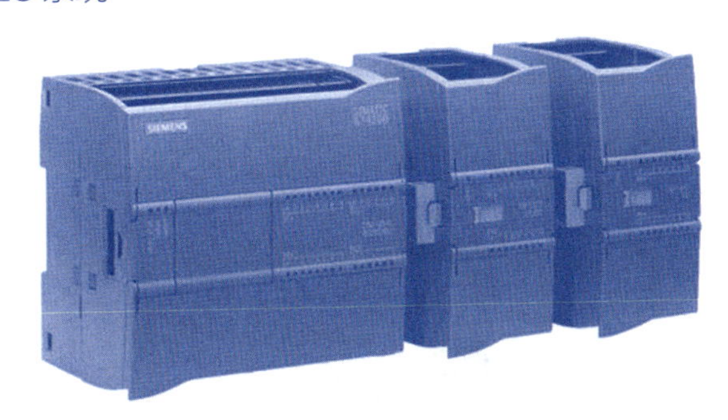


图 1.1.4　总控 PLC 模块

#### 1. 通信模块

SIMATIC S7-1200 最多可以添加三个通信模块。RS485 和 RS232 通信模块为点到点的串行通信提供连接。对该通信的组态和编程，采用了扩展指令或库功能、USS 驱动协议、Modbus RTU 主从站协议，它们都包含在 SIMATIC STEP 7 Basic 工程组态系统中。

#### 2. 集成 PROFINET 接口

集成的 PROFINET 接口用于编程、HMI 通信和 PLC 间的通信。此外，它还通过开放的以太网协议支持与第三方设备通信。该接口带一个具有自动交叉网线（auto-cross-over）功能的 RJ45 连接器，提供 10/100Mbit/s 的数据传输速率，支持的最大连接数为 15 个，其中：

（1）3 个连接用于 HMI 与 CPU 的通信；

（2）1 个连接用于编程设备（PG）与 CPU 的通信；

（3）8 个连接用于 Open IE（TCP，ISO-on-TCP）的编程通信，使用 T-block 指令来实现，可用于 S7-1200、S7-200、S7-300/400 之间的通信；

（4）3 个连接用于 S7-1200 通信的服务器端连接，可以实现与 S7-200、S7-300/400 的以太网通信。

#### 3. 高速输入

SIMATIC S7-1200 控制器带有多达 6 个高速计数器（输入），其中 3 个输入为 100kHz，3 个输入为 30kHz，用于计数和测量。

#### 4. 高速输出

SIMATIC S7-1200 控制器集成了 2 个 100kHz 的高速脉冲输出，可用于步进电机或者伺服电机的速度和位置控制（使用 PLCopen 运动控制指令）。2 个输出还可以输出脉宽调制信号来控制阀位置或加热元件的占空比。

速度和位置由 PLCopen 运动控制指令来控制。PLCopen 是一个国际性的运动控制标准：

（1）支持绝对 / 相对运动和在线改变速度的运动；

（2）支持找原点和爬坡控制；

（3）用于步进电机或伺服电机的简单启动和试运行；

（4）提供在线监测。

5. PID 控制

SIMATIC S7-1200 提供了多达 16 个带自动调节功能的 PID 控制回路，用于简单的闭环控制过程。

**（四）机器人控制模块**

（1）机器人控制模块（图 1.1.5）包括电控系统、HSpad 软件、HSpad-201 示教器和连接线缆。

（2）HSpad 软件包括华数机器人示教软件和工艺包。

（3）HSpad-201 示教器如图 1.1.6 所示。

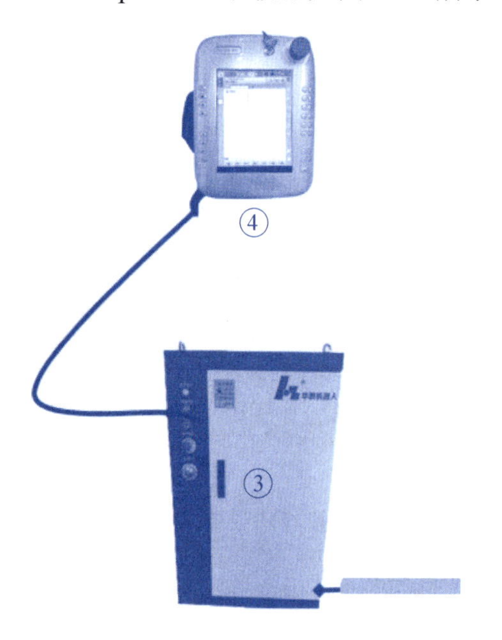

图 1.1.5 机器人控制模块

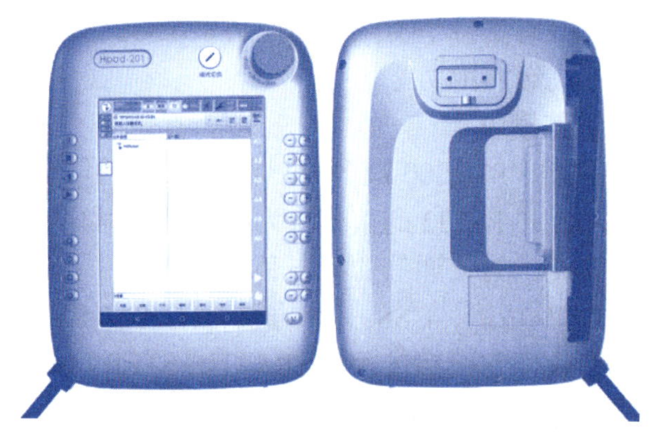
图 1.1.6 HSpad-201 示教器

HSpad -201 示教器的特点如下：

（1）采用触摸屏 + 周边按键的操作方法；

（2）8in（1in=25.4mm）触摸屏；

（3）多组按键；

（4）急停按钮；

（5）钥匙开关；

（6）三段式安全开关；

（7）USB 接口。

**（五）触摸屏模块（人机接口）**

人机接口（human machine interface，HMI）是操作人员与底层设备交互的接口，其在覆盖的特定的产线区域与相对应的设备之间建立连接，可以实现现场操作、数据存储、状态监视、报警、变量归档、报表打印等功能。实训平台采用的触摸屏为西门子精简系列 KPT700 Basic PN。

KPT700 Basic PN 触摸屏具备 7in 显示屏，800×480 像素，64K 色；可进行按键和触摸操作，有 8 个功能键、1 个 PROFINET 接口、1 个 USB 接口。

其突出特点如下：

（1）适用于不太复杂的可视化应用；

（2）具有触摸功能，可实现操作员直观的控制；

（3）按键可任意配置，并具有触觉反馈；

（4）支持 PROFINET 或 PROFIBUS 连接；

（5）项目可向上移植到 SIMATIC 精智面板。

### （六）HNC-8 型数控系统

HNC-8 型数控系统主要由 HMI、HPC-100（IPC-100）、电源模块（HPW-145U）、主轴模块、伺服驱动模块以及 I/O 模块等构成（图 1.1.7）。数控系统通过接口连接这些模块，然后通过这些模块驱动数控机床执行部件，从而使数控机床按照指令要求有序地工作。

### （七）RFID 读写器

RFID 读写器（图 1.1.8）和主机（上位机、终端、PC、PLC）之间使用 Modbus RTU 协议通信，包括标签的读写操作以及读写器的配置与控制。通信方式兼容 RS232/RS485 接口。命令的响应通过命令发送端口返回。

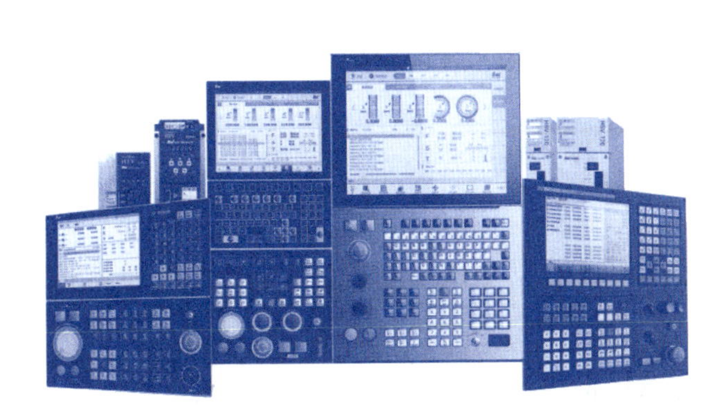

图 1.1.7　HNC-8 型数控系统

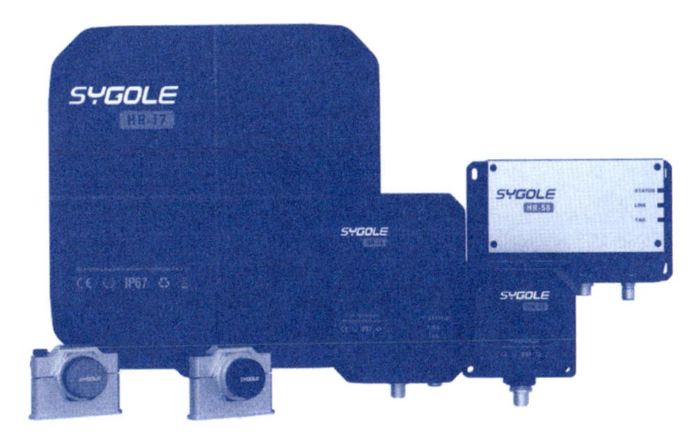


图 1.1.8　RFID 读写器

### （八）五色灯

料仓中的五色灯又称状态指示灯，分别用不同的颜色指示有料、加工前、加工中、加工后、报错五种状态，与 MES 上位机通过 RS485 接口通信（图 1.1.9）。

五色灯由 MES 控制开启和关闭。

图 1.1.9　五色灯

## 二、实训平台架构图

实训平台架构如图 1.1.10 所示。

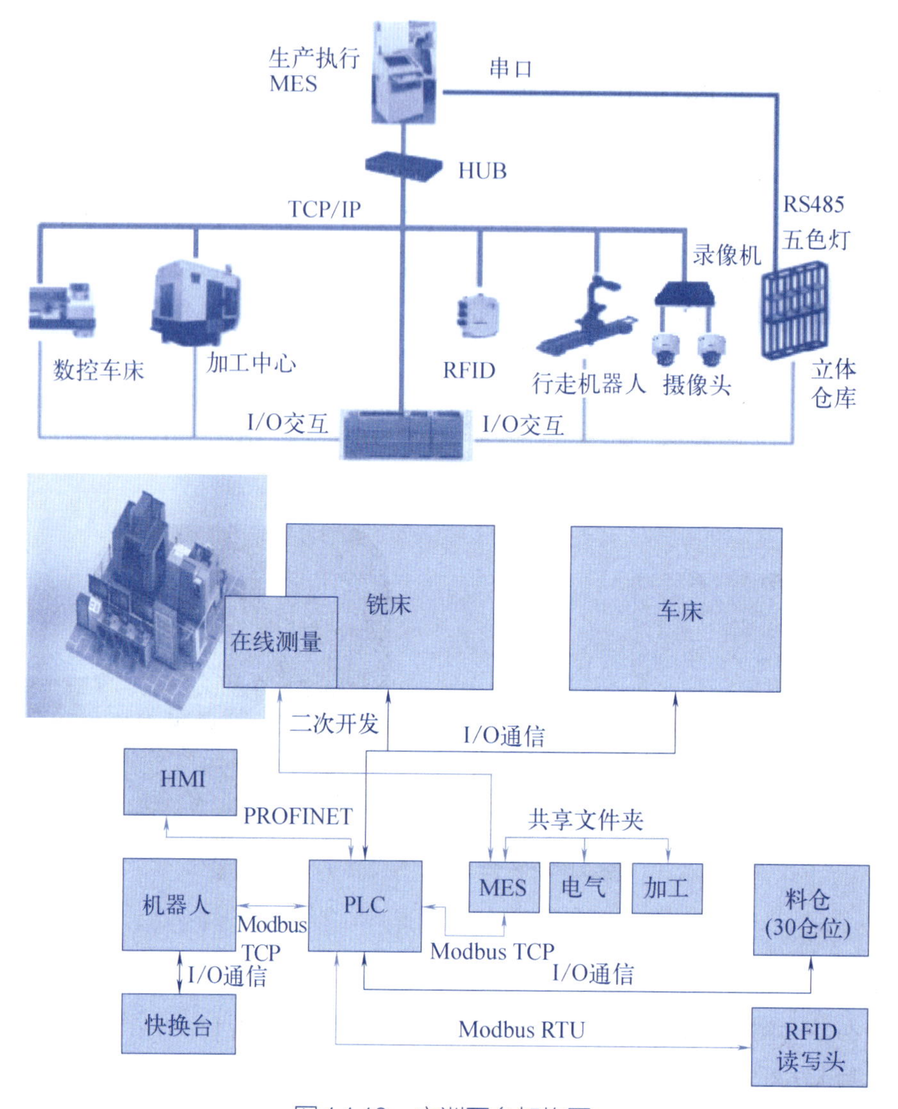


图 1.1.10 实训平台架构图

## 三、安全操作注意事项

### （一）电气控制安全操作注意事项

使用电气设备（安装、运转、维保、检修等）前，务必熟读并掌握说明书和其他的实训平台附属资料，在熟悉全部机器知识、安全事项及注意事项后再开始使用。

说明书中将安全注意事项分为“危险”“注意”“强制”“禁止”四种等级，并配以不同的符号以引起使用者的注意。

危险：误操作时有危险，可能发生死亡或者重伤事故。

注意：误操作时有危险，可能发生中等程度伤害或轻伤事故。

强制：使用者所必须遵守的事项。

禁止：禁止的事项。

注意：任何操作失误都会因为情况的差异而产生不同的后果。所以，对任何注意事项都应该给予足够的重视，并严格遵守。

紧急状况下，若不能及时制动实训平台，可能引发人身伤害或者设备的意外损坏。

当发生意外事件，并按下急停按钮后，应先断开电源，确认消除了造成事故的危险因素后再解除急停，然后再接通电源。

进行以下操作时，请确认实训平台动作范围内是否有人或者其他可能阻挡实训平台的物品。

（1）电源接通时。

（2）利用软件操作实训平台时。

（3）试运行时。

（4）示教再现。

不慎进入实训平台的动作范围内或者与实训平台发生接触，都有可能引发人身伤害事故。实训平台动作范围内的物品可能导致实训平台设备受到不同程度的损坏。所以在运行前务必注意。

发生异常时，应立即按下急停按钮，再判断引起异常的原因，寻找解决的方法。

急停按钮位于主控台的左下角，具体位置参见主控台。

进行实训平台操作之前要检查以下事项，若有异常，应及时维修或采取其他必要措施。

（1）实训平台和电气挂板外部电缆遮盖物有无损坏。

（2）实训平台动作有无异常。

应在开始使用实训平台前，正确理解“警告标志”的内容，确保人员和机器的安全。

注意：请严格按照注意事项对实训平台进行操作。

**（二）虚拟仿真软件操作注意事项**

（1）当软件检测到设备发生碰撞时，如工业机器人与数控机床发生碰撞时，软件会自动退出当前任务并提示“工业机器人与其他设备发生碰撞”，如图 1.1.11 所示。发生碰撞后用户应操作发生碰撞的设备回到安全位置，然后再重新进入任务。如果用户没有将设备退回安全位置就再次进入当前任务，软件会默认设备间依然存在碰撞而直接退出任务。

图 1.1.11　工业机器人与其他设备发生碰撞

（2）系统平台在加工中心测头标定或测量工件任务中，当进入测头子程序时，为使虚拟仿真正常，应注意调整数控加工中心进给轴的移动倍率选择旋钮，如图 1.1.12 所示，避免由于测头运行过快而导致无法进行尺寸测量，出现测头损坏的情况。

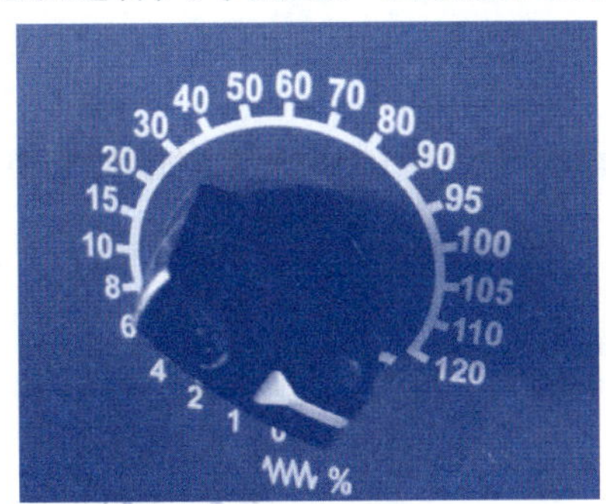


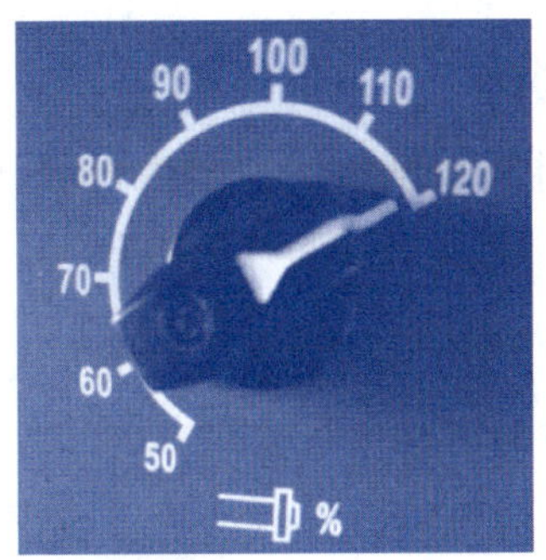


图 1.1.12　进给轴的移动倍率选择旋钮

（3）当因为错误操作退出实训任务或项目模块时，有时会出现项目被锁定而无法打开或再次进入的情况。这时首先将软件完全退出后，点击“树莓派”按钮进行系统重启，如图 1.1.13 所示，之后再次登录软件模块完成故障排除。

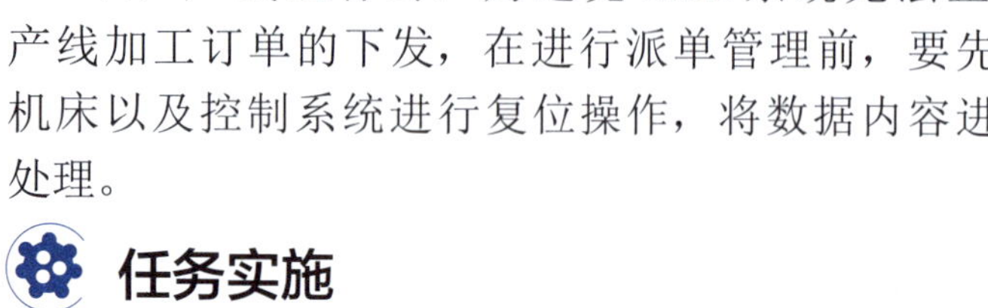

（4）产线运行时，为避免 MES 系统无法正常进行产线加工订单的下发，在进行派单管理前，要先对数控机床以及控制系统进行复位操作，将数据内容进行刷新处理。

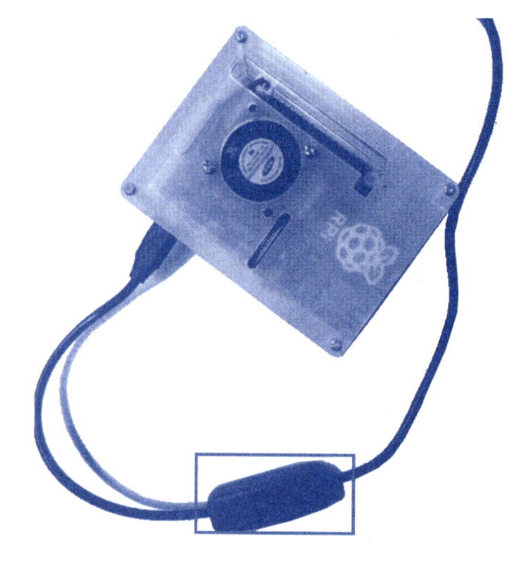

图 1.1.13 “树莓派”按钮

## 任务实施

### 一、开机前检测

| 检查任务 | 是否正常 | 处理方法 | 备注 |
|---|---|---|---|
| 线槽导线无破损外露 | | | |
| 机器人本体上无杂物、工具等 | | | |
| 控制柜上不摆放物品，尤其是装有液体的物品 | | | |
| 无漏气、漏水、漏电现象 | | | |
| 确认安全装置（如急停按钮）是否能正常工作 | | | |

### 二、开机

（1）接通总闸电源。

（2）将机器人控制柜面板上电源开关旋至 ON 挡位。

（3）示教器正常启动且无报警，表示系统正常启动，复位急停按钮后即可进行操作。

（4）打开数控系统和示教器电源。

（5）登录虚拟仿真软件。

### 三、关机

（1）关机前将机器人手动移动至安全位置。

（2）在虚拟软件中归还工具、工件等。

（3）关闭机器人、数控系统、显示器等的电源。

（4）关闭电源总闸，进行现场清理。

## 学习评价

经过对教材的系统学习，学生可以认识智能制造理实一体化实训平台的硬件组成，了解实训平台通信架构，学会正确的开关机操作。

## 练习与作业

（1）学会设备检查工作。

（2）正确完成开机操作并清除设备报警。

（3）关机前复位，再关机。

## 学习任务1　工业机器人基本操作

### 学习内容

学习华数工业机器人示教操作、原点标定以及坐标系标定。

### 学习目标

通过本任务的深入学习，熟练掌握工业机器人示教操作知识，了解工业机器人原点校准知识，熟练掌握工业机器人坐标系标定知识。认识机器人的基本结构和组成，了解各部分的作用。

### 思维导图

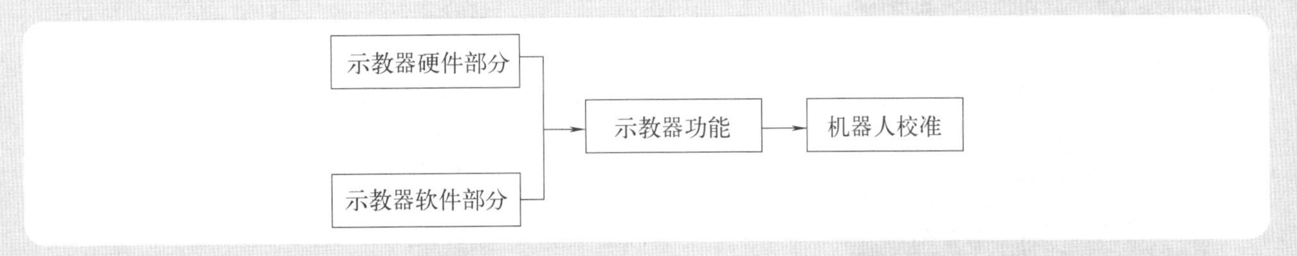


### 任务描述

认识示教器，掌握华数工业机器人基本操作、示教编程、原点校准以及坐标系标定。

## 任务分析

### 一、工业机器人示教操作

#### （一）示教器正面

示教器正面如图 2.1.1 所示，功能见表 2.1.1。

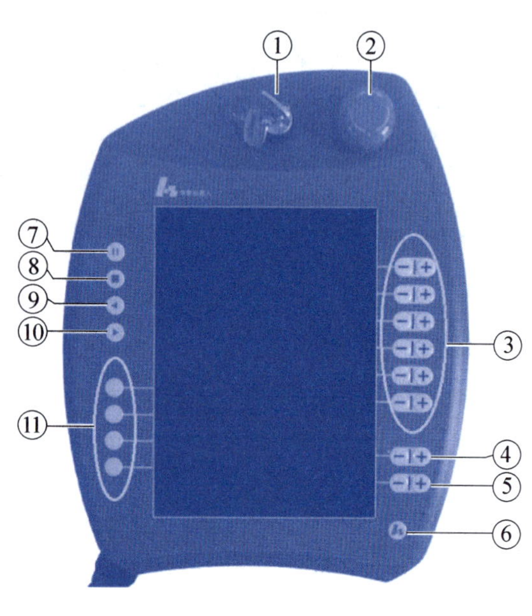

图 2.1.1　示教器正面

表 2.1.1　示教器正面功能介绍

| 序号 | 功能 |
|---|---|
| ① | 用于启用连接控制器的钥匙开关。只有插入了钥匙后，状态才可以被转换。可以通过连接控制器切换运行模式 |
| ② | 急停按键。用于在危险情况下使机器人停机 |
| ③ | 点动运行键。用于手动移动机器人 |
| ④ | 用于设定程序调节量的按键。自动运行倍率调节 |
| ⑤ | 用于设定手动调节量的按键。手动运行倍率调节 |
| ⑥ | 菜单按钮。可进行菜单和文件导航器之间的切换 |
| ⑦ | 暂停按钮。运行程序时，暂停运行 |
| ⑧ | 停止键。可停止正在运行的程序 |
| ⑨ | 预留 |
| ⑩ | 开始运行键。在加载程序成功后，按该按键后开始运行 |
| ⑪ | 辅助按键 |

#### （二）示教器背面

示教器背面如图 2.1.2 所示，功能见表 2.1.2。

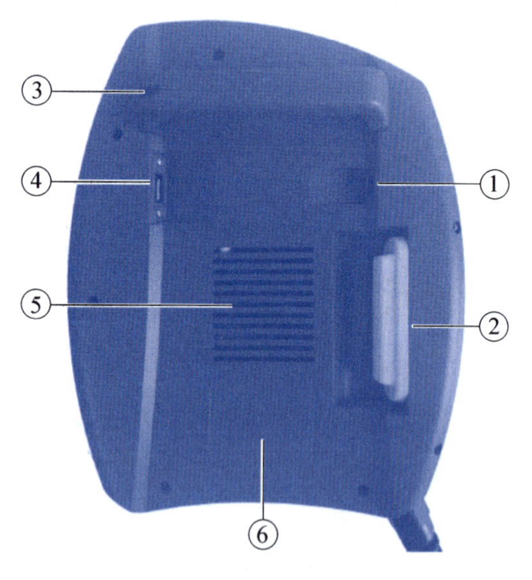

图 2.1.2　示教器背面

表 2.1.2　示教器背面功能介绍

| 序号 | 功能 |
|---|---|
| ① | 调试接口 |
| ② | 三段式安全开关。安全开关有 3 个位置：①未按下；②中间位置；③完全按下。在运行方式为手动 T1 或手动 T2 时，确认开关必须保持在中间位置方可使机器人运动。在采用自动运行模式时，安全开关不起作用 |
| ③ | HSpad 触摸屏手写笔插槽 |
| ④ | USB 接口。USB 接口用于存档 / 还原等操作 |
| ⑤ | 散热口 |
| ⑥ | HSpad 标签型号粘贴处 |

示教器主界面如图 2.1.3 所示，功能见表 2.1.3。

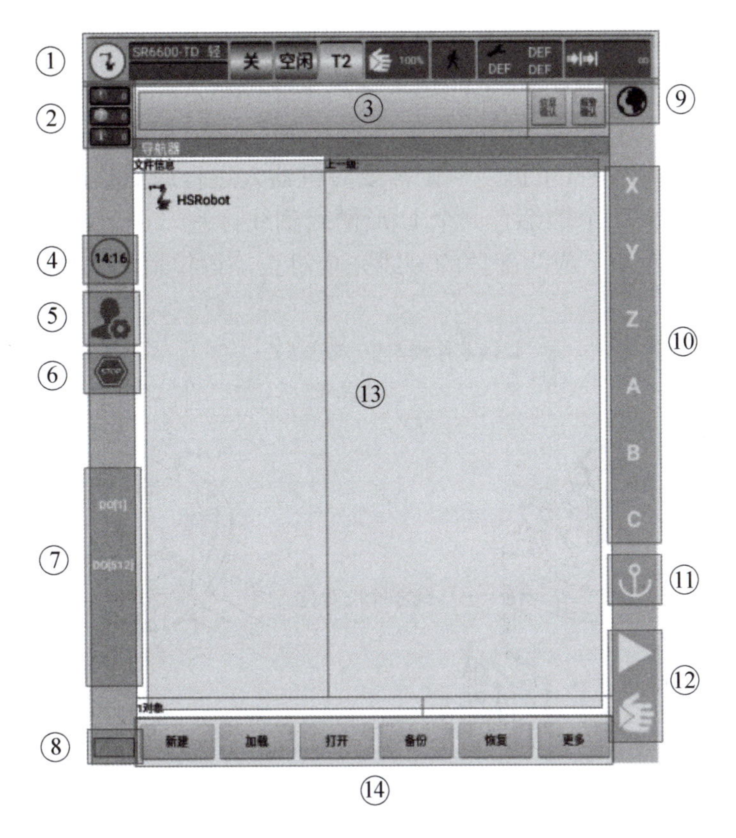


图 2.1.3　示教器主界面

表 2.1.3　示教器主界面功能

| 序号 | 功能 |
| --- | --- |
| ① | 用于显示当前机器人的一系列状态。<br>点击状态栏中各个子功能模块图标可进行相应的更改设置 |
| ② | 用于显示每种信息类型各有多少条信息等待处理。<br>点击该图标可以放大信息显示界面 |
| ③ | 用于显示机器人及程序运行的信息。<br>示教器在接收到多条信息的情况下，窗口默认只显示最后一条信息提示。点击该窗口可以显示信息列表。列表中显示所有待处理的信息 |
| ④ | 用于显示时间 |
| ⑤ | 点击按钮快速跳到用户登录界面 |
| ⑤ | 机器人运行状态指示 |
| ⑦ | 备用按键指示 |
| ⑧ | 控制器网络状态 |
| ⑨ | 用于显示当前机器人所使用的坐标系类型 |
| ⑩ | 点动运行指示 |
| ⑪ | 用于对机器人进行快捷回到安全点操作 |
| ⑫ | 速度倍率修调指示 |
| ⑬ | 用于显示程序界面、功能界面等 |
| ⑭ | 用于对程序文件进行相关操作 |

## 二、华数工业机器人原点校准

机器人运行前都必须进行轴校准，机器人只有在校准之后方可进行笛卡儿运动（出厂前已标定）。机器人的机械位置和编码器位置会在校准过程中协调一致。为此必须将机器人置于一个已经定义的机械位置，即校准位置。然后，每个轴的编码器返回值均被储存下来。

机器人的原点位置在轴坐标系中给出，对于华数工业机器人，其原点位置为{0，−90，180，0，90，0}，从左到右依次对应A1～A6轴的角度。

假设机器人因维护修理而进行了拆装，则需要对机器人进行原点校准和软限位设置操作。

如图2.1.4所示，机器人每个轴都有一个U形槽或刻线标签，调节机器人的关节角度，当零点校对块能同时插入两个U形槽，或两部件的刻线完全对正，该位置即为机器人该轴的零点校对位。

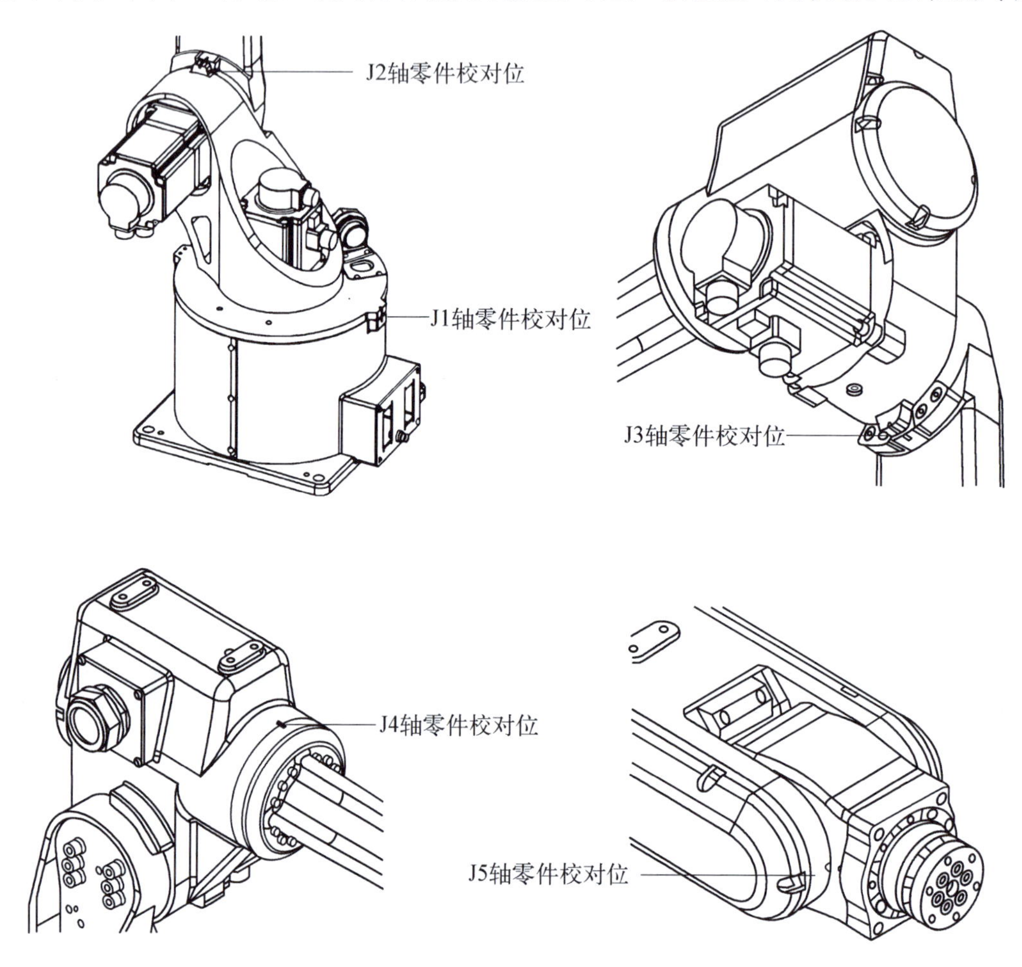


图2.1.4　轴关节

## （一）原点校准原因

在表2.1.4所示几种情况下必须对机器人进行校准。

表2.1.4　机器人进行校准情况

| 情况 | 说明 |
|---|---|
| 机器人拆装后投入运行时 | 必须校准，否则不能正常运行 |
| 机器人发送碰撞后 | 必须校准，否则不能正常运行 |
| 更换电机或者编码器后 | 必须校准，否则不能正常运行 |
| 机器人运行碰撞到硬限位后 | 必须校准，否则不能正常运行 |

## （二）原点校准操作步骤

机器人的原点位置在轴坐标系中给出，对于华数机器人HSR605，其原点位置为{0，−90，180，0，90，0}，从左到右依次对应A1～A6的角度。

（1）在用户组SUPER权限下，点击“主菜单”→“投入运行”→“调整”→“校准”，如图2.1.5所示。

（2）移动机器人轴到机械原点，如图 2.1.6 所示。

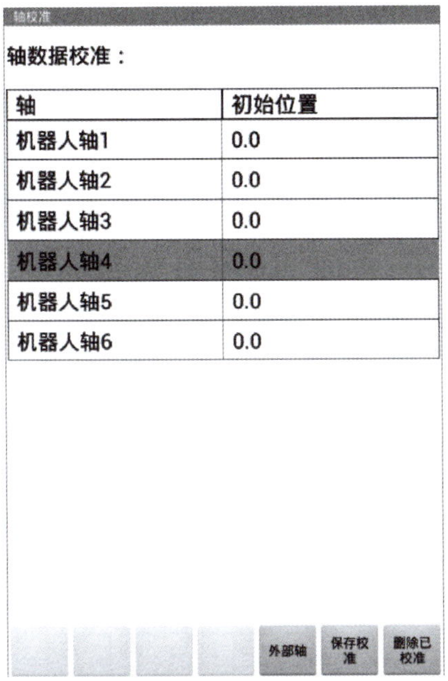

轴校准

轴数据校准：

| 轴 | 初始位置 |
|---|---|
| 机器人轴1 | 0.0 |
| 机器人轴2 | 0.0 |
| 机器人轴3 | 0.0 |
| 机器人轴4 | 0.0 |
| 机器人轴5 | 0.0 |
| 机器人轴6 | 0.0 |

外部轴　保存校准　删除已校准

图 2.1.5　校准

图 2.1.6　移动机器人轴到机械原点

（3）待各轴运动到机械原点后，点击列表中的各轴选项，弹出输入框，输入正确的数据，点击“确定”，如图 2.1.7 所示。

（4）各轴数据输入完毕后，点击“保存校准”保存数据，保存是否成功会在状态栏显示。如图 2.1.8 所示。

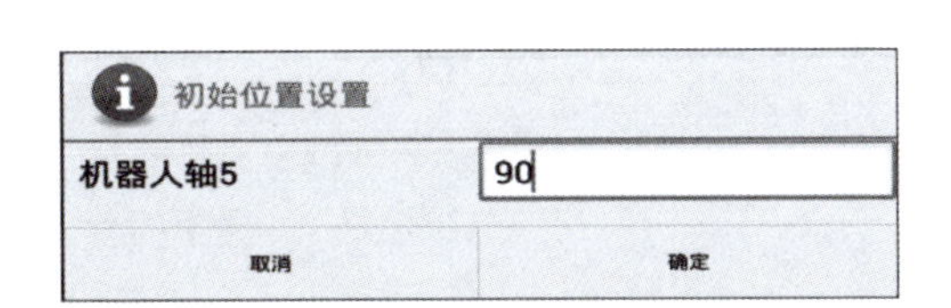


图 2.1.7　输入正确的数据

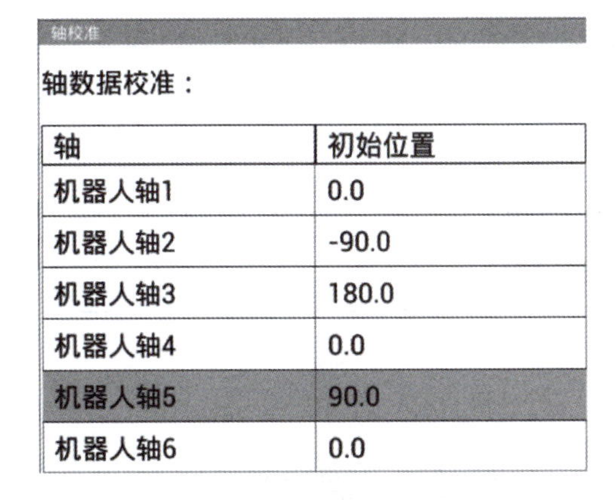

轴校准

轴数据校准：

| 轴 | 初始位置 |
|---|---|
| 机器人轴1 | 0.0 |
| 机器人轴2 | -90.0 |
| 机器人轴3 | 180.0 |
| 机器人轴4 | 0.0 |
| 机器人轴5 | 90.0 |
| 机器人轴6 | 0.0 |

图 2.1.8　保存校准数据

（5）点击“保存校准”后，如果显示校准不成功，应检查网络是否连接。重启后设置生效。

同样的方法可以对外部轴进行校准，点击图 2.1.5 下方“外部轴”即可切换为外部轴校准。

注意：华数机器人的零点在出厂前已经进行了标定，如果没有发生严重碰撞等导致零点位置发生改变，不建议对零点进行校准。

## 任务实施

### 一、工业机器人单轴运行

（1）将运动方式切换为关节模式，沿着正负方向运动 J1 ～ J6 轴，注意正负限位。

（2）在关节坐标系下转动各个轴至正负限位。注意，一个轴发出限位报警回参考点后，再进行下一个轴的运动，此时无须校准，记录下各个轴的行程，如表 2.1.5 所示。

表 2.1.5　各个轴的行程

| 轴名 | J1 | J2 | J3 | J4 | J5 | J6 |
| --- | --- | --- | --- | --- | --- | --- |
| 正限位 | | | | | | |
| 负限位 | | | | | | |

## 二、工业机器人在不同坐标系下运行

切换坐标，在不同坐标和运动模式下进行机器人操作练习。

## 三、工业机器人原点校准

（1）手动操作机器人到标准零点位置，记录此时机器人各轴的位置数据，如表 2.1.6 所示。

表 2.1.6　机器人各轴的位置数据

| 轴号 | J1 | J2 | J3 | J4 | J5 | J6 |
| --- | --- | --- | --- | --- | --- | --- |
| 数据 | | | | | | |

（2）在校准页面中输入标准零点数据，如表 2.1.7 所示。

表 2.1.7　标准零点数据

| 轴号 | J1 | J2 | J3 | J4 | J5 | J6 |
| --- | --- | --- | --- | --- | --- | --- |
| 数据 | | | | | | |

（3）进行机器人回零点操作，记录回零点后的位置数据，如表 2.1.8 所示。

表 2.1.8　回零点后的位置数据

| 轴号 | J1 | J2 | J3 | J4 | J5 | J6 |
| --- | --- | --- | --- | --- | --- | --- |
| 数据 | | | | | | |

## 四、工业机器人坐标系标定

### （一）工业机器人工具坐标系的标定

（1）使用四点法标定一个工具坐标系，记录四点的位置数据和生成的工具坐标系的数据，如表 2.1.9 所示。

表 2.1.9　四点的位置数据和生成的工具坐标系的数据

| 目标点 | 数据 |
| --- | --- |
| 接近点 1 | |
| 接近点 2 | |
| 接近点 3 | |
| 接近点 4 | |
| 工具坐标系 | |

（2）标定完成后，选择工具坐标系，在工具坐标系下运动 A、B、C 轴，检验运动是否正确。

**（二）用户坐标的标定**

（1）使用四点法设定一个用户（工件）坐标系，记录设定数据，如表 2.1.10 所示。

表 2.1.10　设定数据

| 目标点 | 数据 |
|---|---|
| | |
| | |
| | |
| | |

（2）标定完成后，选择用户坐标系，看直角坐标系数据是否更新，检验运动是否正确。

## 学习评价

| 评价内容 | 评分标准 | 分值 | 得分 | 备注 |
|---|---|---|---|---|
| 目标认知程度 | 工作目标明确，能快速准确收集相关资料，能合理列写自评表 | 10 | | |
| 情感态度 | 工作态度端正，注意力集中，工作积极、主动 | 10 | | |
| 团队协作 | 具有一定的组织、协调能力；能积极与他人合作，顾全大局，共同完成工作任务 | 5 | | |
| 知识能力运用 | 知识准备充分，运用熟练正确 | 10 | | |
| 项目实施情况 | 按要求正确完成工业机器人单轴运行、切换坐标系在世界坐标系下运行并正确回零；完成机器人各轴校准；完成机器人工具坐标系标定；完成机器人工件坐标系标定 | 40 | | |
| | 操作安全性 | 5 | | |
| | 完成时间 | 5 | | |
| 成果展示情况 | 作品完善、操作方便、功能多样、符合预期要求 | 5 | | |
| | 积极、主动、大方 | 5 | | |
| | 展示过程语言流畅、逻辑性强、表达准确到位 | 5 | | |
| 总分 | | 100 | | |

## 练习与作业

根据由教材学到的机器人操作方法与知识，完成工具坐标系 5 的标定、用户坐标系 6 的标定，重新对零点进行标定。

## 生产任务工单

| 下单日期 | | ××/×/× | | 交货日期 | ××/×/× |
|---|---|---|---|---|---|
| 下单人 | | | | 经手人 | |
| 序号 | 产品名称 | 型号 / 规格 | 数量 | 单位 | 生产要求 |
| 1 | 工业机器人手动运行并回零点 | 无 | 1 | 个 | 按照任务实施要求 |
| 2 | 工业机器人各轴校准 | 无 | 1 | 个 | 按照任务实施要求 |
| 3 | 工业机器人工具坐标系标定 | 无 | 1 | 个 | 按照任务实施要求 |
| 4 | 工业机器人工件坐标系标定 | 无 | 1 | 个 | 按照任务实施要求 |
| | | | | | |
| | | | | | |
| 备注 | | | | | |

制单人：________　审核：________　生产主管：________

# 学习任务 2　机器人搬运编程与调试

## 学习内容

学习华数工业机器人运动指令的使用，华数机器人 I/O 指令、延时指令的使用，示教对点与编程，以及华数机器人寄存器的使用方法。

## 学习目标

通过本任务的深入学习，能够熟练掌握华数机器人示教编程方法，能完成自动运行机器人抓取或放回快换装置任务，能完成机器人将工件抓取或放回数字化料仓任务。

## 思维导图

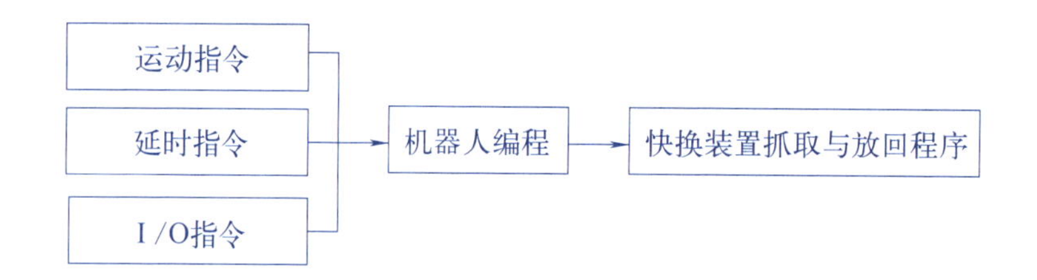


## 任务描述

掌握机器人指令使用方法、示教编程方法。

## 任务分析

工业机器人常用的编程方法是现场示教编程。

示教编程是由操作人员引导控制机器人运动，记录机器人作业的程序点，并插入所需的机器人命令来完成程序的编制。

示教编程的步骤：运动到目标点、示教取点、运行程序。

### 一、注意事项

（1）程序运行倍率设置。为了安全起见，程序自动运行倍率需设置为 20%。

（2）手动倍率设置。记录选取的位置时需手动获取实际坐标，此时机器人应为手动 T1 模式，且手动倍率需设置在 10% 左右。

（3）需要将报警信息全部清除才可以运行机器人。

（4）新建文件夹名或程序名中不可以包含空格，首位不能为数字。

（5）示教取点时，注意机器人所选取的姿态，避免产生碰撞。

（6）注意，机器人运动指令与 I/O 指令是同时发出的，所以要想机器人运动完之后再对 I/O 操作，需要在这两条指令之间添加延时指令。

### 二、设备位置说明

（1）三种快换手爪如图 2.2.1 所示。

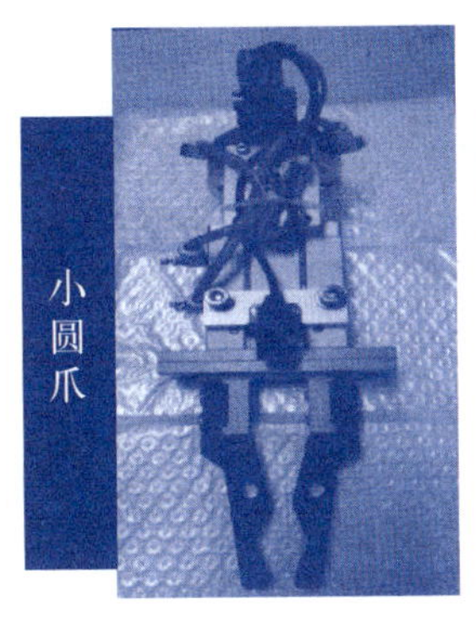


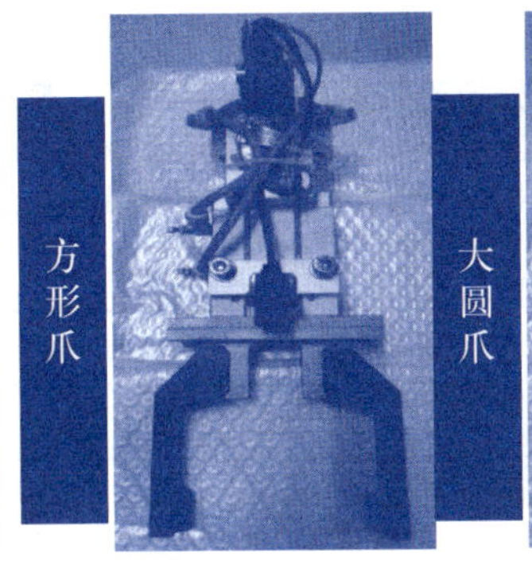


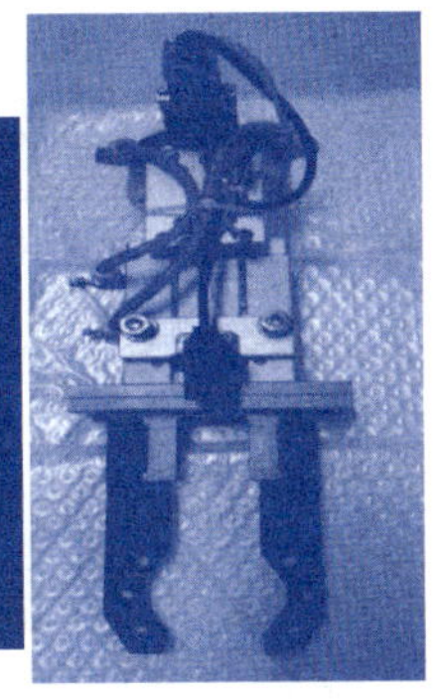


图 2.2.1　三种快换手爪

（2）快换放置架如图 2.2.2 所示。

图 2.2.2　快换放置架

## 三、机器人基本指令

### （一）运动指令

运动指令包含了关节运动 J 和直线运动 L，以及画圆弧的 C 指令。运动指令编辑框如图 2.2.3 所示，图中编号说明见表 2.2.1。

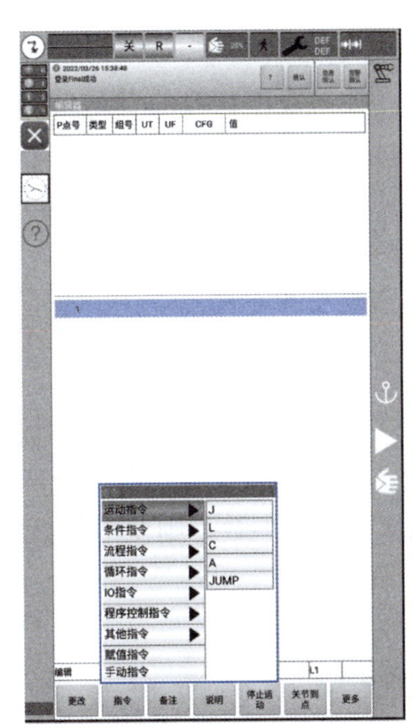


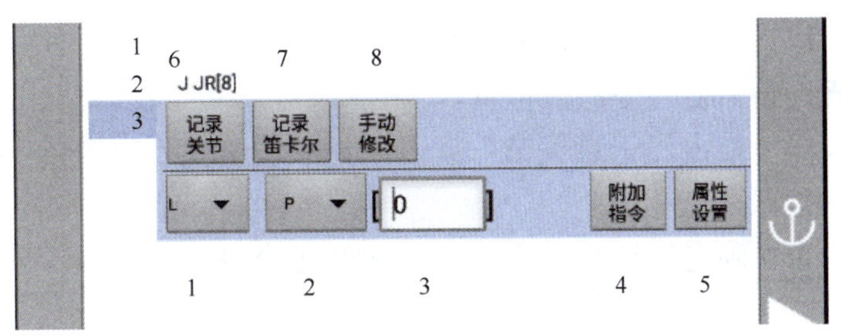


图 2.2.3　运动指令编辑框

表 2.2.1　运动指令编辑框说明

| 编号 | 说明 |
| --- | --- |
| 1 | 选择指令，可选 J、L、C 等指令。当选择 CIRCLE 指令时，会话框会弹出两个点用于记录位置 |
| 2 | 选择 JR 寄存器或者 LR 寄存器或 P |
| 3 | 新记录的点的序号 |
| 4 | 选择附加指令 |
| 5 | 参数设置，可在参数设置对话框中添加删除点对应的属性，在编辑参数后，点击确认，将该参数对应到该点 |
| 6 | 为该新记录的点赋值为关节坐标值 |
| 7 | 为该新记录的点赋值为笛卡儿坐标 |
| 8 | 点击后可打开一个修改各个轴点位值的对话框，打开可进行单个轴的坐标值修改 |

### 1. J 指令和 L 指令

J 指令以单个轴或某组轴（机器人组）的当前位置为起点，移动某个轴或某组轴（机器人组）到目标点位置。移动过程不进行轨迹以及姿态控制，即关节运动。

指令语法：J［target point］Optional Properties

示例：

J P［1］VEL=50 ACC=100 DEC=100

J P［2］

指令参数（可选）：J 指令包含一系列可选运动参数——VEL（速度）、CNT（平滑过渡）、ACC（加速比）、DEC（减速比）等。属性设置后，仅针对当前运动有效，该运动指令行结束后，恢复到默认值。如果不设置参数，则使用各参数的默认值运动，如：上述 JP［2］使用的默认参数。

指令说明：L 指令以机器人当前位置为起点，控制其在笛卡儿空间范围内进行［直线运动］，常用于对轨迹控制有要求的场合。该指令的控制对象只能是［机器人组］。

指令语法：L［target point］Optional Properties

示例：

L P［1］VEL=50 ACC=100 DEC=100 VROT=50

指令参数（可选）：L 指令包含一系列可选运动参数——VEL（速度）、CNT（平滑过渡）、ACC（加速比）、DEC（减速比）、VORT（姿态速度）等。属性设置后，仅针对当前运动有效，该运动指令行结束后，恢复到默认值。如果不设置参数，则使用各参数的默认值运动。

操作步骤：

（1）选中需要插入的指令行的上一行。

（2）选择指令→运动指令→ J 或者 L。

（3）输入点位名称。

（4）配置指令的参数 ( 不设置时为默认运动参数 )。

（5）手动移动机器人到需要的姿态或位置。

（6）选中点位输入框，点击“记录关节”或者“记录笛卡儿”（J 指令只能选择记录关节），指令修改框右上方会显示记录的坐标。

（7）点击操作栏中的“确定”按钮，添加 J 指令 /L 指令完成。

程序示例：

LBL［1］

J P［1］VEL=100 ACC=60 DEC=60

LP［2］VEL=800 ACC=100 DEC=100

GOTO LBL［1］

**2. C 指令**

指令说明：C 指令以当前位置为起点，CIRCLEPOINT 为中间点，TARGETPOINT 为终点，控制机器人在笛卡儿空间进行圆弧轨迹运动（三点成一个圆弧），同时附带姿态的插补。

指令语法：

C［circle point］［target point］Optional Properties

示例：

LP［1］

CP［2］P［3］

指令参数（可选）：C 指令包含一系列可选运动参数——VEL、CNT、ACC、DEC、VORT 等。属性设置后，仅针对当前运动有效，该运动指令行结束后，恢复到默认值。如果不设置参数，则使用各参数的默认值运动。

操作步骤：

（1）标定需要插入的指令行的上一行。

（2）选择指令→运动指令→ C。

（3）点击第一个位置点输入框，移动机器人到需要的姿态点或轴位置，点击记录关节或者记录笛卡儿坐标，记录圆弧第一个点完成。

（4）点击第二个位置点输入框，手动移动机器人到需要的目标姿态或位置。点击记录关节或者记录笛卡儿坐标，记录圆弧目标点完成。

（5）配置指令的参数。

（6）点击操作栏中的确定按钮，添加 C 指令完成。

**3. 运动参数**

各参数的名称和说明如表 2.2.2 所示。

表 2.2.2　各参数的名称和说明

| 名称 | 说明 | 名称 | 说明 |
|---|---|---|---|
| VEL | 速度 | DEC | 减速比 |
| CNT | 平滑系数 | VROT | 姿态速度 |
| ACC | 加速比 | | |

### （二）条件指令

指令说明：条件指令用于程序条件判断、逻辑处理，有以下三种类型。

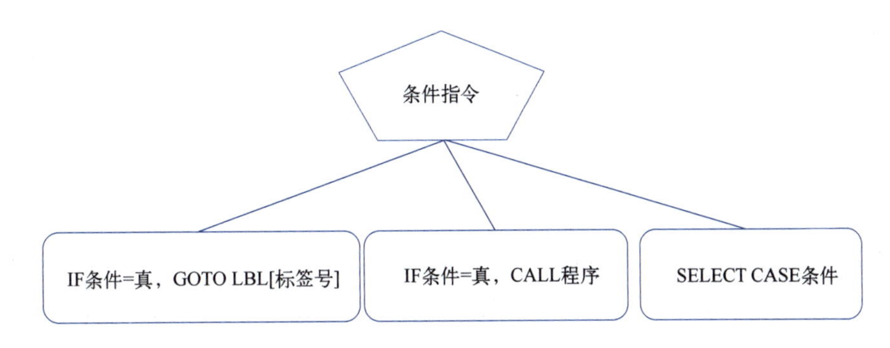

1. IF …, GOTO LBL [ ]

指令说明：语法为 IF…，GOTO LBL [ ]，当条件成立时，则执行 GOTO 部分代码块；条件不成立时，则顺序执行 IF 下行开始的程序块。

IF<condition>，GOTO LBL [1]

示例：

```
IF DI [1] =ON，GOTO LBL [1]
J P [1] VEL=50
J P [2] VEL=50 '如果条件为真，直接跳转至标签 [1]
LBL [1]
DI [1] =OFF
……
```

上述表示，如果 DI [1] ON 时，则直接跳转到 LBL [1] 后开始执行，条件为假时，从上往下顺序执行。

2. IF…, CALL

指令说明：IF…，CALL 子程序，当条件成立时，则执行子程序 .PRG 代码内容后再顺序往下执行；条件不成立时，则执行 IF 下行开始的程序内容，忽略调用的子程序。

IF<condition>，CALL 程序名 .PRG

示例：

```
IF DI [1] =ON，CALL TEST.PRG
J JR [1] VEL=50
DO [1] =OFF
……
```

上述表示，如果 DI [1] ON 条件满足时，则优先调用 TEST.PRG 子程序的程序内容，执行完成后，再执行 J JR [1] VEL =50，DO [1] =OFF 及后面的指令，否则忽略程序 TEST.PRG 执行 J JR [1] VEL=50 DI [1] =OFF 及……之后的程序块。

3. IF THEN 语句

指令说明：由于之前版本 IF 指令后只支持 CALL、GOTO 两个选项，有的时候不一定要跳转和 CALL 子程序，所以增加 IF THEN 指令，可与 ELSE 指令配合使用。

示例：

（1）条件满足执行

```
IF DI [1] =ON THEN '如 DI [1] =ON 满足时执行下面指令
J P [1]
END IF
```

（2）配合 ELSE 使用

```
IF DI [1] =ON THEN '如 DI [1] =ON 满足时执行 J P [1]，如不满足执行 J P [2]
J P [1]
ELSE
J P [2]
END IF
```

4. SELECT 语句

指令说明：将 CASE 后值与 SELECT 后寄存器存储数值进行比较，如果相等，则执行该行 CASE 后流程指令（GOTO 或 CALL），后续与 SELECT 关联的 CASE 指令和 ELSE 指令不再执行；

如不相等，则不执行该行对应流程指令 CALL XXX/GOTO LBL X，并执行下一行 CASE 指令或 ELSE 指令。

示例：

SELECT R［0］

CASE 1，GOTO LBL［1］

CASE 2，GOTO LBL［2］

CASE 3，CALL " RT.PRG ' 补充说明：当这里 3 也为 1 时，R［0］=1 时，只执行一次前面的 LBL［1］

ELSE，CALL “HS.PRG” / ' 在实际使用时，该行指令不一定必须存在

GOTO LB［4］

LBL［1］

J P［1］

GOTO LBL［4］

LBL［2］

J P［2］

GOTO LBL［4］

LBL［3］

J P［3］

LBL［4］

上述表示程序依次从上往下执行，对 R［0］进行匹配，当 R［0］=1 时，程序运动到 P［1］点，当前 R［0］=2 时，程序运动到 P2 点，当 R［0］=3 时，程序运动到 P3 点，当 R［0］皆不等于 1/2/3 时，程序执行 ELSE 指令部分的子程序 HS.PRG 的内容（ELSE 也可以接 GOTO）再顺序往下执行。

SELECT、CASE、ELSE（非必须存在）需配合使用，缺失时会报程序语法错误。

## 任务实施

手动取放机器人手爪上工件

### 一、快换装置抓取与放回

通过工业机器人示教器示教、编程和再现，实现机器人将指定的快换装置（手爪）抓取与放回。

测试要求如下：

① 如图 2.2.4 所示，快换装置按顺序放置在快换放置架上。启动程序：第七轴运行至某一位置后（手动指定）抓取其中一个快换手爪；快换手爪被抓取后第七轴返回中间位置。

② 机器人末端执行器上携带某个快换手爪，其他快换手爪按顺序放置于快换放置架上。启动程序：第七轴运行至某一位置，机器人（手动指定）放回快换手爪；快换手爪放回后，第七轴返回中间位置。

示例程序如图 2.2.5 所示。

图 2.2.4　快换手爪摆放位置

```
<attr>
VERSION:0
GROUP:[0]
<end>
<pos>
<end>
<program>

'----------------------LR[284]点计算-----------------------
LBL[10]
IF R[21] = 1   , GOTO LBL[1]      '方料爪
GOTO LBL[2]
LBL[1]
LR[284] = LR[31]
GOTO LBL[9]
LBL[2]
IF R[21] = 2   , GOTO LBL[3]      '大圆爪
GOTO LBL[4]
LBL[3]
LR[284] = LR[30]
GOTO LBL[9]
LBL[4]
IF R[21] = 3   , GOTO LBL[5]      '小圆爪
GOTO LBL[10]
LBL[5]
LR[284] = LR[29]

LBL[9]
'--------------------确保IO状态------------------------
DO[2] = OFF
DO[3] = ON
WAIT TIME = 1000
'----------------------快换抓取------------------------
L LR[263]          '移动机器人外部轴到快换抓取位置
WAIT TIME = 10
IF R[21] <> 0   , GOTO LBL[11]
GOTO LBL[12]
LBL[11]
J JR[12]
LR[284][0] = LR[284][0] + 100
LR[284][2] = LR[284][2] + 365
J LR[284]
LR[284][0] = LR[284][0] - 100
LR[284][2] = LR[284][2] - 315
L LR[284] VEL=200
LR[284][2] = LR[284][2] - 50
L LR[284] VEL=100
WAIT TIME = 100
DO[2] = ON
DO[3] = OFF
WAIT TIME = 1000
LR[284][2] = LR[284][2] + 15
L LR[284] VEL=100
LR[284][0] = LR[284][0] + 100
L LR[284] VEL=100
LR[284][2] = LR[284][2] + 250
L LR[284] VEL=200
J JR[12]
J JR[1]
WAIT TIME = 100
R[10] = R[21]
WAIT TIME = 10
LBL[12]
<end>
```

图 2.2.5　示例程序

## 二、数字化料仓工件的抓取与放回

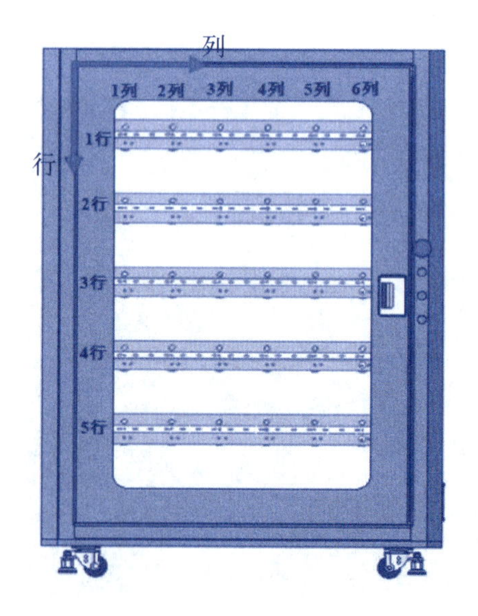

图 2.2.6　数字化料仓

在完成快换装置的取放任务后，再通过工业机器人示教器示教、编程和再现，实现机器人将数字化料仓中的指定工件抓取与放回。

测试要求如下：

① 将工件放在如图 2.2.6 所示数字化料仓中某一仓位。启动程序：第七轴运行至某一位置，再运行至仓位（手动指定），用手爪抓取工件；手爪抓取工件后，退出料仓返回第七轴中间位置。

② 机器人手爪携带着工件。启动程序：第七轴运行至某一位置，再运行至仓位（手动指定），手爪放回工件，然后退出料仓返回第七轴中间位置。

## 学习评价

| 评价内容 | 评分标准 | 分值 | 得分 | 备注 |
|---|---|---|---|---|
| 目标认知程度 | 工作目标明确，能快速准确收集相关资料，能合理列写自评表 | 10 | | |
| 情感态度 | 工作态度端正，注意力集中，工作积极、主动 | 10 | | |
| 团队协作 | 具有一定的组织、协调能力，能积极与他人合作，顾全大局，共同完成工作任务 | 5 | | |
| 知识能力运用 | 知识准备充分，运用熟练正确 | 10 | | |
| 项目实施情况 | 按要求正确编写机器人程序能够实现<br>1. 机器人将指定的快换装置抓取与放回；<br>2. 机器人将数字化料仓中的指定工件的抓取与放回 | 40 | | |
| | 操作安全性 | 5 | | |
| | 完成时间 | 5 | | |
| 成果展示情况 | 作品完善、操作方便、功能多样、符合预期要求 | 5 | | |
| | 积极、主动、大方 | 5 | | |
| | 展示过程语言流畅、逻辑性强、表达准确到位 | 5 | | |
| 总分 | | 100 | | |

## 练习与作业

根据由教材学到的机器人操作方法与知识，完成将仓位 2 的工件搬运到仓位 12。

## 生产任务工单

| 下单日期 | ××/×/× | | 交货日期 | | ××/×/× |
|---|---|---|---|---|---|
| 下单人 | | | 经手人 | | |
| 序号 | 产品名称 | 型号 / 规格 | 数量 | 单位 | 生产要求 |
| 1 | 正确编程使机器人将指定的大圆爪抓取与放回 | 无 | 1 | 个 | 按照任务实施要求 |
| 2 | 正确编程使机器人用大圆爪将数字化料仓中的 13 号仓的工件抓取与放回 | 无 | 1 | 个 | 按照任务实施要求 |
| | | | | | |
| | | | | | |
| | | | | | |
| | | | | | |
| 备注 | | | | | |

制单人：＿＿＿＿＿＿＿＿　审核：＿＿＿＿＿＿＿＿　生产主管：＿＿＿＿＿＿＿＿

# 学习任务 3　机器人故障诊断处理

## 学习内容

学习华数工业机器人故障报警识别知识、机器人故障报警诊断方法、机器人故障报警处理方法。

## 学习目标

通过本任务的深入学习，能够熟练掌握华数机器人识别故障的方法，能诊断和处理故障报警。

## 思维导图

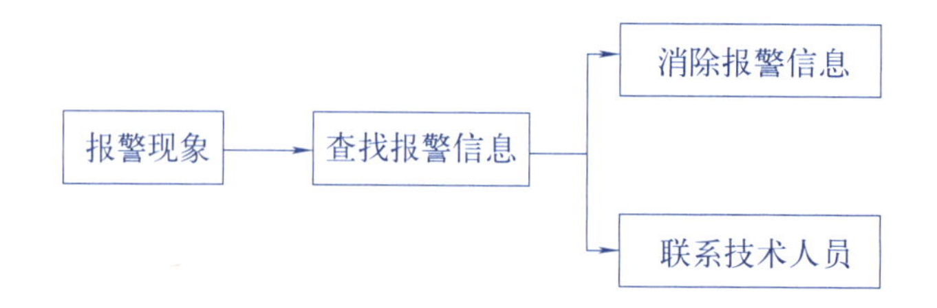


## 任务描述

掌握机器人故障报警识别知识、机器人故障报警诊断方法、机器人故障报警处理方法。

## 任务分析

机器人发生碰撞后的恢复操作

### 一、遇到报警后的操作

（1）机器人在自动或外部模式下运行，出现报警停机现象时，需要查看示教器所有的报警信息和驱动器报警信息。值得注意的是，在查看驱动器报警信息前，不要点击示教器上的“报警确认”按钮，否则会清除驱动器报警信息。

（2）查看示教器报警信息时，要将报警时刻所有报警信息全部查看，单纯看某一条报警信息可能无法分析出报警原因。单击示教器上的报警框，会弹出当前的所有报警信息，如图 2.3.1 所示。

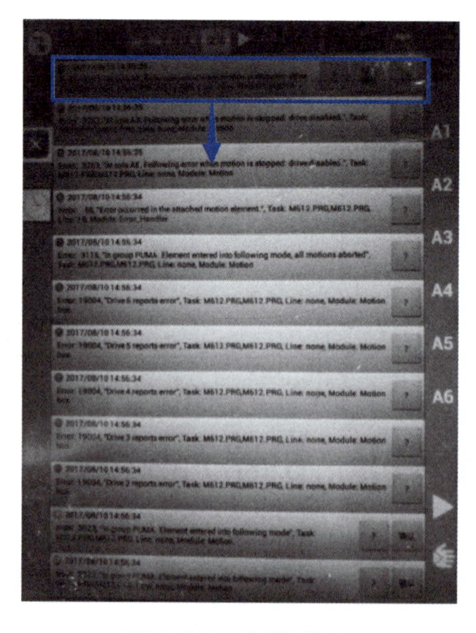


图 2.3.1　报警信息

（3）当需要联系技术支持人员时，请提供以下机器人信息：

① 系统版本信息，如图 2.3.2 所示。

② 机器人或示教器铭牌号，如图 2.3.3 所示。

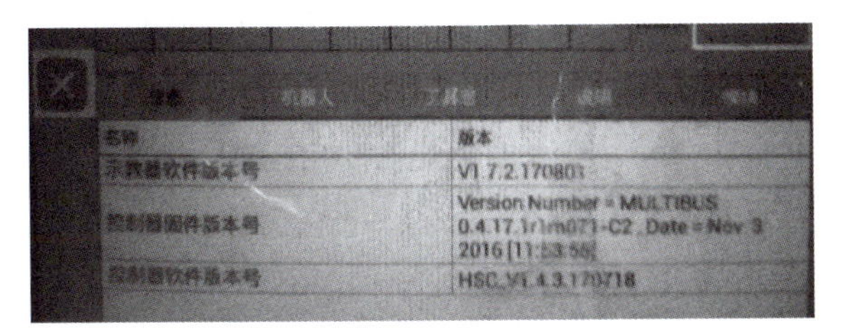


图 2.3.2　系统版本信息

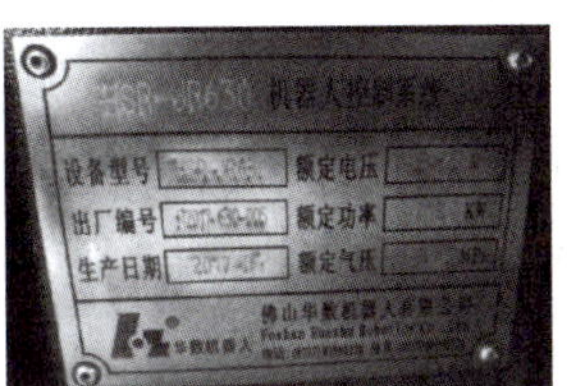

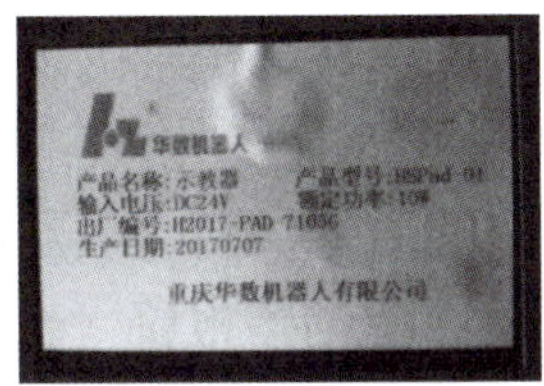

图 2.3.3　铭牌号

## 二、报警种类说明

华数 II 型机器人常见报警可分为几大类：一般性报警、跟踪误差报警、反馈速度超限报警、驱动器报警、总线错误报警。

### 1. 一般性报警（表 2.3.1）

表 2.3.1　一般性报警

| 错误码 | 错误信息 |
|---|---|
| 65 | Error occurred in the attached motion element |
| 3115 | System entered into following mode，all motions aborted |
| 3058 | The drive is disabled or in the following mode |

一般性报警通常是由其他报警导致的，单纯查看一般性报警（错误）信息无法分析报警原因，所以一般性报警基本可以忽略。

### 2. 跟踪误差报警（表 2.3.2）

表 2.3.2　跟踪误差报警

| 错误码 | 错误信息 |
|---|---|
| 3017 | Axis following error |
| 3016 | Group envelope error |

跟踪误差报警是指机器人在运动过程中，控制器发出的指令位置与驱动器反馈的实际位置差别过大而导致的报警。

其中，3017 号报警（错误码）是轴的报警，每一个轴对应一个驱动器；3016 号报警是机器人 TCP（一般为末端法兰中心点）在笛卡儿坐标系中的实际位置与指令位置误差导致的报警。3016 号报警与 3017 号报警没有直接关系，换句话说，即使每个轴都没有 3017 号报警，仍然不能排除 3016 号报警的可能性。只有当每个轴的跟踪误差都很小的时候才能完全杜绝 3016 号报警。

控制器的跟踪误差报警与驱动器的跟踪误差报警是两种报警机制，也就是说控制器和驱动器上了“双保险”，所以常常会遇到示教器上报跟踪误差而驱动器没有报警的情况，这通常是正常现象。根本解决跟踪误差报警的方法是调节驱动器参数，减少跟踪误差脉冲数。

### 3. 反馈速度超限报警（表 2.3.3）

表 2.3.3　反馈速度超限报警

| 错误码 | 错误信息 |
|---|---|
| 3082 | Feedback velocity is out of limit |
| 3083 | Feedback velocity is out of limit when motion is stopped |

反馈速度超限报警是指机器人某个轴的运动速度超出了系统中设置的该轴运动速度的上限。

在手动T1、T2模式下加载并运行程序，如果此时倍率设置过大（例如大于50%），可能会产生此类报警。解决方法是将倍率调小，或者在自动模式下运行该程序。注意：手动模式下为了安全起见，对每个轴的最大速度做了限制，所以手动模式大倍率运行容易产生此类报警。

如果在自动模式下不定期产生此类报警，且驱动没有报警，则有可能是控制器BIOS设置不对导致的，请参阅《华数II型设置BIOS的方法》。

**4. 驱动器报警**（表2.3.4）

表2.3.4 驱动器报警

| 错误码 | 错误信息 |
|---|---|
| 19004 | Drive reports error |

遇到驱动器报警请检查驱动器信息，示教器上不会显示驱动的报警信息。19004号报警是华数II型机器人所有报警信息中唯一一个有关驱动器的报警，其他所有报警全部是有关控制器的报警。注意：在检查驱动器报警信息之前请勿点击示教器上的“报警确认”，该按钮会清除驱动器报警信息。

**5. 总线错误报警**（表2.3.5）

表2.3.5 总线错误报警

| 错误码 | 错误信息 |
|---|---|
| 19007 | Bus fault |

总线错误报警是总线上所连接的设备（控制器、驱动器、I/O盒等）的总线出现通信异常导致的报警。通常情况下，该报警是由硬件故障导致的，例如设备总线接口松动、接触不良、设备电压不稳、瞬间掉电、短路，或者总线存在干扰源。出现这个报警时需要一一排查总线上所有连接的硬件设备。

### （三）控制器报警代码说明

**1. 一般报警**（表2.3.6）

表2.3.6 一般报警

| 错误码 | 65 |
|---|---|
| 错误信息 | 当前已绑定运动元素（机器人）出错 |
| 错误描述 | 所有已绑定运动元素任务在出错时都会发出该报警，以防未处理的错误发生，达到停止任务的目的 |
| 错误类型 | 异步错误 |
| 错误级别 | 错误 |
| 错误响应 | 挂起任务 |
| 错误处理 | 该报警信息无具体含义，一般由其他系统报警导致，会停止当前任务的运行 |
| 错误码 | 66 |
| 错误信息 | CPU过载 |
| 错误描述 | 用户程序在执行循环任务时超过4s |
| 错误类型 | 异步错误 |
| 错误级别 | 错误 |
| 错误响应 | 挂起任务 |
| 错误处理 | 检查用户程序，在循环中加入SLEEP指令以防止该错误发生 |

## 2. 运动相关报警（表 2.3.7）

表 2.3.7 运动相关报警

| 错误码 | 3016 |
| --- | --- |
| 错误信息 | 机器人末端跟踪误差 |
| 错误描述 | 由机器人在运行过程中末端的实际位置与反馈位置的差值大于 PEMAX 导致 |
| 错误类型 | 同步错误 |
| 错误级别 | 错误 |
| 错误响应 | 停止运动 |
| 错误处理 |  |
| 错误码 | 3017 |
| 错误信息 | 机器人轴末端跟踪误差 |
| 错误描述 | 由机器人在运行过程中某个轴的实际位置与反馈位置的差值大于该轴的 PEMAX 导致 |
| 错误类型 | 同步错误 |
| 错误级别 | 错误 |
| 错误响应 | 停止运动 |
| 错误处理 |  |
| 错误码 | 3031 |
| 错误信息 | 高级插补过程中禁止某指令 |
| 错误描述 | 机器人在高级插补的过程中禁止执行 CIRCLE、DELAY、MOVE 等指令 |
| 错误类型 | 同步错误 |
| 错误级别 | 错误 |
| 错误响应 | 停止运动 |
| 错误处理 | 检查高级插补点位运动指令，禁止使用 CIRCLE、DELAY、MOVE 指令，只支持 MOVES 指令 |
| 错误码 | 3058 |
| 错误信息 | 伺服无使能或进入跟随模式，禁止运动 |
| 错误描述 | 伺服驱动未使能或轴处于跟随模式时，机器人无法运动 |
| 错误类型 | 同步错误 |
| 错误级别 | 错误 |
| 错误响应 | 停止运动 |
| 错误处理 | 检查机器人伺服驱动使能状态 |
| 错误码 | 3082 |
| 错误信息 | 反馈速度超限 |
| 错误描述 | 反馈速度使用 VELOCITYOVERSPEED 参数作为限制，当实际速度超出该值时，系统报警 |
| 错误类型 | 异步错误 |
| 错误级别 | 错误 |
| 错误响应 | 停止运动 |
| 错误处理 | 检查轴速度相关参数设置（VELOCITYOVERSPEED） |
| 错误码 | 3083 |
| 错误信息 | 运动停止时反馈速度超限 |
| 错误描述 | 机器人运动停止时，实际反馈速度超出限制 |
| 错误类型 | 异步错误 |
| 错误级别 | 错误 |
| 错误响应 | 伺服驱动使能断开 |
| 错误处理 | 检查该轴对应伺服驱动参数设置，检查伺服驱动干扰 |

续表

| 错误码 | 3115 |
|---|---|
| 错误信息 | 机器人进入跟随模式，运动禁止 |
| 错误描述 | 机器人伺服驱动未使能，停止运动 |
| 错误类型 | 同步错误 |
| 错误级别 | 错误 |
| 错误响应 | |
| 错误处理 | 重新使能 |
| 错误码 | 3117 |
| 错误信息 | 机器人目标位置靠近机器人世界坐标系 Z 原点位置 |
| 错误描述 | 机器人目标位置超出 RMIN 限位，R 的值为目标点位到机器人世界坐标系 Z 轴的垂直距离 |
| 错误类型 | 同步错误 |
| 错误级别 | 错误 |
| 错误响应 | |
| 错误处理 | 重新规划目标点位 |
| 错误码 | 3119 |
| 错误信息 | 机器人目标位置超出工作空间（笛卡儿限位） |
| 错误描述 | 机器人目标位置超出 XMAX、YMAX 或 RMAX 限位 |
| 错误类型 | 同步错误 |
| 错误级别 | 错误 |
| 错误响应 | |
| 错误处理 | 重新规划目标点位 |
| 错误码 | 3121 |
| 错误信息 | 机器人目标位置无法到达（单轴超出其软限位设定区域） |
| 错误描述 | 机器人目标位置超出［PMIN，PMAX］范围 |
| 错误类型 | 同步错误 |
| 错误级别 | 错误 |
| 错误响应 | |
| 错误处理 | 重新规划目标点位 |
| 错误码 | 3307 |
| 错误信息 | 机器人速度即将达到最大值 |
| 错误描述 | 圆滑过渡过程中，机器人末端速度即将达到最大值 |
| 错误类型 | 异步提示 |
| 错误级别 | 提示 |
| 错误响应 | |
| 错误处理 | 判断该提示发生的位置，在该位置下圆滑过渡参数需要进行调整（BLENDINGFACTOR 的值需要增大） |
| 错误码 | 3310 |
| 错误信息 | 机器人加速度即将达到最大值 |
| 错误描述 | 圆滑过渡过程中，机器人末端加速度即将达到最大值 |
| 错误类型 | 异步提示 |
| 错误级别 | 提示 |
| 错误响应 | |
| 错误处理 | 判断该提示发生的位置，在该位置下圆滑过渡参数需要进行调整（BLENDINGFACTOR 的值需要增大） |

3. 入口站报警（表 2.3.8）

表 2.3.8　入口站报警

| 错误码 | 5049 |
|---|---|
| 错误信息 | 执行指令时间过长 |
| 错误描述 | 控制系统执行某指令的时间过长（3s） |

续表

| 错误类型 | 同步错误 |
| --- | --- |
| 错误级别 | 错误 |
| 错误响应 | |
| 错误处理 | 检查示教器与控制器之间的网络连接状态是否通畅（延迟小于 1ms） |

4. **语法报警**（表 2.3.9）

表 2.3.9　语法报警

| 错误码 | 7005 |
| --- | --- |
| 错误信息 | 程序加载出错 |
| 错误描述 | 程序中存在语法错误，导致加载不成功，并报出该错误 |
| 错误类型 | 同步错误 |
| 错误级别 | 错误 |
| 错误响应 | |
| 错误处理 | 检查用户程序对应行的语法 |
| 错误码 | 7008 |
| 错误信息 | 子程序已经存在 |
| 错误描述 | 子程序名已被定义 |
| 错误类型 | 翻译器错误 |
| 错误级别 | 错误 |
| 错误响应 | |
| 错误处理 | 修改当前子程序名 |

5. **解释器报警**（表 2.3.10）

表 2.3.10　解释器报警

| 错误码 | 8001 |
| --- | --- |
| 错误信息 | 除以 0 |
| 错误描述 | 除数为 0 导致报错 |
| 错误类型 | 同步错误 |
| 错误级别 | 错误 |
| 错误响应 | |
| 错误处理 | 检查程序，避免除数为 0 |
| 错误码 | 8006 |
| 错误信息 | 索引超下限 |
| 错误描述 | 数组的索引小于下限 1 |
| 错误类型 | 同步错误 |
| 错误级别 | 缺陷 |
| 错误响应 | |
| 错误处理 | 检查程序中使用的数组下标（从 1 开始） |

6. 机器人报警（表 2.3.11）

表 2.3.11　机器人报警

| 错误码 | 13104 |
| --- | --- |
| 错误信息 | 机器人 X 坐标值超最大限位 |
| 错误描述 | 机器人 X 坐标值超最大限位 |
| 错误类型 | 同步 / 异步错误 |
| 错误级别 | 错误 |
| 错误响应 | |
| 错误处理 | 检查程序点位信息，不允许超出限位 |
| 错误码 | 13132 |
| 错误信息 | 奇异点位置，机器人禁止笛卡儿插补运动 |
| 错误描述 | 机器人目标点位进入奇异点范围，禁止笛卡儿插补运动 |
| 错误类型 | 同步错误 |
| 错误级别 | 错误 |
| 错误响应 | |
| 错误处理 | 检查程序点位信息，程序轨迹不允许过奇异点 |

其他报警代码识别请查看报警手册或者机器人操作说明书。

## 任务实施

### 常见的报警故障的处理

试着诊断表 2.3.12 所示故障，写出故障处理的方法。

表 2.3.12　故障

| 错误码 | 含义 | 备注 |
| --- | --- | --- |
| r4 | 编码器反馈断线 | A/B line break。不接反馈线时，就会报此故障 |
| r20 | Feedback Communication Error，非断线造成的问题，如 Tamagawa Encoder 17-bit ABS Single turn 由于 Tamagawa Battery Low-Voltage 可以造成通信错误 | |
| r25 | 脉冲加方向（P&D）控制线断线 | 出现在上位机采用 P&D 位置控制（OPMODE＝4）情况下 |
| r29 | 绝对式编码器电池电压过低 | 对于 Tamagawa 多圈绝对式编码器，当发生此故障后，需要用 TMTURNRESET 指令来清除。TMTURNRESET 指令将编码器绝对位置清零 |
| r27 | 电机动力线断相（缺相），或者电机动力线未插入驱动器 | |
| n（小写） | no STO（STO 没有短接） | STO 报警分为两种：<br>①“n”静态：驱动器 DISABLED 状态下 STO 断线；<br>②“n”闪烁：驱动器 ENABLED 状态下 STO 断线 |
| r6 | Hall 信号断线 | |
| r5 | Index 信号断线 | 仅适用于 MENCTYPE 为 0、1 和 2 时，也就是说仅当设置为带零位的反馈类型时，才会报此故障。为什么仅适用于 MENCTYPE 0、1 和 2 呢？因为规定 MENCTYPE 0、1 和 2 对应的编码器是带有零位的 |
| j（闪烁） | 超速：超过 VLIM 值的 1.2 倍 | |

| 错误码 | 含义 | 备注 |
|---|---|---|
| j1 | 位置误差（PE）超出其最大限制（PEMAX） | 极容易与超速混淆。常在进行 Autotuning 第一步“惯量估计”时发生。解决办法是将 PEMAX 设置为零，取消限制功能，或者增加 PEMAX，或者调整性能，使 PE 在 PEMAX 范围内 |
| j2 | 速度误差（VE）超出其最大限制（VEMAX） | 这是 FW 1.4.4（2013 年正式发布）提供的功能。解决办法是将 VEMAX 设置为零，取消限制功能，或者增加 VEMAX，或者调整性能，使 VE 在 VEMAX 范围内 |
| L1 | 到达限位 | |
| L2 | 达到另一侧限位 | |
| P（大写） | 驱动器输出（电机侧）过流 | 检查电机接线是否有短路；检查电流环是否有过大的超调量。有时断电重启驱动器即可解决 |
| r8 | 旋变或者正弦编码器故障。正余弦信号超出范围，正余弦信号应满足 $\sin^2\theta+\cos^2\theta=1$。旋变也有正余弦信号，因为它含有正余弦绕组 | 检查正余弦信号的幅值 |
| -1 | 需要 config | |
| -5 | MOTORSETUP 执行失败 | |
| o5 | 小写字母“o”表示 over（超过）。“o”系故障有 4 个，5 V 的、+15V 的、-15V 的和母线电压的。这是 5V 的，5V 电压过低 | 注意：5 V 不是过高，而是过低。<br>驱动器每次掉电后，都会在故障历史中记录一次此故障 |
| o15 | 内部 +15V 过高或过低 | 驱动器已坏，需要维修 |
| o-15 | 内部 -15V 过高或过低 | 驱动器已坏，需要维修 |
| o（闪烁） | 母线电压过高 | 过电压经常发生在减速阶段，应检查是否使用了正确的外置再生电阻 |
| H | 电机过温（过热）。记忆方法：“H”代表“heat”（热） | 常亮：报警<br>闪烁：故障<br>如果 THERMODE = 3 仍然报此故障，尝试断电重启驱动器 |
| F（常亮） | 驱动器或电机折返报警。折返电流（IFOLD 或 MIFOLD）小于设定的 WARNING 报警值 | |
| F1 | 驱动器折返故障。折返电流（IFOLD）小于设定的 FAULT 故障值 | 驱动器过载 |
| F2 | 电机折返故障。折返电流（MIFOLD）小于设定的 FAULT 故障值 | 电机过载 |

## 学习评价

| 评价内容 | 评分标准 | 分值 | 得分 | 备注 |
|---|---|---|---|---|
| 目标认知程度 | 工作目标明确，能快速准确收集相关资料，能合理列写自评表 | 10 | | |
| 情感态度 | 工作态度端正，注意力集中，工作积极、主动 | 10 | | |
| 团队协作 | 具有一定的组织、协调能力，能积极与他人合作，顾全大局，共同完成工作任务 | 5 | | |
| 知识能力运用 | 知识准备充分，运用熟练正确 | 10 | | |
| 项目实施情况 | 1. 根据故障代码正确写出故障处理办法<br>2. 能够排除老师设置的故障 | 40 | | |
| | 操作安全性 | 5 | | |
| | 完成时间 | 5 | | |
| 成果展示情况 | 作品完善、操作方便、功能多样、符合预期要求 | 5 | | |
| | 积极、主动、大方 | 5 | | |
| | 展示过程语言流畅、逻辑性强、表达准确到位 | 5 | | |
| 总分 | | 100 | | |

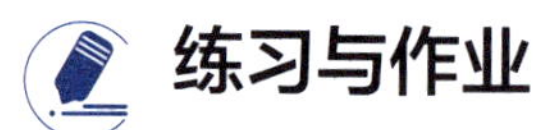

## 练习与作业

根据由教材学到的机器人操作方法与知识，完成急停报警的解除、编程语言错误的解决，以及 R27 错误码的解决。

## 生产任务工单

| 下单日期 | ××/×/× | | 交货日期 | | ××/×/× |
|---|---|---|---|---|---|
| 下单人 | | | 经手人 | | |
| 序号 | 产品名称 | 型号 / 规格 | 数量 | 单位 | 生产要求 |
| 1 | 完成急停报警的解除 | 无 | 1 | 个 | 按照任务实施要求 |
| 2 | 完成 R27 错误码的解决 | 无 | 1 | 个 | 按照任务实施要求 |
| | | | | | |
| | | | | | |
| 备注 | | | | | |
| 制单人：________ | | 审核：________ | | 生产主管：________ | |

# 学习任务 4　加工中心操作与调试（参数设置）

## 学习内容

学习加工中心常规操作并根据设备配置情况，完成加工中心的主要参数设置，并完成加工中心部分主要功能的调试。

## 学习目标

通过本任务的深入学习，能够正确操作加工中心，能够正确设置加工中心的主要参数，对于一些故障，能用设置参数的方法进行诊断和排除。

## 思维导图

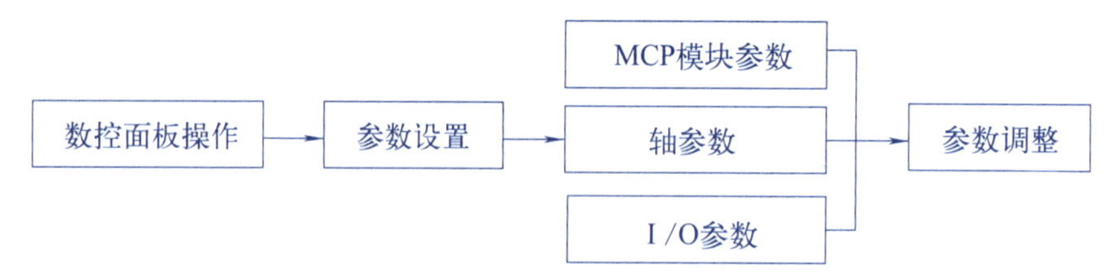


## 任务描述

（1）加工中心面板熟悉、手动操作、程序录入。

（2）加工中心参数设置及主要功能调试。

根据提供的加工中心技术参数，完成表 2.4.1 所列的参数的填写，并设置在数控系统中，以满足加工中心的运行。

表 2.4.1　技术参数表

| 序号 | 参数功能 | 参数号 | 数值 | 单位 |
| --- | --- | --- | --- | --- |
| 1 | 主轴最高转速 | | | |
| 2 | X 轴最高快移速度 | | | |
| 3 | Y 轴最高快移速度 | | | |
| 4 | Z 轴最高快移速度 | | | |

## 任务分析

加工中心手动上工件和下工件操作

### 一、华中数控系统操作知识

以 HNC-818NC 数控系统为例进行介绍。

**（一）HNC-8NC 显示面板介绍**

HNC-8NC 显示面板如图 2.4.1 所示。

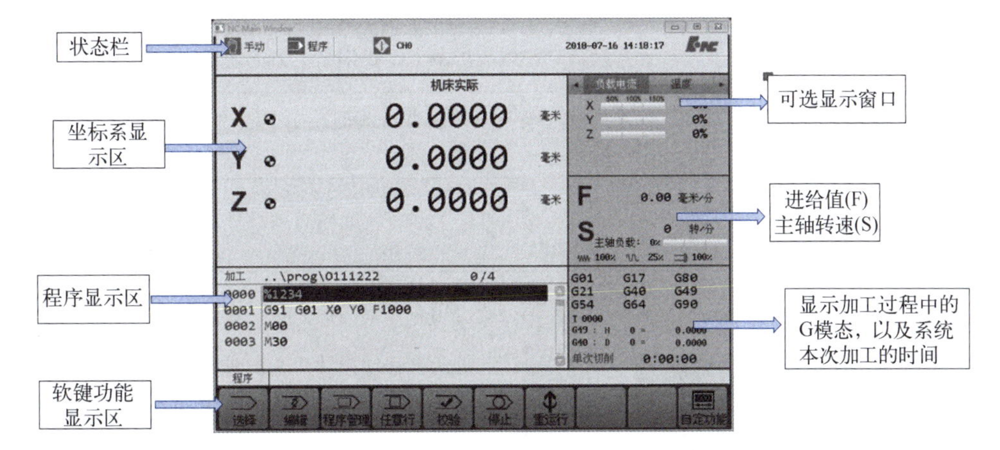


图 2.4.1　HNC-8NC 显示面板

**（二）NC 键盘介绍**

NC 键盘如图 2.4.2 所示。

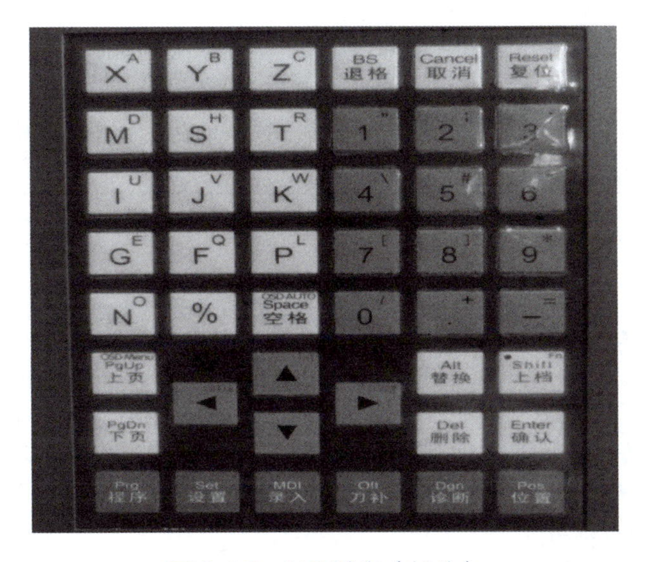


图 2.4.2　NC 键盘（部分）

键盘功能说明见表 2.4.2。

表 2.4.2 键盘功能

| 编号 | 名称 | 功能说明 |
|---|---|---|
| 1 | 软功能键 F1 ~ F10 | 按这些键激活软按键对应的功能键或进入下一级功能菜单 |
| 2 | 复位键 Reset 复位 | 按此键来重新设定 CNC、消除警示等 |
| 3 | 主功能键 Prg 程序 Set 设置 | 按这些键可转换功能所显示的画面 |
| 4 | 字母键和数字键 F Q 0 | 按这些键来输入字母、数字以及其他文字 |
| 5 | 跳格键 Tab | 在文字处理软件中按一次“Tab”，光标可以跳好几个空格或移到指定的位置 |
| 6 | 切换键 Shift 上档 | 一些地址键的上面有两个字母，按转移键可改变文字，当切换键按下后，会出现在屏幕上，指出右上方的字母能被输入 |
| 7 | 组合键功能 Alt Ctrl | 按这些键用来组合快捷键，如在程序编辑时按 Ctrl+H 可以快速返回程序头 |
| 8 | 空格键 Space 空格 | 它的作用是输入空格，即输入不可见字符使光标右移 |
| 9 | 指针转移键和翻页键 PgUp 上页 PgDn 下页 ▲ ◀ ▶ ▼ | ▶：此键用来移动指针往右，或做短距离正方向移动<br>◀：此键用来移动指针往左，或做短距离逆方向移动<br>▼：此键用来移动指针往下，或做长跑离正方向移动<br>▲：此键用来移动指针往上，或做长距离逆方向移动<br>PgUp 上页：此键用来往上翻页<br>PgDn 下页：此键是用来往下翻页 |
| 10 | 前删除键 Cancel 取消 | 按此键可删除存在缓冲器中的最后一个文字或符号，当这些字被显示在缓冲区时。<br>例如：＞N001×100Z<br>按下删除键，Z 被删除。同时显示如下：<br>＞N001×100_ |
| 11 | 后删除键 Del 删除 | 按此键可删除存在缓冲器中的最后一个文字或符号，当这些字被显示在缓冲区时。<br>例如：＞N001×100Z<br>按下删除键，Z 被删除。同时显示如下：<br>＞N001×10Z_ |
| 12 | Enter 键 Enter 确认 | 它的作用是输入一个自然段后换行，或者是选定一个菜单或按钮时执行功能 |

## （三）操作面板功能键介绍

操作面板功能键如图 2.4.3 所示，功能介绍见表 2.4.3。

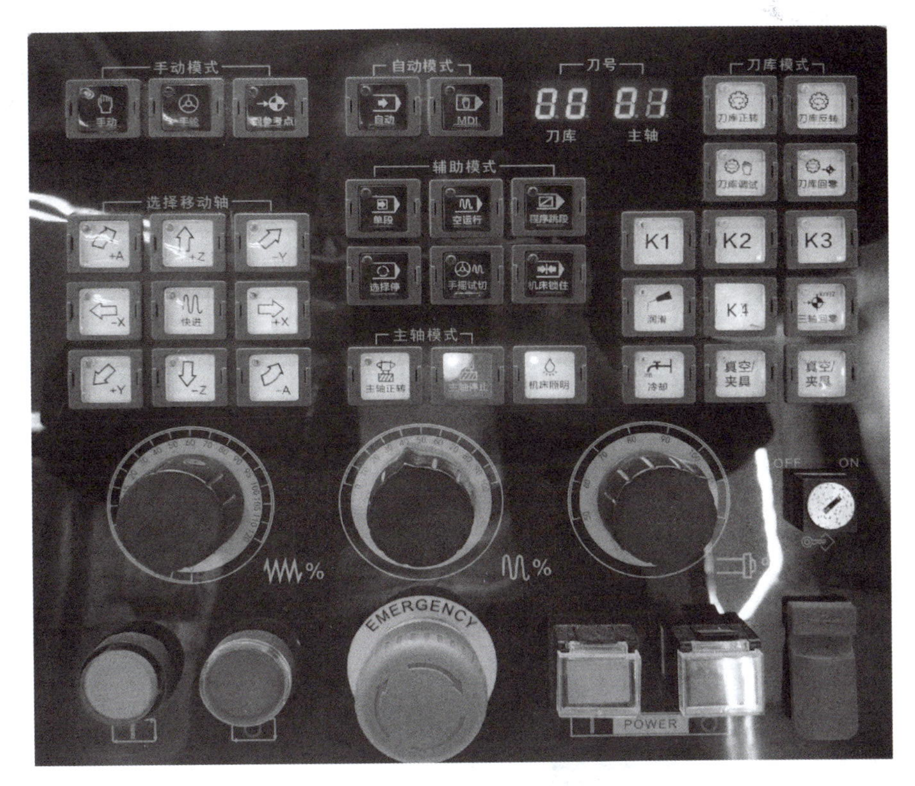


图 2.4.3　操作面板功能键（部分）

表 2.4.3　操作面板功能键介绍

| 编号 | 名称 | 功能说明 |
| --- | --- | --- |
| 1 | 刀库模式 | 当按“刀库调试”后，“刀库正转”“刀库反转”“刀库回零”按键才会生效 |
| 2 | 轴移动方向键 | 在手动进给时，按这些键可以实现轴的移动。举例：按 -X 轴时向 X 轴负方向移动，按 +X 时向 X 轴正方向移动。其他轴也类似。若同时按“快进”按键，则产生相应轴的正向或负向快速运动 |
| 3 | 单段 | 当单段开关 ON 时，程序运行时一次执行一个单段，没有连续性的动作，每个单段需按 CYCLE START |
| 4 | 空运行 | 当空运行开关 ON 时，程序切削进给百分率调整无效，以寸动进给的速度来移动 |
| 5 | 程序跳段 | 程序跳段开关 ON 时，在程序单节前端有斜线“/”记号，这个单节不会被执行 |
| 6 | 选择停 | 选择停开关 ON 时，如果程序执行至 M01 命令，则程序单段执行完会停止，须再按 CYCLE START 才能继续执行下一个单段 |
| 7 | 手轮试切 | 在自动模式下，当手轮试切开关打开时，可以通过手轮控制加工 |
| 8 | 机床锁 | 暂时屏蔽 |

续表

| 编号 | 名称 | 功能说明 |
| --- | --- | --- |
| 9 | 三轴回零 | 在手动模式下，按压下“三轴回零”键可以快速现实三轴回零 |
| 10 | 防护门 | 当防护门指示灯亮，表示防护门锁是闭合状态，指示灯灭，表示防护门锁处于打开状态 |
| 11 | 冷却 | 冷却开关 ON 时，当程序执行至 M08 指令时，切削液马达开始动作；正常开机且激活时，冷却开关灯会亮 |
| 12 | 润滑 | 按下“润滑”可以实现手动润滑 |
| 13 | 程序进给控制 | 切削进给率（F 指令）在程序中可做 0 ～ 200% 调整 |
| 14 | G0 进给控制 | 在自动或手动操作时，进行快速位移进给率的调整，选择值 F0 ～ F100 |
| 15 | 主轴转速调整 | 在自动或手动操作，做主轴速度调整（S 命令）范围 0 ～ 120% |
| 16 | 操作面板锁 | 操作面板锁保护钥匙开关 OFF 时，不可以使用操作面板。<br>操作面板锁保护钥匙开关 ON 时，可以使用操作面板 |
| 17 | 程序启动 | 此开关在自动或手动数值资料输入模式下使用，灯亮表示程序执行中 |
| 18 | 程序暂停 | 自动或手动数值资料输入模式下使用，程序激活开关灯亮，按下此开关则机械暂停，此时程序暂停灯亮，程序激活开关灯熄灭 |
| 19 | 急停 | 当紧急停止开关按下时，表示处于紧急停止状态，停止所有的动作，屏幕上会显示 EMG |
| 20 | 开机电源 | 当开机电源开关按下时，开机电源开关指示灯处于常亮状态 |
| 21 | 关机电源 | 当关机电源开关按下时，关机电源开关指示灯处于常亮状态 |
| 22 | USB 接口 | USB 接口用于数据的输出或输入 |

加工中心开机

### （四）主功能按键和操作画面的介绍

主功能按键和操作画面如图 2.4.4 所示。

详细操作见与指导书配套的《HNC-8 用户操作说明书》。

## 二、数控系统参数概述

数控系统参数是用来设定数控系统匹配的加工中心及其性能的一系列数据，一般在加工中心电气控制电路连接完成后，对其进行系统参数的设定和调整（包括伺服参数），以保证加工中心正常运行，满足机床加工的精度和要求。另外，数控系统参数在机床维修中也起到重要作用。

图 2.4.4　主功能按键和操作画面

（一）参数的作用

（1）对数控系统自身的基本性能进行调节。

（2）使数控系统与实际工作机床的各项条件匹配起来。

（3）使数控系统的软件与实际工作的硬件相互识别并匹配起来，且可以对硬件的参数也进行一定的调整和调试。

（4）使系统的各部件更加和谐地匹配起来，对各部件的运动性能、力学性能、配合性能、补偿性能都进行有效调节。

（二）参数编号的分配

HNC-8 数控系统各类参数的参数编号（ID）分配如表 2.4.4 所示。

表 2.4.4　HNC-8 数控系统各类参数的参数编号（ID）分配

| 参数类别 | ID 分配 | 描述 |
|---|---|---|
| NC 参数 | 000000 ～ 009999 | 占用 10000 个 ID 号 |
| 机床用户参数 | 010000 ～ 019999 | 占用 10000 个 ID 号 |
| 通道参数 | 040000 ～ 049999 | 按通道划分，每个通道占用 1000 个 ID 号 |
| 坐标轴参数 | 100000 ～ 199999 | 按轴划分，每个轴占用 1000 个 ID 号 |
| 误差补偿参数 | 300000 ～ 399999 | 按轴划分，每个轴占用 1000 个 ID 号 |
| 设备接口参数 | 500000 ～ 599999 | 按设备划分，每个（台）设备占用 1000 个 ID 号 |
| 数据表参数 | 700000 ～ 799999 | 占用 100000 个 ID 号 |

### （三）参数访问级别与修改权限

参数访问级别如表 2.4.5 所示。

表 2.4.5　参数访问级别

| 参数访问级别 | 面向对象 | 英文标识 |
| --- | --- | --- |
| 1 | 用户 | ACCESS_USER |
| 2 | 机床 | ACCESS_MAC |
| 3 | 数控 | ACCESS_NC |
| 4 | 管理员 | ACCESS_RD |
| 5 | 固化 | ACCESS_VENDER |

固化的参数（访问级别 5 级）不允许人为修改，由数控系统自动配置（出厂时固化）。

### （四）参数的生效方式

（1）保存生效：参数修改后按“保存”键生效。

（2）立即生效：参数修改后立即生效（主要用于伺服驱动参数调整）。

（3）复位生效：参数修改保存后按“复位”键生效。

（4）重启生效：参数修改保存后重启数控系统生效。

### （五）参数的查看与修改

参数的查看不需要权限，参数的修改则根据参数的访问级别需要对应的权限。

权限密码：数控权限—HIG；管理员权限—HNC8。

注意：权限密码请勿随意更改，如需修改 PLC，也需赋予此处的权限。

数控权限为 3 级权限，可以修改几乎所有调试参数；管理员权限为最高权限，可以修改所有非固化参数。

### （六）参数设置步骤

“设置”→ F10“参数”→ F7“权限管理”→选择权限。

① 点击“设置”出现图 2.4.5 所示参数界面。

② 点击 F10“参数”，如图 2.4.6 所示。

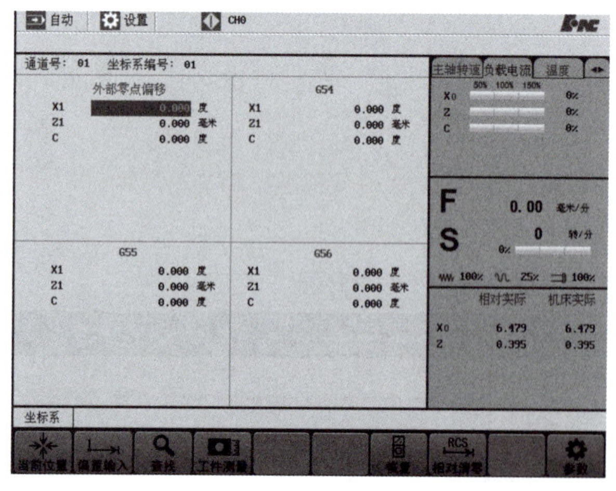


图 2.4.5　参数设置画面

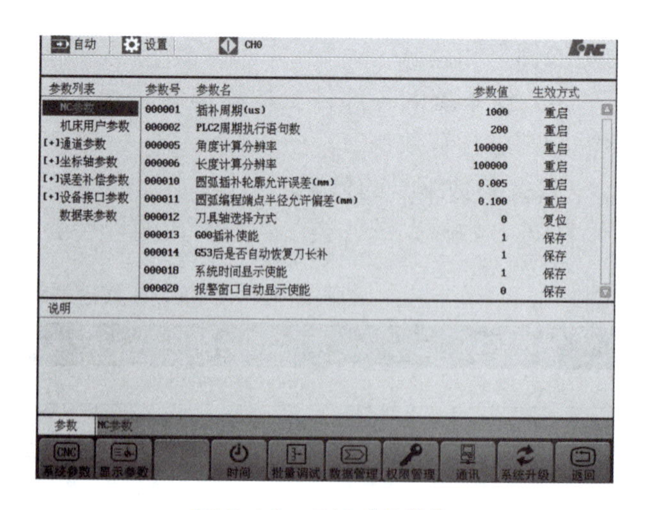


图 2.4.6　F10“参数”

③ 点击 F7“权限管理”，选择合适的用户级别登录，如图 2.4.7 所示。

④ 也可以点击 F1“系统参数”出现图 2.4.8 所示画面，再点击 F3“输入口令”。

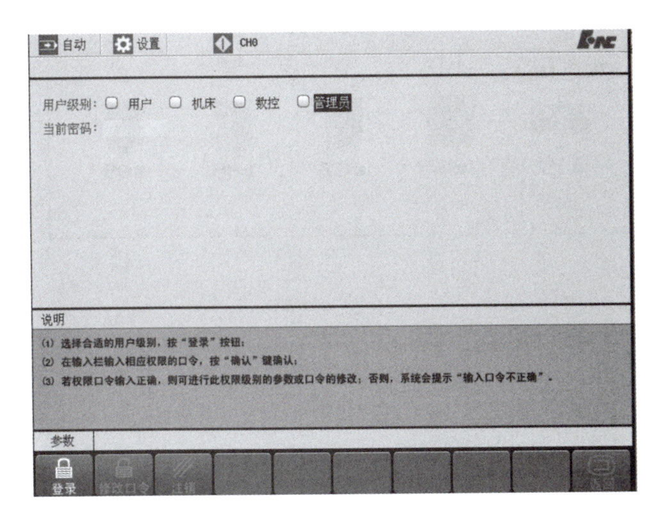

图 2.4.7　F7“权限管理”

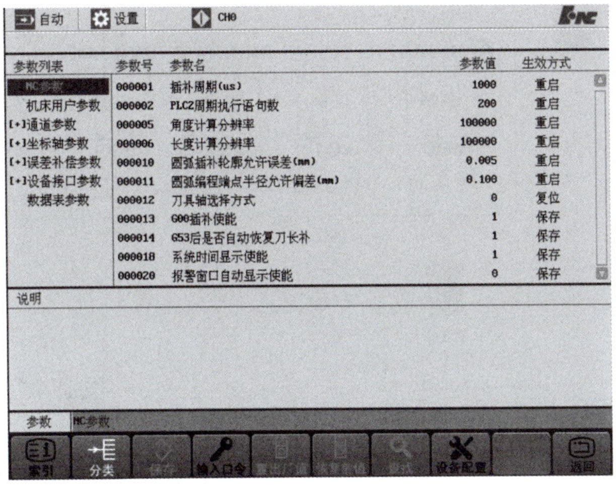

图 2.4.8　F1“系统参数”

⑤ 输入口令正确后就可以按要求修改参数了。用上、下键选择参数类型，按 Enter 键进入子选项，如图 2.4.9 所示；用右键切换到参数选项窗口，修改参数值（每个参数都有详细说明），如图 2.4.10 所示。

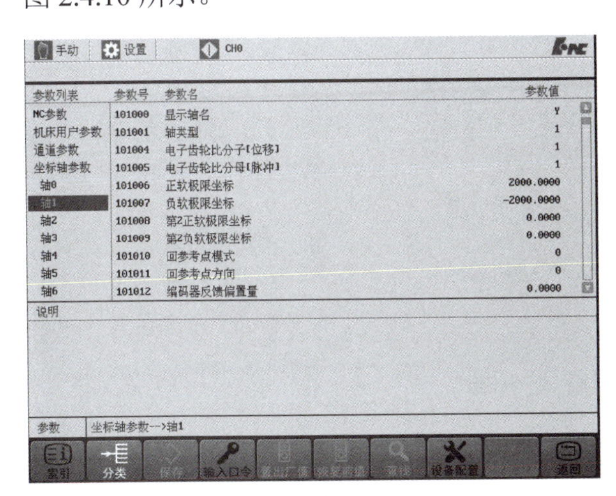

图 2.4.9　修改参数（一）

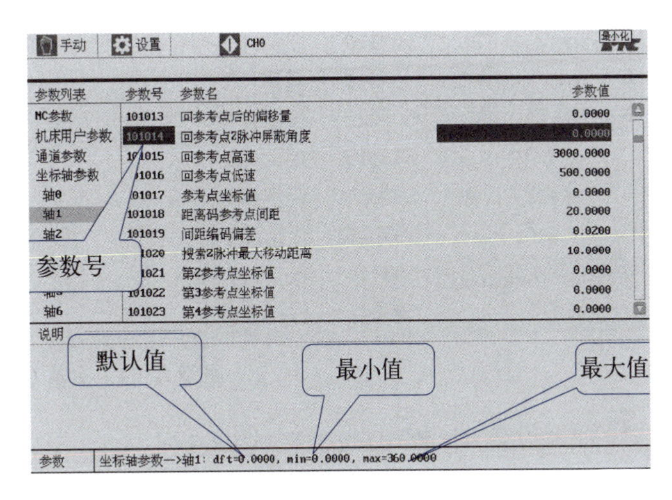


图 2.4.10　修改参数（二）

## （七）参数修改举例

设置 X 轴最高快移速度方法如下：按照上述步骤完成后，用上、下键选择参数类型为“坐标轴参数”中“逻辑轴 0”；用右键切换到参数选项窗口，用上、下键或翻页键查找到“最大快移速度”，选中后按“Enter”键后进行修改，如图 2.4.11 所示。

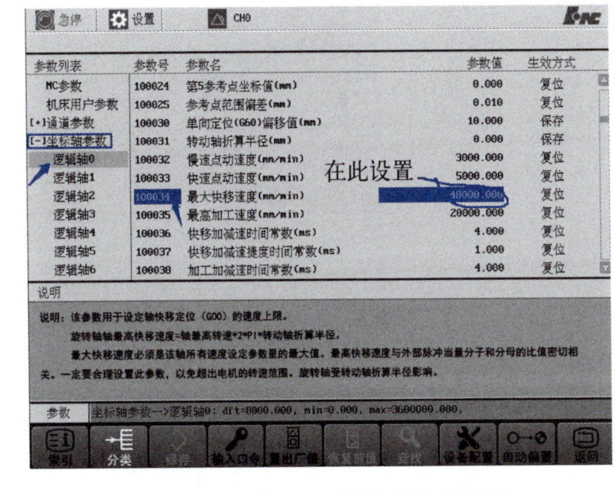


图 2.4.11　设置 X 轴最高快移速度

# 三、部分参数分类简要说明

## （一）设备接口参数

设备配置如图 2.4.12 所示。

（1）设备 0 ～设备 3：保留（图 2.4.13）。

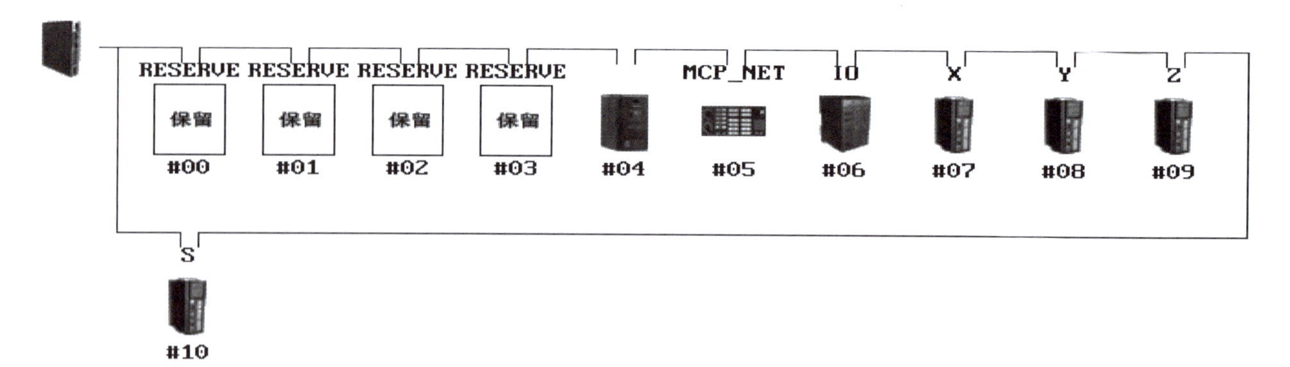


图 2.4.12　设备设置

急停　设置　CH0

| 参数列表 | 参数号 | 参数名 | 参数值 | 生效方式 |
|---|---|---|---|---|
| NC参数 | 503000 | 设备名称 | RESERVE | 固化 |
| 机床用户参数 | 503002 | 设备类型 | 1000 | 固化 |
| [+]通道参数 | 503003 | 同组设备序号 | 0 | 固化 |
| [+]坐标轴参数 | 503010 | 保留[0] | 0 | 重启 |
| [+]误差补偿参数 | 503011 | 保留[1] | 0 | 重启 |
| [-]设备接口参数 | 503012 | 保留[2] | 0 | 重启 |
| 设备0 | 503013 | 保留[3] | 0 | 重启 |
| 设备1 | 503014 | 保留[4] | 0 | 重启 |
| 设备2 | 503015 | 保留[5] | 0 | 重启 |
| 设备3 | 503016 | 保留[6] | 0 | 重启 |
| 设备4 | 503017 | 保留[7] | 0 | 重启 |

图 2.4.13　设备 0～设备 3：保留

（2）设备 4：模拟量主轴（图 2.4.14）。

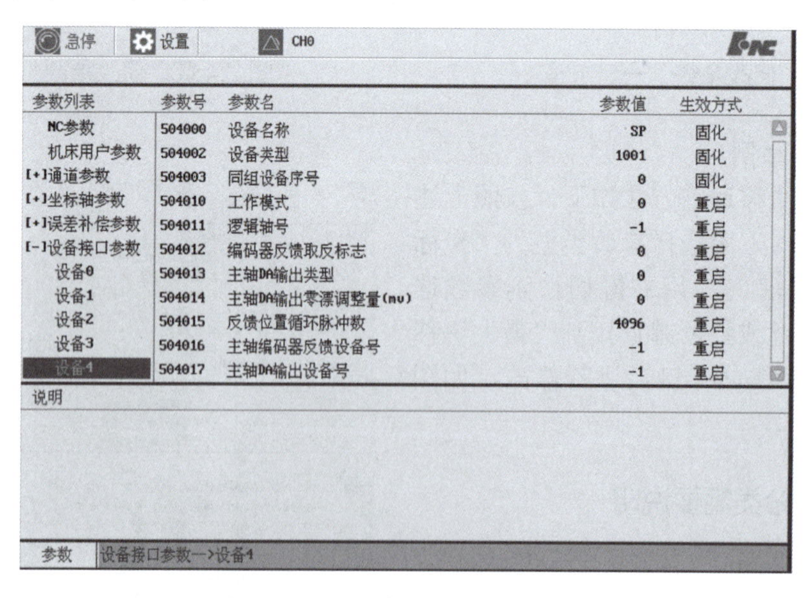

急停　设置　CH0

| 参数列表 | 参数号 | 参数名 | 参数值 | 生效方式 |
|---|---|---|---|---|
| NC参数 | 504000 | 设备名称 | SP | 固化 |
| 机床用户参数 | 504002 | 设备类型 | 1001 | 固化 |
| [+]通道参数 | 504003 | 同组设备序号 | 0 | 固化 |
| [+]坐标轴参数 | 504010 | 工作模式 | 0 | 重启 |
| [+]误差补偿参数 | 504011 | 逻辑轴号 | -1 | 重启 |
| [-]设备接口参数 | 504012 | 编码器反馈取反标志 | 0 | 重启 |
| 设备0 | 504013 | 主轴DA输出类型 | 0 | 重启 |
| 设备1 | 504014 | 主轴DA输出零漂调整量(mv) | 0 | 重启 |
| 设备2 | 504015 | 反馈位置循环脉冲数 | 4096 | 重启 |
| 设备3 | 504016 | 主轴编码器反馈设备号 | -1 | 重启 |
| 设备4 | 504017 | 主轴DA输出设备号 | -1 | 重启 |

说明

参数　设备接口参数—>设备4

图 2.4.14　设备 4：模拟量主轴

（3）设备 5：MCP 模块参数（图 2.4.15）。

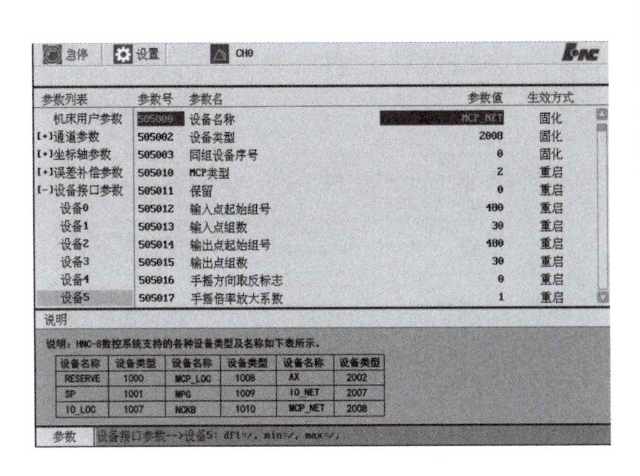


起始号组480

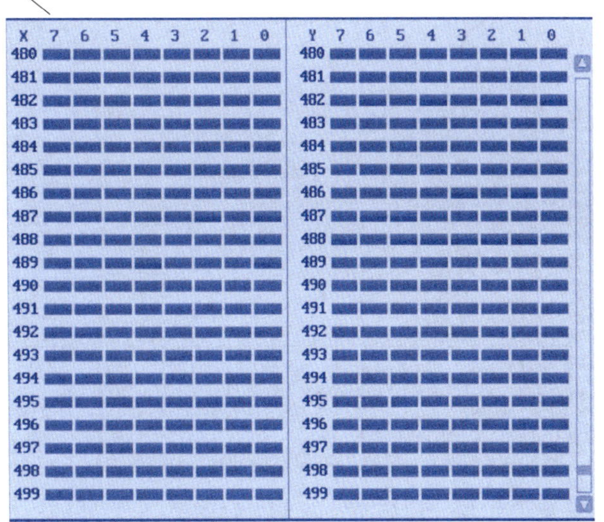


图 2.4.15　设备 5：MCP 模块参数

（4）设备 6：I/O 总线模块参数（图 2.4.16）。

起始号组000

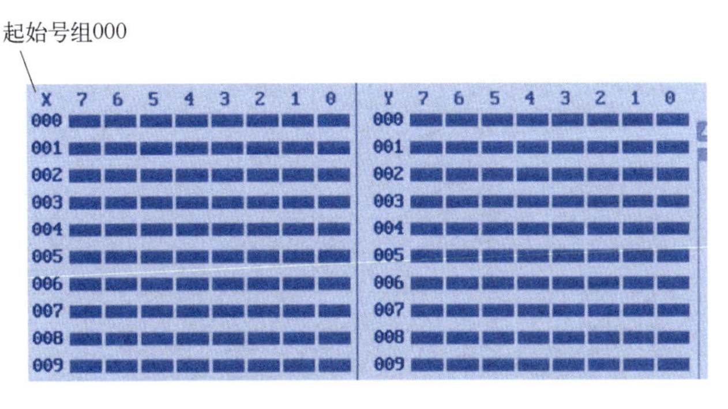


图 2.4.16　设备 6：I/O 总线模块参数

（5）设备 7 ～设备 9：伺服进给轴参数（图 2.4.17）。

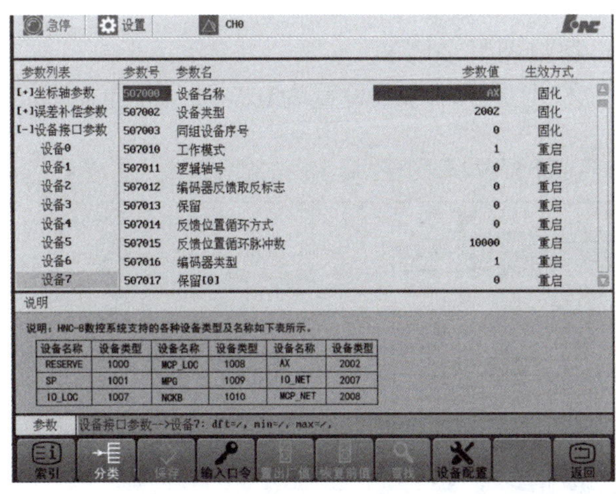


图 2.4.17　设备 7 ～设备 9：伺服进给轴参数

（6）设备 10：伺服主轴参数（图 2.4.18）。

（7）通道号、逻辑轴号、设备号（图 2.4.19）。

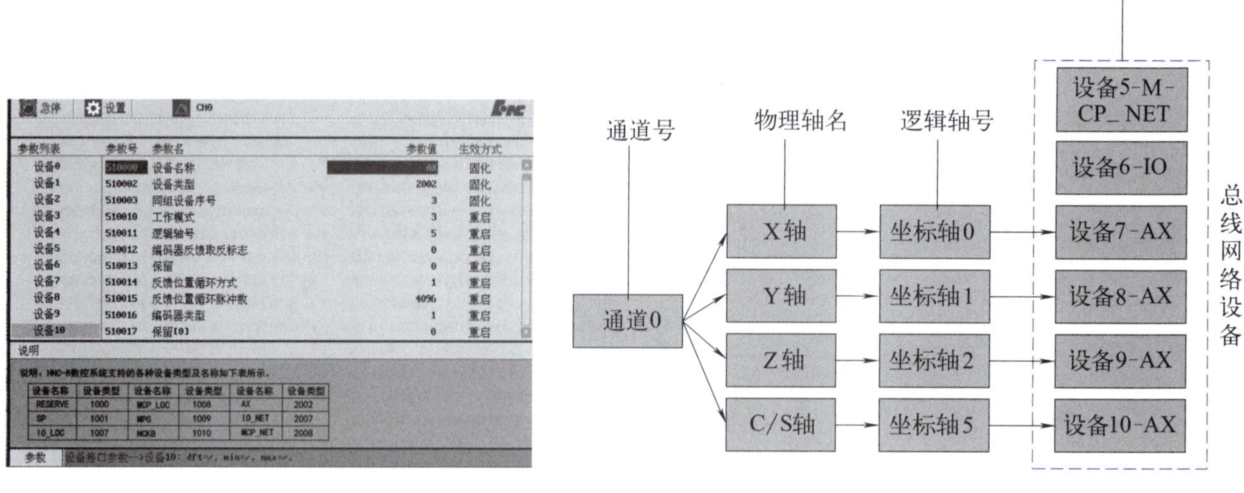


图 2.4.18　设备 10：伺服主轴参数　　图 2.4.19　通道号、逻辑轴号、设备号

## （二）机床用户参数

机床用户参数如图 2.4.20 所示。

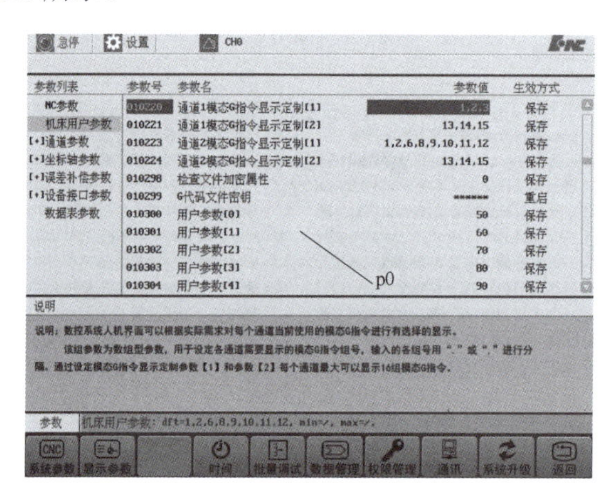


图 2.4.20　机床用户参数

参数调整举例：

① 当显示轴参数设置为 0x7 时，界面显示如图 2.4.21 所示。

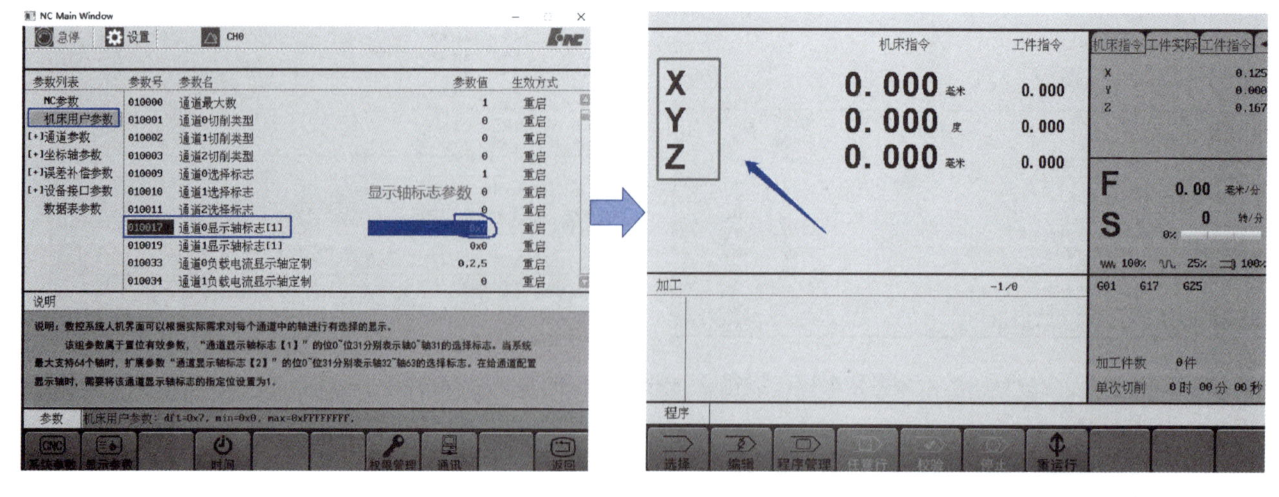


图 2.4.21　参数调整举例（一）

② 当显示轴参数设置为 0x27 时，界面显示如图 2.4.22 所示。参数值简要解释如图 2.4.23 所示。

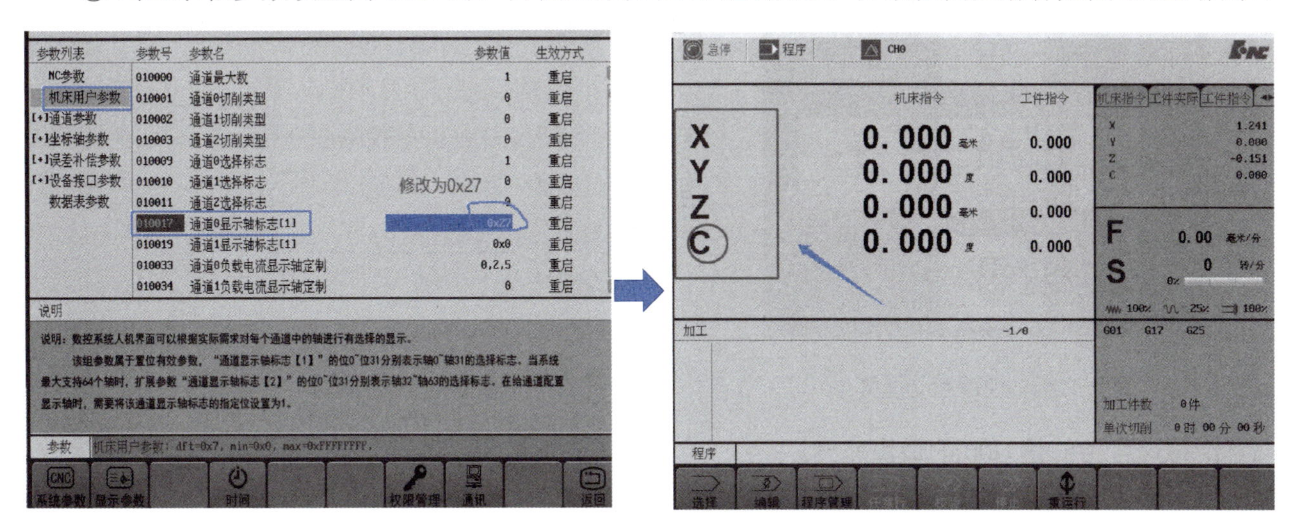

图 2.4.22 参数调整举例（二）

转换成 16 进制数，即 0x27。

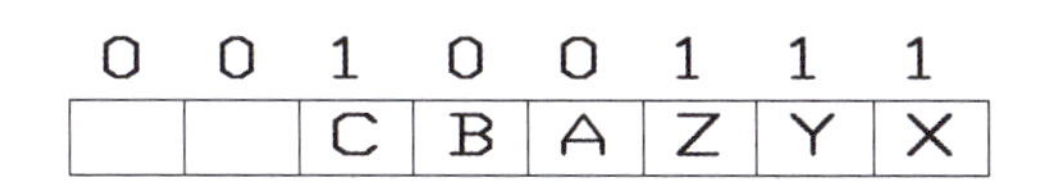

图 2.4.23 参数值简要解释

## （三）通道参数

通道参数如图 2.4.24 所示。

| 参数列表 | 参数号 | 参数名 | 参数值 | 生效方式 |
|---|---|---|---|---|
| NC参数 | 040000 | 通道名 | CH0 | 重启 |
| 机床用户参数 | 040001 | X坐标轴轴号 | 1 | 重启 |
| [-]通道参数 | 040002 | Y坐标轴轴号 | -1 | 重启 |
| 通道0 | 040003 | Z坐标轴轴号 | 2 | 重启 |
| 通道1 | 040004 | A坐标轴轴号 | -1 | 重启 |
| 通道2 | 040005 | B坐标轴轴号 | -1 | 重启 |
| 通道3 | 040006 | C坐标轴轴号 | -2 | 重启 |
| [+]坐标轴参数 | 040007 | U坐标轴轴号 | -1 | 重启 |
| [+]误差补偿参数 | 040008 | V坐标轴轴号 | -1 | 重启 |
| [+]设备接口参数 | 040009 | W坐标轴轴号 | -1 | 重启 |
| 数据表参数 | 040010 | 主轴0轴号 | 5 | 重启 |

急停 设置 CH0

说明

参数 通道参数-->通道0

图 2.4.24 通道参数

## （四）坐标轴参数

举例如下：

例一如图 2.4.25 所示。

| | | |
|---|---|---|
| 100032 | 慢速点动速度 | 500.000 |
| 100033 | 快速点动速度 | 2000.000 |

图 2.4.25 例一

快速点动速度指的是按“快进”及轴移动时的移动速度，如图 2.4.26 所示。

例二如图 2.4.27 所示。

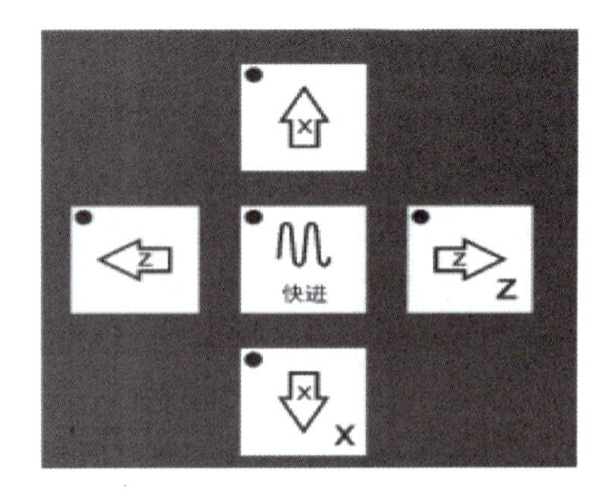


图 2.4.26　快速点动速度

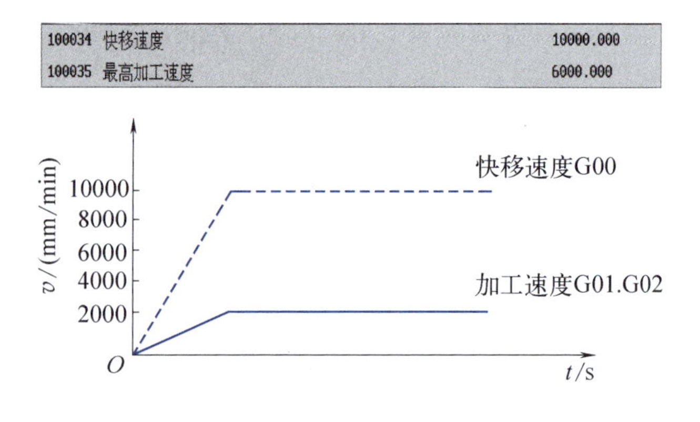


图 2.4.27　例二

快移速度指的是 G00 的最快速度。

最高加工速度指的是 G01 的最高速度。

例三如图 2.4.28 所示。

| 100199 显示速度积分周期数 | 50 |
|---|---|

图 2.4.28　例三

在轴参数中注意设置 199 号参数，此参数必须要设置为 50，否则轴无速度显示，如图 2.4.29 所示。

例四如图 2.4.30 所示。

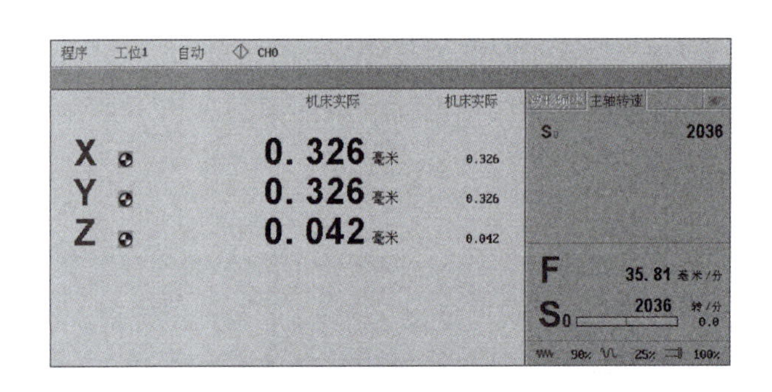


图 2.4.29　设置 199 号参数

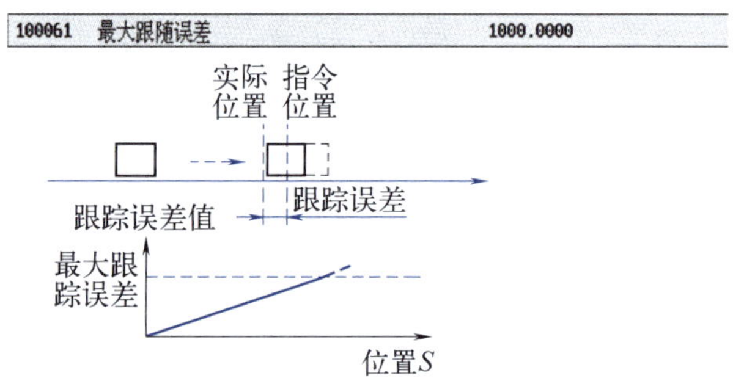


图 2.4.30　例四

最大跟踪误差指的是当坐标轴运行时，所允许的最大误差。

若该参数太小，系统容易因定位误差过大而停机；若该参数太大，则会影响加工精度。一般来说，机床越大，该值越大；机床的机械传动情况和精度越差，该值越大；机床运动速度越快，该值越大。

详细内容可以参考《HNC-8 参数说明书》。

## 任务实施

加工中心刀库重新排刀

### 一、任务准备

加工中心（数控系统操作说明书）、实训任务书、实训指导书等。

### 二、加工中心参数修改与调试

（1）根据要求修改加工中心参数并进行验证。

（2）调试参数，使机床性能满足使用要求。

参数调试思路及记录：________________________________________________

________________________________________________________________

________________________________________________________________

________________________________________________________________

________________________________________________________________

加工中心手动主轴装刀和卸刀

## 三、任务实施内容解读

教师对任务实施内容进行解读，必要时可以进行示范。在解读任务实施内容的过程中，结合PPT，对本任务所涉及的重点、难点进行讲解。

## 四、工具整理

按要求整理工具，清理实训台，并由教师检查。

# 学习评价

| 评价内容 | 评分标准 | 分值 | 得分 | 备注 |
|---|---|---|---|---|
| 目标认知程度 | 工作目标明确，能快速准确收集相关资料，能合理列写自评表 | 10 | | |
| 情感态度 | 工作态度端正，注意力集中，工作积极、主动 | 10 | | |
| 团队协作 | 具有一定的组织、协调能力，能积极与他人合作，顾全大局，共同完成工作任务 | 5 | | |
| 知识能力运用 | 知识准备充分，运用熟练正确 | 10 | | |
| 项目实施情况 | 按要求正确修改调试加工中心参数 | 40 | | |
| | 操作安全性 | 5 | | |
| | 完成时间 | 5 | | |
| 成果展示情况 | 作品完善、操作方便、功能多样、符合预期要求 | 5 | | |
| | 积极、主动、大方 | 5 | | |
| | 展示过程语言流畅、逻辑性强、表达准确到位 | 5 | | |
| 总分 | | 100 | | |

# 练习与作业

根据由教材学到的加工中心操作方法与知识，完成修改系统参数：主轴最高转速为8000，X、Y、Z轴最高移动速度为1000，最慢移动速度为300，将主轴最高转速设置为5000转/分钟（r/min）。

# 生产任务工单

| 下单日期 | ××/×/× | | 交货日期 | | ××/×/× |
|---|---|---|---|---|---|
| 下单人 | | | 经手人 | | |
| 序号 | 产品名称 | 型号/规格 | 数量 | 单位 | 生产要求 |
| 1 | 修改数控系统参数主轴最高转速为8000 | 无 | 1 | 个 | 按任务实施要求 |
| 2 | 修改数控系统X、Y、Z轴最高移动速度为2000 | 无 | 1 | 个 | 按任务实施要求 |
| 3 | 修改数控系统X、Y、Z轴最低移动速度为100 | 无 | 1 | 个 | 按任务实施要求 |
| | | | | | |
| | | | | | |
| 备注 | | | | | |

制单人：____________ 审核：____________ 生产主管：____________

# 学习任务 5　加工中心编程

## 学习内容

学习 G、M 代码的使用，学习加工中心手工编程的方法。

## 学习目标

通过本任务的深入学习，能够识读零件图，合理安排加工工艺，能够熟练使用数控加工基本指令，正确编写零件加工程序，并完成加工得到合格零件。

## 思维导图

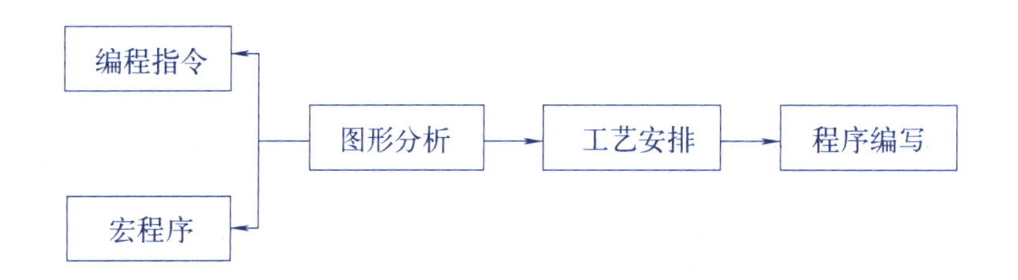


## 任务描述

编写用加工中心加工如图 2.5.1 所示工件的程序。

（1）加工 $\phi$108mm 圆，两条 3°斜边，108mm×108mm、15°斜方，160mm×160mm 方。

（2）160mm×160mm 方四边铣深大于 6mm 即可，所有上平面不加工。

（3）按照图示形位公差保证精度。

（4）尺寸为自由公差。

（5）粗糙度如图 2.5.1 所示要求。

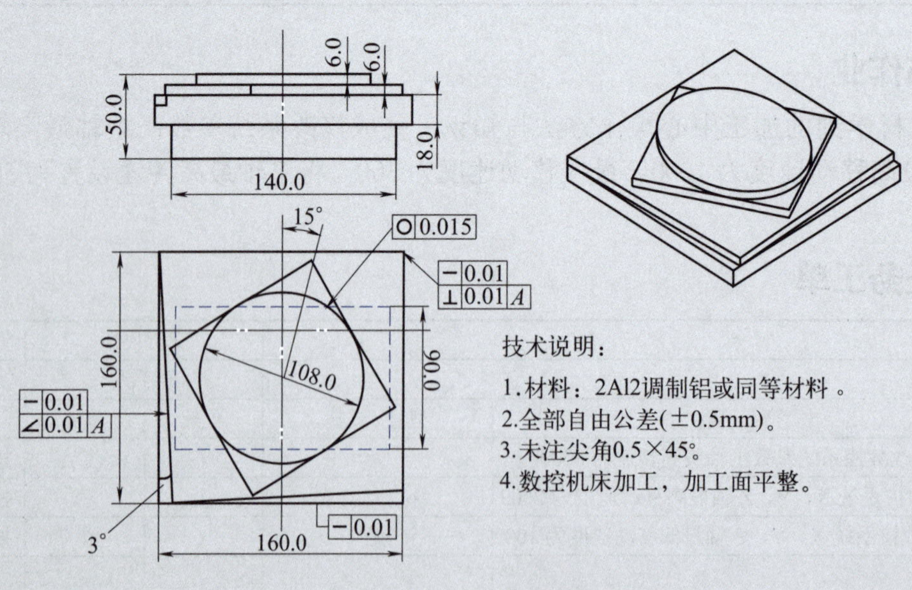


图 2.5.1　加工工件

## 任务分析

### 基本指令介绍

（一）G90、G91

G90 绝对值指令，以指定点和程序零点坐标之差值，做直线切削至指定点（图 2.5.2）。

G91 增量值指令，以指定点和起始点坐标之差值，做直线切削至指定点（图 2.5.2）。

（二）G00、G01

1. G00

格式：G00 X_Y_ Z_；X、Y、Z 为指定点坐标

直线快速定位指令，各轴以最短的距离在无切削状态下快速移动至指定点，速度一般设为 48000mm/min。

2. G01

格式：G01 X_Y_ Z_F_；X、Y、Z 为指定点坐标，F 为进给速度，单位为 mm/min

直线切削指令，刀具从 A 点到 B 点以两点间最短的路线来完成切削（图 2.5.3）。

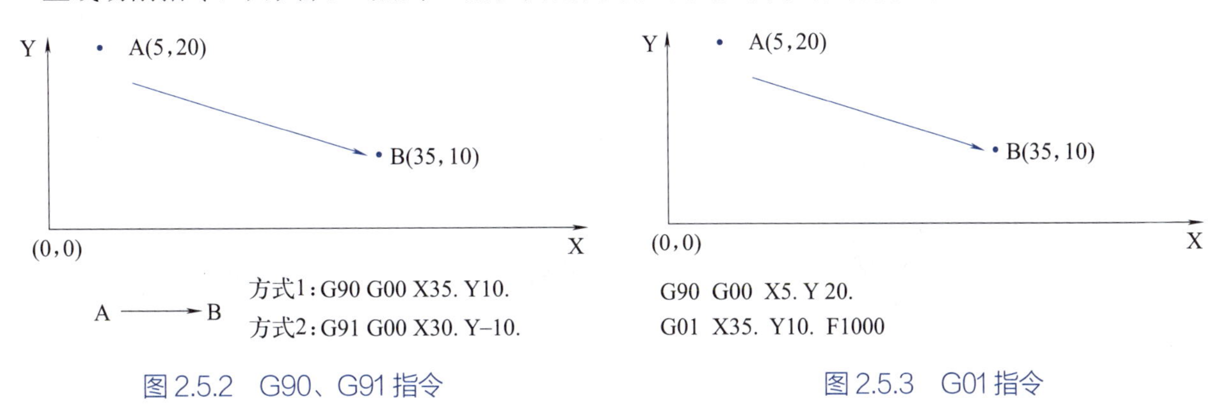


图 2.5.2　G90、G91 指令　　图 2.5.3　G01 指令

（三）G02、G03

**1. 格式：G02/G03 X_Y_R_（I_J_）F_**

顺时针 / 逆时针圆弧插补，在已指定的平面上使刀具沿一圆弧移动（图 2.5.4）。

X：X 轴或其平行轴的移动距离（圆弧终点坐标）。

Y：Y 轴或其平行轴的移动距离（圆弧终点坐标）。

I：从 X 轴的起点至圆弧中心点的距离（圆心相对起点的矢量）。

J：从 Y 轴的起点至圆弧中心点的距离（圆心相对起点的矢量）。

R：圆弧半径（带有符号，＞ 180° 为“–”，＜ 180 为“+”）

**2. 注意点**

（1）在做圆弧切削时，主轴的位置应先到圆弧的起点上；

（2）X 、 Y 为圆弧终点坐标；

（3）I 、 J 为圆弧圆心坐标减圆弧起点坐标。

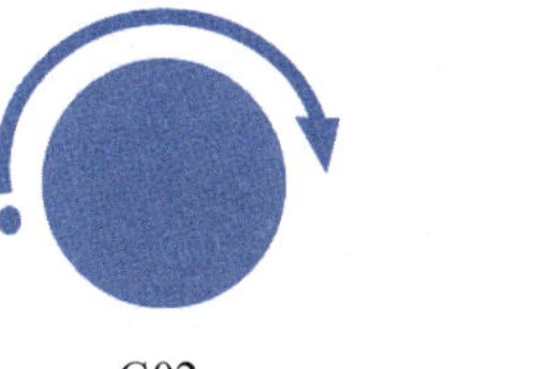

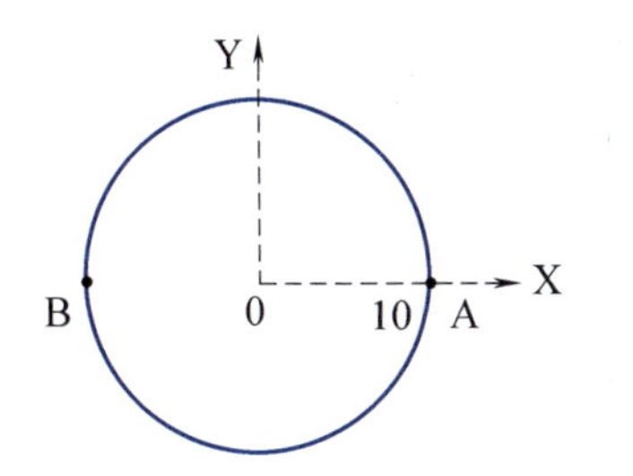


起点“A” 至“B”
G02 X–10. Y0. I–10. F2000.
起点“B” 至“A”
G03 X10. Y0. I10. F2000.
起点“A” 至“A”
G03 X10. Y0. I–10. F2000.

图 2.5.4　G02、G03 指令

（四）G40、G41、G42

格式：

G40；刀具半径补偿取消

G41 D_；刀具半径左补偿

G42 D_；刀具半径右补偿

因为刀具直径的存在，所以在编程的时候必须考虑其对路径的影响，要加工出正确的轮廓，势必要使刀具向着合适的方位偏移一刀具半径，这个偏移称为补偿。

补偿可在编程时将刀具半径计算进去，也可以通过机器本身的识别的代码 G41、G42 来实现补偿（图 2.5.5）。

D：刀具直径补偿数，如 D1。

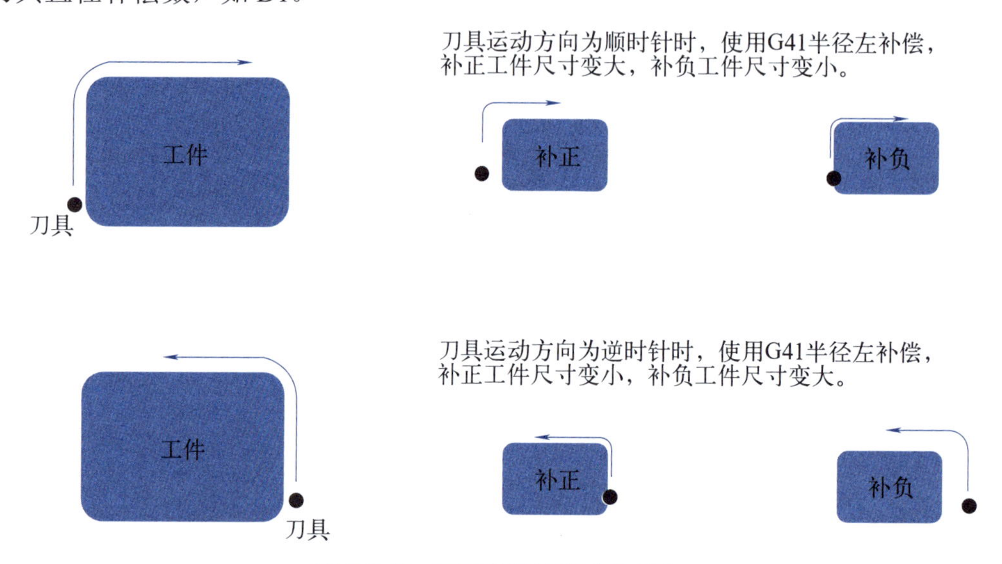


图 2.5.5　刀具半径补偿（G41）

（五）G43、G44、G49

格式：

G43　H_ Z_；刀具长度正向补偿

G44　H_ Z_；刀具长度负向补偿（几乎不用）

G49；刀具长度补偿取消

功能：Z 轴方向的位置补偿，用以修正刀具长度的误差。

H：刀具刀补号。

Z: Z 轴终点坐标，通常是指安全高度。

（六）G54 ～ G59

格式：

G54 ～ G59；工件坐标系

G90 G10 L2 P_（P1 ～ P6）X_ Y_ Z_

G54：工件坐标系 1 选择——P1。

G55：工件坐标系 2 选择——P2。

G56：工件坐标系 3 选择——P3。

G57：工件坐标系 4 选择——P4。

G58：工件坐标系 5 选择——P5。

G59：工件坐标系 6 选择——P6。

（七）G68、G69
格式：G68 X_ Y_R_
功能：坐标旋转，所有移动指令将对旋转中心做旋转（逆时针为正方向）。
X、Y：旋转中心绝对坐标。
R：旋转角度（华数系统为 P）。
示例：G68 X0 Y0 R90.；坐标旋转 90°
格式：G69；坐标旋转取消
（八）M00、M01、M02、M30、M99
M00：程序暂停。
功能：当 CNC 执行到此指令时，则主轴停止旋转，进给暂停。
M01：选择性程序暂停。
功能：当 CNC 执行到此指令且相应开关打开时，与 M00 相同功能。
M02：程序结束。
功能：主程序加工结束，若要重新执行程序，需先按下“复位”键将程序返回到开头。
M30：程序结束。
功能：表示程序到此结束，并返回到程序最前面开始位置。
M99：程序结束。
功能：循环指令，子程序结束后返回主程序，程序循环执行。
（九）M03、M04、M05、M06、M08、M09
M03：主轴正转。
功能：主轴做顺时针方向旋转（M03 S_）。
M04：主轴反转。
功能：主轴做逆时针方向旋转（M04 S_）。
M05：主轴停止。
功能：主轴停止旋转。
M06：换刀指令。
功能：进行刀具交换（M06 T_）。
M08：切削液开。
功能：打开切削液开关。
M09：切削液关。
功能：关闭切削液开关。

## 任务实施

### 一、任务准备

零件毛坯、刀具、量具、数控机床、实训任务书、实训指导书等。

### 二、分段加工

（一）$\phi$108mm 圆
（1）确定工件坐标零点（设在工件中心上表面）（图 2.5.6）。
（2）确定加工刀具（本次编程选择 $\phi$12mm 端铣刀）。
（3）确定下刀点位置（X62.0，Y0.）。

（4）编写加工程序（参考）：

```
G00 X62.0 Y0.;            下刀点位置
G01 Z-6.0 F2000.;         下刀
X60.0                     进刀
G02 X60.0 Y0. I-6.0;      加工圆
G01 X62.0;                退刀
Z0.;                      抬刀
G00 Z30.0;                返回安全高度
```

图 2.5.6 加工 ϕ108mm 圆

### （二）108mm×108mm、15°斜方

（1）如图 2.5.7 所示，108mm×108mm □ ABCD 为□ abcd 逆时针旋转 30°得到的。

（2）使用 G68 坐标旋转，旋转中心为坐标零点。

（3）编写加工□ abcd 程序（参考）：

```
G68 X0. Y0. P30.;         坐标旋转 30°
G00 X-62.0 Y60.0;         下刀点位置
G01 Z-12.0 F2000.;        下刀
X60.0;
Y-60.0;  ┐
X-60.0;  ├------------    加工方形
Y62.0;   ┘
Z-6.0;                    抬刀
G00 Z30.0;                返回安全高度
G69;                      坐标旋转取消
```

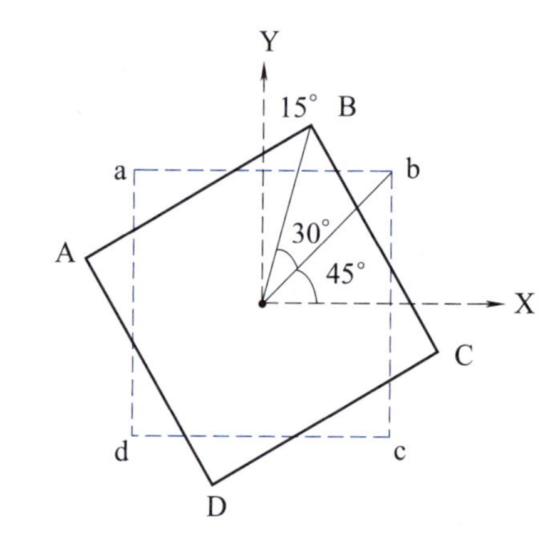


图2.5.7 加工108mm×108mm、15°斜方

### （三）两条 3°斜边

（1）AD=160mm。

（2）ad=AD/cos 3° =160/cos3° ≈ 160.2196（mm）。

（3）如图 2.5.8 所示，□ abcd 为□ ABCD 延伸且旋转 3°得到，旋转点为（X-80.0，Y80.0）。

（4）□ ABCD 边长为 160，□ abcd 边长约为 160.2196mm。

（5）两条 3°斜边为 ad、de。

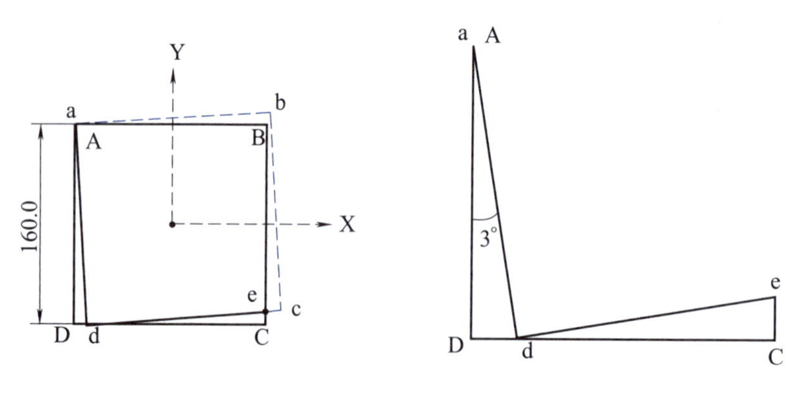


图 2.5.8 加工两条 3°斜边

（6）编写加工程序。

```
G68 X-80.0 Y80.0 P3;       坐标旋转 3°，旋转点坐标（-80.，80.）
#1=160/COS [3] -80.        计算斜边长度
G00 X86.0 Y- [#1+6.];      定位
```

```
G01 Z-18.0 F2000.;          C 点下刀
X-86. 0;                    至 d 点
Y88.0;                      至 a 点
Z-12.0;                     抬刀
G00 Z30.0;                  返回安全高度
G69;                        坐标旋转取消
```

**（四）加工 160mm×160mm 方**

如图 2.5.9 所示。

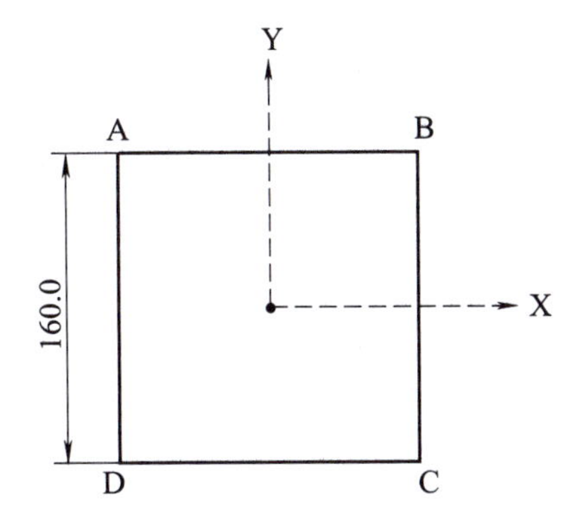

图 2.5.9 加工 160mm×160mm 方

编写加工程序：

```
G00 X-88.0 Y86.0;       定位
G01 Z-25.0 F2000.;      下刀
X86.0;
Y-86.0;                 加工方形
X-86.0;
Y88.0;
Z-12.0;                 抬刀
G00 Z30.0;              返回安全高度
```

**（五）程序汇总整理（参考）**

```
O0001 (Tool=T1 Name=D12)
G40 G49 G17 G69 G80 G90 G98;
G91 G28 Z0;
G54;
T01 M06;
M08;
N1;
G90 G00 X62. Y0. S6000 M03;
G43 H01 Z10.;
M01;
G01 Z-6.0 F2000.;
X60.0;
G02 X60.0 Y0. I-60.0;
G01 X62.0;
Z0.;
G00 Z30.0;
N2;
G68 X0. Y0. P30.
G00 X-62.0 Y60.0;
G01 Z-12.0 F2000.;
X60.0;
Y-60.0;
X-60.0;
Y62.0;
```

```
Z-6.0;
G00 Z30.0;
G69;
N3;
G68 X-80.0 Y80.0 P3.;
#1=160/COS [3] -80.
G00 X86.0 Y- [#1+6.];
G01 Z-18.0 F2000.;
X-86.0;
Y88.0;
Z-12.0;
G00 Z30.0;
G69;
N4;
G00 X-88.0 Y86.0;
G01 Z-25.0 F2000.;
X86.0;
Y-86.0;
X-86.0;
Y88.0;
Z-12.0;
G00 Z30.0;
N5;
M05;
M09;
G91 G28 Z0.;
G91 G28 Y0.;
M30;
```

注：

① 华数系统 G68 旋转角度为“ P_”，如“G68 X0. Y0. P30.”。

② FANUC、三菱系统为“R_”，如“G68 X0. Y0. R30.”。

③ 程序尾有注释内容要加“ ; ”，无注释内容可不加“ ; ”。

④ 程序字符之间可不加空。

## 三、任务实施内容解读

教师对任务实施内容进行解读，必要时可以进行示范。在解读任务实施内容的过程中，结合PPT，对本任务所涉及的重点、难点知识进行讲解。

## 四、工具整理

按要求整理工具，清理实训台，并由教师检查。

## 学习评价

| 评价内容 | 评分标准 | 分值 | 得分 | 备注 |
|---|---|---|---|---|
| 目标认知程度 | 工作目标明确，能快速准确收集相关资料，能合理列写自评表 | 10 | | |
| 情感态度 | 工作态度端正，注意力集中，工作积极、主动 | 10 | | |
| 团队协作 | 具有一定的组织、协调能力，能积极与他人合作，顾全大局，共同完成工作任务 | 5 | | |
| 知识能力运用 | 知识准备充分，运用熟练正确 | 10 | | |
| 项目实施情况 | 按要求正确编写零件加工工艺和加工程序，并对零件进行正确加工 | 40 | | |
| | 操作安全性 | 5 | | |
| | 完成时间 | 5 | | |
| 成果展示情况 | 作品完善、操作方便、功能多样、符合预期要求 | 5 | | |
| | 积极、主动、大方 | 5 | | |
| | 展示过程语言流畅、逻辑性强、表达准确到位 | 5 | | |
| 总分 | | 100 | | |

## 练习与作业

编写如图 2.5.10 所示工件的加工程序。

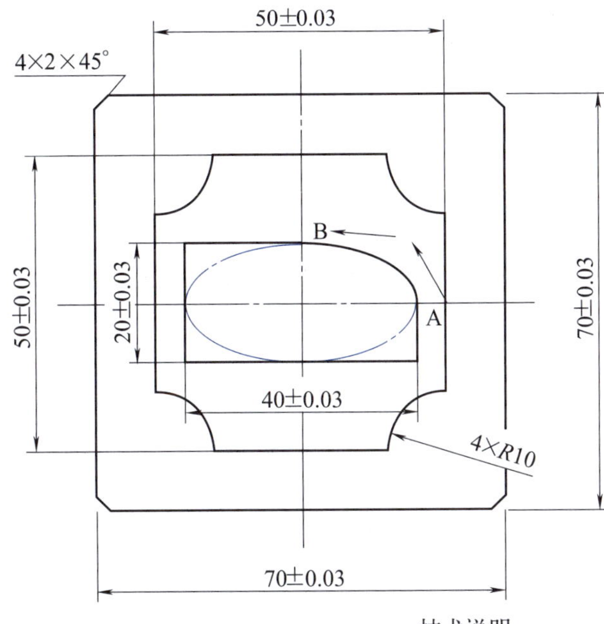


图 2.5.10　加工工件

（1）加工：长 40mm、宽 40mm 的椭圆。

（2）70mm×70mm 方四边铣深大于 6mm 即可，所有上平面不加工。

（3）按照图示几何公差，保证精度。

（4）尺寸为自由公差。

（5）粗糙度如图 2.5.10 所示要求。

## 生产任务工单

| 下单日期 | ××/×/× | | 交货日期 | | ××/×/× |
|---|---|---|---|---|---|
| 下单人 | | | 经手人 | | |
| 序号 | 产品名称 | 型号 / 规格 | 数量 | 单位 | 生产要求 |
| 1 | 铝制工件加工 | 无 | 1 | 个 | 按照图纸要求制作 |
| 2 | | | | | |
| 3 | | | | | |
| 4 | | | | | |
| | | | | | |
| | | | | | |
| 备注 | | | | | |
| 制单人： | | 审核： | | 生产主管： | |

# 学习任务 6　数控车床操作与调试（参数设置）

## 学习内容

学习数控车床操作及参数基本知识，学习数控车床系统参数设置的方法，使车床性能达到理想状态。

## 学习目标

通过本任务的深入学习，能够正确操作数控车床，能够正确设置数控系统主要参数。

## 思维导图

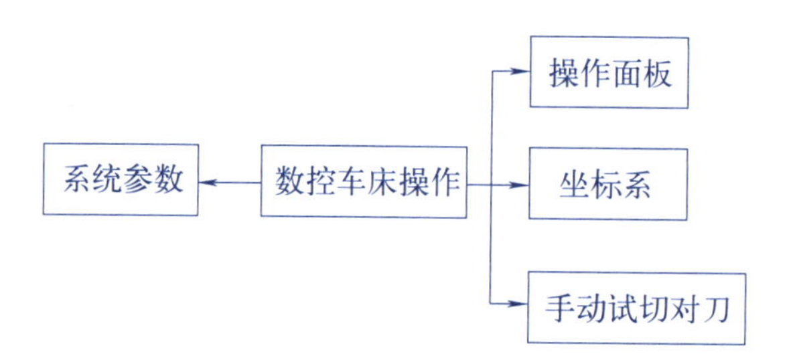


## 任务描述

（1）熟悉数控车床坐标系、手动试切对刀操作。

（2）数控系统参数设置及主要功能调试。根据提供的数控车床技术参数，完成表 2.6.1 的填写，并设置在数控系统中，以满足数控车床运行要求。

表 2.6.1　数控车床参数

| 序号 | 参数功能 | 参数号 | 数值 | 单位 |
|---|---|---|---|---|
| 1 | 主轴最高转速 | | | |
| 2 | X 轴最高快移速度 | | | |
| 3 | Z 轴最高快移速度 | | | |

## 任务分析

### 一、数控车床的组成

图 2.6.1 所示为一台普通数控车床，型号为 CK6132A。图中标出了该数控车床的基本组成部分。

车床如何手动上工件和下工件

车床刀架车刀安装

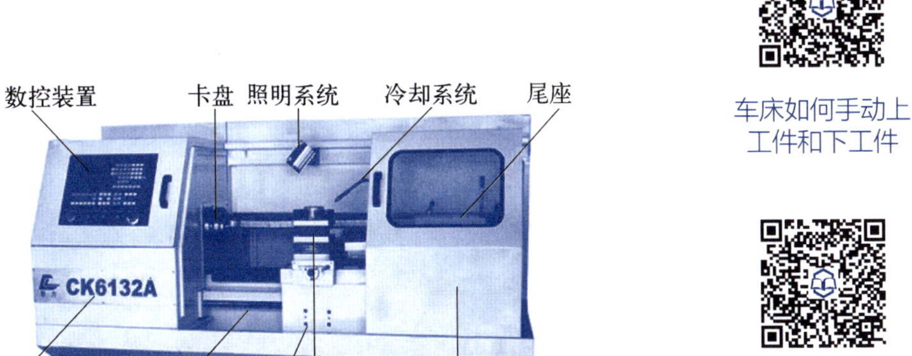


图 2.6.1　普通数控车床

### 二、车削加工工艺范围

数控车床主要用于旋转体工件的加工，一般能自动完成内外圆柱面、内外圆锥面、复杂回转内外曲面、圆柱圆锥螺纹等轮廓的车削加工，并能进行车槽、钻孔、车孔、铰孔、攻螺纹等加工，如图 2.6.2 所示。

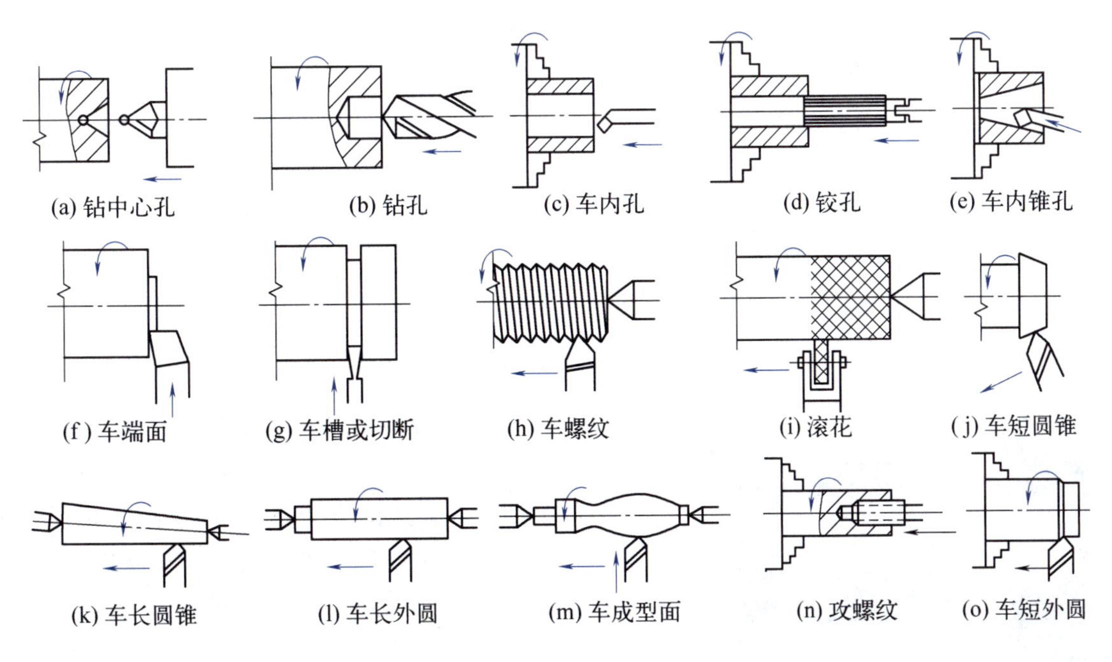


图 2.6.2　车削加工工艺范围

## 三、数控车床的坐标系及方向

### （一）车床坐标系及方向（图 2. 6. 3）

Z 坐标的方向，数控车床以纵向为 Z 轴。

X 坐标的方向，数控车床以径向为 X 轴。

图 2.6.3　车床坐标系和运动方向

常见的数控车床的刀架（刀塔）安装在靠近操作人员的一侧，以指向操作人员的方向为 X 轴正方向。若刀架安装在远离操作人员的一侧时，则以操作人员面向车床方向为 X 轴正方向。指向主轴箱的方向为 Z 轴的负方向，指向尾座的方向为 Z 轴的正方向。

### （二）加工坐标系

加工坐标系应与机床坐标系的坐标方向一致，X 轴对应径向，Z 轴对应轴向。C 轴（主轴）的运动方向则以从机床尾座向主轴看，逆时针为 +C 向，顺时针为 −C 向，如图 2.6.4 所示。

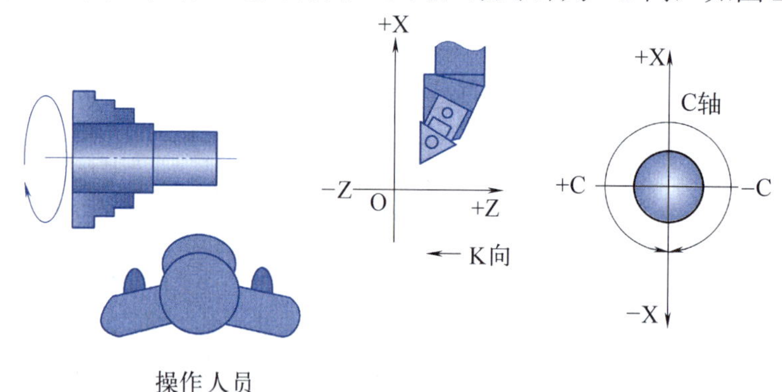


图 2.6.4　加工坐标系

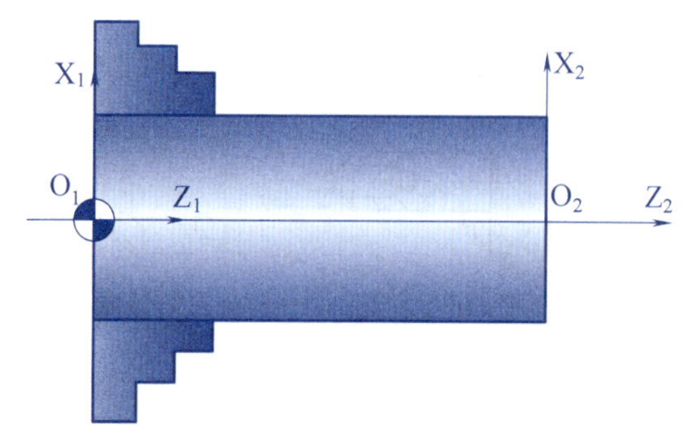


图 2.6.5　数控车床的坐标原点

### （三）数控车床的坐标原点（参考点）

在数控车床上，坐标原点一般取在卡盘端面与主轴中心线的交点处，如图 2.6.5 所示。同时，通过设置参数的方法，也可将车床的坐标原点设定在 X、Z 坐标的正方向极限位置上。

## 四、基本操作

### （一）显示器

8.4in 彩色液晶显示器（分辨率为 800×600）如图 2.6.6 所示。

### （二）NC 键盘

NC 键盘包括精简型 MDI 键盘、6 个主菜单键和 10 个功能键，主要用于加工程序的编制、参数输入及系统管理操作等，如图 2.6.7 所示。

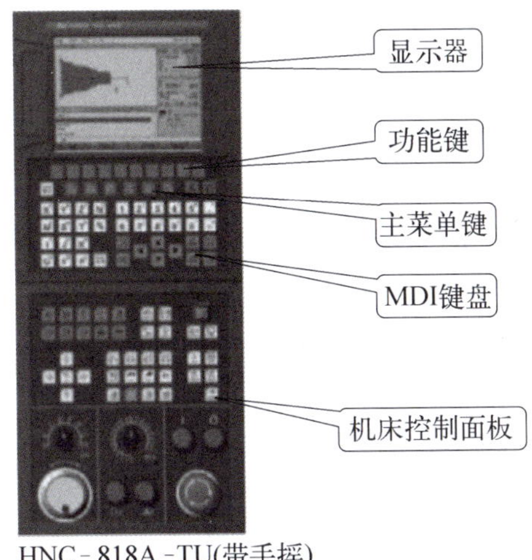


图 2.6.6　显示器

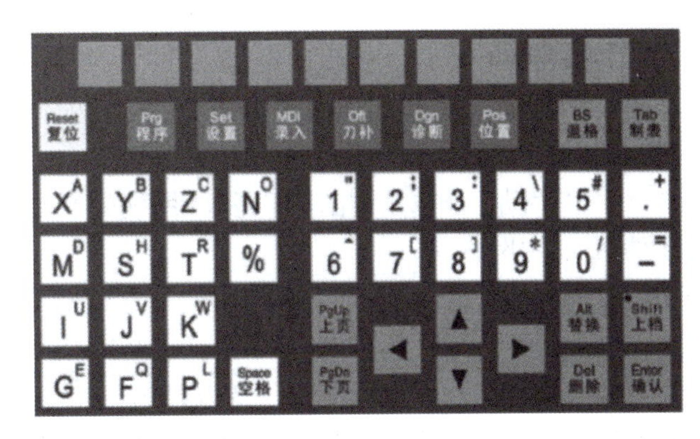


图 2.6.7　NC 键盘

（1）MDI 键盘：大部分键具有“上档”功能，同时按下“Shift”键和字母 / 数字 / 符号键，输入的是按键右上角的字母 / 数字 / 符号；

（2）主菜单键：程序、设置、录入、刀补、诊断、位置。

（3）十个功能键：与系统的十个菜单按钮一一对应。

### （三）机床控制面板

机床控制面板用于直接控制机床的动作或加工过程，如图 2.6.8 所示。

### （四）手持单元

手持单元由手摇脉冲发生器、坐标轴选择开关组成，用于以手动方式增量进给坐标轴。手持单元如图 2.6.9 所示（外观以实际为准）。

HNC-818A 的控制面板上已附带手持单元。

图 2.6.8　机床控制面板

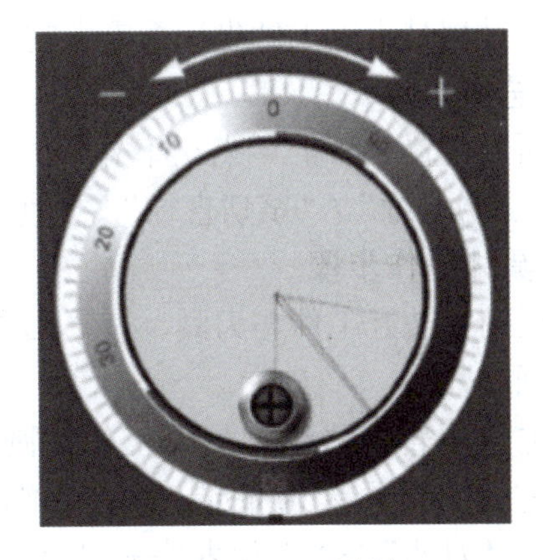

图 2.6.9　手持单元

车床生产准备调试及刀具组装

### （五）手动操作

#### 1. 返回车床参考点

控制车床运动的前提是建立车床坐标系。为此，系统接通电源、复位后，首先应进行车床各轴回参考点操作。方法如下：

（1）如果系统显示的当前工作方式不是“回参考点”方式，按一下控制面板上面的“回参考点”键，确保系统处于“回参考点”方式。

（2）根据车床X轴参数“回参考点方向”，按一下“X”键以及方向键（“回参考点方向”为“+”），X轴回到参考点后，“X”键内的指示灯亮。

（3）用同样的方法使用“Z”键和方向键，使Z轴回参考点。

（4）所有轴回参考点后，即建立了车床坐标系。

#### 2. 坐标轴移动

手动移动车床坐标轴的操作由手持单元和机床控制面板上的方式选择、手动、增量倍率、进给修调、快速修调等按键共同完成。

按一下“手动”键（指示灯亮），系统处于手动运行方式，可点动移动机床坐标轴（下面以点动移动X轴为例说明）。

（1）按下“X”键以及方向键（指示灯亮），X轴将产生正向或负向连续移动。

（2）松开“X”键以及方向键（指示灯灭），X轴即停止移动。

用同样的操作方法，使用“Z”键以及方向键可使Z轴产生正向或负向连续移动。

在手动运行方式下，同时按压“X”“Z”键和方向键，能同时手动控制X、Z坐标轴连续移动。

#### 3. 手动数据输入（MDI）运行

按MDI键盘的主菜单键进入MDI功能，用户可以从NC键盘输入数据或指令并执行一行或多行G代码指令段。

注意：

（1）系统进入MDI状态后，标题栏出现“MDI状态”图标。

（2）用户从MDI状态切换到非程序界面时仍处于MDI状态。

（3）自动运行过程中，不能进入MDI状态，可在进给保持后进入。

（4）MDI状态下，用户按“复位”键，系统则停止并清除MDI程序。

## 五、手动试切对刀

对刀的目的是建立工件坐标系，作用是使编程简便，方便坐标值的计算。

对刀的过程是设置工件坐标系零点的过程，输入的对刀参数就是工件坐标系零点位置。

### （一）总体思路

车端面，设置Z轴的零点；车外圆，设置X轴的零点。对刀数值的设置位置为“刀补”→“刀偏表”→“试切长度”/“试切直径”，试切长度栏输入0，试切直径栏输入测量的直径值。

### （二）具体操作步骤

（1）正确安装好工件与刀具，按“回参考点”（回零）键，确立车床坐标系的零点位置：先回X轴，后回Z轴。

（2）主轴正转，移动刀具至工件外圆附近；Z向走刀，确定1mm左右的加工量；X向走刀，使用手动方式，调至×10的走刀速度将端面车完，车刀X向退刀至离开工件表面。

（3）按“刀补”→“刀偏表”→“试切长度”，在试切长度栏输入0，即完成工件坐标系Z轴的零点设置。

（4）主轴正转，移动刀具至工件端面附近；X 向走刀确定 1mm 左右的加工量；Z 向走刀，使用手动方式，调至 ×10 的走刀速度车 10mm 左右的外圆长度，Z 向退刀至离开工件；停主轴，使用游标卡尺测量加工的外圆直径，记下数值。

（5）按“刀补”→“刀偏表”→“试切直径”，在试切直径栏输入测量的直径值，按确认键后即完成工件坐标系 X 轴的零点设置，如图 2.6.10 所示。

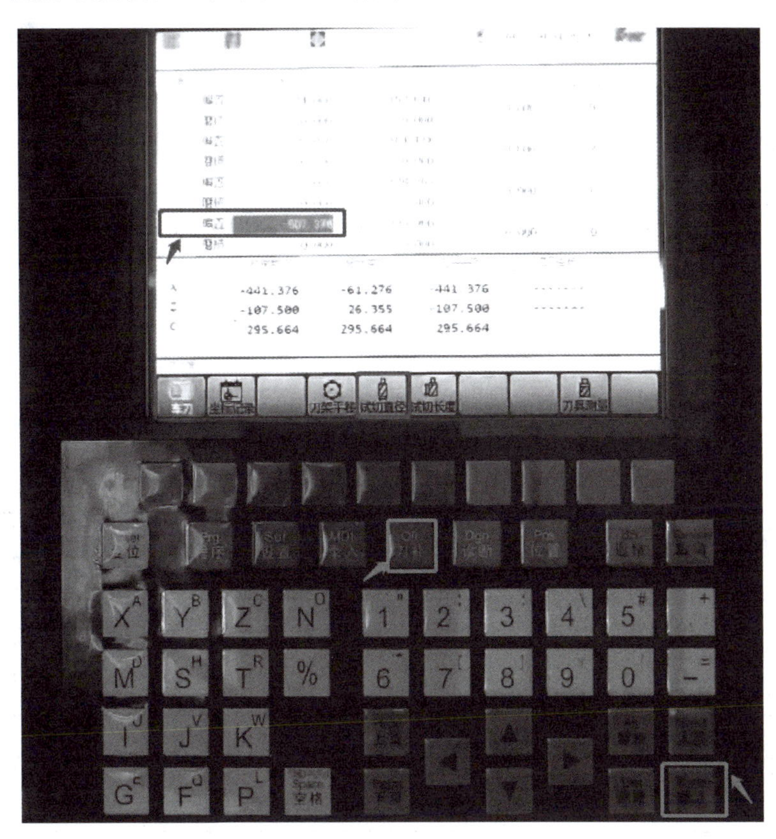


图 2.6.10　零点设置

## 六、数控系统参数概述

数控系统参数是用来设定数控系统匹配数控车床及其性能的一系列数据。一般在数控车床电气控制电路连接完成后，要对其进行系统参数的设定和调整（包括伺服参数），才能保证数控车床正常运行，达到车床加工的精度和要求。另外，数控系统参数在车床维修中也起到重要的作用。

数控系统参数调整方式与加工中心基本一样，这里不再叙述。详细内容可以参考《HNC-8- 参数说明书》。

# 任务实施

## 一、任务准备

数控车床（数控系统操作说明书）、实训任务书、实训指导书等。

机床开机按 F1
两个选项的区别

## 二、数控系统参数修改与调试

（1）根据要求修改数控系统参数，并进行验证。

（2）调试参数，使车床性能满足使用要求。

参数调试思路及记录：______________________________________________

______________________________________________

______________________________________________

______________________________________________

______________________________________________

______________________________________________

## 三、任务实施内容解读

教师对任务实施内容进行解读，必要时可以进行示范。在解读任务实施内容的过程中，结合PPT，对本任务所涉及的重点、难点进行讲解。

## 四、工具整理

按要求整理工具，清理实训台，并由教师检查。

# 学习评价

| 评价内容 | 评分标准 | 分值 | 得分 | 备注 |
|---|---|---|---|---|
| 目标认知程度 | 工作目标明确，能快速准确收集相关资料，能合理列写自评表 | 10 | | |
| 情感态度 | 工作态度端正，注意力集中，工作积极、主动 | 10 | | |
| 团队协作 | 具有一定的组织、协调能力，能积极与他人合作，顾全大局，共同完成工作任务 | 5 | | |
| 知识能力运用 | 知识准备充分，运用熟练正确 | 10 | | |
| 项目实施情况 | 1. 正确完成手动试切对刀操作<br>2. 按要求修改数控系统参数 | 40 | | |
| | 操作安全性 | 5 | | |
| | 完成时间 | 5 | | |
| 成果展示情况 | 作品完善、操作方便、功能多样、符合预期要求 | 5 | | |
| | 积极、主动、大方 | 5 | | |
| | 展示过程语言流畅、逻辑性强、表达准确到位 | 5 | | |
| 总分 | | 100 | | |

# 练习与作业

对 $\phi$38mm×100mm 的毛坯进行试切对刀。

# 生产任务工单

| 下单日期 | ××/×/× | | 交货日期 | | ××/×/× |
|---|---|---|---|---|---|
| 下单人 | | | 经手人 | | |
| 序号 | 产品名称 | 型号 / 规格 | 数量 | 单位 | 生产要求 |
| 1 | 正确完成手动试切对刀操作 | 无 | 1 | 个 | 按照任务实施要求 |
| 2 | 设置 Z 轴最高快进速度为 2000 | 无 | 1 | 个 | 按照任务实施要求 |
| | | | | | |
| 备注 | | | | | |

制单人：__________ 审核：__________ 生产主管：__________

# 学习任务 7　数控车床编程

## 学习内容

学习 G、M 代码的使用、数控车床手工编程的方法。

## 学习目标

通过本任务的深入学习，能够识读零件图，合理安排加工工艺，能够熟练使用数控加工基本指令，正确编写加工程序并完成加工得到合格零件。

## 思维导图

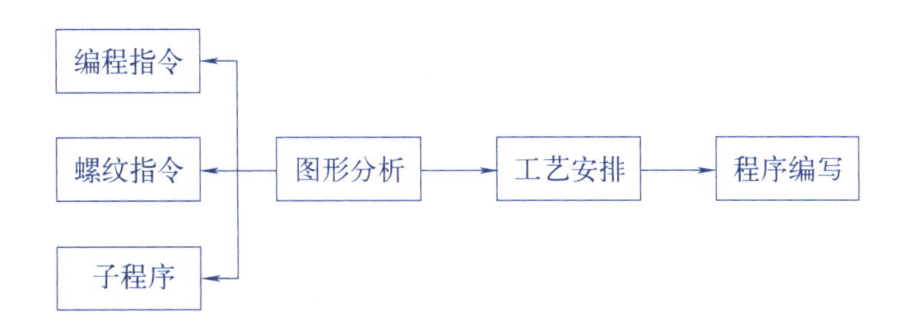


## 任务描述

编写如图 2.7.1 所示零件的数控车床加工程序。工件：材料为 45 钢；毛坯尺寸：$\phi$50mm×100mm。

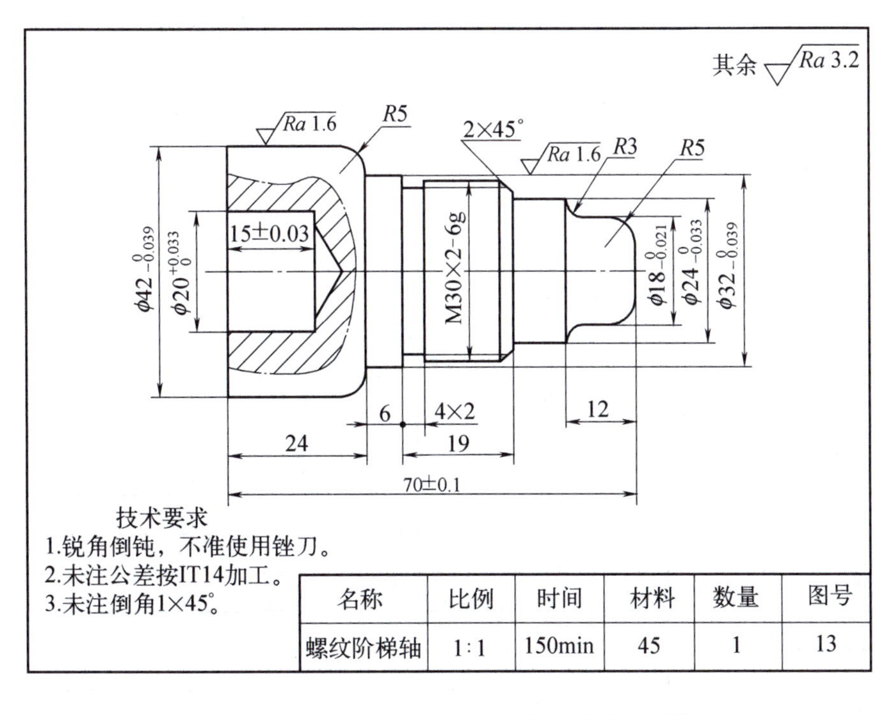


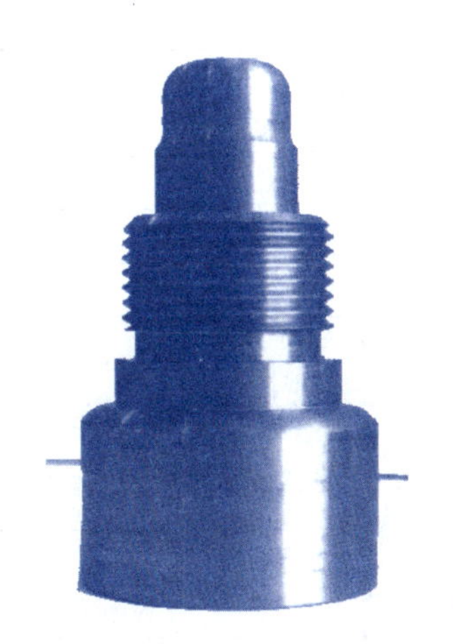

图 2.7.1　零件

## 任务分析

### 一、加工工艺卡（表 2.7.1）

表 2.7.1　加工工艺卡

| 序号 | 加工内容 | 刀具 | 转速 /（r/min） | 进给速度 /（mm/min） | 背吃刀量 /mm | 操作方法 | 程序号 |
|---|---|---|---|---|---|---|---|
| 装夹工件伸出 80mm | | | | | | | |
| 1 | 车右端面 | T0404 | 1000 | 80 | 0.5 | 手动 | |
| 2 | 车各档外圆 | T0101 | 粗 1000 | 120 | 粗 2 | 自动 | O0001 |
| | | | 精 2000 | | 精 0.5 | | |
| 3 | 切槽（刀宽 3mm） | T0202 | 600 | 40 | | 自动 | O0002 |
| 4 | 车螺纹 | T0303 | 800 | | | 自动 | O0003 |
| 5 | 切断 | T0202 | 600 | | | 手动 | |
| 装夹 $\phi$42mm 外圆，车端面控制总长 | | | | | | | |
| 6 | 车左端面 | T0404 | 1000 | 80 | 0.5 | 手动 | |
| 7 | 钻孔 | | 500 | 30 | | 手动 | |
| 8 | 车内孔 | T0505 | 粗 700 | 100 | 粗 1 | 自动 | O0004 |
| | | | 精 1200 | | 精 0.5 | | |

### 二、刀具、工具、量具（表 2.7.2）

表 2.7.2　刀具、工具、量具

| 分类 | 名称 | 规格 | 数量 | 备注 |
|---|---|---|---|---|
| 刀具 | 外圆粗、精车车刀 | 93° | 1 | |
| | 端面车刀 | 45° | 1 | |
| | 外圆车槽车刀 | 刀宽 3mm | 1 | |
| | 外圆螺纹车刀 | 60° | 1 | |
| | 切断车刀 | 切深 25mm | — | |
| | 内孔车刀 | $\phi$12mm | 1 | |
| | 钻头 | $\phi$16mm | 1 | |
| | 中心钻 | A3 | 1 | |
| 工具 | 回转顶尖 | 60° | 1 | |
| | 固定顶尖 | 60° | 1 | |
| | 锉刀 | | 1 套 | |
| | 铜片 | | 若干 | |
| | 夹紧工具 | | 1 套 | |
| | 刷子 | | 1 把 | |
| | 油壶 | | 1 把 | |
| | 清洗油 | | 若干 | |
| 量具 | 外径千分尺 | 0 ～ 25mm | 1 | |
| | | 25 ～ 50mm | 1 | |
| | 内径千分尺 | 5 ～ 30mm | 1 | |
| | 带表游标卡尺 | 0 ～ 150mm | 1 | |
| | 螺纹环规 | M30×2 | 1 套 | |

续表

| 分类 | 名称 | 规格 | 数量 | 备注 |
|---|---|---|---|---|
| 其他 | 草稿纸 | | 适量 | |
| | 计算器 | | | 自备 |
| | 工作服 | | | 自备 |
| | 护目镜 | | | 自备 |

## 三、基本指令介绍

### （一）子程序

#### 1. 子程序功能

在一个加工程序的若干位置上，存在某一组内容固定且重复出现的程序段，或者几个程序中都要用到的一组程序段，可以把这组程序段作为固定程序事先存储起来，使程序简化，这组程序段称为子程序。

#### 2. 子程序格式

%＿＿＿＿（子程序号）

…………

…………（子程序内容）

…………

M99　　（子程序结束）

#### 3. 子程序调用过程（图 2.7.2）

#### 4. 子程序调用格式（图 2.7.3）

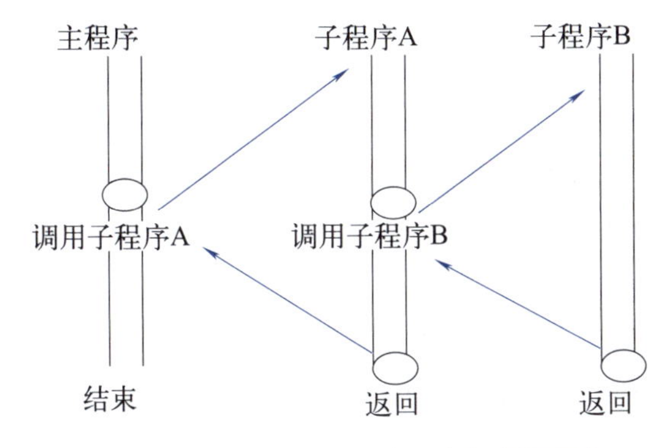


图 2.7.2　子程序调用过程（嵌套调用）

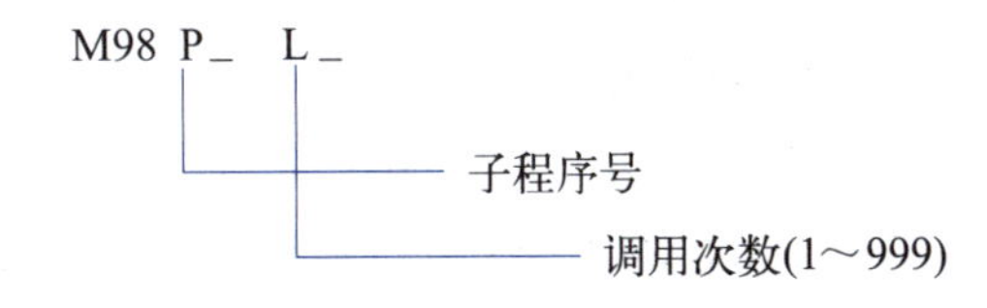


图 2.7.3　子程序调用格式

#### 5. 子程序执行过程（图 2.7.4）

#### 6. 特殊调用

（1）子程序中用 P 指定返回的地址。当子程序的最后一个程序段以 P 指定顺序号时，调用子程序结束后将不返回 M98 的下一个程序段，而是返回至 P 指定的程序段。举例如图 2.7.5 所示。

（2）主程序中使用 M99。主程序中使用 M99，则自动返回程序头。

（3）主程序中使用 /M99 或 /M99 P。如果在主程序中使用 /M99 或 /M99 P，则根据程序段跳转开关（机床操作面板上）的状态决定是否执行这一程序段。

#### 7. 子程序应用举例

多刀粗加工的子程序调用。锥面分三刀粗加工，如图 2.7.6 所示。

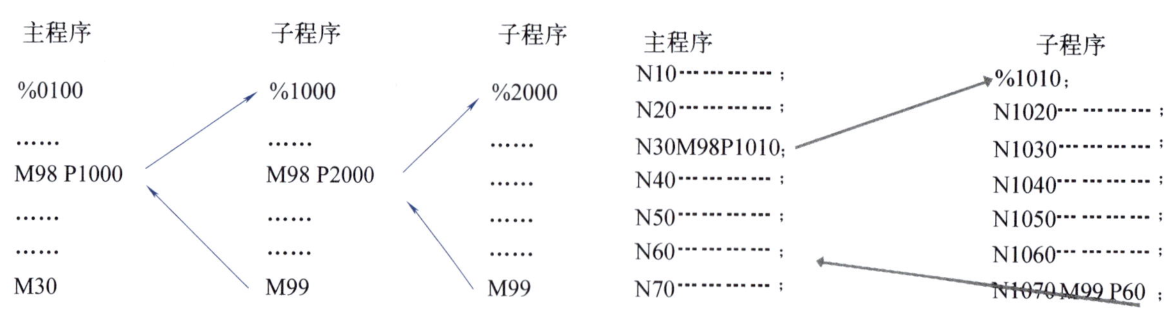


图 2.7.4　子程序执行过程　　图 2.7.5　子程序中用 P 指定返回的地址

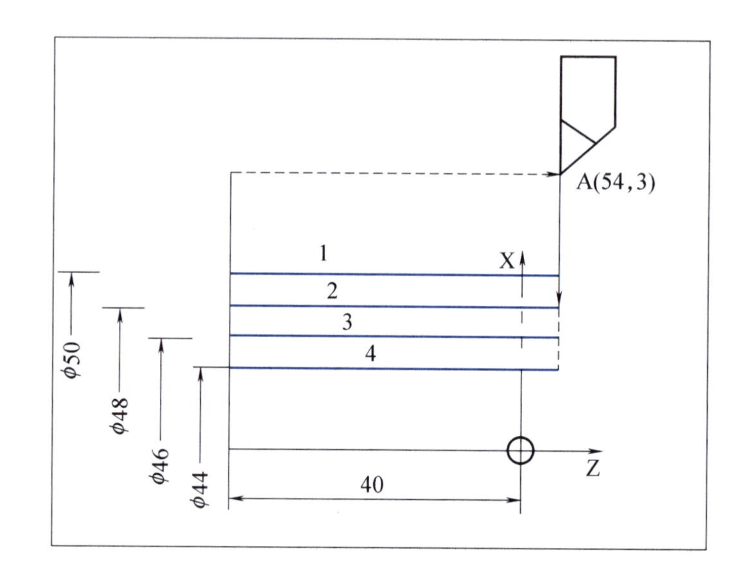


图 2.7.6　多刀粗加工的子程序调用

### （二）复合循环切削指令 G71

#### 1. G71 指令功能

这种固定循环可简化编程，用精加工的形状数据描述粗加工的刀具轨迹。运用复合循环指令，只需指定精加工路线和粗加工的吃刀量，系统会自动计算粗加工路线和走刀次数。

#### 2. G71 指令格式

无凹槽内（外）径粗车复合循环：G71 指令参数及含义见表 2.7.3。

G71 U（Δd）R（r）P（ns）Q（nf）X（Δx）Z（Δz）F（f）S（s）T（t）

表 2.7.3　G71 指令参数及含义

| 参数 | 含义 |
|---|---|
| U | 切削深度（每次切削量），指定时不加符号，方向由矢量 AA′ 决定 |
| R | 每次退刀量 |
| P | 精加工路径第一程序段（即图 2.7.7 中的 AA′）的顺序号 |
| Q | 精加工路径最后程序段（即图 2.7.7 中的 BB′）的顺序号 |
| X | X 方向精加工余量 |
| Z | Z 方向精加工余量 |
| F、S、T | 粗加工时 G71 指令中的 F、S、T 有效，而精加工时处于 ns 到 nf 程序段之间的 F、S、T 有效 |

#### 3. 指令应用说明

（1）该指令执行如图 2.7.7 所示的粗加工，并且刀具回到循环起点。精加工路径 A → A′→

B′→B 的轨迹按后面的指令循序执行。

（2）带有 P、Q 地址的 G71 或 G72 指令才能进行该循环加工。

（3）粗加工循环时，处于 ns 到 nf 程序段之间的 F、S、T 参数均无效，G71 指令中含有的 F、S、T 有效。而精加工时处于 ns 到 nf 程序段之间的 F、S、T 有效。

（4）在程序号为 ns 的程序段中，必须使用 G00 或 G01 指令。

（5）处于 ns 到 nf 程序段之间的精加工程序不应包含子程序。

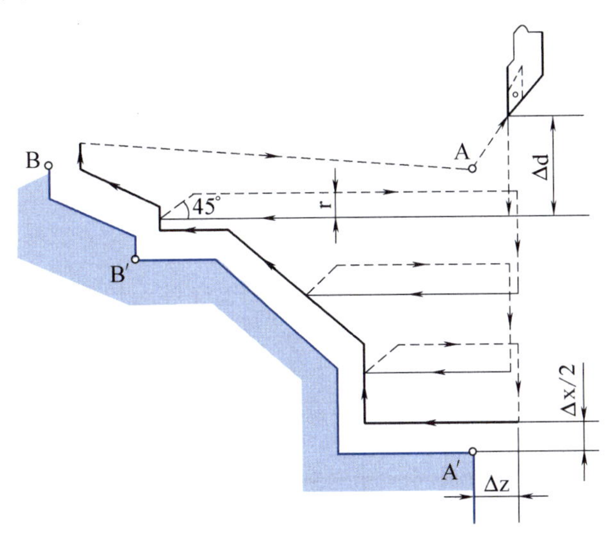


图 2.7.7　粗加工

#### 4. G71 复合循环下 X（Δx）和 Z（Δz）的符号（图 2.7.8）

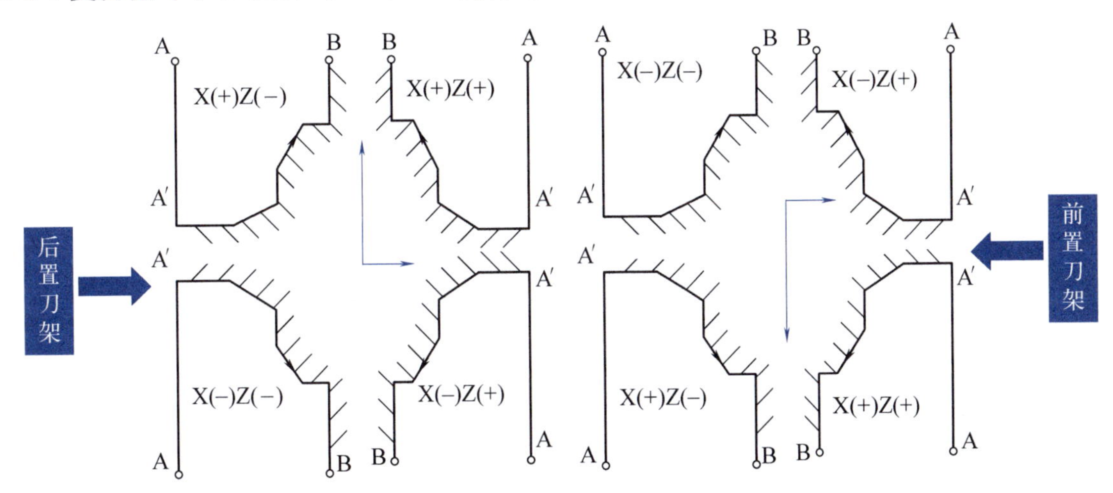


图 2.7.8　G71 复合循环下 X（Δx）和 Z（Δz）的符号

#### 5. G71 指令应用举例

加工如图 2.7.9 所示零件，程序如下：

```
%1234
T0404
G00 X100 Z100
M03 S450
G01 X62 Z3 F100
G71 U0.5 R1 P1 Q2 X0.4 Z0.1
N1 G00 X20
```

```
G01 X30 Z-2
Z-20
G02 U10 W-5 R5
G01 W-10
G03 U14 W-7 R7
G01 Z-52
X60 Z-62
G01 Z-72
N2 X62
G00 X100 Z100
M05
M30
```

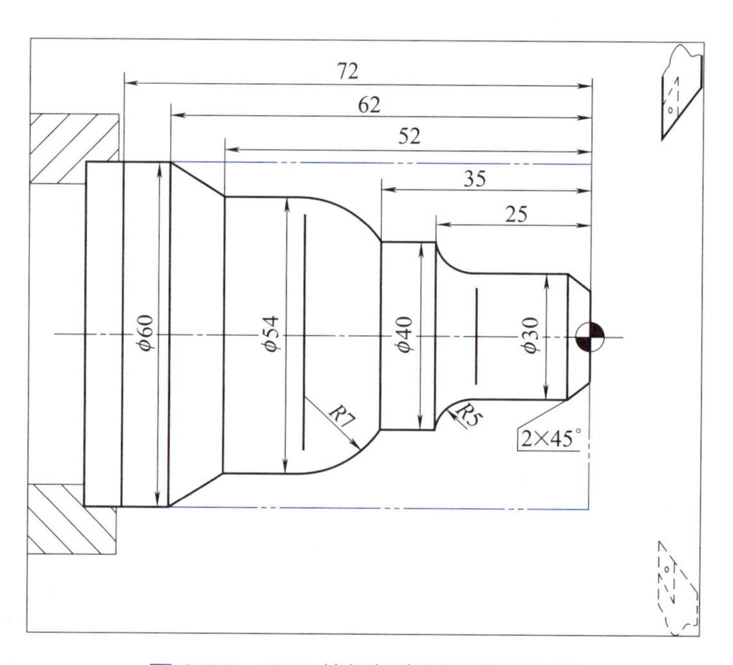


图 2.7.9　G71 外径复合循环编程实例

6. 有凹槽内（外）径粗车复合循环

格式：G71 U（Δd）R（r）P（ns）Q（nf）E（Δe）F（f）S（s）T（t）

其余与无凹槽内（外）径粗车复合循环相同。

（三）螺纹切削循环指令 G82

1. G82 指令功能

本循环可用于加工直螺纹或锥螺纹。

2. G82 指令格式

直螺纹切削循环：

G82 X_/U_Z_/W_R_E_C_P_F_

G82 指令参数及含义见表 2.7.4。

表 2.7.4　G82 指令参数及含义

| 参数 | 含义 |
|---|---|
| X/U，Z/W | 绝对值编程时，为螺纹终点 C 在工件坐标系下的坐标；增量值编程时，为螺纹终点 C 相对于循环起点 A 的有向距离，图形中用 U、W 表示，其符号由轨迹 1 和 2 的方向确定 |

续表

| 参数 | 含义 |
|---|---|
| R，E | 螺纹切削的退尾量（回退），R、E 均为向量，R 为 Z 向回退量，E 为 X 向回退量，正值表示朝 X、Z 正方向退尾，负值表示朝 X、Z 负方向退尾。R、E 可以省略，表示不用回退功能 |
| C | 螺纹头数，为 0 或 1 时切削单头螺纹 |
| P | 单头螺纹切削时，为主轴基准脉冲处距离切削起始点的主轴转角（默认值为 0）；多头螺纹切削时，为相邻螺纹头的切削起始点之间对应的主轴转角 |
| F | 公制螺纹导程（mm/r） |

该指令执行如图 2.7.10 所示 A → B → C → D → A 的轨迹动作。

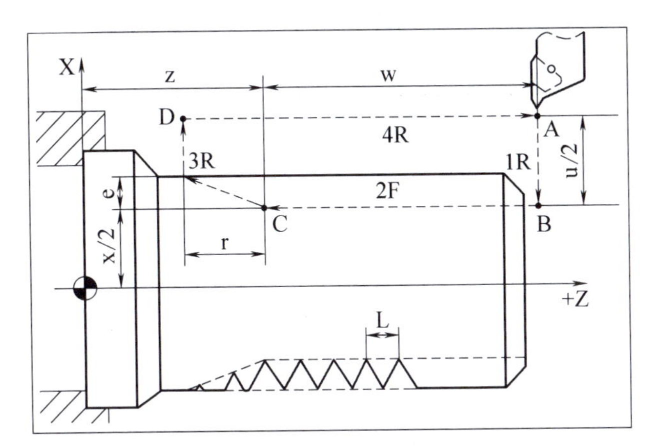


图 2.7.10　轨迹动作

### 3. 指令应用说明

（1）若需要回退功能，注意 R、E 值的正负号要与螺纹切削方向协调，朝螺纹加工反方向退尾有可能损伤螺纹。同时可以只指定 R 而不指定 E，但是若指定了 E 则必须指定 R。

（2）螺纹切削循环指令同 G32 螺纹切削指令一样，在进给保持状态下，该循环在完成全部动作之后才停止。

### 4. 普通螺纹一般标准（图 2.7.11）

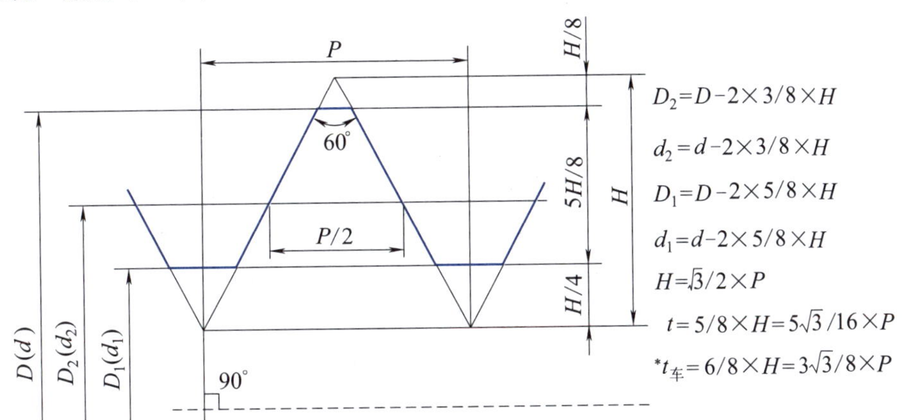


图 2.7.11　普通螺纹

$D$—内螺纹大径即公称尺寸；$D_1$—内螺纹小径；$D_2$—内螺纹中径；$H$—原始三角形高度；
$d$—外螺纹大径即公称尺寸；$d_1$—外螺纹小径；$d_2$—外螺纹中径；$t$—螺纹牙深

### 5. 常用螺纹切削的进给次数与吃刀量（表 2.7.5）

表 2.7.5　常用螺纹切削的进给次数与吃刀量

| 米制螺纹 /mm | | | | | | | | |
|---|---|---|---|---|---|---|---|---|
| 螺距 | | 1.0 | 1.5 | 2 | 2.5 | 3 | 3.5 | 4 |
| 牙深（半径量） | | 0.649 | 0.974 | 1.299 | 1.624 | 1.949 | 2.273 | 2.598 |
| 切削次数及吃刀量（直径量） | 1 次 | 0.7 | 0.8 | 0.9 | 1.0 | 1.2 | 1.5 | 1.5 |
| | 2 次 | 0.4 | 0.6 | 0.6 | 0.7 | 0.7 | 0.7 | 0.8 |
| | 3 次 | 0.2 | 0.4 | 0.6 | 0.6 | 0.6 | 0.6 | 0.6 |
| | 4 次 | | 0.16 | 0.4 | 0.4 | 0.4 | 0.6 | 0.6 |
| | 5 次 | | | 0.1 | 0.4 | 0.4 | 0.4 | 0.4 |
| | 6 次 | | | | 0.15 | 0.4 | 0.4 | 0.4 |
| | 7 次 | | | | | 0.2 | 0.2 | 0.4 |
| | 8 次 | | | | | | 0.15 | 0.3 |
| | 9 次 | | | | | | | 0.2 |

续表

| 英制螺纹 /in | | | | | | | | |
|---|---|---|---|---|---|---|---|---|
| 牙齿 | | 24 | 18 | 16 | 14 | 12 | 10 | 8 |
| 牙深（半径量） | | 0.678 | 0.904 | 1.016 | 1.162 | 1.355 | 1.626 | 2.033 |
| 切削次数及吃刀量（直径量） | 1 次 | 0.8 | 0.8 | 0.8 | 0.8 | 0.9 | 1.0 | 1.2 |
| | 2 次 | 0.4 | 0.6 | 0.6 | 0.6 | 0.6 | 0.7 | 0.7 |
| | 3 次 | 0.16 | 0.3 | 0.5 | 0.5 | 0.6 | 0.6 | 0.6 |
| | 4 次 | | 0.11 | 0.14 | 0.3 | 0.4 | 0.4 | 0.5 |
| | 5 次 | | | | 0.13 | 0.21 | 0.4 | 0.5 |
| | 6 次 | | | | | | 0.16 | 0.4 |
| | 7 次 | | | | | | | 0.17 |

6. G82 指令应用举例

加工如图 2.7.12 所示零件，程序如下：

```
%3324
N1 T0202；选定刀具
N2 M03 S300；主轴以 300r/min 正转
N3 G00 X22 Z3；到循环起点
N4 G82 X11.2 Z-18 F1.5；第一次循环切螺纹，切深 0.8mm
N5 X10.6 Z-18 F1.5；第二次循环切螺纹，切深 0.6mm
N6 X10.2 Z-18 F1.5；第三次循环切螺纹，切深 0.4mm
N7 X10.04 Z-18 F1.5；第四次循环切螺纹，切深 0.16mm
N8 M30；主轴停，主程序结束并复位
```

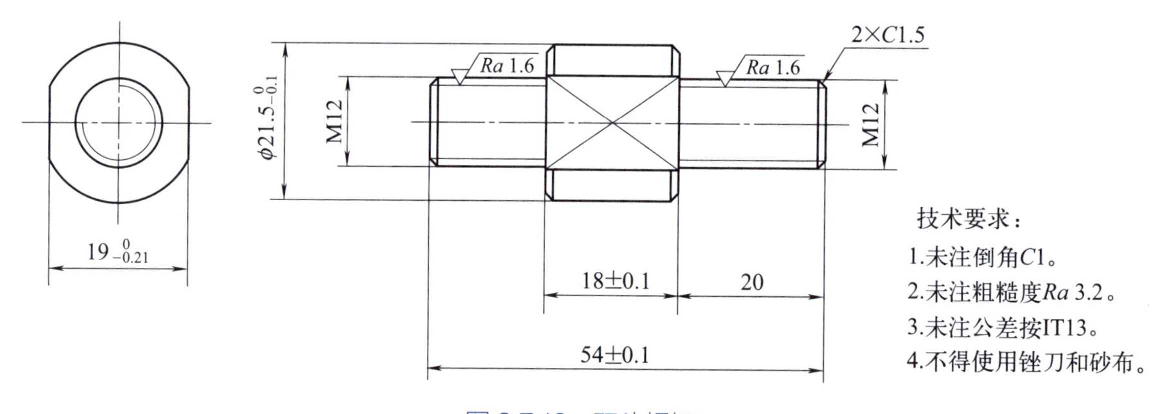


图 2.7.12 双头螺钉

## 任务实施

### 一、任务准备

零件毛坯、刀具、量具、数控车床、实训任务书、实训指导书等。

### 二、分段加工

（1）手动车右端面。

（2）车各档外圆。参考程序 O0001。

（3）切槽（刀宽 3mm）。参考程序 O0002。

（4）车螺纹。参考程序 O0003。

（5）切断。
（6）调头手动车左端面。
（7）手动钻孔。
（8）车内孔。参考程序 O0004。
（9）程序汇总整理（参考程序见表 2.7.6）。

表 2.7.6　螺纹阶梯轴参考程序

| 程序段号 | 程　序 | 程序说明 |
| --- | --- | --- |
| | O0001 | 外圆加工程序 |
| N10 | %0001 | 设置粗加工前准备参数 |
| N20 | G90 | |
| N30 | M03S1000 | |
| N40 | T0101 | |
| N50 | G00X52Z5 | 刀具快速移动到循环起点 |
| N60 | G71U2R5X0.5Z0.1P140Q290F120 | 外轮廓粗车循环 |
| N70 | G00X100 | 刀具退至安全点，主轴停转，程序暂停 |
| N80 | Z100 | |
| N90 | M05 | |
| N100 | M00 | |
| N110 | M03S2000 | 设置精加工前准备参数 |
| N120 | T0101 | |
| N130 | G00X52Z5 | 刀具快速移动到循环起点 |
| N140 | G40G00X50Z4 | 外轮廓加工 |
| N150 | G42G00X8Z3 | |
| N160 | G01Z0F120 | |
| N170 | G03X18Z-5R5 | |
| N180 | G01Z-9 | |
| N190 | G02X24Z-12R3 | |
| N200 | G01Z-21 | |
| N210 | X26 | |
| N220 | X30Z-23 | |
| N230 | Z-40 | |
| N240 | X32 | |
| N250 | Z-46 | |
| N260 | G03X42Z-51R5 | |
| N270 | G01Z-75 | |
| N280 | X50 | |
| N290 | G40G00X52 | |
| N300 | G00X100 | 退刀至安全点，主轴停转，程序结束并返回 |
| N310 | Z100 | |
| N320 | M05 | |
| N330 | M30 | |
| | O0002 | 槽加工程序 |
| N10 | %0002 | 设置加工前准备参数 |
| N20 | G90 | |
| N30 | M03S600 | |
| N40 | T0202 | |

续表

| 程序段号 | 程　序 | 程序说明 |
| --- | --- | --- |
| N50 | G00X35Z5 | 刀具快速移动到循环起点 |
| N60 | Z-40 | 槽加工 |
| N70 | G01X26F40 | |
| N80 | X32 | |
| N90 | Z-39 | |
| N100 | X26 | |
| N110 | Z-40 | |
| N120 | X32 | |
| N130 | G00X100 | 退刀至安全点，主轴停转，程序结束并返回 |
| N140 | Z100 | |
| N150 | M05 | |
| N160 | M30 | |
| | O0003 | 螺纹加工程序 |
| N10 | %0003 | 设置加工前准备参数 |
| N20 | G90 | |
| N30 | M03S800 | |
| N40 | T0303 | |
| N50 | G00X35Z5 | 刀具快速移动到循环起点 |
| N60 | G76C1A60K1.1X27.4Z-37U0.1V0.1Q0.3F2 | 螺纹循环 |
| N70 | G00X100 | 退刀至安全点，主轴停转，程序结束并返回 |
| N80 | Z100 | |
| N90 | M05 | |
| N100 | M30 | |
| | O0004 | 内孔加工程序 |
| N10 | %0004 | 设置加工前准备参数 |
| N20 | G90 | |
| N30 | M03S700 | |
| N40 | T0505 | |
| N50 | G00X16Z5 | 刀具快速移动到加工起点 |
| N60 | X18 | 内孔粗加工 |
| N70 | G01Z-15F100 | |
| N80 | X17 | |
| N90 | Z5 | |
| N100 | X19.5 | |
| N110 | Z-15 | |
| N120 | X16 | |
| N130 | G00Z200 | 刀具退至安全点，主轴停转，程序暂停 |
| N140 | M05 | |
| N150 | M00 | |
| N160 | M03S1200 | 设置精加工前准备参数 |
| N170 | T0505 | |
| N180 | G00X16Z5 | 内孔精加工 |
| N190 | X20 | |
| N200 | G01Z-15F100 | |
| N210 | X16 | |
| N220 | G00Z200 | 退刀至安全点，主轴停转，程序结束并返回 |
| N230 | M05 | |
| N240 | M30 | |

## 学习评价

教师对任务实施内容进行解读，必要时可以进行示范。在解读任务实施内容的过程中，结合PPT，对本任务所涉及的重点、难点进行讲解。

| 评价内容 | 评分标准 | 分值 | 得分 | 备注 |
|---|---|---|---|---|
| 目标认知程度 | 工作目标明确，能快速准确收集相关资料，能合理列写自评表 | 10 | | |
| 情感态度 | 工作态度端正，注意力集中，工作积极、主动 | 10 | | |
| 团队协作 | 具有一定的组织、协调能力，能积极与他人合作，顾全大局，共同完成工作任务 | 5 | | |
| 知识能力运用 | 知识准备充分，运用熟练正确 | 10 | | |
| 项目实施情况 | 按要求正确编写零件加工工艺和加工程序，并对零件进行正确加工 | 40 | | |
| | 操作安全性 | 5 | | |
| | 完成时间 | 5 | | |
| 成果展示情况 | 作品完善、操作方便、功能多样、符合预期要求 | 5 | | |
| | 积极、主动、大方 | 5 | | |
| | 展示过程语言流畅、逻辑性强、表达准确到位 | 5 | | |
| 总分 | | 100 | | |

## 练习与作业

加工如图 2.7.13 所示工件，材料为 45 钢，毛坯尺寸为 $\phi$38mm×100mm。

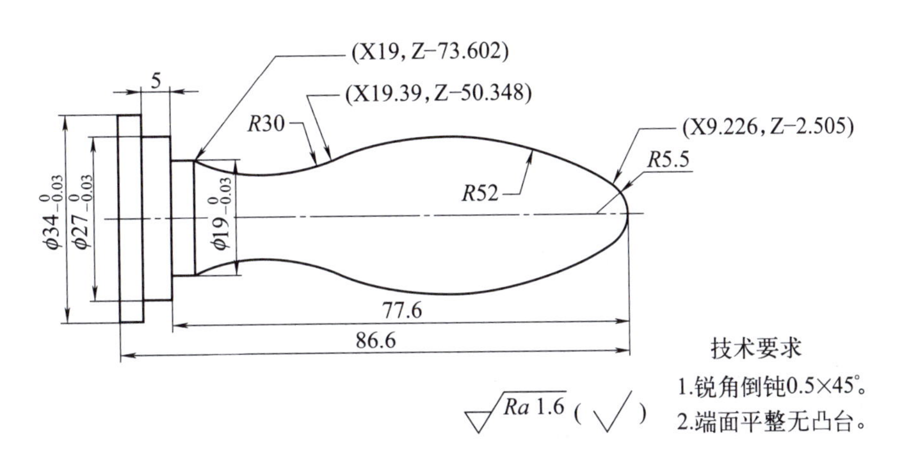


图 2.7.13　练习零件

## 生产任务工单

| 下单日期 | ××/×/× | | 交货日期 | | ××/×/× |
|---|---|---|---|---|---|
| 下单人 | | | 经手人 | | |
| 序号 | 产品名称 | 型号 / 规格 | 数量 | 单位 | 生产要求 |
| 1 | 车削手轮外形 | 无 | 1 | 个 | 按照图纸要求制作 |
| 2 | 切断 | 无 | 1 | 个 | 按照图纸要求制作 |
| | | | | | |
| | | | | | |
| 备注 | | | | | |

制单人：________　审核：________　生产主管：________

# 学习任务 8　CAD/CAM 软件使用及仿真

## 学习内容

学习数控加工流程、创建程序的步骤、UG 软件铣削参数设置等知识。

## 学习目标

通过本任务的深入学习，能够正确设置铣削参数生成加工程序，能够正确生成规定零件的加工程序并仿真。

## 思维导图

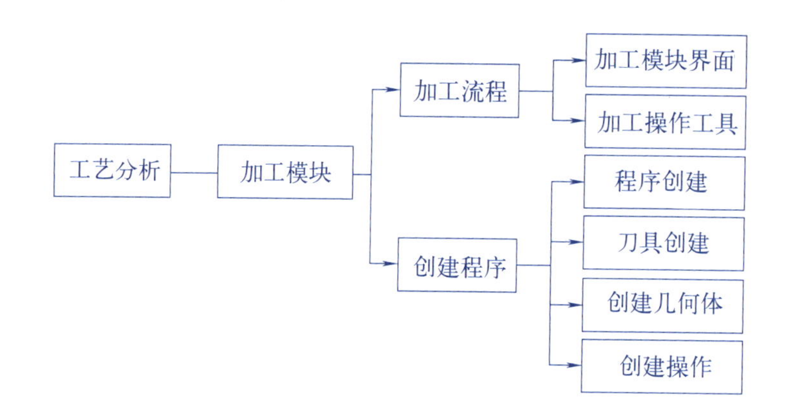


## 任务描述

利用 UG 软件完成图 2.8.1 所示零件的加工程序生成并仿真。

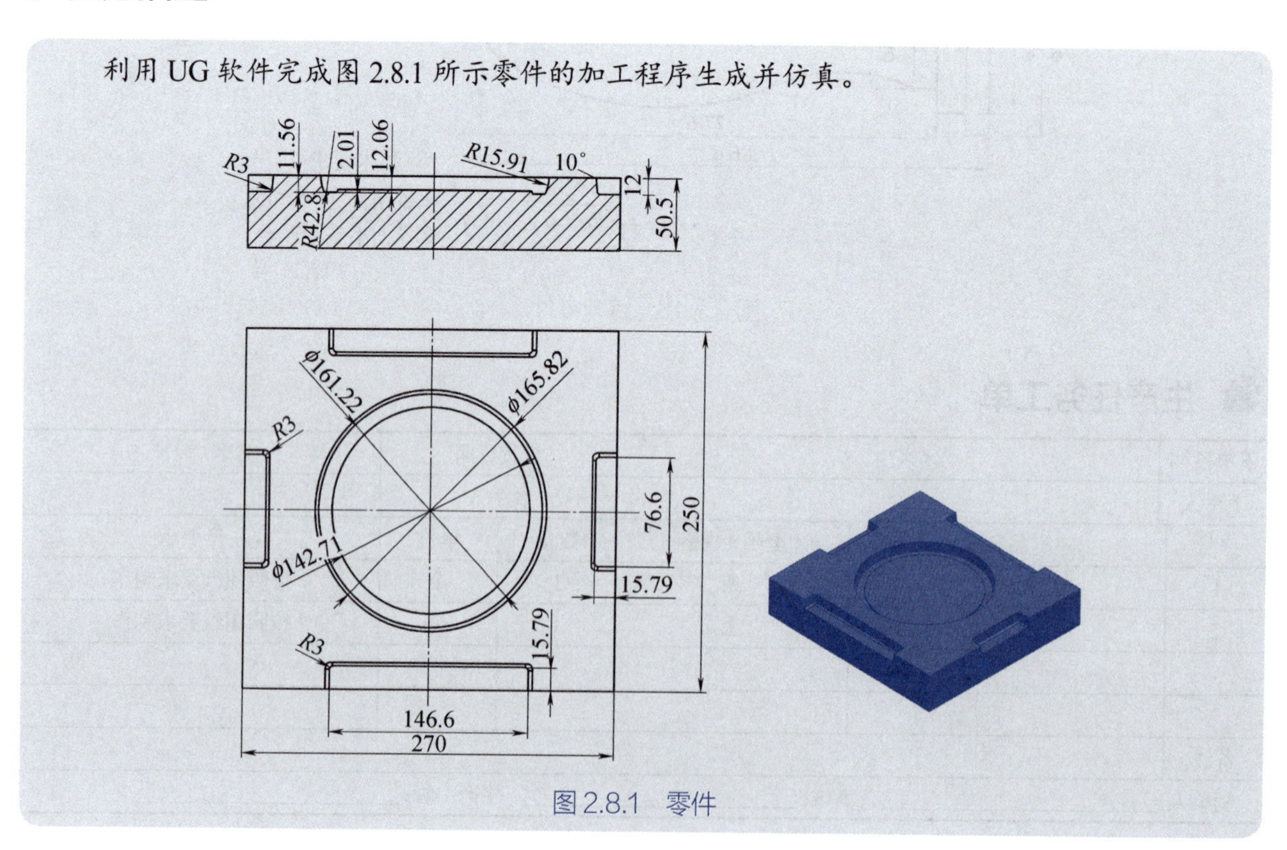


图 2.8.1　零件

## 任务分析

### 一、数控加工流程

#### （一）进入加工界面

打开 UG 软件，选择“开始”→“加工”菜单项，或按 Ctrl+Alt+M 快捷键，如图 2.8.2 所示。

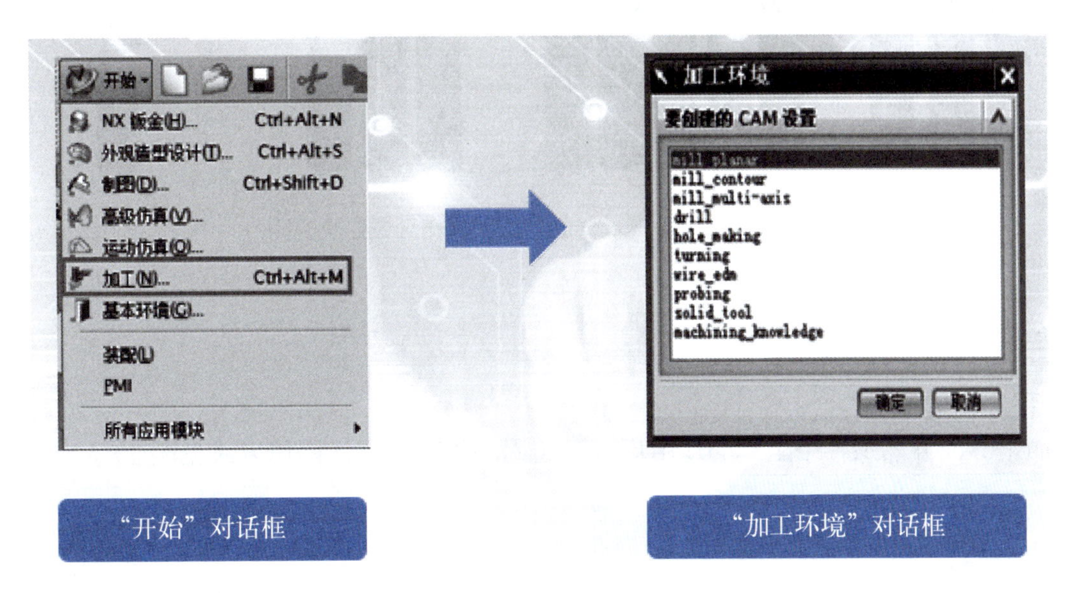


图 2.8.2　打开 UG 软件

#### （二）加工界面

该界面的组成如图 2.8.3 所示。

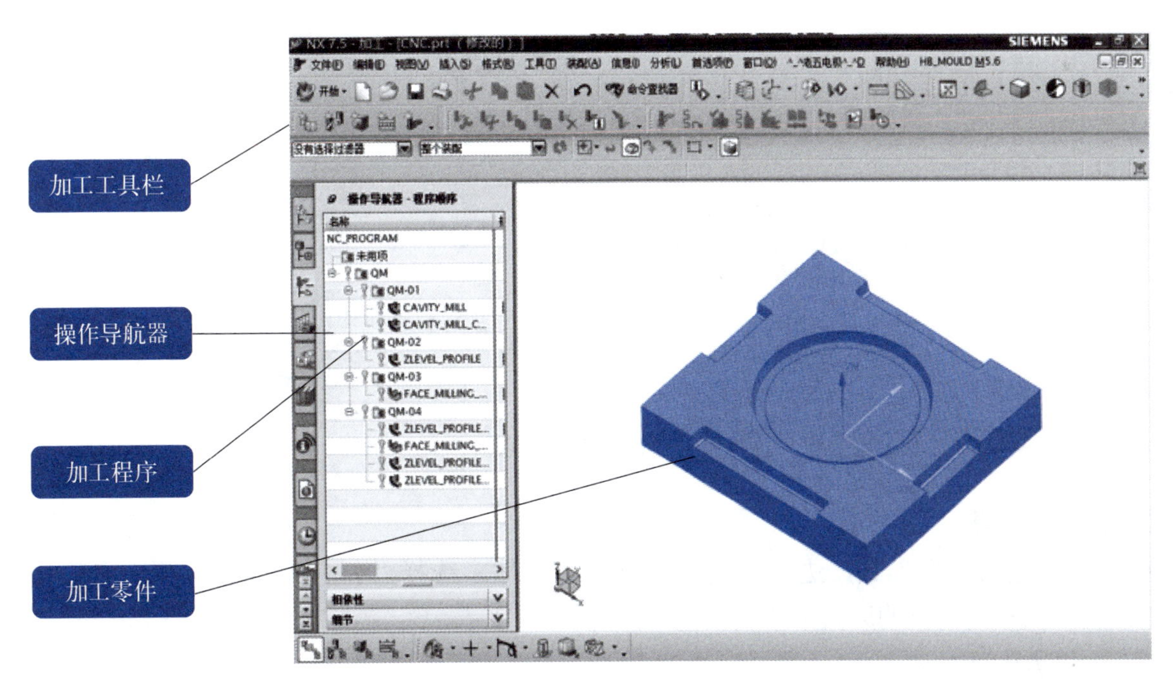


图 2.8.3　加工模块界面

#### （三）加工工具栏

加工工具栏及说明如图 2.8.4 所示。对各个工具的使用及其应用范围要熟练掌握。

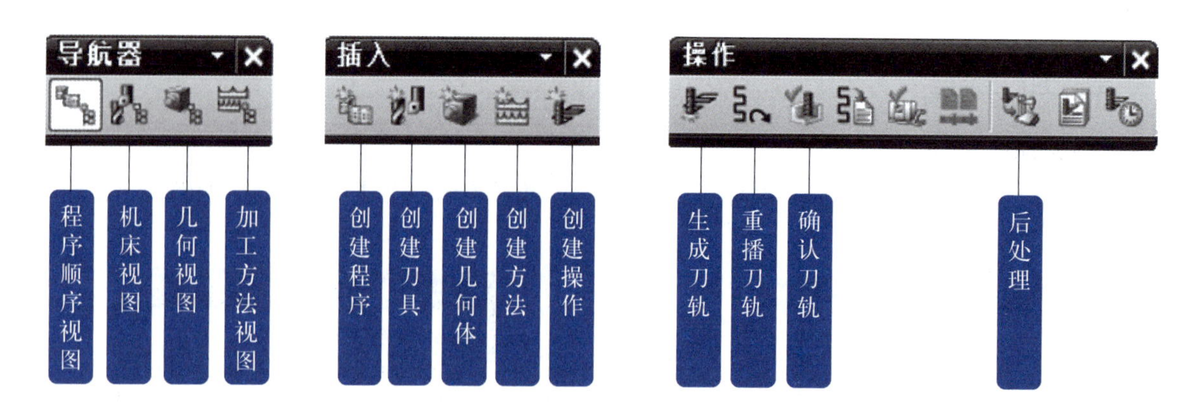


图 2.8.4　软件操作界面的加工操作工具栏及说明

## 二、创建程序

### （一）程序创建

进入加工界面并熟悉各个工具的使用后，开始程序创建。具体操作方法见图 2.8.5。

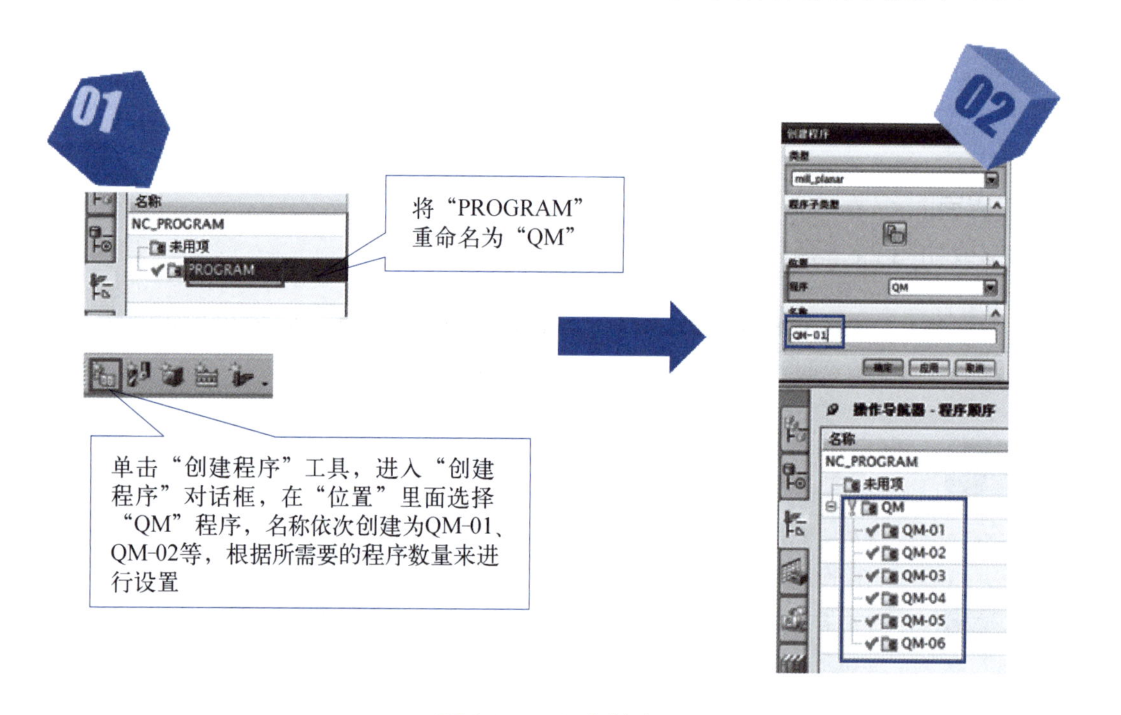


图 2.8.5　程序创建

### （二）创建刀具

单击“创建刀具”工具，进入“创建刀具”对话框，选择“mill_planar”类型，名称设置为“D17R0.8”。根据所需要的刀具来依次创建。如图 2.8.6 所示。

### （三）创建几何体

双击 WORKPIECE，双击 MCS_MILL，在安全距离设置“平面”，指定平面为“点和方向”，安全距离为表面上 20mm。双击 WORKPIECE，进入“铣削几何体”对话框，单击“指定毛坯”，进入“毛坯几何体”对话框，设置为“自动块”。如图 2.8.7 所示。

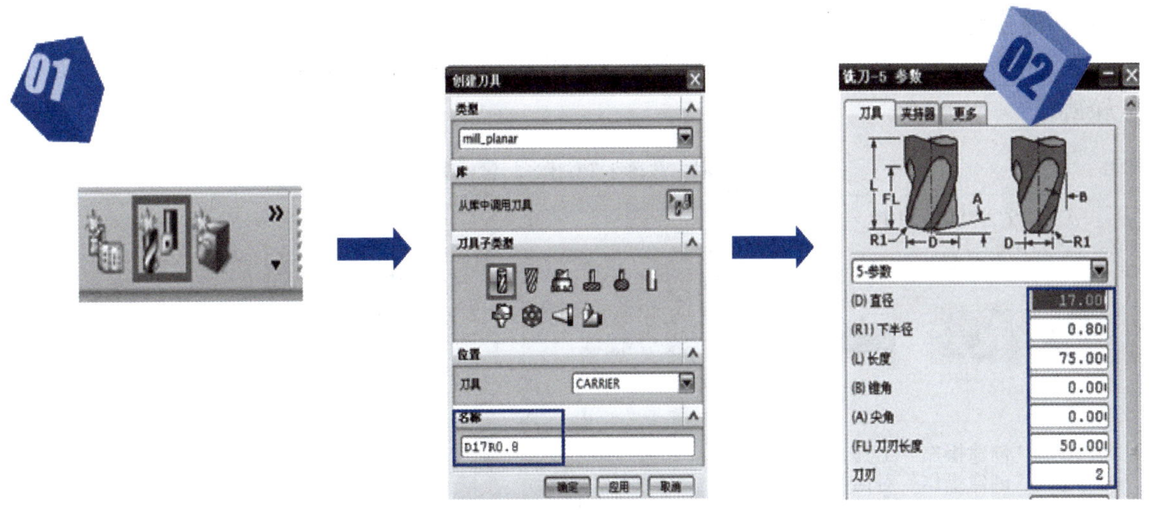


图 2.8.6　创建刀具

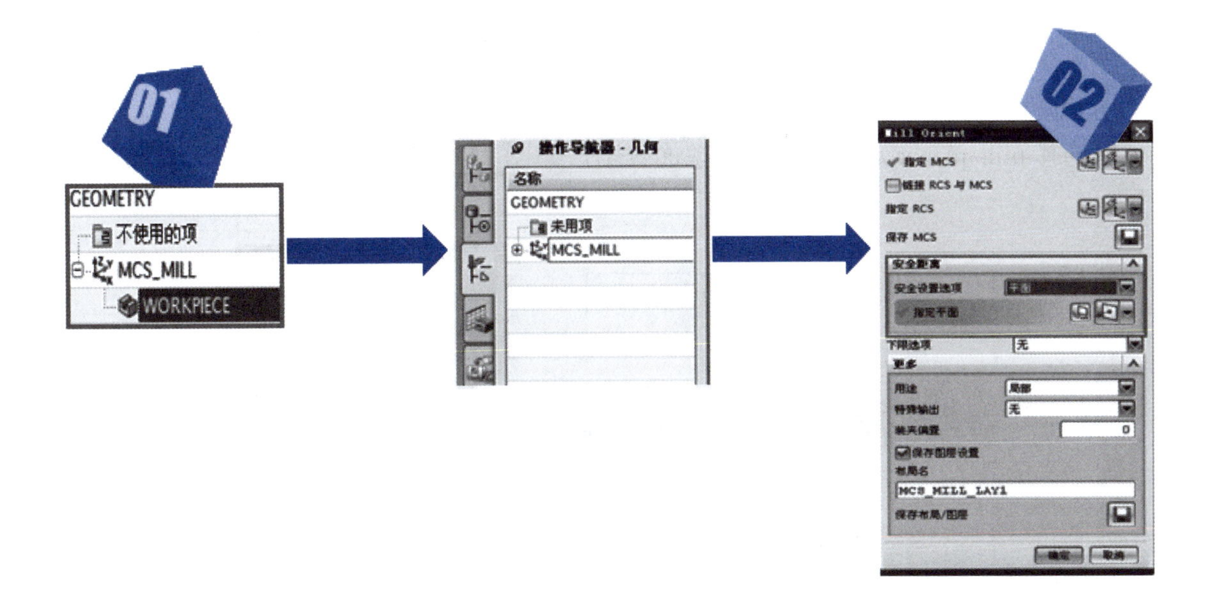


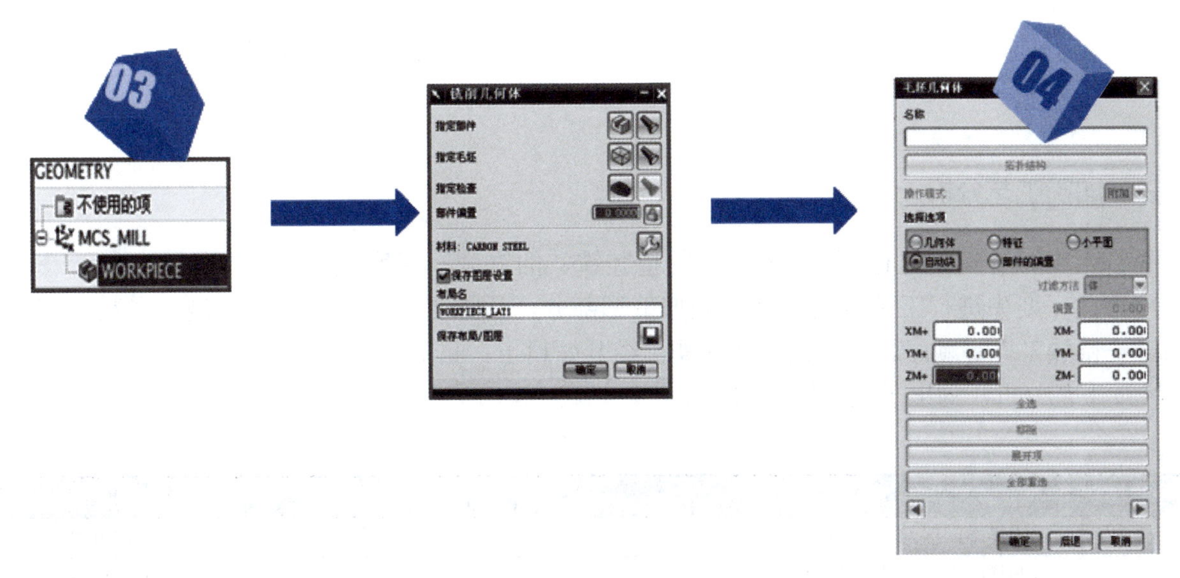


图 2.8.7　创建几何体

第二篇　基础篇

### （四）创建操作

如图 2.8.8 所示进入“创建操作”对话框，可以选择 mill_contour 选项下的子类型型腔铣或深度加工轮廓。

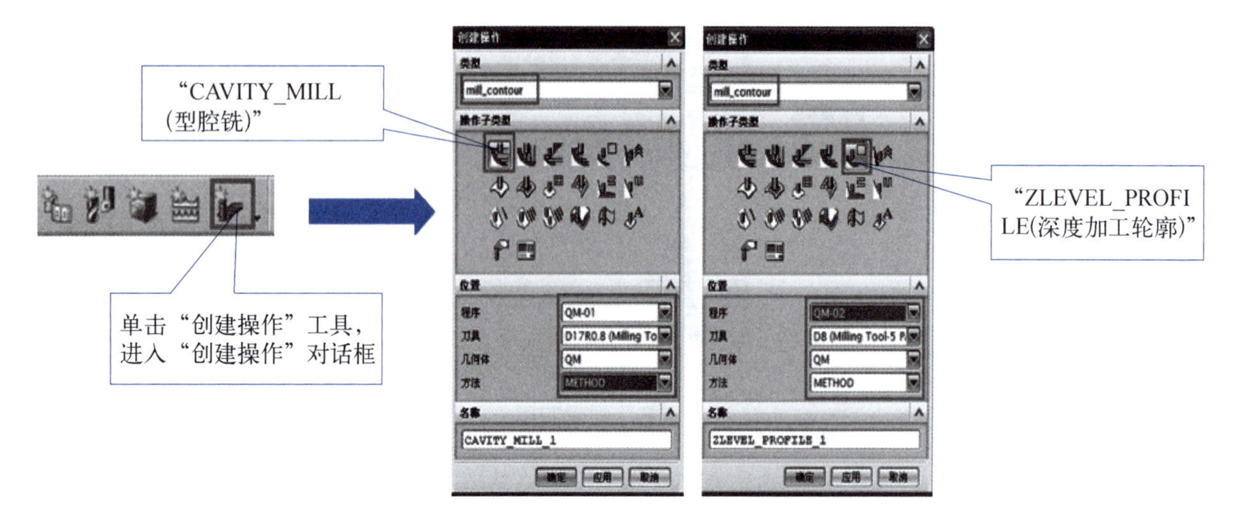


图 2.8.8　创建操作（1）

也可以选择 mill_planar 选项下的子类型面铣削，如图 2.8.9 所示。至于选哪种方式，根据实际需要来定。

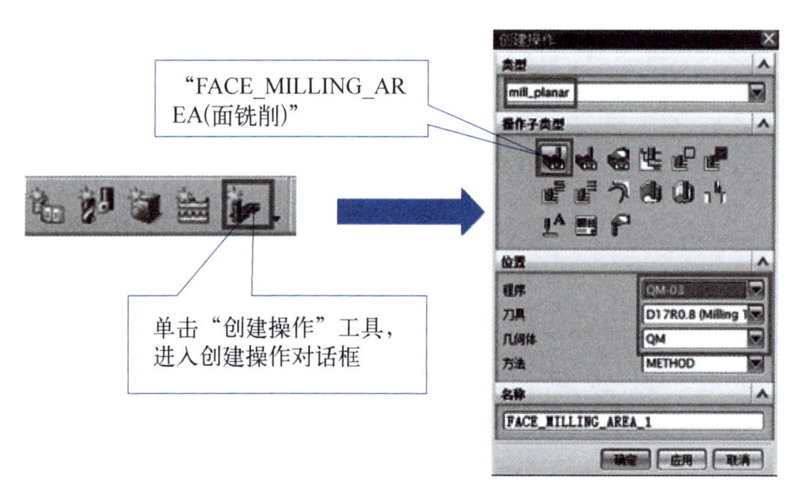


图 2.8.9　创建操作（2）

## 三、加工工艺分析

本零件加工任务涉及 UG 数控编程中的型腔铣、面铣削、深度加工轮廓等加工方法。在创建加工程序前，要先进行工艺分析，确定先加工哪部分，后加工哪部分，基本要遵守“粗加工—半精加工—精加工”等顺序。本凹模零件前期已经开好料了，只需对其凹形区域进行加工即可。

经过工艺分析，列出了该零件的加工工艺，如表 2.8.1 所示。

表 2.8.1　零件加工工艺表

| 序号 | 加工工步 | 加工策略 | 加工刀具 |
|---|---|---|---|
| 1 | 对凹模中间区域进行粗加工 | 型腔铣 | D17R0.8 |
| 2 | 对凹模四个虎口进行粗加工 | 型腔铣 | D17R0.8 |
| 3 | 对凹模侧面区域进行半精加工 | 深度加工轮廓 | D8 |

续表

| 序号 | 加工工步 | 加工策略 | 加工刀具 |
|---|---|---|---|
| 4 | 对凹模中间表面进行精加工 | 面铣削 | D17R0.8 |
| 5 | 对凹模四个虎口侧面精加工 | 深度加工轮廓 | D6R0.5 |
| 6 | 对凹模四个虎口底面精加工 | 面铣削 | D6R0.5 |
| 7 | 对凹模中间孔侧面进行精加工 | 深度加工轮廓 | D6R0.5 |
| 8 | 对凹模中间凸台侧面进行精加工 | 深度加工轮廓 | D6R0.5 |

## 四、程序后处理、仿真

### （一）程序后处理

如图 2.8.10、图 2.8.11 所示。

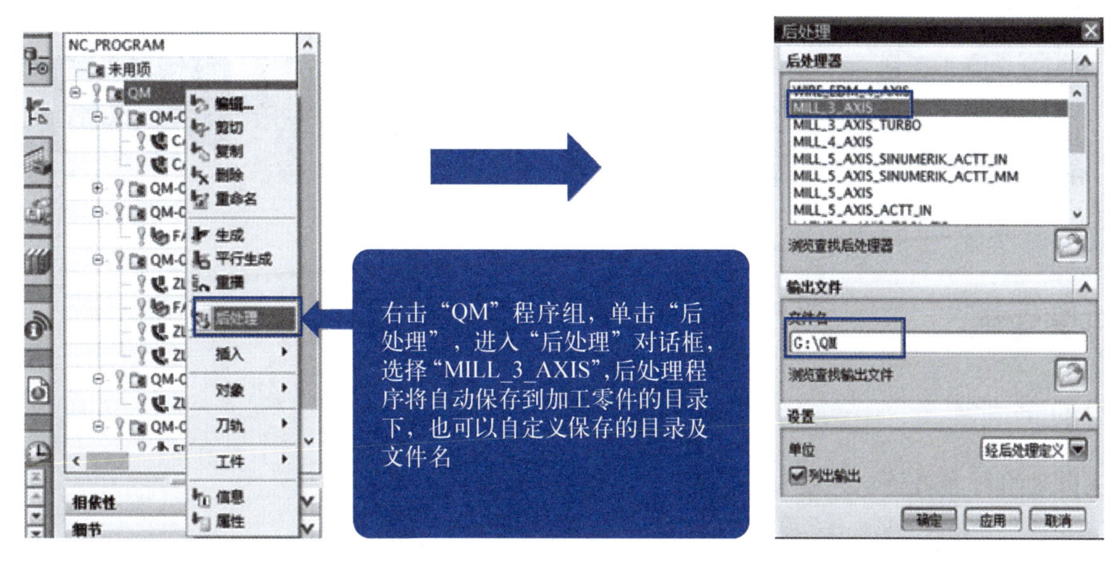


图 2.8.10　后处理

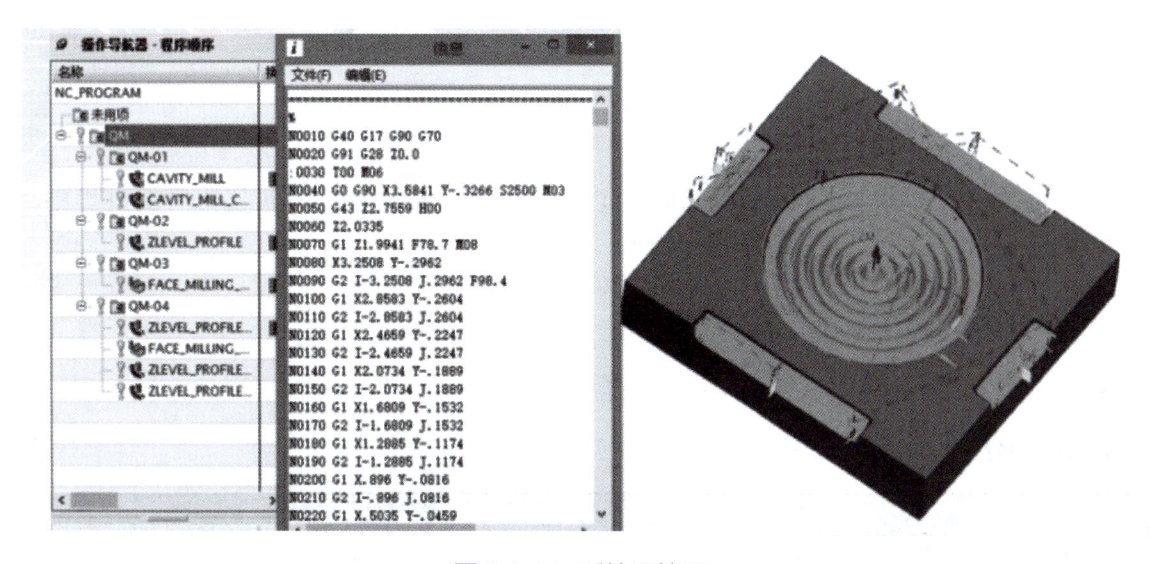


图 2.8.11　后处理结果

### （二）仿真

单击“确认刀轨”出现“刀轨可视化”对话框，选择“2D 动态”，调节动画速度，然后点击“播放”键。如图 2.8.12 所示。

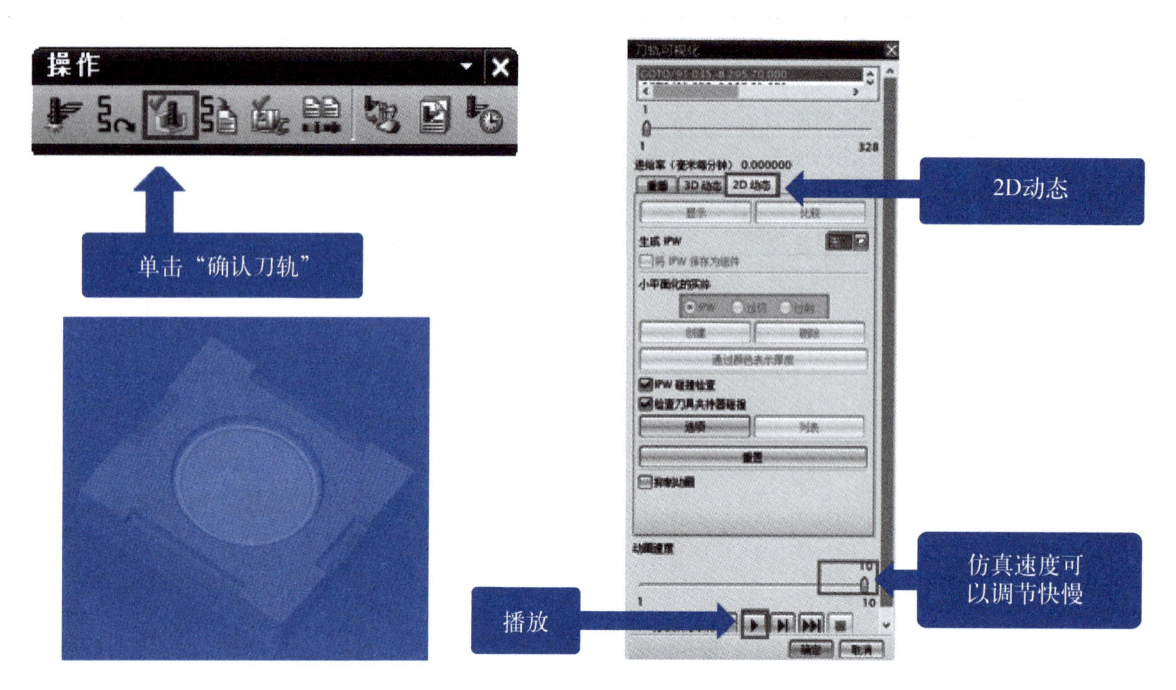


图 2.8.12 仿真

## 任务实施

### 一、任务准备

UG 自动编程参考资料、实训任务书、实训指导书等。

### 二、生成加工程序并仿真

（1）根据加工工艺要求选择加工策略，进行参数设定。
（2）进行后处理、仿真。

### 三、任务实施内容解读

教师对任务实施内容进行解读，必要时可以进行示范。在解读任务实施内容的过程中，结合PPT，对本任务所涉及的重点、难点进行讲解。

### 四、工具整理

按要求整理工具，清理实训台，并由教师检查。

## 学习评价

| 评价内容 | 评分标准 | 分值 | 得分 | 备注 |
|---|---|---|---|---|
| 目标认知程度 | 工作目标明确，能快速准确收集相关资料，能合理列写自评表 | 10 | | |
| 情感态度 | 工作态度端正，注意力集中，工作积极、主动 | 10 | | |
| 团队协作 | 具有一定的组织、协调能力，能积极与他人合作，顾全大局，共同完成工作任务 | 5 | | |
| 知识能力运用 | 知识准备充分，运用熟练正确 | 10 | | |

续表

| 评价内容 | 评分标准 | 分值 | 得分 | 备注 |
|---|---|---|---|---|
| 项目实施情况 | 制定合理的加工工艺，正确按要求用 CAD/CAM 软件生成零件加工刀路、后处理程序并对零件进行正确的仿真加工 | 40 | | |
| | 操作安全性 | 5 | | |
| | 完成时间 | 5 | | |
| 成果展示情况 | 作品完善、操作方便、功能多样、符合预期要求 | 5 | | |
| | 积极、主动、大方 | 5 | | |
| | 展示过程语言流畅、逻辑性强、表达准确到位 | 5 | | |
| 总分 | | 100 | | |

## 练习与作业

利用 UG 软件完成图 2.8.13 所示零件的加工程序生成并仿真。

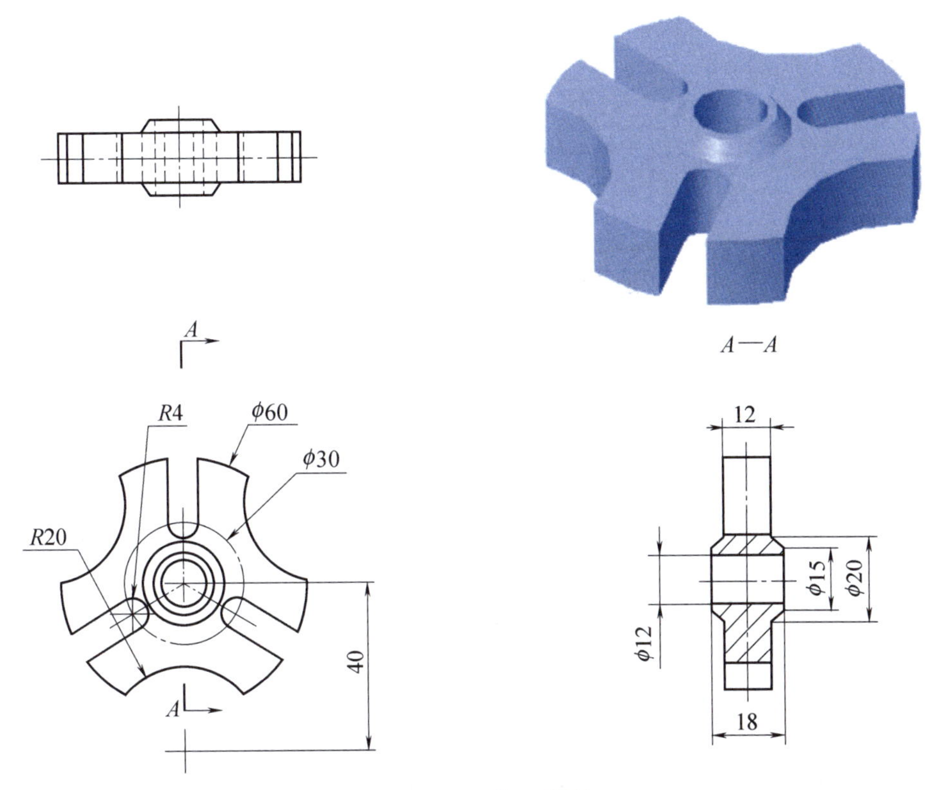


图 2.8.13　练习零件

## 生产任务工单

| 下单日期 | ××/×/× | | | 交货日期 | | ××/×/× |
|---|---|---|---|---|---|---|
| 下单人 | | | | 经手人 | | |
| 序号 | 产品名称 | | 型号 / 规格 | 数量 | 单位 | 生产要求 |
| 1 | 制定合理的加工工艺，正确按要求用 CAD/CAM 软件生成零件加工刀路、后处理加工程序并对零件进行正确的仿真加工 | | 无 | 1 | 个 | 按照图纸要求 |
| 2 | | | | | | |
| 3 | | | | | | |
| 4 | | | | | | |
| | | | | | | |
| | | | | | | |
| 备注 | | | | | | |

制单人：__________ 审核：__________ 生产主管：__________

# 学习任务 9　数控机床远程故障诊断与排除

## 学习内容

学习数控机床常见报警的产生机制、机床报警解除的搜索过程、远程诊断的信息流程及故障排除方法。

## 学习目标

通过本任务的深入学习，能够正确识别报警信息并准确进行故障定位，能够正确处理常见报警故障。

## 思维导图

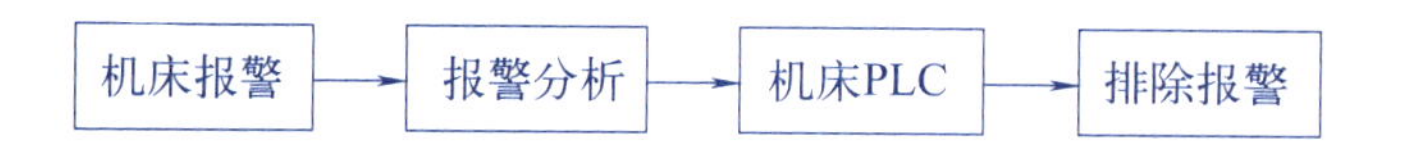


## 任务描述

（1）数控机床常见用户报警出现时，能够在总控单元识别出故障来源，在数控机床侧能够精确定位故障所在，并排除故障。

（2）常见故障排除（如气压异常、自动门未开到位等报警）。

## 任务分析

### 一、华中 8 型数控系统用户报警的产生

华中 8 型数控系统提供了用户报警功能，报警功能地址为 G3010、G3011 及 G3012。通过 PLC 编程激活相应报警位，将报警信息文本显示在总控单元。

例如：

对应的报警信息为：“G3010.12 →第二参考点未到位（R115.4）”。

### 二、总控单元的报警信息

检测页面显示各个设备的在线状态和报警。

序号：显示设备的序号。

设备编号：显示设备的编号。

名称：显示设备的名称。

状态：显示设备的状态——在线或者离线，如果当前设备在线，那么该行显示为绿色，如果离线，显示为红色。

报警内容：如果当前设备有报警，那么显示报警内容。

总控单元的报警画面如图 2.9.1 所示。

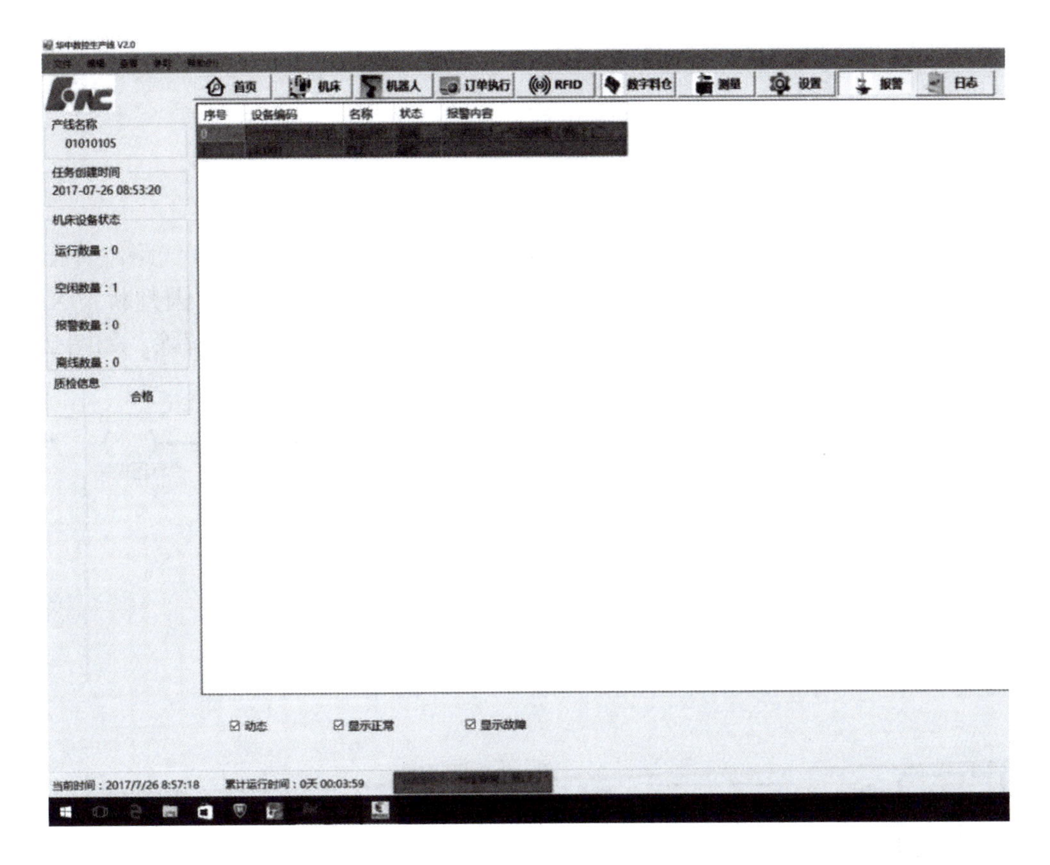


图 2.9.1 总控单元的报警画面

## 三、数控机床侧的用户报警

X2.2 气压异常出现异常时触发报警地址 G3011.11，报警信息为“G3011.11 →气压异常（X2.2）”；X10.2 冷却异常出现异常时触发报警地址 G3011.12，报警信息为“G3011.12 →冷却异常（X10.2）”。如图 2.9.2 所示。

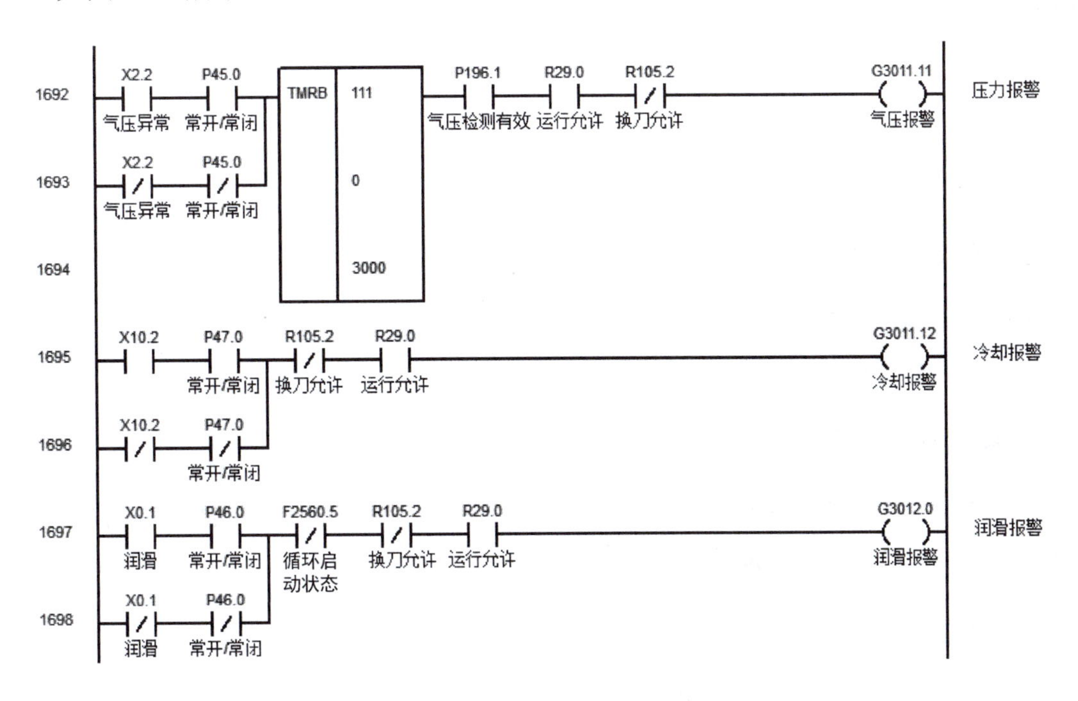


图 2.9.2 报警地址激活

## 四、机床 PLC 报警解除的搜索过程

以下举例说明机床 PLC 报警解除的搜索过程。

报警：气压报警 G3011.11。

现象：机床气压表显示 0.5MPa，正常，但仍然报警。

判断方法：先判断气压表是否正常工作与气压有无，若无气压，则检查气路。若正常，则进入梯图诊断搜索 G3011.11，查看前置 PLC 为何接通。查看到 X2.2 为常闭，原因判断为 X2.2 的 I/O 口为常开常闭接反。修改 PLC 梯形图为常开，截断气路后才会报警，则报警解除。如图 2.9.3 所示。

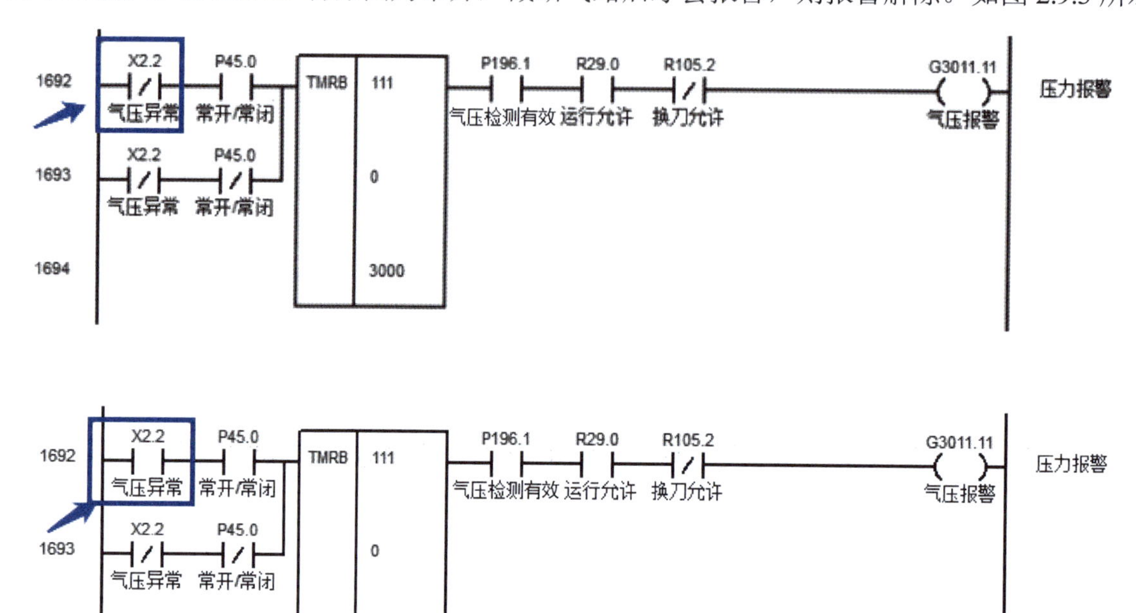


图 2.9.3　报警解除

# 任务实施

## 一、任务准备

华中 8 型数控系统 PLC 编程说明书、实训任务书、实训指导书等。

## 二、正确处理常见报警故障或设置的报警故障

（1）正确识别报警信息并准确进行故障定位。

（2）正确进行报警故障排除。

## 三、任务实施内容解读

教师对任务实施内容进行解读，必要时可以进行示范。在解读任务实施内容的过程中，结合 PPT，对本任务所涉及的重点、难点进行讲解。

## 四、工具整理

按要求整理工具，清理实训台，并由老师检查。

## 学习评价

| 评价内容 | 评分标准 | 分值 | 得分 | 备注 |
| --- | --- | --- | --- | --- |
| 目标认知程度 | 工作目标明确，能快速准确收集相关资料，能合理列写自评表 | 10 | | |
| 情感态度 | 工作态度端正，注意力集中，工作积极、主动 | 10 | | |
| 团队协作 | 具有一定的组织、协调能力，能积极与他人合作，顾全大局，共同完成工作任务 | 5 | | |
| 知识能力运用 | 知识准备充分，运用熟练正确 | 10 | | |
| 项目实施情况 | 1. 正确识别报警信息并准确进行故障定位。<br>2. 正确排除故障 | 40 | | |
| | 操作安全性 | 5 | | |
| | 完成时间 | 5 | | |
| 成果展示情况 | 作品完善、操作方便、功能多样、符合预期要求 | 5 | | |
| | 积极、主动、大方 | 5 | | |
| | 展示过程语言流畅、逻辑性强、表达准确到位 | 5 | | |
| 总分 | | 100 | | |

## 练习与作业

（1）处理气压异常报警错误。

（2）处理急停报警错误。

（3）处理液压油异常报警错误。

## 生产任务工单

| 下单日期 | ××/×/× | | 交货日期 | | ××/×/× |
| --- | --- | --- | --- | --- | --- |
| 下单人 | | | 经手人 | | |
| 序号 | 产品名称 | 型号 / 规格 | 数量 | 单位 | 生产要求 |
| 1 | 气压异常报警处理 | 无 | 1 | 个 | 按照任务实施要求 |
| 2 | 急停报警处理 | 无 | 1 | 个 | 按照任务实施要求 |
| 3 | 液压油异常报警处理 | 无 | 1 | 个 | 按照任务实施要求 |
| | | | | | |
| | | | | | |
| 备注 | | | | | |

制单人：＿＿＿＿＿＿＿＿ 审核：＿＿＿＿＿＿＿＿ 生产主管：＿＿＿＿＿＿＿＿

# 学习任务 10　总控 PLC 硬件连接及组态

## 学习内容

学习西门子 S7-1200 系列 PLC，掌握总控 PLC 的硬件连接及组态，以及博途软件的基本使用。

## 学习目标

通过本任务的深入学习，能够编写一个简单的开关控制灯程序并下载到 PLC 中进行调试。

## 思维导图

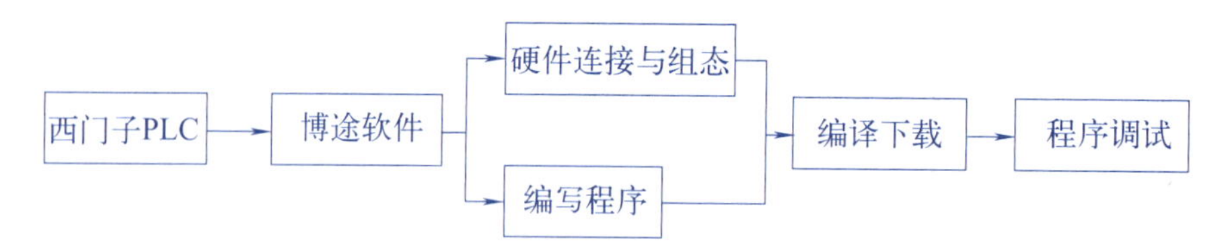


## 任务描述

创建一个工程文件，根据硬件组态设备，编写一个简单的梯形图（按总控柜上启动按钮启动指示灯亮；按停止按钮停止指示灯亮），下载到 PLC 中进行调试。

## 任务分析

### 一、西门子 PLC 介绍

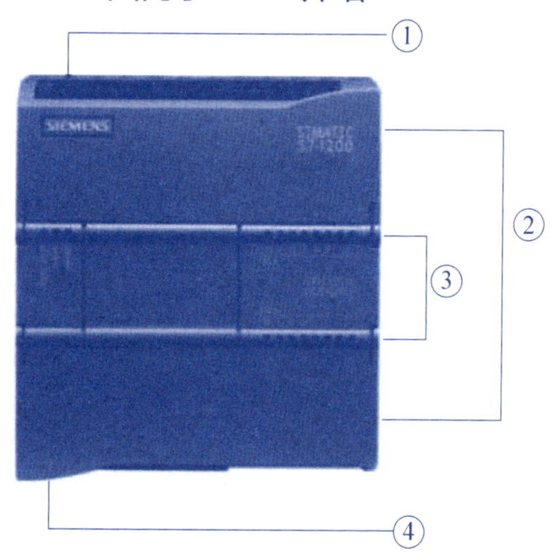


图 2.10.1 S7-1200 CPU

① 电源连接器；② 可拆卸用户接线连接器（门后面）；③ 板载 I/O 状态 LED；④ 为了 PROFINET 连接器（CPU 的底部）与编程设备通信，CPU 提供的内置 PROFINET 端口（借助 PROFINET 网络，CPU 可以与 HMI 面板或其他 CPU 通信）

S7-1200 CPU 具有集成电源和各种板载输入与输出电路，是功能强大的控制器，如图 2.10.1 所示。下载程序后，CPU 监视输入并根据用户程序进行输出，用户程序可以包含布尔运算、计数器运算、定时器运算和复杂数学运算。

### 二、博途软件介绍

全集成自动化软件 TIA Portal（中文名为博途）是西门子发布的新一代全集成自动化设计软件，它几乎适用于所有自动化任务。借助这款软件，用户能够快速、直观地开发和调试自动控制系统。与传统方法相比，它无须花费大量时间集成各种软件包，显著地节省了时间，提高了设计效率。到 2020 年为止，版本是 V16，有 Basic、Comfort、Advanced、Professional 等四个级别。软件功能见图 2.10.2。详见《TIA Portal 专业版系统手册》。其不支持 S7-400H。

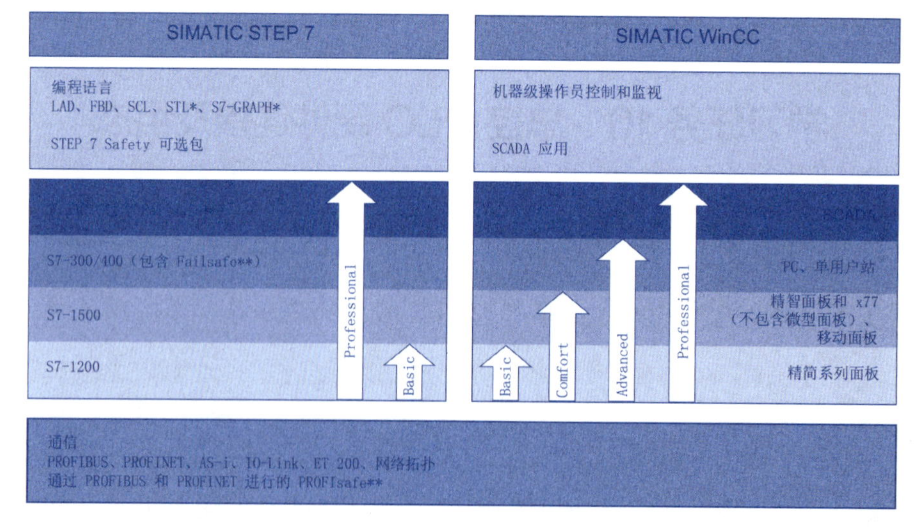


图 2.10.2 软件功能

## 三、硬件连接及组态

### （一）创建项目

在桌面上双击“TIA Portal”图标启动软件，软件界面包括 Portal 视图和项目视图，两个视图中都可以新建项目。

在 Portal 视图中，单击“创建新项目”，在弹出的对话框中输入项目名称、路径和作者等信息，然后单击“创建”即可生成新项目，如图 2.10.3 所示。

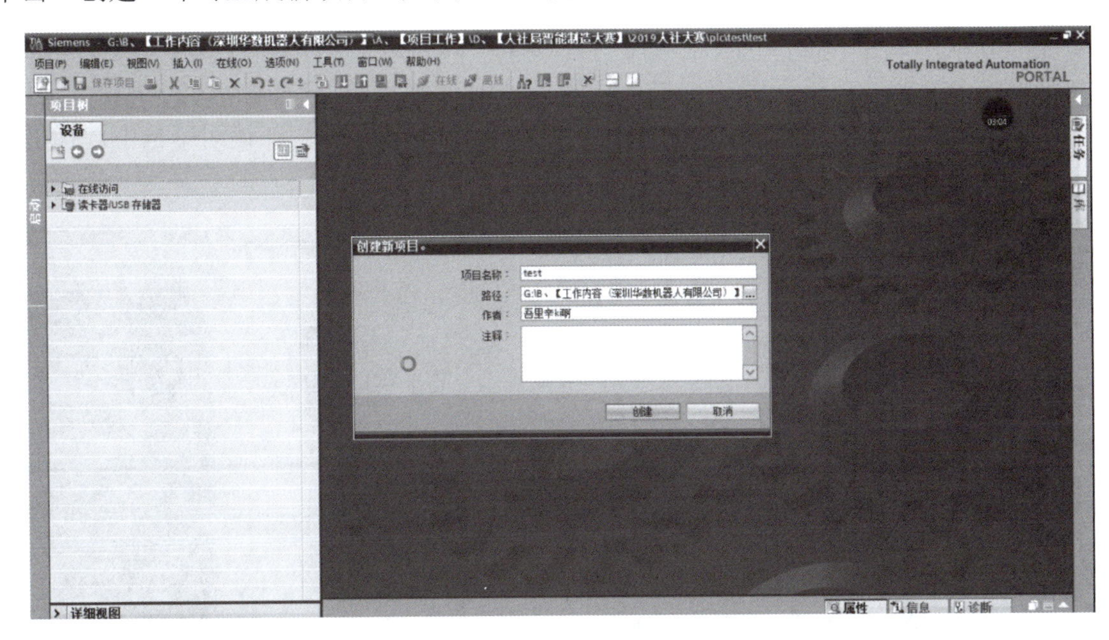


图 2.10.3　创建新项目

然后用户需要切换到项目视图，即单击“项目视图”，如图 2.10.4 所示。

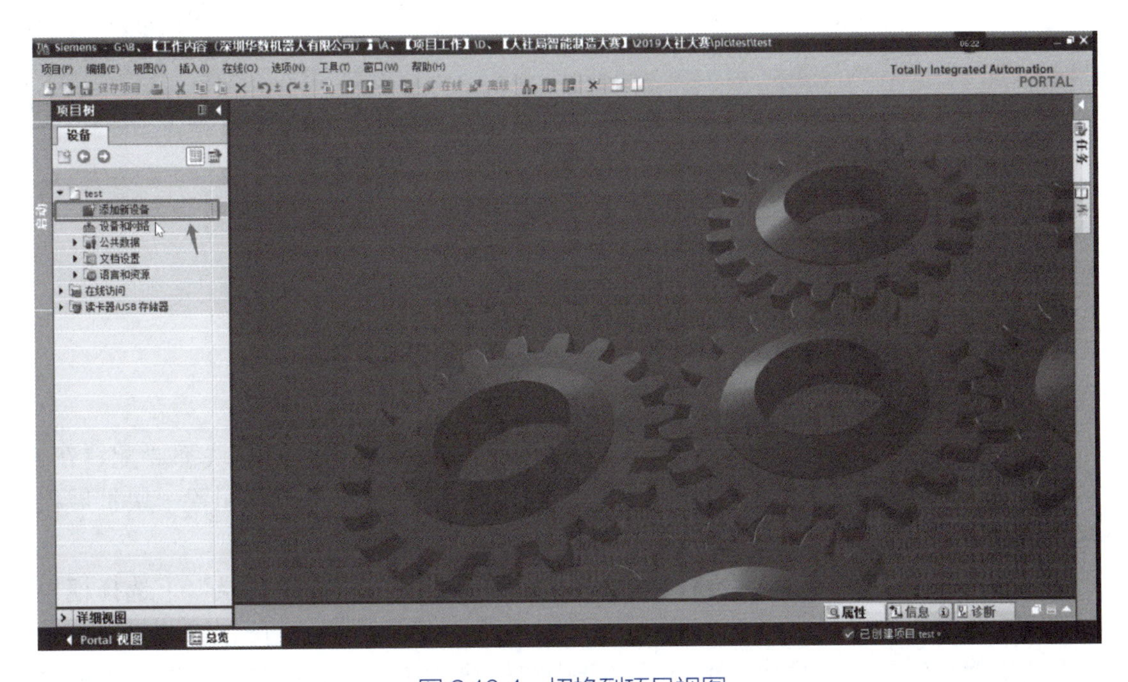


图 2.10.4　切换到项目视图

### （二）硬件组态

创建硬件组态有两种方法：手动组态和在线上载。

图 2.10.5　添加新设备

手动组态通常在已知所有产品的完整订货号的情况下采用，这种方法的优点是可以完全离线进行设备组态，组态过程中不需要设备在线。

S7-1200 系统需要对各硬件进行组态、参数设置和通信互连。项目中的组态要与实际系统一致，系统启动时 CPU 会自动检测软件的预设组态与系统的实际组态是否一致，如果不一致会报错，此时 CPU 能否启动取决于启动设置。

下面介绍在项目视图中如何进行项目硬件组态。进入项目视图，在左侧的项目树中单击“添加新设备”，如图 2.10.5 所示，随即弹出“添加新设备”对话框，如图 2.10.6 所示。在该对话框中选择与实际系统完全匹配的设备即可。

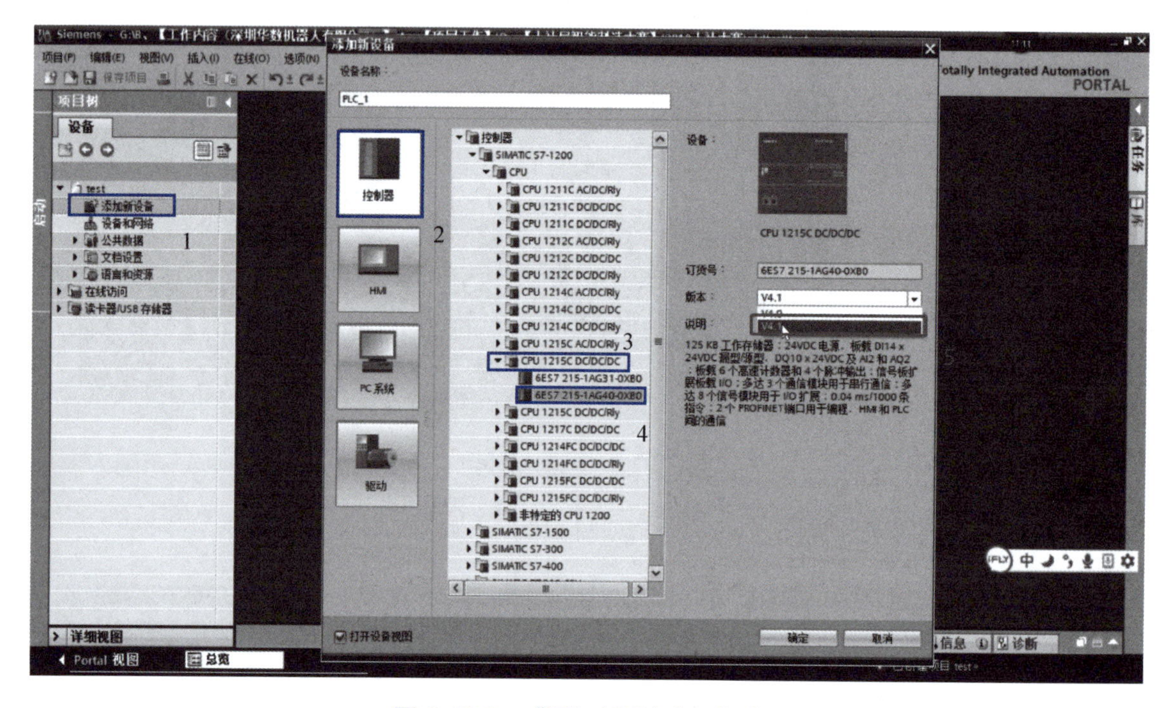


图 2.10.6　“添加新设备”对话框

（1）选择“控制器”。

（2）选择 S7-1200 的 CPU 型号。

（3）选择 CPU 的订货号。

（4）选择 CPU 的版本。

（5）设置设备名称后单击“确定”完成新设备添加。

在添加完新设备后，与该设备匹配的机架也会随之生成。所有通信模块都要配置在 S7-1200 CPU 左侧，而所有信号模块都要配置在 CPU 的右侧，在 CPU 本体上可以配置一块扩展板。配置方法如图 2.10.7 所示。

在硬件组态过程中，TIA Portal 会自动检查模块的正确性。在“硬件目录”下选择模板后，则机架中允许配置该模块的槽位边框变为蓝色，不允许配置该模块的槽位边框无变化。

如果需要更换已经组态的模块，可以直接选中该模块，在鼠标右键菜单中选择“更改设备类型”命令，然后在弹出的菜单中选择新的模块。

（1）单击打开设备视图。

（2）打开“硬件目录”。

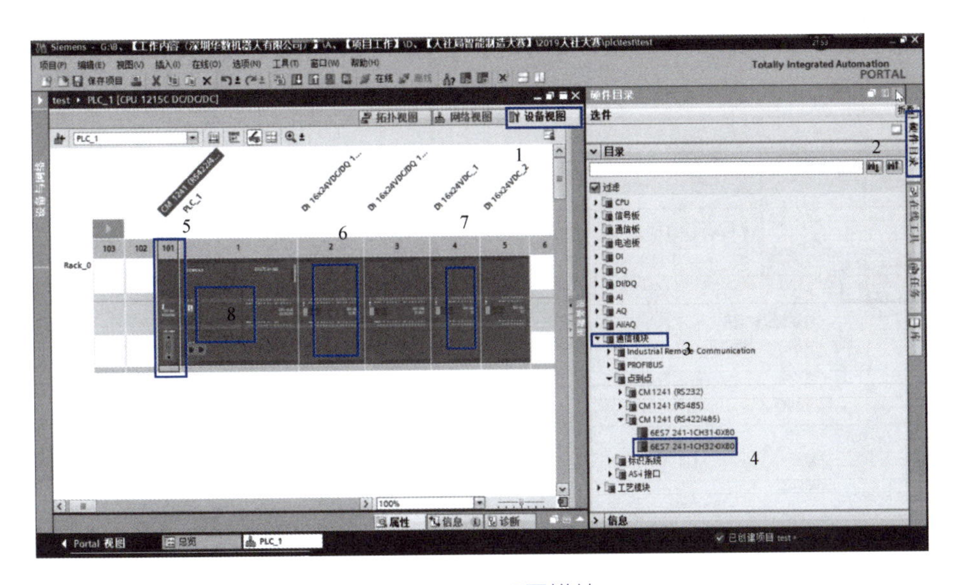


图 2.10.7　配置模块

（3）选择要组态的模板。

（4）选择订货号。

（5）拖拽到机架上相应的槽位。

（6）通信模块配置在 CPU 的左侧槽位。

（7）I/O 及工艺模板配置在 CPU 的右侧槽位。

（8）信号板、通信板及电池板配置在 CPU 的本体上（仅能配置 1 个）。

S7-1200 系列模块的连接特点是：

（1）信号板插于 CPU 上，最多可以连接一个。

（2）I/O 模块连接在 CPU 右侧，CPU 1214/1215/1217 最多允许连接 8 个，CPU 1212 最多允许连接 2 个，CPU 1211 无法连接 I/O 模块。

（3）通信模块连接在 CPU 左侧，最多可以连接 3 个。

## （三）参数设置

在“设备视图”→“设备概览”中可查看设备模块数据，并且可以更改 I/O 点位，如图 2.10.8 所示。

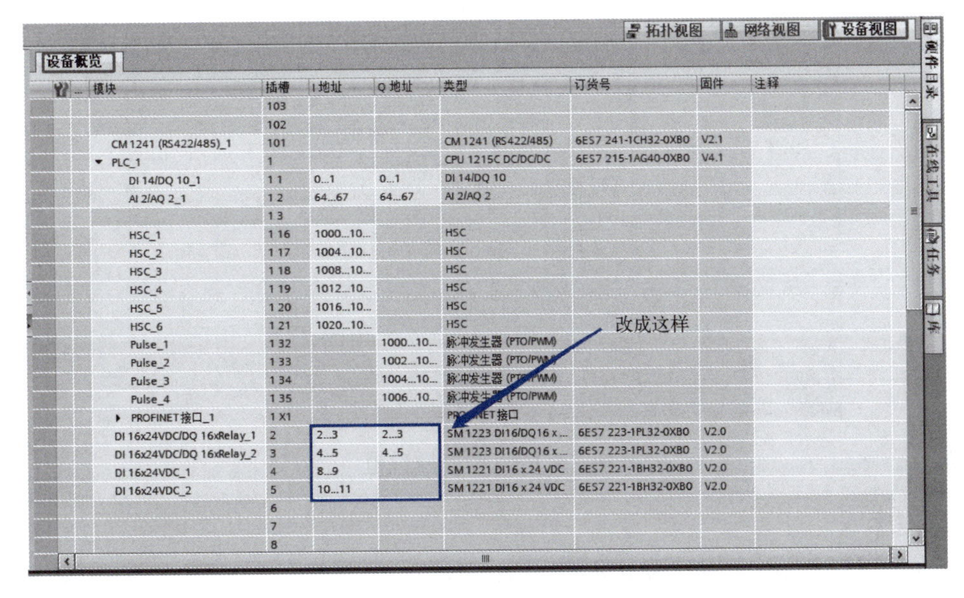
设备概览

| 模块 | 插槽 | I 地址 | Q 地址 | 类型 | 订货号 | 固件 | 注释 |
|---|---|---|---|---|---|---|---|
| | 103 | | | | | | |
| | 102 | | | | | | |
| CM 1241 (RS422/485)_1 | 101 | | | CM 1241 (RS422/485) | 6ES7 241-1CH32-0XB0 | V2.1 | |
| PLC_1 | 1 | | | CPU 1215C DC/DC/DC | 6ES7 215-1AG40-0XB0 | V4.1 | |
| DI 14/DQ 10_1 | 1 1 | 0...1 | 0...1 | DI 14/DQ 10 | | | |
| AI 2/AQ 2_1 | 1 2 | 64...67 | 64...67 | AI 2/AQ 2 | | | |
| | 1 3 | | | | | | |
| HSC_1 | 1 16 | 1000...10... | | HSC | | | |
| HSC_2 | 1 17 | 1004...10... | | HSC | | | |
| HSC_3 | 1 18 | 1008...10... | | HSC | | | |
| HSC_4 | 1 19 | 1012...10... | | HSC | | | |
| HSC_5 | 1 20 | 1016...10... | | HSC | | | |
| HSC_6 | 1 21 | 1020...10... | | HSC | | | |
| Pulse_1 | 1 32 | | 1000...10... | 脉冲发生器 (PTO/PWM) | | | |
| Pulse_2 | 1 33 | | 1002...10... | 脉冲发生器 (PTO/PWM) | | | |
| Pulse_3 | 1 34 | | 1004...10... | 脉冲发生器 (PTO/PWM) | | | |
| Pulse_4 | 1 35 | | 1006...10... | 脉冲发生器 (PTO/PWM) | | | |
| PROFINET 接口_1 | 1 X1 | | | PROFINET 接口 | | | |
| DI 16x24VDC/DQ 16xRelay_1 | 2 | 2...3 | 2...3 | SM 1223 DI16/DQ16 x... | 6ES7 223-1PL32-0XB0 | V2.0 | |
| DI 16x24VDC/DQ 16xRelay_2 | 3 | 4...5 | 4...5 | SM 1223 DI16/DQ16 x... | 6ES7 223-1PL32-0XB0 | V2.0 | |
| DI 16x24VDC_1 | 4 | 8...9 | | SM 1221 DI16 x 24 VDC | 6ES7 221-1BH32-0XB0 | V2.0 | |
| DI 16x24VDC_2 | 5 | 10...11 | | SM 1221 DI16 x 24 VDC | 6ES7 221-1BH32-0XB0 | V2.0 | |
| | 6 | | | | | | |
| | 7 | | | | | | |
| | 8 | | | | | | |



图 2.10.8　设备概览

在项目树中右击设备，选择“属性”，出现设备属性框，设置“IP 地址”及“系统和时钟存储器”，如图 2.10.9 所示。

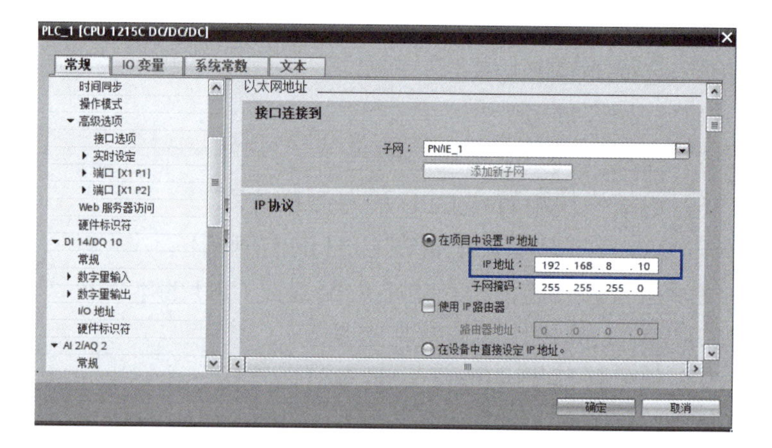


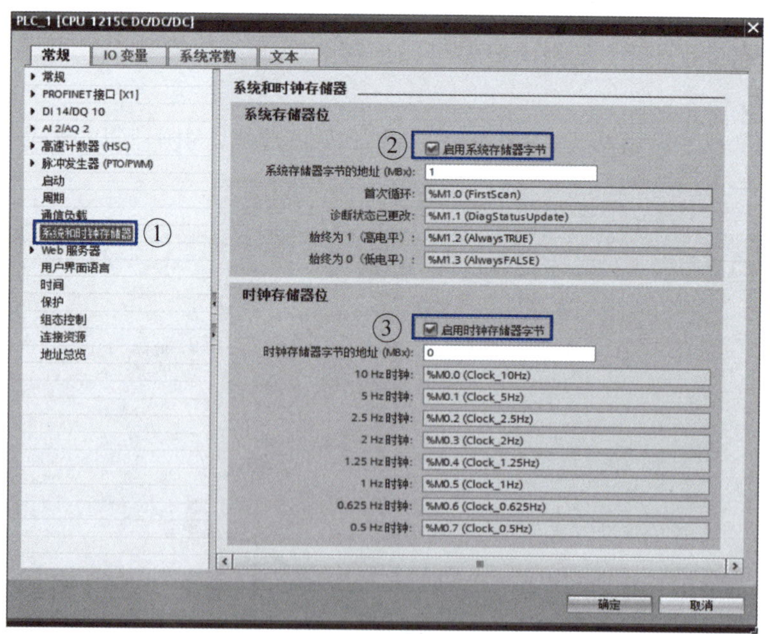


图 2.10.9　设备属性框

（四）编写程序

添加 PLC 后，STEP7 将为用户程序创建“MAIN”代码块并打开“PLC 编程”。参照图 2.10.10 编写梯形图。

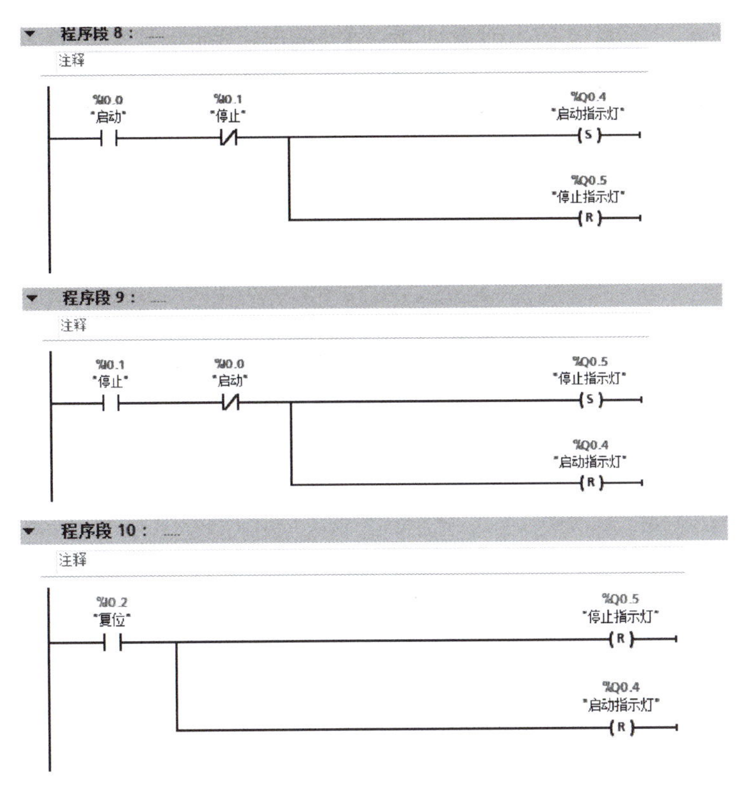


图 2.10.10　编写程序

### （五）编译下载

编译后，没有出现错误，可将程序下载到设备中（需要 PC 与 PLC 用网线建立 PROFINET 连接）。先进行“PG/PC 接口”的选择，单击“开始搜索”，在地址栏中会出现 PLC 地址，选中 PLC，单击“下载”即可，如图 2.10.11 所示。

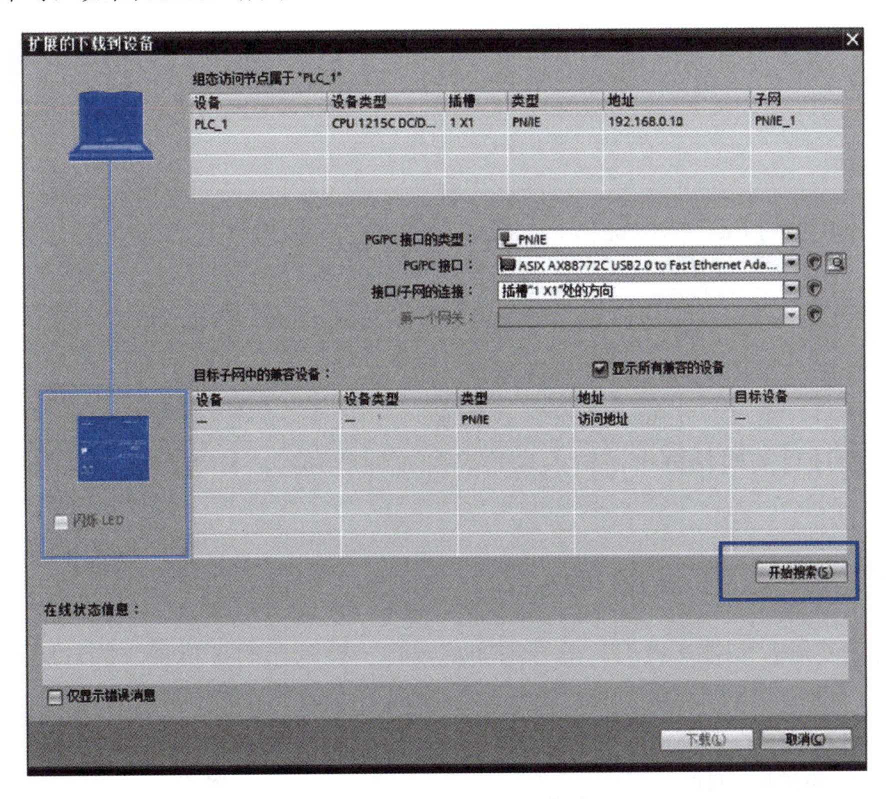


图 2.10.11　编译下载（1）

弹出下载界面，勾选“全部覆盖”或者“重新初始化”，单击“下载”，如图 2.10.12 所示。

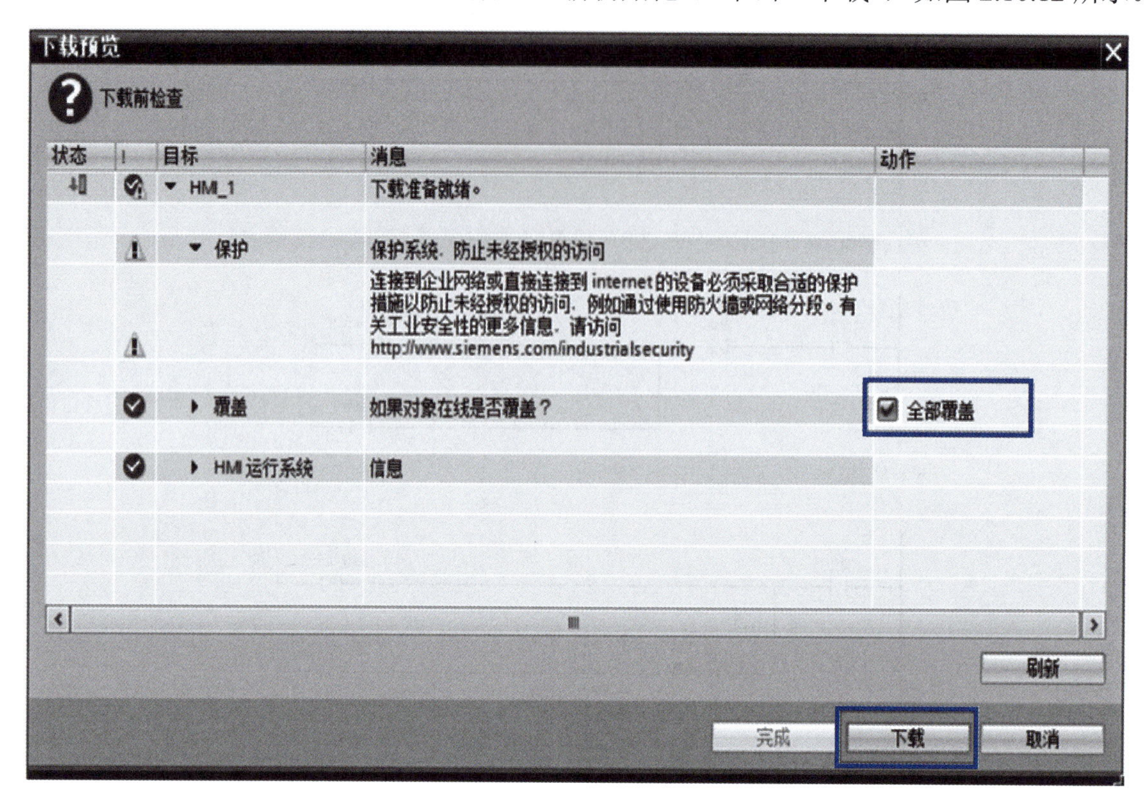


图 2.10.12　编译下载（2）

（六）程序调试

按总控柜上启动按钮启动指示灯亮；按停止按钮停止指示灯亮；按总控柜上复位按钮没有灯亮。

## 任务实施

### 一、任务准备

西门子 S7-1200 系列 PLC 编程说明书、实训任务书、实训指导书等。

### 二、新建项目

打开博途软件新建工程文件。在项目视图下：

（1）打开“项目”菜单，选择“新建”菜单项。

（2）在创建新项目的对话框中，输入项目名称、保存路径、作者、注释等信息后，单击“创建”按钮。

### 三、添加新的控制器及扩展 IO 模块

（1）根据现场实际控制器（PLC）型号添加新设备。控制器的订货号、固件版本要与现场实际一致。

（2）修改控制器的属性参数。

（3）添加 PLC 的扩展模块。

（4）组态完成后编译下载。

### 四、编写 PLC 程序实现指定功能

### 五、程序编译下载调试

### 六、任务实施内容解读

教师对任务实施内容进行解读，必要时可以进行示范。在解读任务实施内容的过程中，结合PPT，对本任务所涉及的重点、难点知识进行讲解。

### 七、工具整理

按要求整理工具，清理实训台，并由老师检查。

## 学习评价

| 评价内容 | 评分标准 | 分值 | 得分 | 备注 |
|---|---|---|---|---|
| 目标认知程度 | 工作目标明确，能快速准确收集相关资料，能合理列写自评表 | 10 | | |
| 情感态度 | 工作态度端正，注意力集中，工作积极、主动 | 10 | | |
| 团队协作 | 具有一定的组织、协调能力，能积极与他人合作，顾全大局，共同完成工作任务 | 5 | | |
| 知识能力运用 | 知识准备充分，运用熟练正确 | 10 | | |
| 项目实施情况 | 硬件连接及组态；按要求正确编写 PLC 控制程序并按任务要求进行正确控制 | 40 | | |
| | 操作安全性 | 5 | | |
| | 完成时间 | 5 | | |
| 成果展示情况 | 作品完善、操作方便、功能多样、符合预期要求 | 5 | | |
| | 积极、主动、大方 | 5 | | |
| | 展示过程语言流畅、逻辑性强、表达准确到位 | 5 | | |
| 总分 | | 100 | | |

## 练习与作业

1. 根据现场实际设备型号进行硬件连接及组态；

2. 编写 PLC 程序进行控制。程序编译下载实现按总控柜上启动按钮启动指示灯亮；按停止按钮停止指示灯亮；按总控柜上复位按钮没有灯亮。

## 生产任务工单

| 下单日期 | ××/×/× | | 交货日期 | | ××/×/× |
|---|---|---|---|---|---|
| 下单人 | | | 经手人 | | |
| 序号 | 产品名称 | 型号 / 规格 | 数量 | 单位 | 生产要求 |
| 1 | 硬件连接及组态；按要求正确编写 PLC 控制程序并按任务要求进行总控柜指示灯的正确控制 | 无 | 1 | 个 | 按照任务实施要求 |
| | | | | | |
| 备注 | | | | | |

制单人：______ 审核：______ 生产主管：______

# 学习任务 11　西门子触摸屏（HMI）组态控制与仿真

## 学习内容

学习 HMI 界面制作过程、HMI 与 PLC 组态过程、HMI 变量与 PLC 变量关联。

## 学习目标

通过本任务的深入学习，能够完成 HMI 与 PLC 组态，能制作 HMI 界面并使用 HMI 控制车床卡盘松紧。

## 思维导图

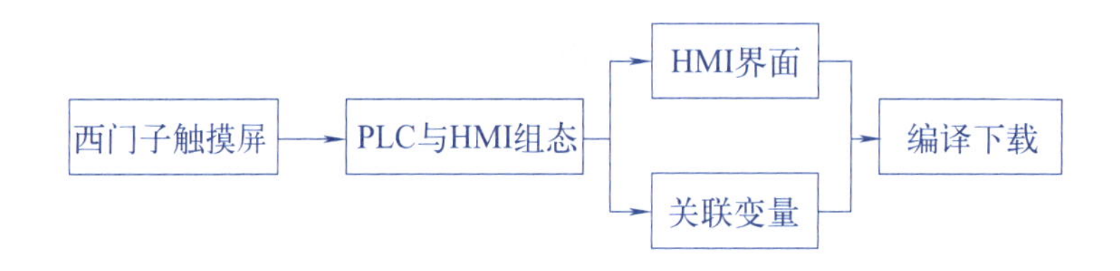


## 任务描述

完成 PLC 与 HMI 设备组态，编写 PLC 简单控制车床卡盘的梯形图，制作 HMI 界面，关联 PLC 变量与 HMI 变量，编译下载程序到设备，实现点击界面中"车床卡盘松"则卡盘松开，单击"车床卡盘紧"则卡盘夹紧。

## 任务分析

KPT700 Basic PN 触摸屏介绍：具备 7in 显示屏，800×480 像素，64K 色；采用按键和触摸屏操作，8 个功能键；1 个 PROFINET 接口，1 个 USB 接口。

PLC 与 HMI
基础编程讲解

突出特点：

（1）适用于不太复杂的可视化应用；

（2）所有尺寸的显示屏具有统一的功能；

（3）具有触摸操作功能，可实现操作人员直观的控制；

（4）按键可任意配置，并具有触觉反馈；

（5）支持 PROFINET 或 PROFIBUS 连接；

（6）项目可向上移植到 SIMATIC 精智面板。

## 任务实施

### 一、任务准备

西门子 S7-1200 系列 PLC 编程说明书、HMI 使用说明书、实训任务书、实训指导书等。

### 二、完成 PLC 与 HMI 设备组态，编写 PLC 控制车床卡盘松紧程序（梯形图）

（1）创建项目，编写 PLC 控制车床卡盘松紧程序，如图 2.11.1 所示。

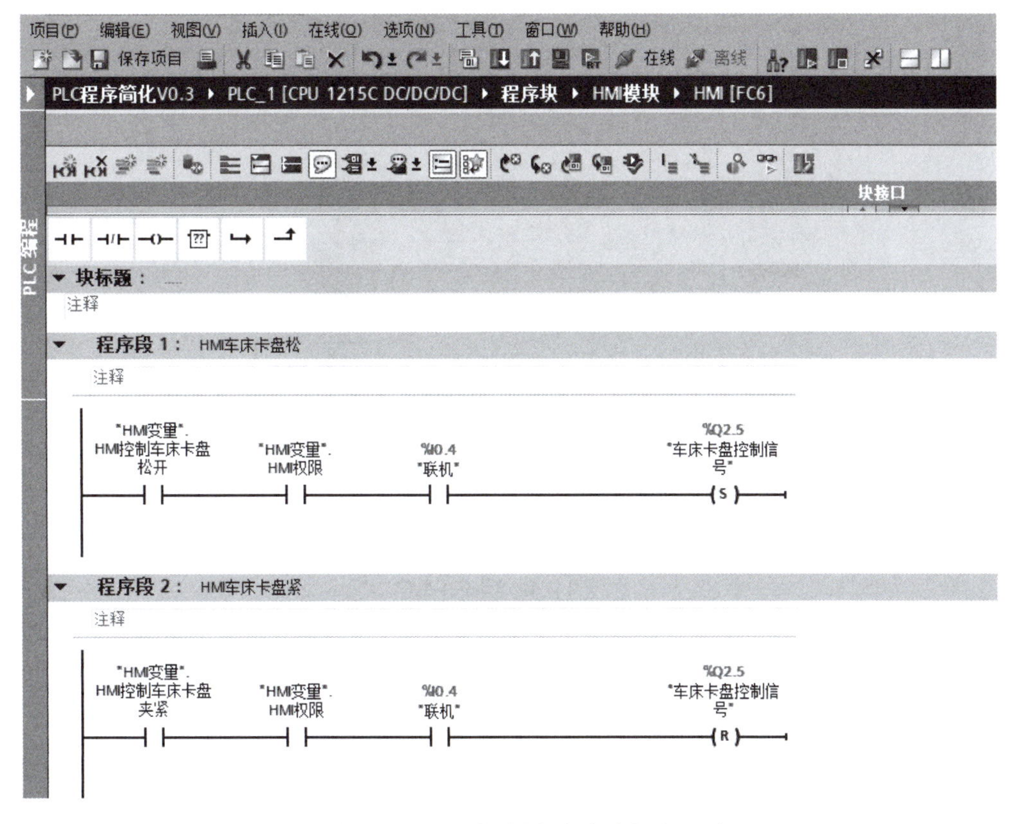


图 2.11.1 PLC 控制车床卡盘松紧程序

（2）HMI 与 PLC 组态。在巡视视图中添加 HMI 模块，订货号、固件，如表 2.11.1 所示。

表 2.11.1 订货号、固件

| 模块 | 类型 | 订货号 | 固件 |
|---|---|---|---|
| HMI_RT_1 | KTP700 Basic PN | 6AV2 123-2GB03-0AX0 | 13.0.1.0 |

单击“添加”后，弹出 HMI 设备向导界面，可设置 HMI 参数（图 2.11.2）、组态 PLC（图 2.11.3）。

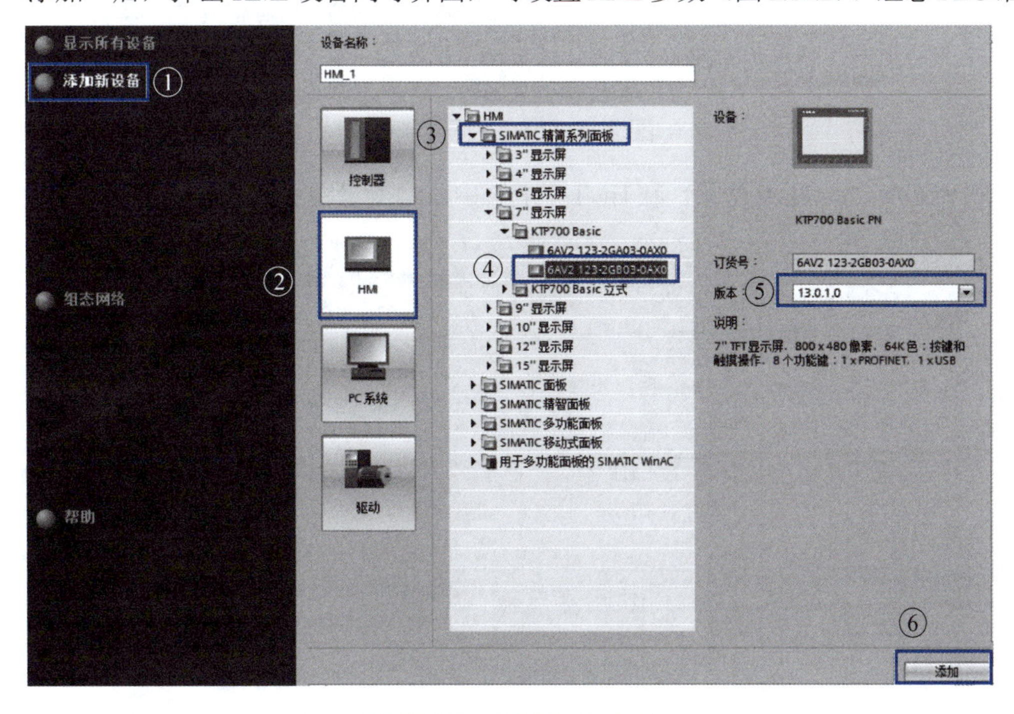


图 2.11.2 设置 HMI 参数

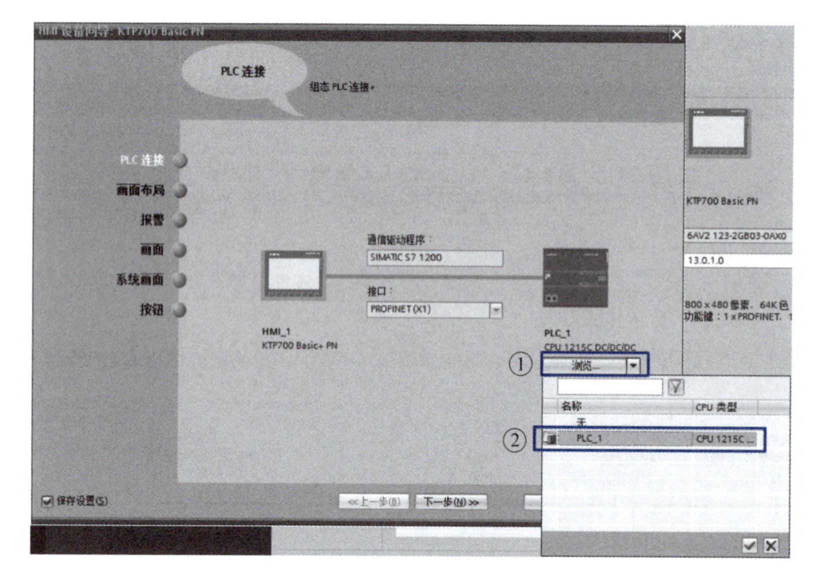


图 2.11.3　组态 PLC

（3）制作 HMI 界面。如图 2.11.4 所示，在根界面中单击工具库，找到按键元素，拖动到界面中完成添加。

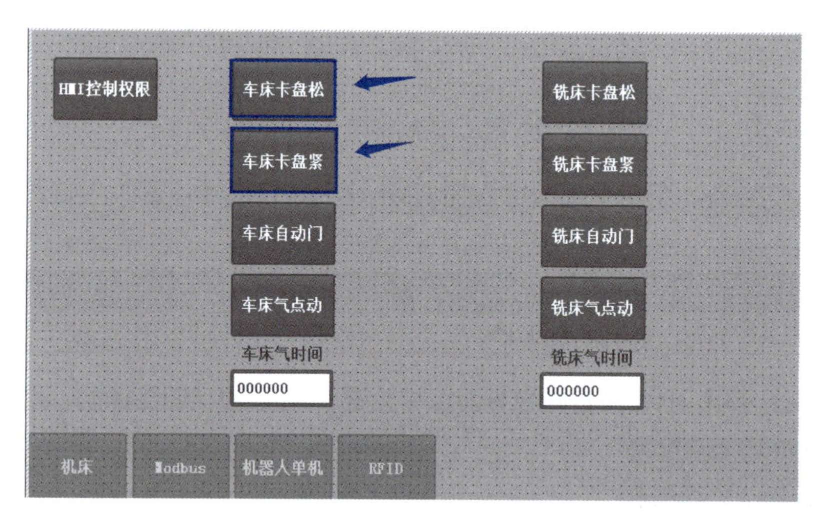


图 2.11.4　HMI 画面制作

（4）关联 PLC 变量与 HMI 变量。在 HMI 变量表中添加变量并关联 PLC 变量，如图 2.11.5 所示。

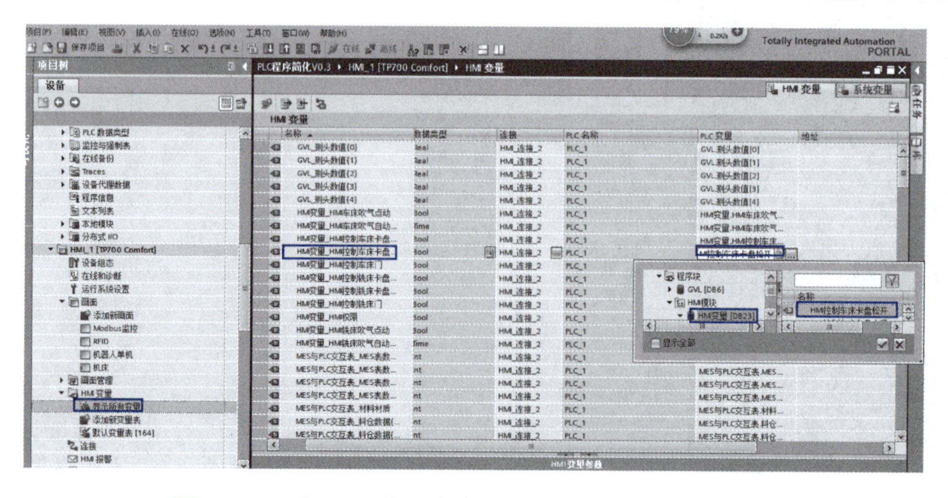


图 2.11.5　在 HMI 变量表中添加变量并关联 PLC 变量

右击“车床卡盘松”，打开属性框，在事件栏中设置按钮事件，如图 2.11.6 所示。

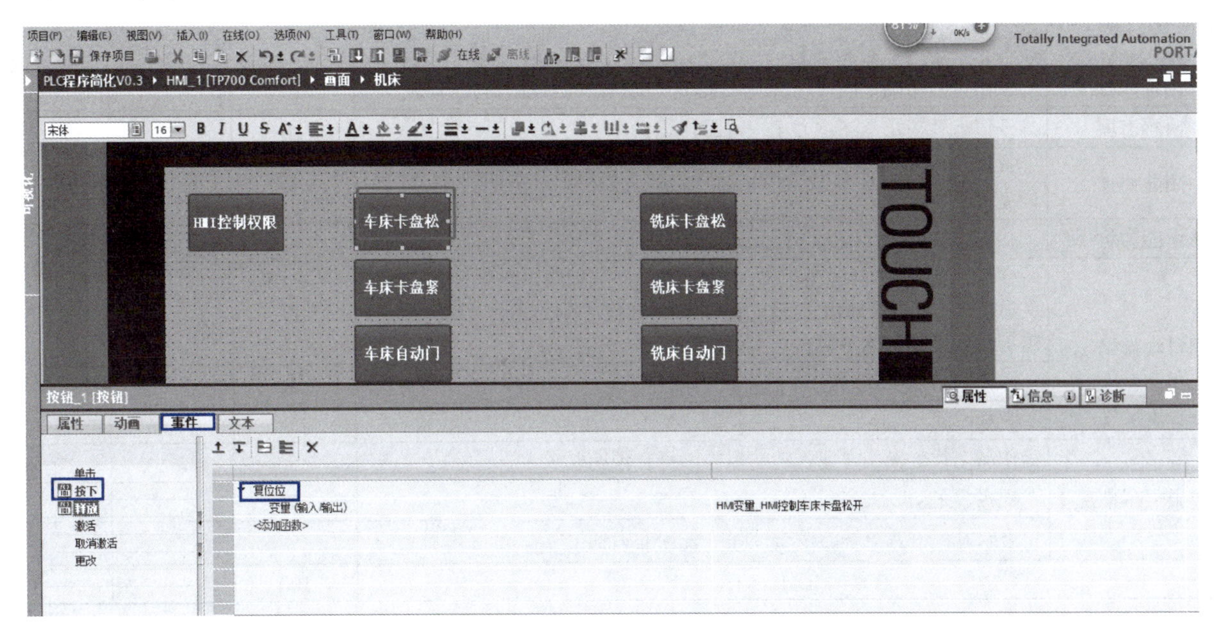


图 2.11.6　设置按钮事件

如图 2.11.7 所示设置后，在按下“车床卡盘松”后，“HMI 变量 _HMI 控制车床卡盘松开”置位位，释放后“HMI 变量 _HMI 控制车床卡盘松开”复位位。

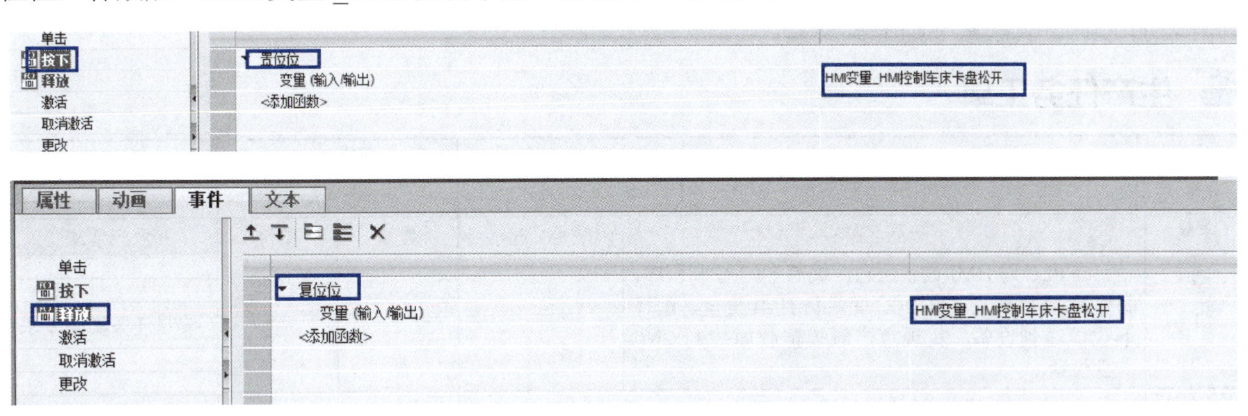


图 2.11.7　完成设置

（5）编译下载到设备。完成创建界面后，编译程序及界面，没有错误后下载到设备。

（6）测试功能。在联机状态下，“HMI 控制权限”得电，当按下“车床卡盘松”时，车床卡盘松开；当按下“车床卡盘紧”时，车床卡盘夹紧。

## 三、任务实施内容解读

教师对任务实施内容进行解读，必要时可以进行示范。在解读任务实施内容的过程中，结合 PPT，对本任务所涉及的重点、难点进行讲解。

## 四、工具整理

按要求整理工具，清理实训台，并由教师检查。

## 学习评价

| 评价内容 | 评分标准 | 分值 | 得分 | 备注 |
| --- | --- | --- | --- | --- |
| 目标认知程度 | 工作目标明确，能快速准确收集相关资料，能合理列写自评表 | 10 | | |
| 情感态度 | 工作态度端正，注意力集中，工作积极、主动 | 10 | | |
| 团队协作 | 具有一定的组织、协调能力，能积极与他人合作，顾全大局，共同完成工作任务 | 5 | | |
| 知识能力运用 | 知识准备充分，运用熟练正确 | 10 | | |
| 项目实施情况 | 完成 PLC 与 HMI 设备组态，编写 PLC 控制程序，制作 HMI 画面，关联 PLC 变量与 HMI 变量，编译并下载程序到设备，实现点击触摸屏画面控制机床卡盘 | 40 | | |
| | 操作安全性 | 5 | | |
| | 完成时间 | 5 | | |
| 成果展示情况 | 作品完善、操作方便、功能多样、符合预期要求 | 5 | | |
| | 积极、主动、大方 | 5 | | |
| | 展示过程语言流畅、逻辑性强、表达准确到位 | 5 | | |
| 总分 | | 100 | | |

## 练习与作业

完成 PLC 与 HMI 设备组态，编写 PLC 简单控制加工中心卡盘程序，制作 HMI 界面，关联 PLC 变量与 HMI 变量，编译下载程序到设备，实现点击画面中“加工中心卡盘松”则卡盘松开，点击“加工中心卡盘紧”则卡盘夹紧。

## 生产任务工单

| 下单日期 | ××/×/× | | 交货日期 | | ××/×/× |
| --- | --- | --- | --- | --- | --- |
| 下单人 | | | 经手人 | | |
| 序号 | 产品名称 | 型号 / 规格 | 数量 | 单位 | 生产要求 |
| 1 | 完成 PLC 与 HMI 设备组态，编写 PLC 控制程序，制作 HMI 画面，关联 PLC 变量与 HMI 变量，编译下载程序到设备，实现点击触摸屏画面控制 CNC 卡盘松紧 | 无 | 1 | 个 | 按照任务实施要求 |
| 2 | | | | | |
| 备注 | | | | | |

制单人：________　审核：________　生产主管：________

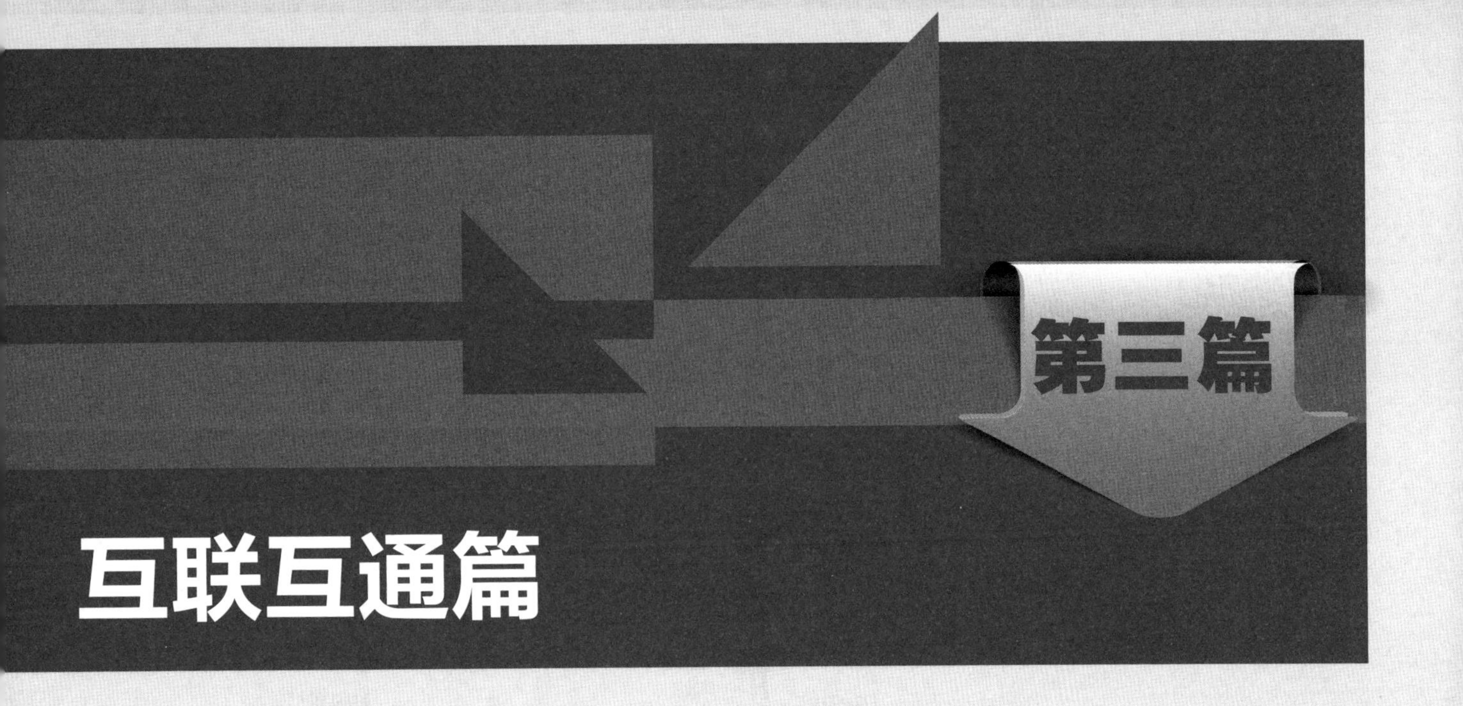


## 学习任务1　MES部署、综合使用及仿真实训平台网络架构

### 学习内容

学习MES的安装部署、综合使用操作以及仿真实训平台的网络架构。

### 学习目标

通过本任务的深入学习，能够了解平台的网络架构，掌握MES的安装方法及MES的综合知识，能够自主熟练安装MES，能使用MES进行手动和自动下单排程操作。

### 思维导图

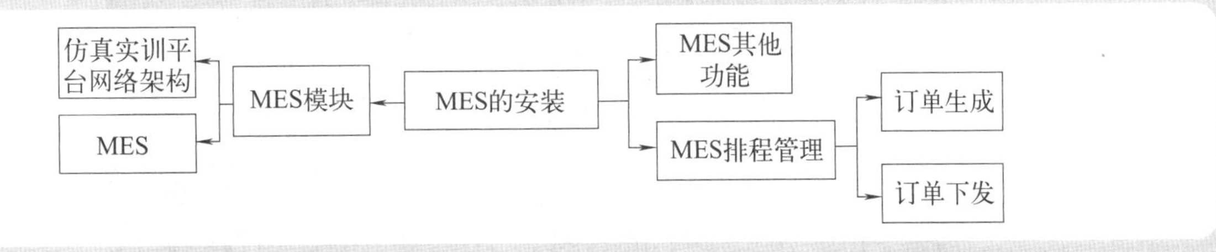


### 任务描述

完成MES的安装，MES的手动和自动下单排程操作，同时了解仿真实训平台的网络架构。

## 任务分析

智能产线 MES 是部署在电脑上的、运用于自动产线的控制系统。它可用于对产线上的机床、机器人、测量仪等设备的运行进行监控，并提供方便的可视化界面以展示所检测的数据。同时，智能产线 MES 可以完成数据的上传下发，将数据（状态、动作、刀具等）上报，将生产任务和命令（CNC 切入切出控制指令、加工任务）下发到设备。

MES 功能介绍

仿真实训平台网络架构如图 3.1.1 所示。

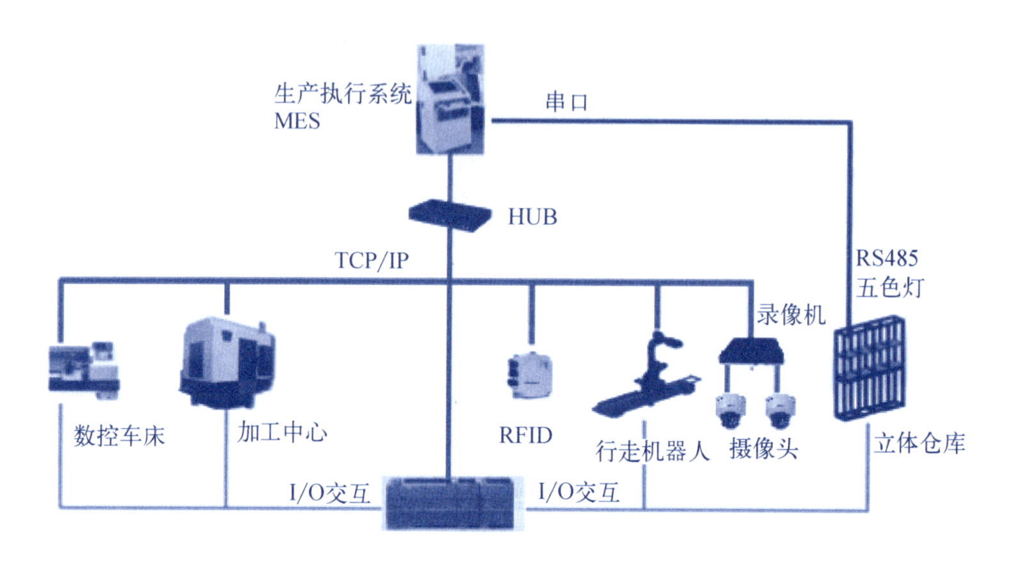


图 3.1.1 仿真实训平台网络架构图

## 任务实施

### 一、MES 的安装

（1）首先在 MES 安装包中双击打开“HNC-MES.exe”，如图 3.1.2 所示。

图 3.1.2 打开“HNC-MES.exe”

（2）单击“下一步”，如图 3.1.3 所示。

图 3.1.3 单击“下一步”

（3）单击“安装”，如图 3.1.4 所示。

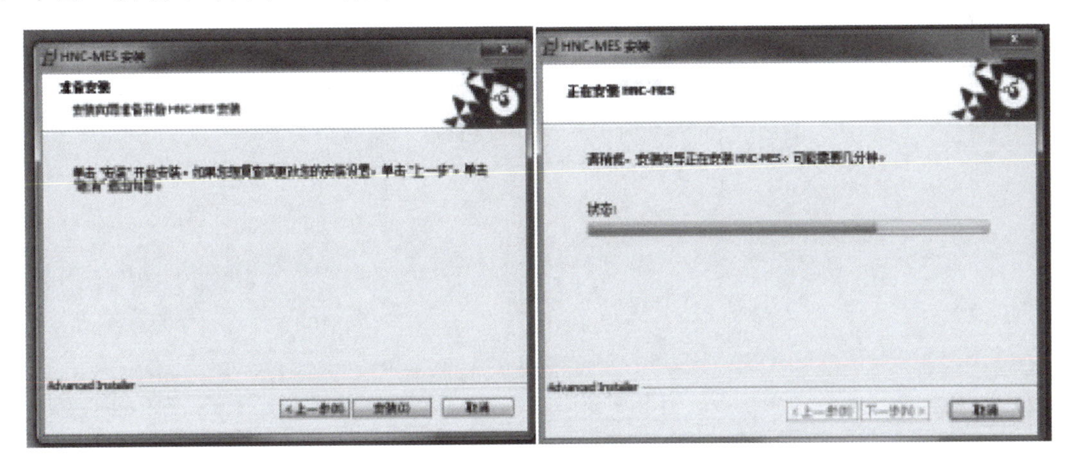


图 3.1.4 单击“安装”

（4）最后单击“完成”即完成 MES 的安装。

（5）安装完成后，桌面上会出现“ServerWindow”和“HNC-MES”图标，如图 3.1.5 所示。

（6）双击打开“DCAgent2Setup.msi”，如图 3.1.6 所示。

（7）单击“下一步”，修改安装位置为 D 盘，如图 3.1.7 所示。

图 3.1.5 出现“ServerWindow”和“HNC-MES”图标

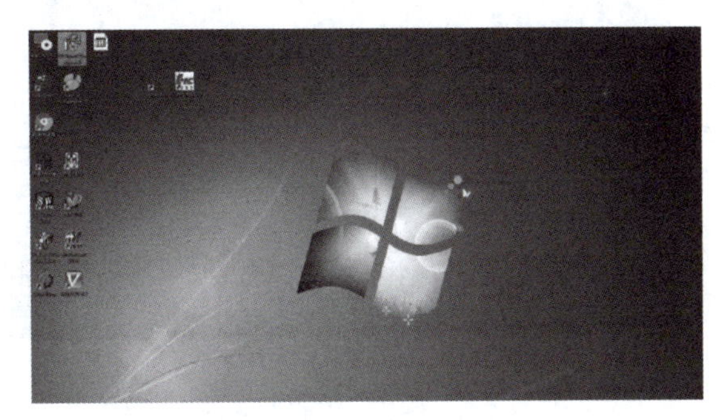

图 3.1.6 打开“DCAgent2Setup.msi”

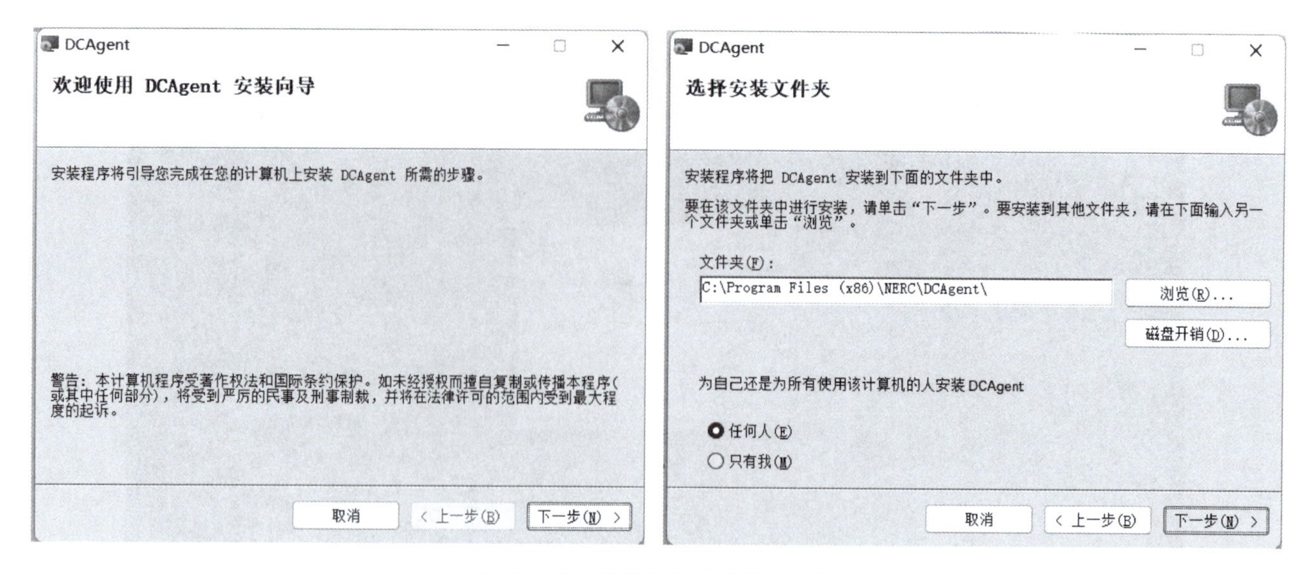


图 3.1.7　修改安装位置为 D 盘

（8）单击“下一步”，如图 3.1.8 所示。

图 3.1.8　单击“下一步”

（9）最后单击“关闭”即完成安装。

（10）安装完成后，桌面上会出现“DCAgent”图标，如图 3.1.9 所示。

（11）鼠标右键单击“HNC-MES”图标，选择“打开文件位置（I）”，如图 3.1.10 所示。

图 3.1.9　出现“DCAgent”图标

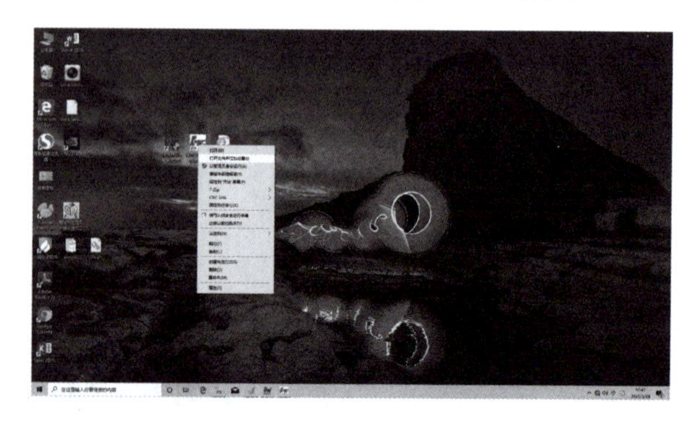

图 3.1.10　打开文件位置（I）

（12）打开路径为“D：\HNC_MES\bin\data\Set”，如图 3.1.11 所示。

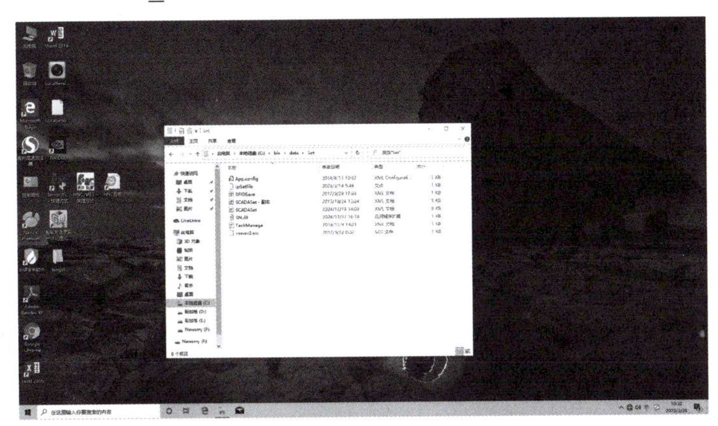

图 3.1.11　打开路径

（13）将桌面上的“SN.dll”文件拖入该文件夹进行“复制和替换”，如图 3.1.12 所示。

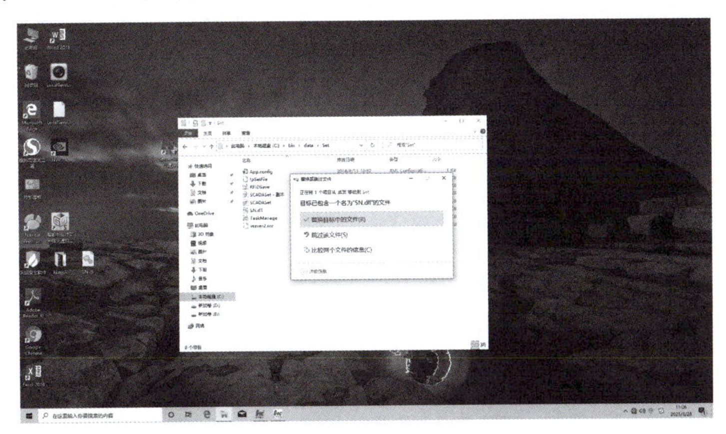

图 3.1.12　进行“复制和替换”

（14）到此为止即完成所有与 MES 有关的安装。

## 二、排程管理

### （一）手动与自动模式

如图 3.1.13 所示，MES 有手动和自动两种加工模式。

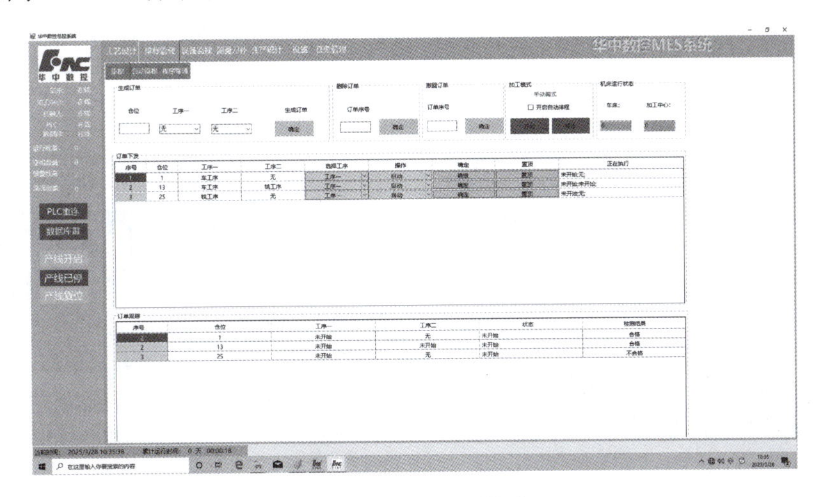

图 3.1.13　加工模式

开启自动排程：勾选“开启自动排程”复选框后，加工模式切换为自动加工，手动任务将不能下发。

开始：勾选“开启自动排程”复选框后，“开始”按钮激活，MES 根据排程参数进行排程，并将任务下发到设备，直到所有自动状态的订单全部执行完毕。

暂停：单击“暂停”按钮后，自动加工暂停，不再下发任务到设备。

自动模式启动有以下几个条件：

（1）MES 界面上的“产线开启”按钮按下。

（2）订单所需机床必须在线。

（3）PLC 在线。

（4）机器人在 HOME 点，并且空闲。

（5）没有正在进行的工序。

（6）所有自动状态的订单的仓位都有物料。

（7）两台机床在线。

自动模式下，订单会执行，如果执行过程中出现以下情况，则自动模式停止并切换回手动模式：

（1）MES 界面上的“开启自动排程”未勾选。

（2）所有自动模式订单执行完成。

（3）PLC 或者机床离线。

（4）机床报警。

（5）当前要执行的订单没有匹配的加工程序。

（6）测量不合格。

（7）将要执行加工的仓位上没有物料。

### （二）生成订单

用于配置并生成订单。

仓位：要生成的订单绑定的仓位号。该仓位号不能与订单下发列表的仓位编号重复。

工序一：选择第一道工序，“无”表示没有第一道工序，“车工序”表示第一道工序是车削加工，“铣工序”表示第一道工序是铣削加工。

工序二：同工序一，工序一和工序二不能为相同工序。

生成订单：单击“生成订单”后，将根据配置生成一个订单，在订单下发和订单跟踪表格生成对应的订单。

如图 3.1.14 所示，订单内容是 17 号仓位物料进行工序一“车加工”、工序二“铣加工”。

MES 下单操作讲解

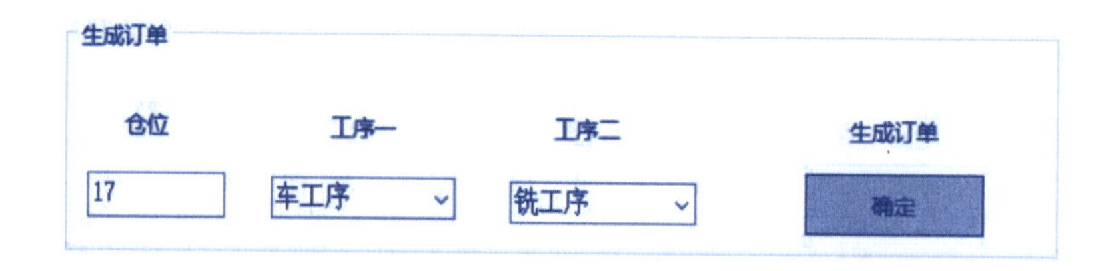


图 3.1.14　订单

生成订单时必须保证以下两个条件：

（1）仓位编号为 1 ～ 30 的数字。

（2）两个工序不能相同。

（3）订单表格中没有相同仓位号的订单。

### （三）订单下发

订单下发的表格用来显示当前所有订单的仓位信息、工序信息，具有订单下发、返修工序选择以及返修状态下发等功能。

序号：订单序号，根据订单生成时间排序，新的订单排在最后。

仓位：订单绑定的仓位编号。

工序一：显示第一道工序内容，“无”表示无此道工序。

工序二：显示第二道工序内容，“无”表示无此道工序。

工序：选择工序，可以是工序一或者工序二，但是该工序的内容不能为“无”。

操作：对选择要完成工序选择对应的操作，包括上料、下料、换料、自动。

确定：单击“确定”按钮，下发执行命令给 PLC，PLC 完成对应的操纵。

正在执行：第一个分号前显示工序一的执行状态，第二个分号前显示工序二的执行状态。车床 / 加工中心的状态包括：未开始，上料中，上料完成，加工中，加工完成，下料中，下料完成。

下发成功的条件：

（1）MES 界面上的“产线开启”按钮按下。

（2）订单所需机床必须在线。

（3）PLC 在线。

（4）机器人在 HOME 点，并且空闲。

上料操作的条件：对应的机床运行状态物料号为 0，即机床无料，当前选择工序为“未开始状态，物料在料仓中”。详细条件请查阅《智能制造生产线 MES 系统使用手册》。

下料操作的条件：对应的机床运行状态物料号为所选定的仓位号，当前选择工序为“加工完成状态，物料在机床中”。详细条件请查阅《智能制造生产线 MES 系统使用手册》。

换料操作的条件：因在机器人上的快换手爪只有一个，则换料操作无须进行。详细条件请查阅《智能制造生产线 MES 系统使用手册》。

如果订单下发不成功，MES 界面会给出对应的提示信息。如果订单下发成功，那么在订单跟踪列表，订单状态将会变成“进行中”。案例如图 3.1.15 所示。

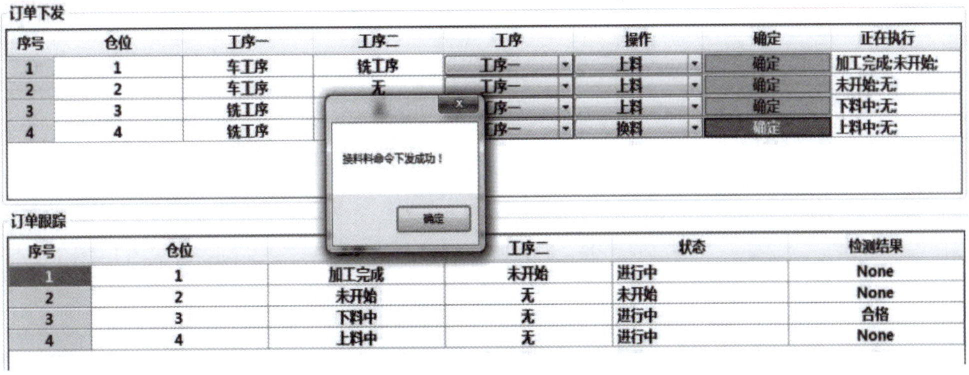

图 3.1.15　案例

### （四）订单跟踪

订单跟踪的表格用来记录所有订单的状态。

序号：按照订单生成的顺序生成，与订单下发序号一致。

仓位：订单对应的仓位编号。

工序一 / 工序二：显示工序的执行状态，包括：无，未开始，上料中，上料完成，加工中，加工完成，返修中，下料中，下料完成。

状态：显示订单的状态，包括：未开始、进行中、完成、待返修。“未开始”表示订单还没有下发；“进行中”表示订单正在执行；“完成”表示订单已经加工完成；“待返修”表示该订单已经加工完成，并且检测不合格。

检测结果：显示当前订单检测结果，“None”表示当前订单还没有执行检测；“Yes”表示该订单生产的工件检测合格；“No”表示该订单生产的工件检测不合格。

### （五）删除订单

输入订单的序号（订单下发表格的第一列编号），如果该订单处于“未下发”“完成”“撤回”状态，则可以在订单下发表格中删除该订单。

### （六）撤销订单

输入订单的序号，如果该订单处于“进行中”状态或者订单执行出现报警，可以撤销该订单，订单状态将会变更为“撤销”，同时该物料状态会变更为“异常”。撤销订单后，操作人员可根据实际情况删除订单、初始化物料状态，操作后可对该物料再次生成订单。

撤销订单只是将 MES 下达给 PLC 的命令清除，无法清除 PLC 和机器人及机床的流程。需要操作人员手动恢复设备状态。

撤销订单功能仅用于特殊状态下的处理，不可随意使用。

### （七）自动排程

如图 3.1.16 所示，在“自动排程”中设置自动排程参数。在此界面中，默认参数不需要更改，只需选择“效率设置”中的“质量优先”或“效率优先”。

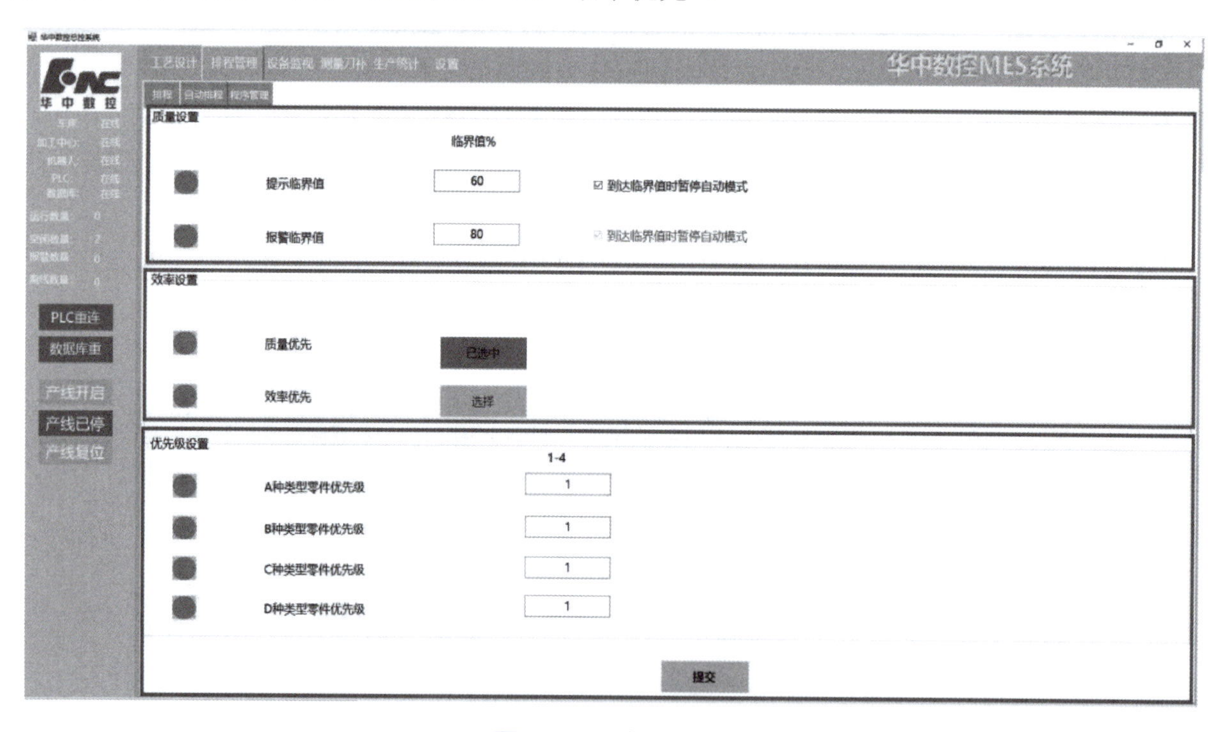


图 3.1.16　自动排程

## 三、自动派发加工程序与数字料仓绑定加工程序

在订单页面，单击“订单下发”按钮后，MES 会自动搜索并匹配相应的加工程序文件。如果 MES 没有匹配的加工程序文件，那么提示“没有匹配的加工程序，下发订单失败”；如果存在匹配的加工程序文件，那么将文件下发到机床并加载到机床。自动派发加工程序，MES 需要匹配相应的加工程序，加工程序及其存储位置必须参照以下规定：

## （一）存放目录

存放目录如图 3.1.17 所示。

图 3.1.17 存放目录

## （二）命名规则

命名规则如下：

车床回零程序名称为 OHOMECNC.nc；加工中心回零程序名称为 OHOMEL.nc 。

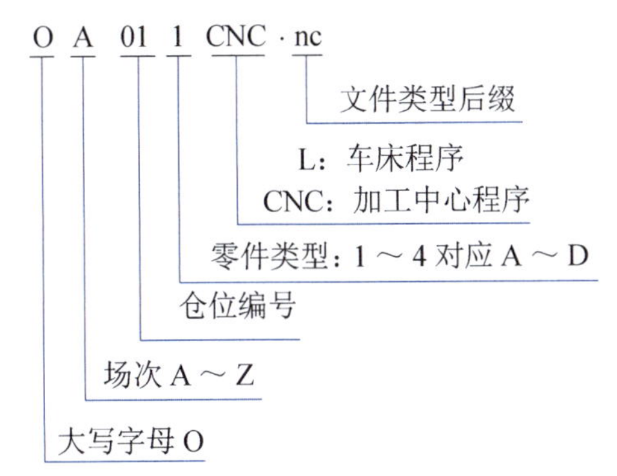

EMS 软件手动下发加工程序操作

## （三）数字料仓绑定加工程序

“设备监视”→“料仓”，如图 3.1.18 所示。

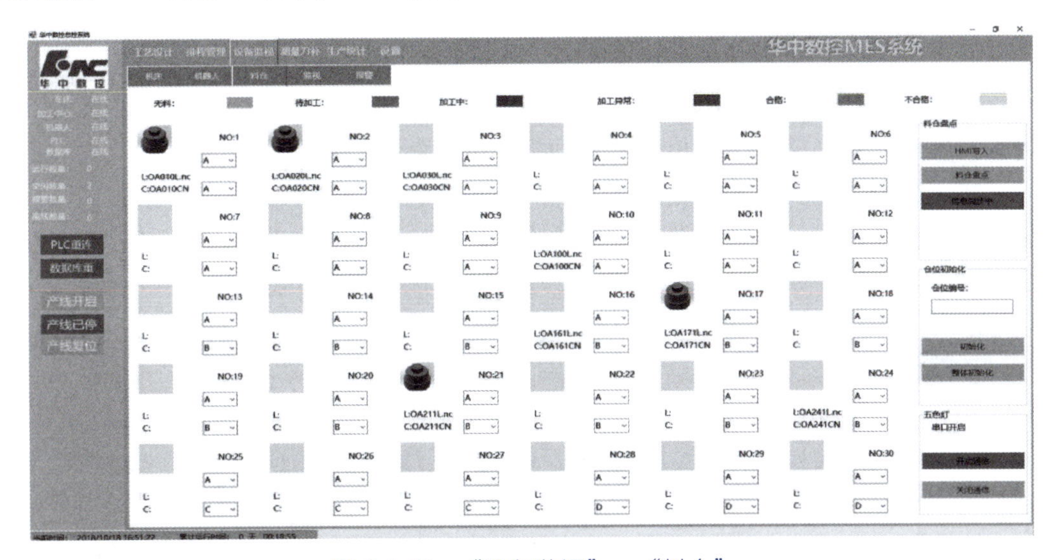


图 3.1.18 “设备监视”→“料仓”

### 1. 料仓状态监视

实时监视、跟踪并且记录 30 个仓位物料信息，并以不同颜色显示，如图 3.1.19 所示。

图 3.1.19 料仓状态监视

2. 物料信息设置

可选择物料的场次信息和材质信息，如图 3.1.20 所示。

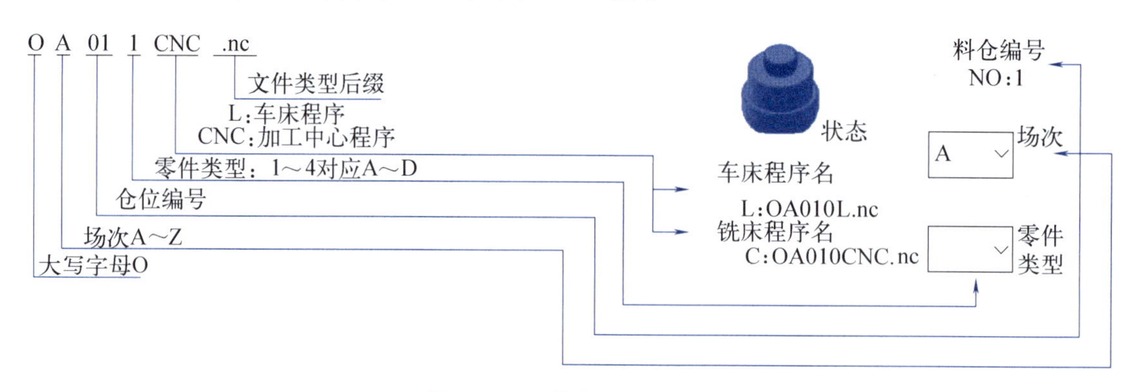


图 3.1.20　物料信息设置

3. 加工程序监视

如果物料的场次、材质等信息设置完成，总控电脑中有相应的加工程序，那么加工程序名称将会显示；如果没有加工程序名称的显示，表示当前物料缺少加工程序，在下发上料操作时会提示“没有匹配的加工程序，订单下发失败”。

（四）MES 其他功能介绍

1. 人机界面构成（图 3.1.21）

菜单栏：包括“工艺设计”按钮、“排程管理”按钮、“设备数据”按钮、“测量刀补”按钮、“生产统计”按钮和“设置”按钮，其中“设置”按钮可以用于按需要更换系统背景色和切换中英文。

机床设备状态：实时显示当前机床的运行状态，包括离线、空闲、运行、报警状态。

设备状态：实时显示当前 PLC、机器人、数据库的在线状态。

标签栏：显示各个功能页面的标签。

功能显示和设置区：显示当前功能标签下的主要内容，包括相关数据显示和设置内容。

系统时间区：显示当前系统时间、系统累计运行时间以及报警信息。

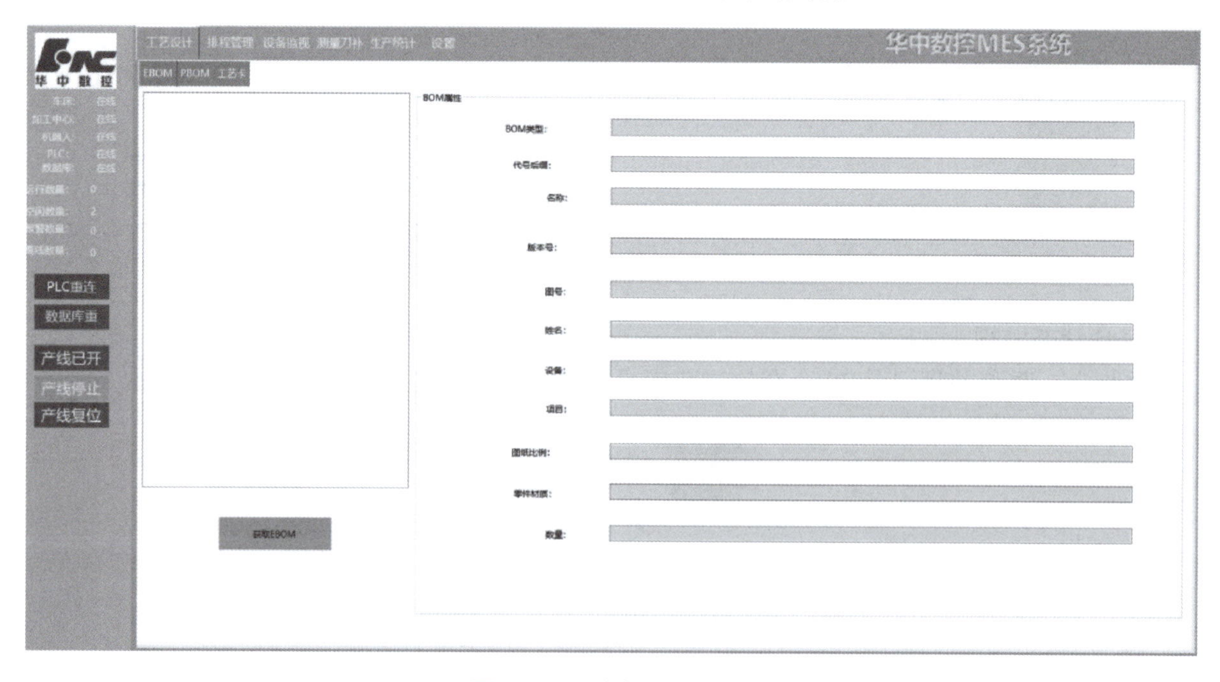


图 3.1.21　人机界面构成

PLC 重连：当 PLC 状态显示为离线时，单击“PLC 重连”按钮，MES 会尝试连接 PLC。

产线开启：单击“产线开启”按钮（单击后按钮变为“产线已开”），产线启动，可下发订单进行加工；“产线开启”按钮在用户登录时有效，如果用户没有登录，“产线开启”会给出登录提示。

产线停止：单击“产线停止”按钮，产线停止，不能下发订单。

产线复位：单击“产线复位”按钮，机床执行 HOME 程序复位设备。

### 2. 监控设备介绍

智能产线 MES 主要用于监控产线设备的运行和上产下达任务，主要检测对象是机床、RFID、工业机器人、料仓和测量仪。

机床：智能产线上使用的机床，负责加工工件。

工业机器人：智能产线上使用的机器人，负责上下料。

测量仪：智能产线上使用的测量仪器，负责测量工件尺寸。

RFID：智能产线上使用的 RFID，用于记录工件信息。

料仓：显示物料信息，点亮五色灯区分物料状态。

### 3. 模块和功能划分

MES 一共划分为 6 个模块：

（1）BOM 模块，子模块包含 EBOM 和 PBOM 模块。

（2）排成管理模块，子模块包含排程和程序管理模块。

（3）设备监视模块，子模块包含机床、机器人、料仓、监视、报警模块。

（4）测量刀补模块，子模块包含测量和刀补模块。

（5）测试模块，子模块包含机床测试、机械手测试、料仓测试、手动试切模块。

（6）设置模块，子模块包含网络、机床、产线、用户管理和日志模块。

详细操作请查阅《智能制造生产线 MES 系统使用手册》。

## 四、MES 订单执行中所需的逻辑过程

（1）配置 S7-1200 作为 Modbus TCP Server 与通信伙伴建立通信，进行 PLC 与 MES 的通信编程与调试，如图 3.1.22 所示。

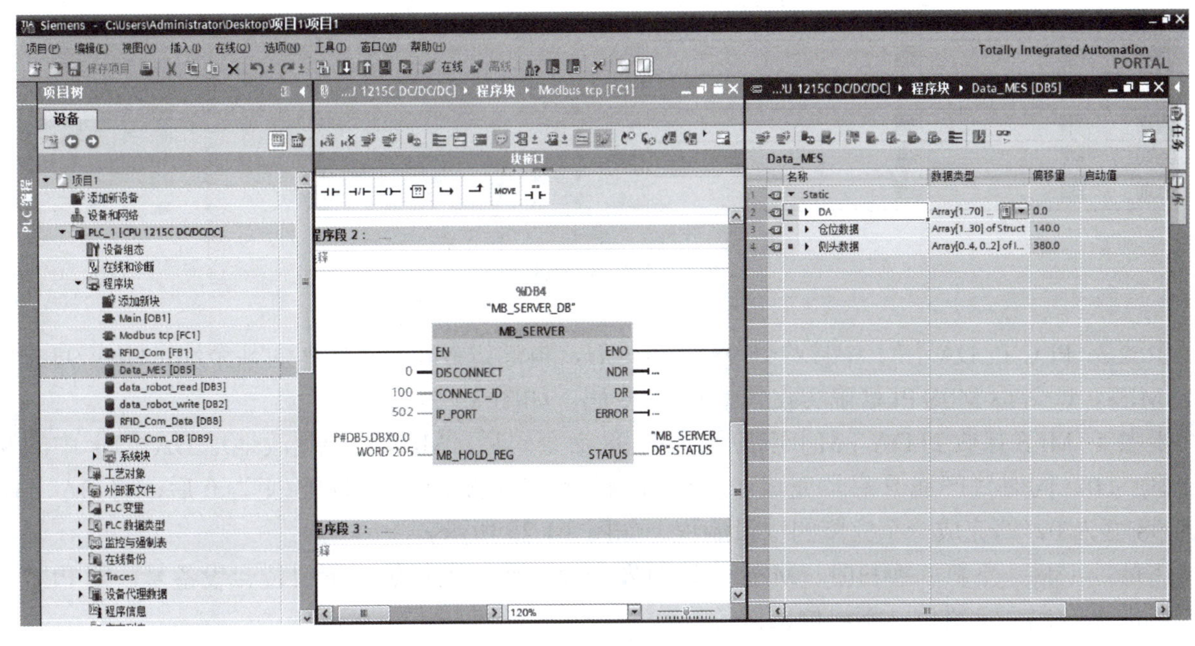


图 3.1.22　完成通信编程与调试

（2）进行通信逻辑测试，本案例使用“产线启动 98”。

步骤 1：完成 PLC 作为 Modbus TCP Server 与 MES 通信的程序的编写与调试。

步骤 2：在 MES 界面中单击“产线开启”，即 MES 通过 Modbus TCP 的某个地址发送 98 命令码给 PLC，如图 3.1.23 所示。

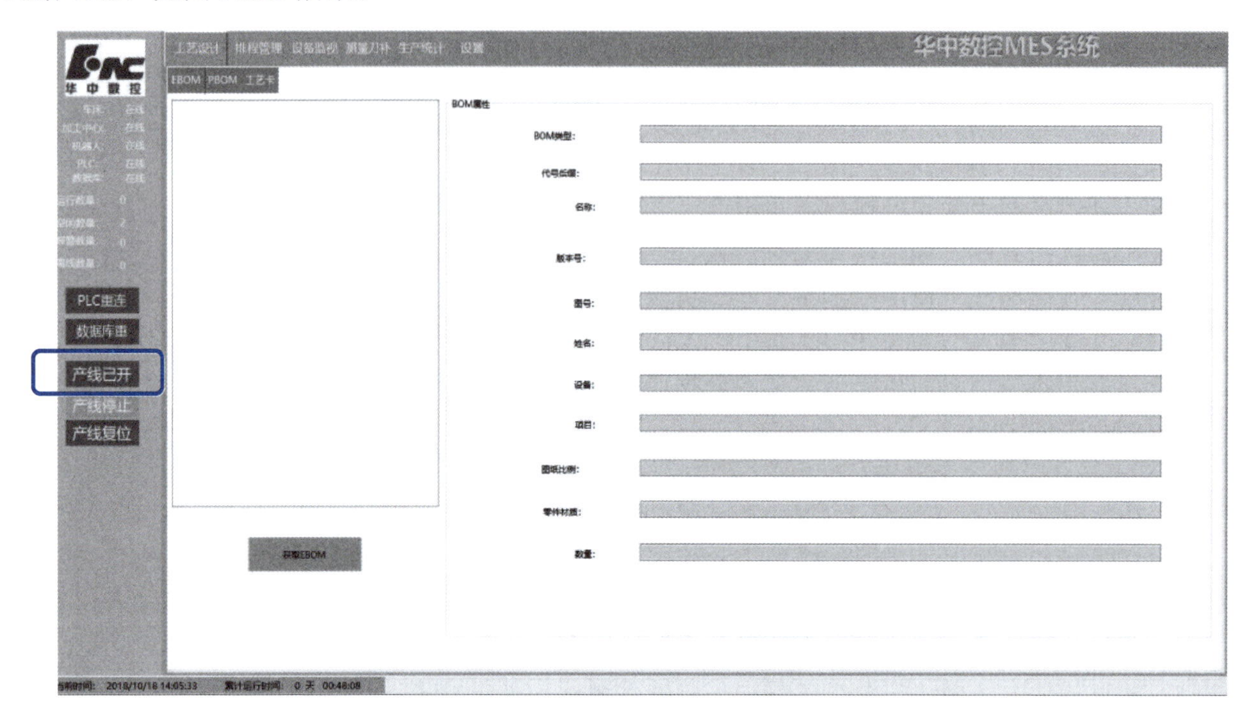


| 输入点 | 信号 | 说明 |
|---|---|---|
| Db001 | MES_PLC_comfirm | MES发给PLC命令 |
| Db002 | Rack_number_Unload_comfirm | MES发给PLC的机床下料仓位n |
| Db003 | Order_type_comfirm | 机床编号 |
| Db004 | Rack_number_Load_comfir | MES发给PLC的机床上料仓位m |
| Db005 | 预留 | 预留 |
| Db006 | 预留 | 预留 |
| Db007 | 预留 | 预留 |
| Db008 | 预留 | 预留 |
| Db009 | 预留 | 预留 |
| Db010 | 预留 | 预留 |

项目1 ▸ PLC_1 [CPU 1215C DC/DC/DC] ▸ 程序块 ▸ Data_MES [DB5]

Data_MES

| | 名称 | 数据类型 | 偏移量 | 启动值 | 监视值 |
|---|---|---|---|---|---|
| 1 | ▼ Static | | | | |
| 2 | ▼ DA | Array[1..70] of Int | 0.0 | | |
| 3 | DA[1] | Int | 0.0 | 0 | 98 |
| 4 | DA[2] | Int | 2.0 | 0 | 0 |
| 5 | DA[3] | Int | 4.0 | 0 | 0 |
| 6 | DA[4] | Int | 6.0 | 0 | 0 |
| 7 | DA[5] | Int | 8.0 | 0 | 0 |
| 8 | DA[6] | Int | 10.0 | 0 | 0 |
| 9 | DA[7] | Int | 12.0 | 0 | 0 |
| 10 | DA[8] | Int | 14.0 | 0 | 0 |
| 11 | DA[9] | Int | 16.0 | 0 | 0 |
| 12 | DA[10] | Int | 18.0 | 0 | 0 |

图 3.1.23　产线开启

步骤 3：PLC 在 DA［1］中接收到 98 命令码后，再通过 Modbus TCP 的某个地址响应 98 命令码给 MES，即告诉 MES PLC 确实收到了 98 命令码。如图 3.1.24 所示。

步骤 4：MES 接收到 DA［31］响应回来的 98 命令码后，MES 将会更改地址 DA［1］中的 98 命令码为 0，同时“产线开启”完成。PLC 检测到地址 DA［1］中的 98 变为 0 后，将 DA［31］中的 98 变为 0，即完成一个完整的逻辑流程。如图 3.1.25 所示。

注意：上料、下料、换料时，MES 会同时发送命令码、上料位、下料位、设备号，即 PLC 需同时响应命令码、上料位、下料位、设备号。

MES 配置表详细情况请参考《智能制造 PLC 与 MES 配置表》。

| Db031 | PLC_MES_respone | PLC响应MES命令 |
|---|---|---|
| Db032 | Rack_number_Unload_respone | PLC响应MES料位机床下料仓位n |
| Db033 | Order_type_respone | PLC响应MES加工类型 |
| Db034 | Rack_number_Load_respo | PLC响应MES料位机床上料仓位m |
| Db035 | 预留 | 预留 |
| Db036 | 预留 | |
| Db037 | 预留 | |
| Db038 | 预留 | |
| Db039 | 预留 | |
| Db040 | 预留 | |

图 3.1.24　PLC 再通过 Modbus TCP 的某个地址响应 98 命令码给 MES

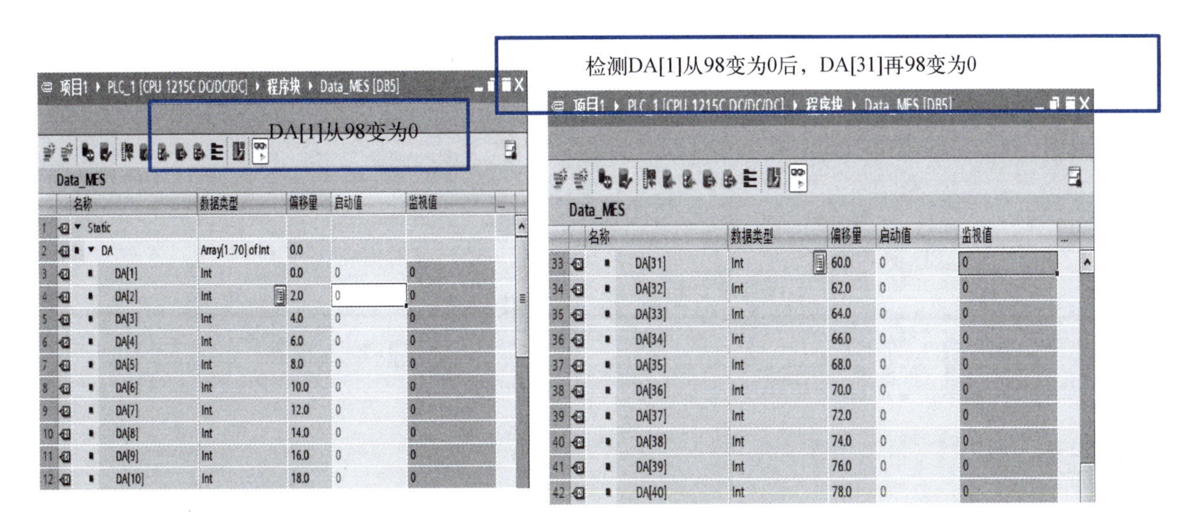


图 3.1.25　完成一个完整的逻辑流程

## 学习评价

经过对教材的系统学习，能完成 MES 的安装，且能够熟练使用 MES 进行订单生成、下发、排程等操作。

## 练习与作业

根据由教材学到的 MES 操作方法与知识，完成 2# 仓单车订单生成并下单、13# 仓先车后铣订单生成并下单、28# 仓单铣订单生成并下单。

## 生产任务工单

| 下单日期 | ××/×/× | | | 交货日期 | ××/×/× |
|---|---|---|---|---|---|
| 下单人 | | | | 经手人 | |
| 序号 | 产品名称 | 型号 / 规格 | 数量 | 单位 | 生产要求 |
| 1 | 2# 仓单车订单生成并下单 | 无 | 1 | 个 | 绑定的加工程序按照图纸要求编写 |
| 2 | 13# 仓先车后铣订单生成并下单 | 无 | 1 | 个 | 绑定的加工程序按照图纸要求编写 |
| 3 | 28# 仓单铣订单生成并下单 | 无 | 1 | 个 | 绑定的加工程序按照图纸要求编写 |
| | | | | | |
| | | | | | |
| 备注 | | | | | |

制单人：＿＿＿＿＿＿＿＿　审核：＿＿＿＿＿＿＿＿　生产主管：＿＿＿＿＿＿＿＿

# 学习任务 2　总控 PLC 和机器人之间的通信及数据交互

## 学习内容

电气控制中通信协议有很多种，Modbus TCP/IP 通信协议为最常用的通信协议之一，在西门子 S7-1200 系列 PLC 中对应的是 Modbus TCP 指令。本平台中总控 PLC 和机器人之间的通信就是采用 Modbus TCP/IP 协议，以进行数据交互。

## 学习目标

通过本任务的深入学习，能够了解 Modbus TCP/IP，掌握西门子 Modbus TCP 的通信指令，熟练运用 Modbus TCP 指令编程实现西门子 PLC 与第三方设备之间的通信及数据交互。

## 思维导图

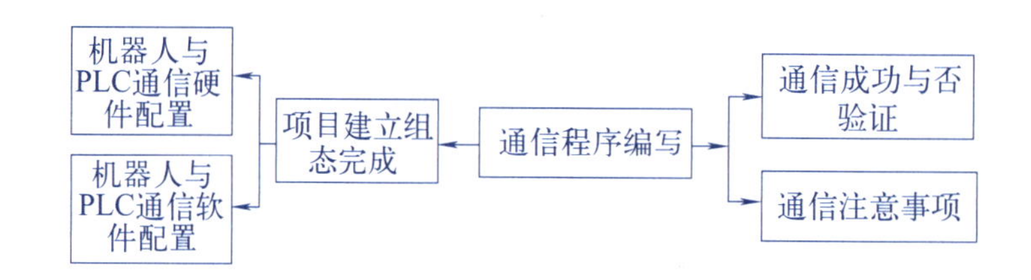


## 任务描述

完成总控 PLC 和机器人通信的建立和相关参数的设置，并测试数据交互。

## 任务分析

Modbus/TCP 是简单的、中立厂商的用于管理和控制自动化设备的 Modbus 系列通信协议的派生产品。显而易见，它覆盖了 TCP/IP 的 Intranet 和 Internet 环境中 Modbus 报文的用途。协议的最通用用途是提供网关，服务于 PLC、I/O 模块，以及连接其他简单域总线或 I/O 模块。

本任务需要建立起华数工业机器人与西门子 PLC 之间的数据交互，应用 Modbus/TCP 进行通信。其中，西门子 PLC 做 Modbus 客户端（Client），华数机器人做 Modbus 服务端（Server）。

PLC 与机器人 Modbus TCP 通信讲解

## 任务实施

下面将介绍如何配置 S7-1200 为 Modbus/TCP 的 Client 与机器人建立通信，测试例子中用到的软硬件如表 3.2.1、表 3.2.2 所示。

表 3.2.1　硬件列表

| 名称 | 数量 | 订货号 |
| --- | --- | --- |
| SIMATIC CPU 1215C DC/DC/DC（固件 V4.1） | 1 | 6ES7 215-1AG40-0XB0 |
| 网线 | 若干 | |
| 编程器兼软件测试机 | 1 | |

表 3.2.2　软件列表

| 名称 | 订货号 |
| --- | --- |
| SIMATIC STEP7 Prossional V13 SP1 | 6ES7 822-1AA01-0YA5 |

步骤 1：打开 TIA Portal V13 SP1 软件，新建一个项目，在项目中添加 CPU 1215C DC/DC/DC，为集成的 PN 接口新建一个子网并设置 IP 地址，本例中为“192.168.0.1”，如图 3.2.1 所示。

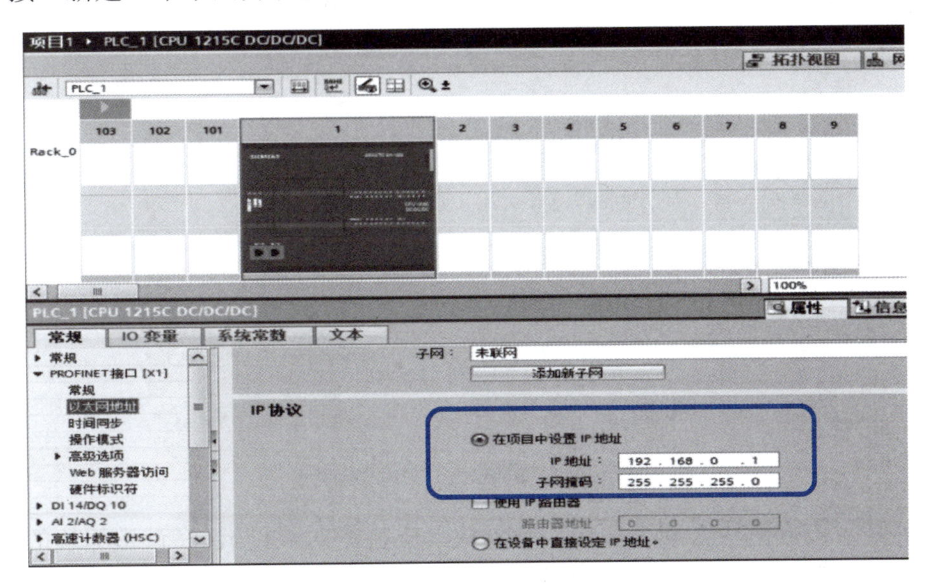


图 3.2.1　修改 IP 地址

步骤 2：在 CPU 1215C 程序块 OB 组织块中添加 Modbus TCP Client 功能块“MB_CLIENT”，版本 V3.1，软件将提示会为该 FB 块生成一个背景数据块，本例中为 DB1“MB_CLIENT_DB”，如图 3.2.2 所示。

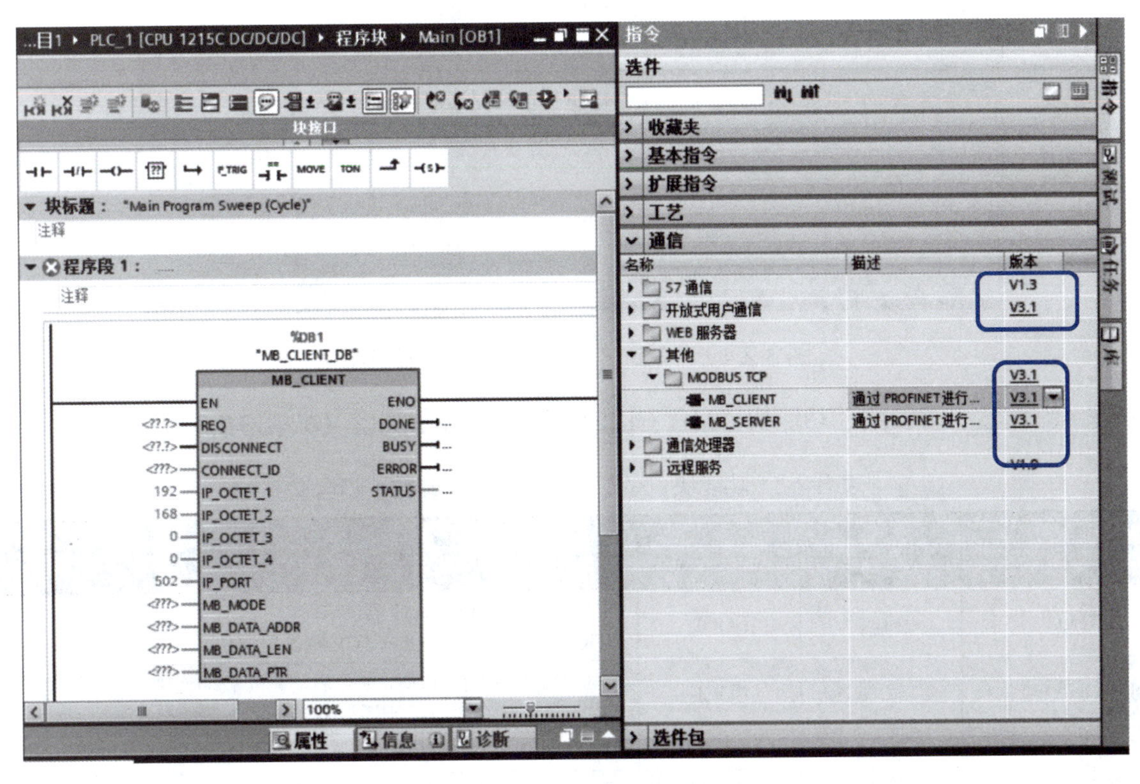


图 3.2.2　增加背景数据块

步骤 3：创建一个全局数据块用于匹配功能块“MB_CLIENT”的引脚参数“MB_DATA_PTR”，本例中为 DB2“data_robot_write”，用于存储 Modbus 通信的数据，如图 3.2.3 所示。

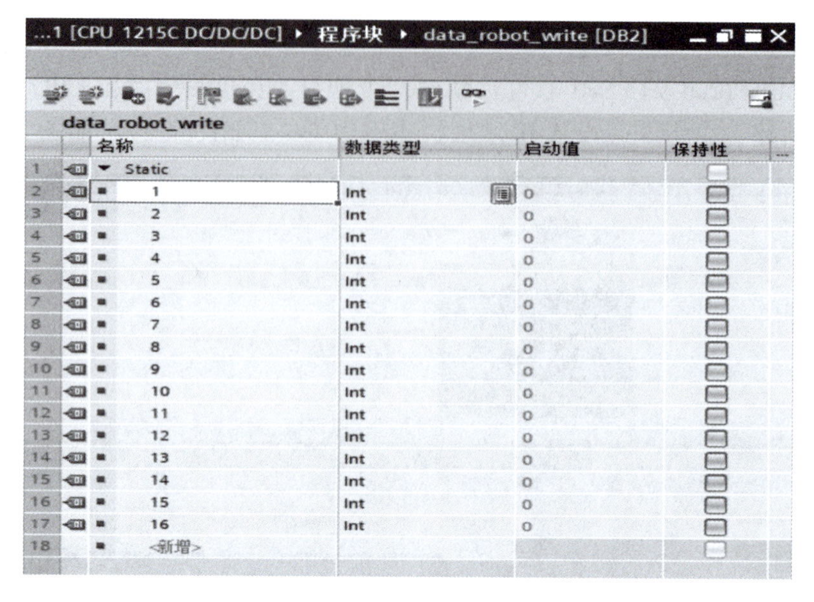


图 3.2.3 创建一个全局数据块

需要注意的是：该数据块必须为非优化数据块（支持绝对寻址），在该数据块的“属性”中不勾选“优化的块访问”复选框，如图 3.2.4 所示。

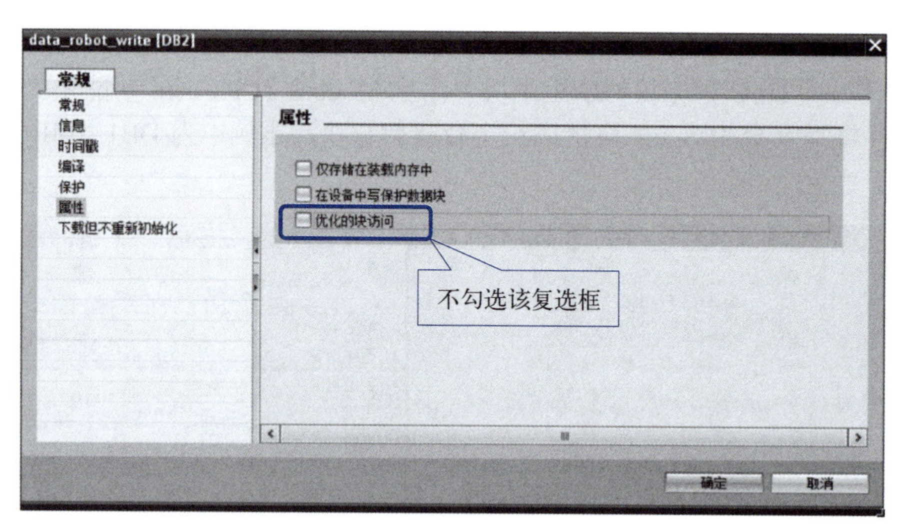


图 3.2.4 不勾选“优化的块访问”复选框

步骤 4：设置引脚参数。功能块“MB_CLIENT”的参数引脚含义如表 3.2.3 所示。

表 3.2.3 功能块“MB_CLIENT”的参数引脚含义

| “MB_CLIENT”的引脚参数 | 引脚声明 | 数据类型 | 含义 |
| --- | --- | --- | --- |
| REQ | 输入 | BOOL | FALSE：无 Modbus 通信请求<br>TRUE：请求与 Modbus TCP 服务器通信 |
| DISCONNECT | 输入 | BOOL | 为 0 且连接不存在时，则可启动建立被动连接<br>为 1 且连接存在时，则断开连接 |
| CONNECT_ID | 输入 | UINT | 唯一标识 PLC 中的每个连接 |
| IP_OCTET_1 | 输入 | USINT | Modbus TCP 服务器 IP 地址：8 位字节 1 |

续表

| "MB_CLIENT"的引脚参数 | 引脚声明 | 数据类型 | 含义 |
|---|---|---|---|
| IP_OCTET_2 | 输入 | USINT | Modbus TCP 服务器 IP 地址：8 位字节 2 |
| IP_OCTET_3 | 输入 | USINT | Modbus TCP 服务器 IP 地址：8 位字节 3 |
| IP_OCTET_4 | 输入 | USINT | Modbus TCP 服务器 IP 地址：8 位字节 4 |
| IP_PORT | 输入 | UINT | 默认值为 502，服务器的 IP 端口号 |
| MB_MODE | 输入 | USINT | 模式选择，分配请求类型（0= 读、1= 写） |
| MB_DATA_ADDR | 输入 | UDINT | 分配 MB_CLIENT 访问的数据的起始地址 |
| MB_DATA_LEN | 输入 | UINT | 数据长度：数据访问的位数或字数 |
| MB_DATA_PTR | 输入 / 输出 | VARIANT | 指向 Modbus 数据寄存器的指针：寄存器缓冲数据进入 Modbus 服务器或来自 Modbus 服务器。该指针必须分配一个标准全局 DB 或一个 M 存储器地址 |
| DONE | 输出 | BOOL | 上一请求已完成且没有出错后，DONE 位将保持为 TRUE 一个扫描周期的时间 |
| BUSY | 输出 | BOOL | 0：无 MB_CLIENT 操作正在进行<br>1：MB_CLIENT 操作正在进行 |
| ERROR | 输出 | BOOL | 0：无错误<br>1：出错。出错原因由参数 STATUS 指示 |
| STATUS | 输出 | WORD | 指令的详细状态信息 |

对于"MB_MODE""MB_DATA_ADDR"和"MB_DATA_LEN"参数，其对应关系如表 3.2.4 所示。

表 3.2.4 "MB_MODE""MB_DATA_ADDR"和"MB_DATA_LEN"参数对应关系

| MB_MODE | Modbus 功能 | MB_DATA_LEN | 操作和数据 | MB_DATA_ADDR |
|---|---|---|---|---|
| 0 | 01 | 1 ～ 2000 | 读取输出位：<br>每个请求 1 ～ 2000 个位 | 1 ～ 9999 |
| 0 | 02 | 1 ～ 2000 | 读取输入位：<br>每个请求 1 ～ 2000 个位 | 10001 ～ 19999 |
| 0 | 03 | 1 ～ 125 | 读取保持寄存器：<br>每个请求 1 ～ 125 个字 | 40001 ～ 49999 或<br>400001 ～ 465535 |
| 0 | 04 | 1 ～ 125 | 读取输入字：<br>每个请求 1 ～ 125 个字 | 30001 ～ 39999 |
| 1 | 05 | 1 | 写入一个输出位：<br>每个请求一位 | 1 ～ 9999 |
| 1 | 06 | 1 | 写入一个保持寄存器：<br>每个请求 1 个字 | 40001 ～ 49999 或<br>400001 ～ 465535 |
| 1 | 15 | 2 ～ 1968 | 写入多个输出位：<br>每个请求 2 ～ 1968 个位 | 1 ～ 9999 |
| 1 | 16 | 2 ～ 123 | 写入多个保持寄存器：<br>每个请求 2 ～ 123 个字 | 40001 ～ 49999 或<br>400001 ～ 465535 |
| 2 | 15 | 1 ～ 1968 | 写入一个或多个输出位：<br>每个请求 1 ～ 1968 个位 | 1 ～ 9999 |
| 2 | 16 | 1 ～ 123 | 写入一个或多个保持寄存器：<br>每个请求 1 ～ 123 个字 | 40001 ～ 49999 或<br>400001 ～ 465535 |

功能块"MB_CLIENT"的参数引脚配置完成后，如图 3.2.5 所示。

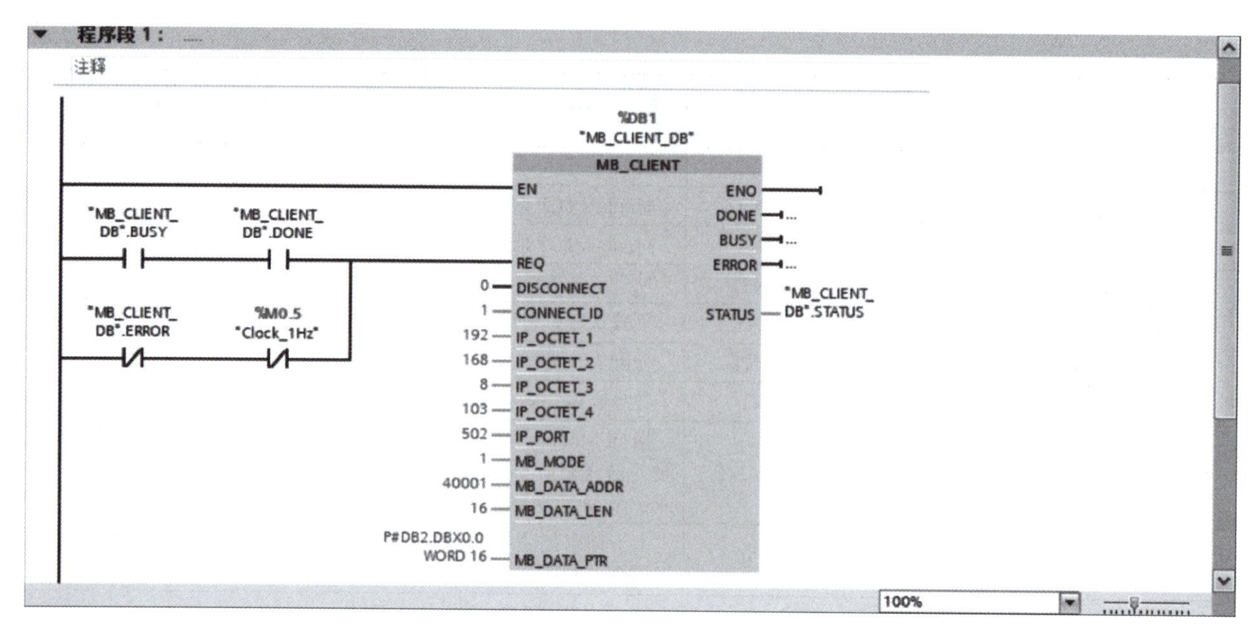


图 3.2.5　功能块“MB_CLIENT”的参数引脚配置

步骤 5：然后在项目树中打开 PLC 文件夹，进入“程序块”→“系统块”→“程序资源”，打开功能块“MB_CLIENT”的背景数据块“MB_CLIENT_DB”，在该块中找到“MB_UNIT_ID”参数，该参数表示通信服务器伙伴的从站地址，该地址与机器人一致，如图 3.2.6 所示。

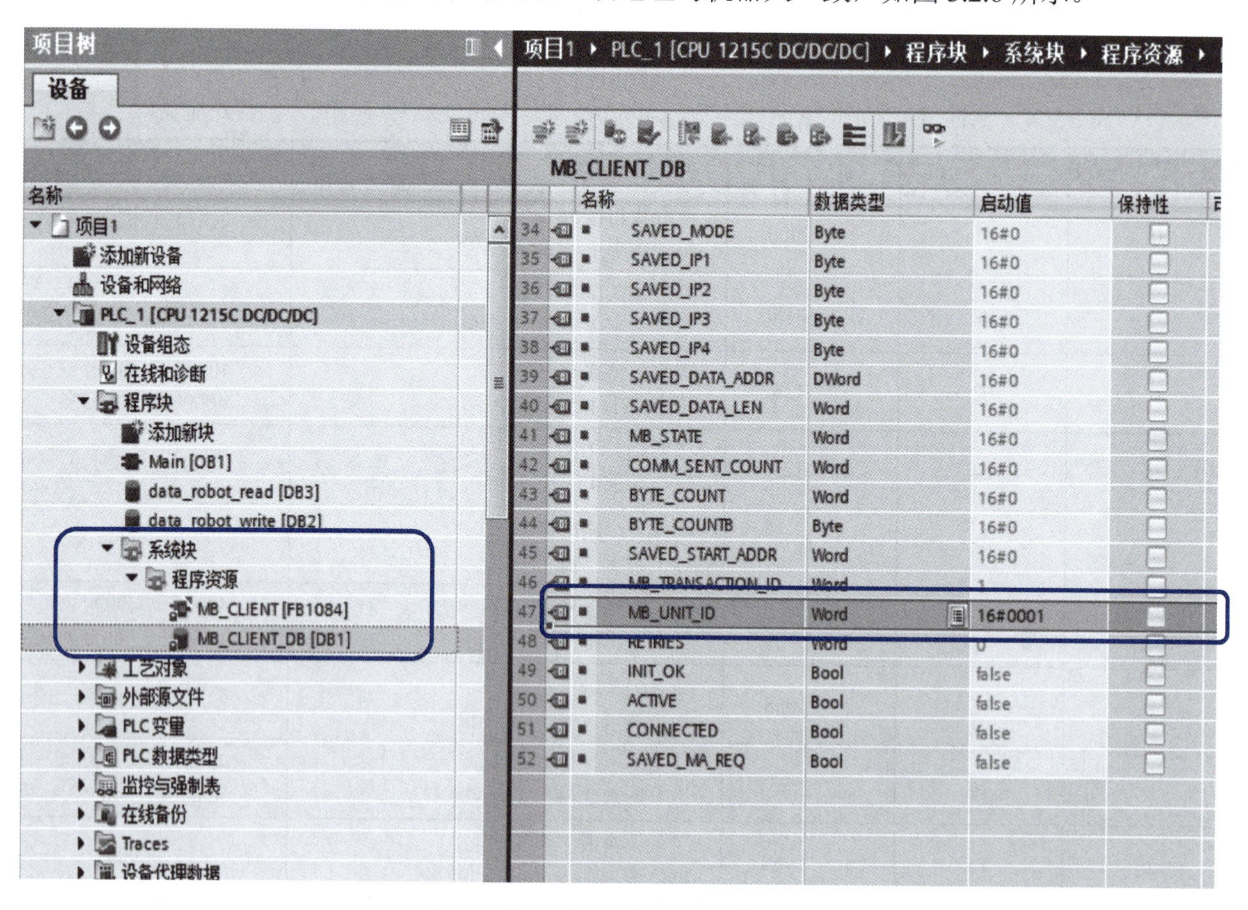


图 3.2.6　“MB_UNIT_ID”参数

步骤 6：重复步骤 2 ～ 5，再调用一个 Modbus TCP Client 功能块，并配置相关引脚参数，形成一个模块为读模式，一个模块为写模式，如图 3.2.7 所示。

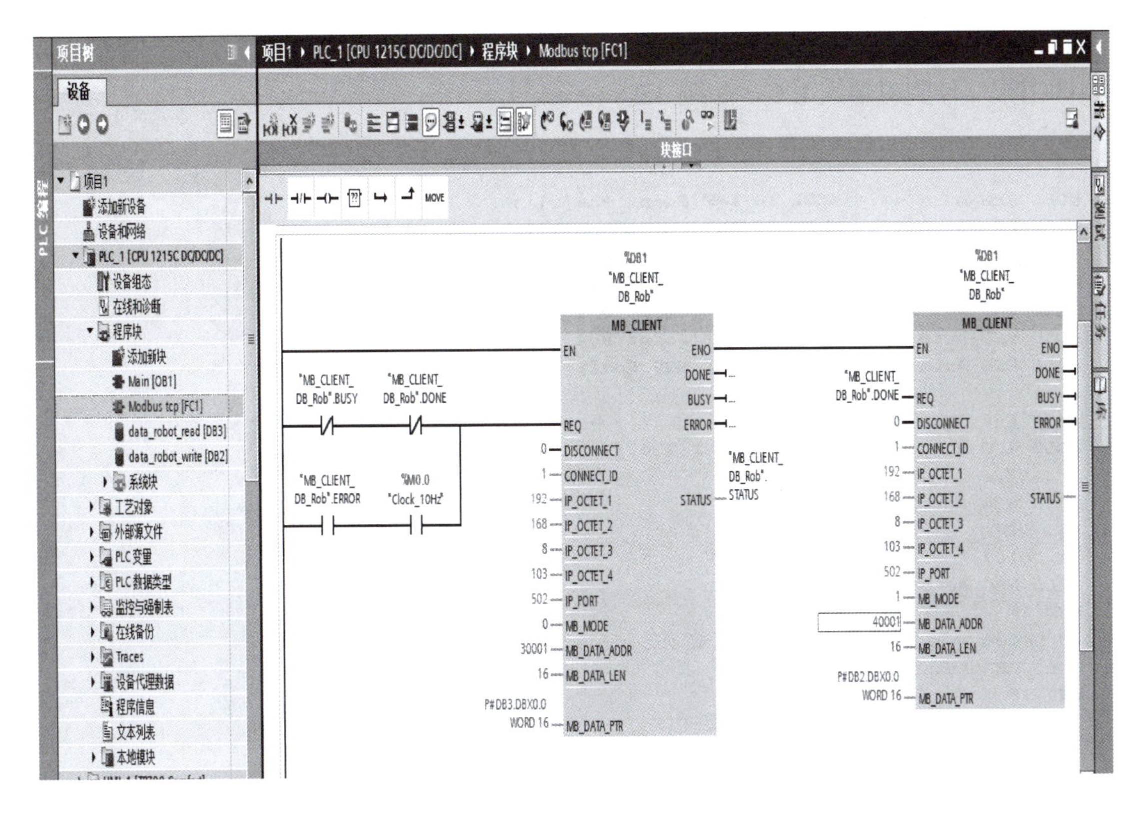


…C DC/DC/DC] ▸ 程序块 ▸ data_robot_write [DB2]

data_robot_write

| | 名称 | 数据类型 | 偏移量 | 启动值 |
|---|---|---|---|---|
| 1 | ▼ Static | | | |
| 2 | W1 | Int | 0.0 | 0 |
| 3 | W2 | Int | 2.0 | 0 |
| 4 | W3 | Int | 4.0 | 0 |
| 5 | W4 | Int | 6.0 | 0 |
| 6 | W5 | Int | 8.0 | 0 |
| 7 | W6 | Int | 10.0 | 0 |
| 8 | W7 | Int | 12.0 | 0 |
| 9 | W8 | Int | 14.0 | 0 |
| 10 | W9 | Int | 16.0 | 0 |
| 11 | W10 | Int | 18.0 | 0 |
| 12 | W11 | Int | 20.0 | 0 |
| 13 | W12 | Int | 22.0 | 0 |
| 14 | W13 | Int | 24.0 | 0 |
| 15 | W14 | Int | 26.0 | 0 |
| 16 | W15 | Int | 28.0 | 0 |
| 17 | W16 | Int | 30.0 | 0 |
| 18 | <新增> | | | |

…5C DC/DC/DC] ▸ 程序块 ▸ data_robot_read [DB3]

data_robot_read

| | 名称 | 数据类型 | 偏移量 | 启动值 |
|---|---|---|---|---|
| 1 | ▼ Static | | | |
| 2 | R1 | Int | 0.0 | 0 |
| 3 | R2 | Int | 2.0 | 0 |
| 4 | R3 | Int | 4.0 | 0 |
| 5 | R4 | Int | 6.0 | 0 |
| 6 | R5 | Int | 8.0 | 0 |
| 7 | R6 | Int | 10.0 | 0 |
| 8 | R7 | Int | 12.0 | 0 |
| 9 | R8 | Int | 14.0 | 0 |
| 10 | R9 | Int | 16.0 | 0 |
| 11 | R10 | Int | 18.0 | 0 |
| 12 | R11 | Int | 20.0 | 0 |
| 13 | R12 | Int | 22.0 | 0 |
| 14 | R13 | Int | 24.0 | 0 |
| 15 | R14 | Int | 26.0 | 0 |
| 16 | R15 | Int | 28.0 | 0 |
| 17 | R16 | Int | 30.0 | 0 |
| 18 | <新增> | | | |

图 3.2.7　再调用 Modbus TCP Client 功能块配置相关引脚参数

上述程序段中，依次调用了两次 Modbus 客户端指令，第一次调用用来处理 PLC 读取机器人数据，第二次调用用来处理 PLC 向机器人写数据。

需要注意的是：当 PLC 和“同一个设备”通信时，多次调用的 Modbus TCP Client 功能块的背景数据块必须一致。另外，多个块必须顺序执行，不能并列执行，即满足轮询通信。

步骤 7：测试通信数据交互。

完成上述步骤后，保存项目，编译无误后，下载项目到 CPU 1215 中，打开机器人示教器，下载编写好的工程文件到机器人 IPC，如图 3.2.8 所示。

```
DATA.GetHere(adHere:=ADR(TCP_Pos),pfb:=ADR(Joint_Pos));

HOLD_REG_Auto[0]:= REAL_TO_INT(Joint_Pos[0]);
HOLD_REG_Auto[1]:= REAL_TO_INT(Joint_Pos[1]);
HOLD_REG_Auto[2]:= REAL_TO_INT(Joint_Pos[2]);
HOLD_REG_Auto[3]:= REAL_TO_INT(Joint_Pos[3]);
HOLD_REG_Auto[4]:= REAL_TO_INT(Joint_Pos[4]);
HOLD_REG_Auto[5]:= REAL_TO_INT(Joint_Pos[5]);
HOLD_REG_Auto[6]:= REAL_TO_INT(TCP_Pos[6]);

(*IF R90 THEN*)
HOLD_REG_Auto[10]:=LREAL_TO_INT(R90);
(*ELSE
HOLD_REG_Auto[10]:=0;
END_IF*)
IF DO107 = 1 THEN    //手动模式
HOLD_REG_Auto[9]:=1;
END_IF
IF DO108 = 1  THEN    //自动模式
HOLD_REG_Auto[9]:=2;
END_IF
IF DO109 = 1  THEN     //外部模式
HOLD_REG_Auto[9]:=3;
END_IF
IF DO110 = 1   THEN       //安全位参考点
HOLD_REG_Auto[8]:=1;
ELSE
HOLD_REG_Auto[8]:=0;
END_IF
IF GC_oFAULTS OR GC_oPRG_ERR THEN   //用户程序出错,报警状态，程序报警以及TP库报警
HOLD_REG_Auto[7]:=1;
ELSE
HOLD_REG_Auto[7]:=0;
END_IF

HOLD_REG_Auto[11]:=LREAL_TO_INT(R11);
HOLD_REG_Auto[12]:=LREAL_TO_INT(R12);
HOLD_REG_Auto[13]:=LREAL_TO_INT(R13);
HOLD_REG_Auto[14]:=LREAL_TO_INT(R14);
HOLD_REG_Auto[15]:=LREAL_TO_INT(R24);

R15:=IN_REG_Auto[0];
R16:=IN_REG_Auto[1];
R17:=IN_REG_Auto[2];
R18:=IN_REG_Auto[3];
R19:=IN_REG_Auto[4];
R20:=IN_REG_Auto[5];
R21:=IN_REG_Auto[6];
R22:=IN_REG_Auto[7];
R23:=IN_REG_Auto[8];
R25:=IN_REG_Auto[9];
R26:=IN_REG_Auto[10];
R27:=IN_REG_Auto[11];
R28:=IN_REG_Auto[12];
R29:=IN_REG_Auto[13];
R31:=IN_REG_Auto[14];

//外部运行模式控制
IF R22=1 THEN
   DI94 :=1;
ELSE
    DI94 :=0;
END_IF
```

图 3.2.8　工程文件

（1）PLC 写数据传输到机器人寄存器：

① 将当前项目的 PLC 切换到在线模式，打开数据块 DB2 “date_robot_write”；

② 监视所有的数据，然后监控每一个变量的数值的变化；

③ 选中变量，在右键菜单中选择“修改操作数”，在弹出的对话框中输入数值后，单击“确定”按钮即可生效，如图 3.2.9 所示。

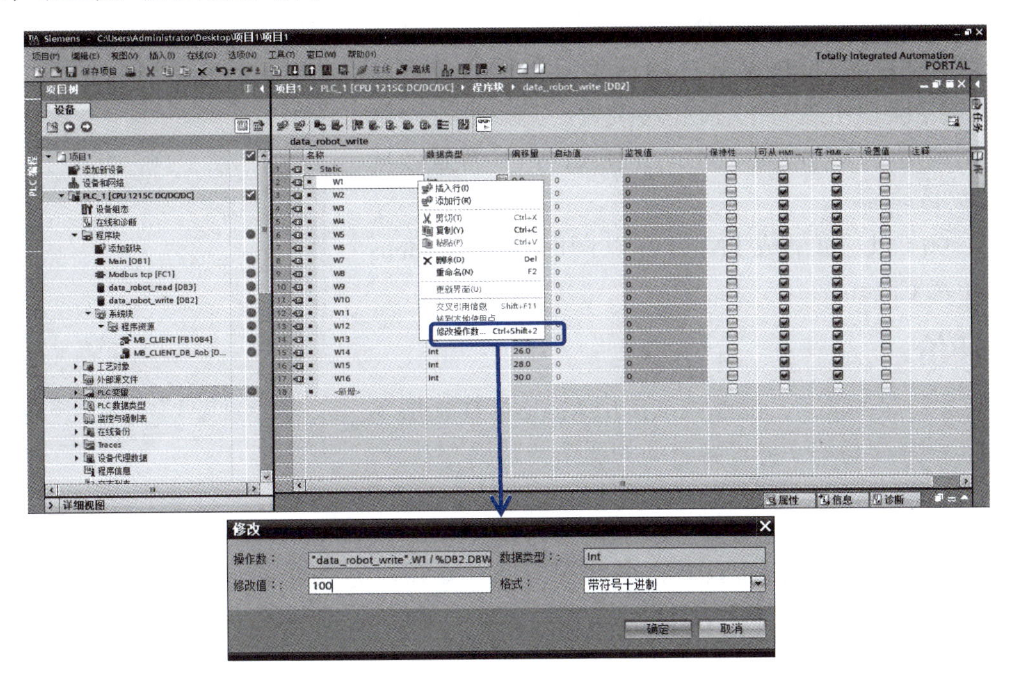


图 3.2.9　PLC 写数据传输到机器人寄存器

然后在机器人示教器界面中可以看到对应的地址 R 寄存器的数据，如图 3.2.10 所示。具体哪些是 PLC 写给机器人读的，哪些是机器人写给 PLC 读的，要看工程文件定义。

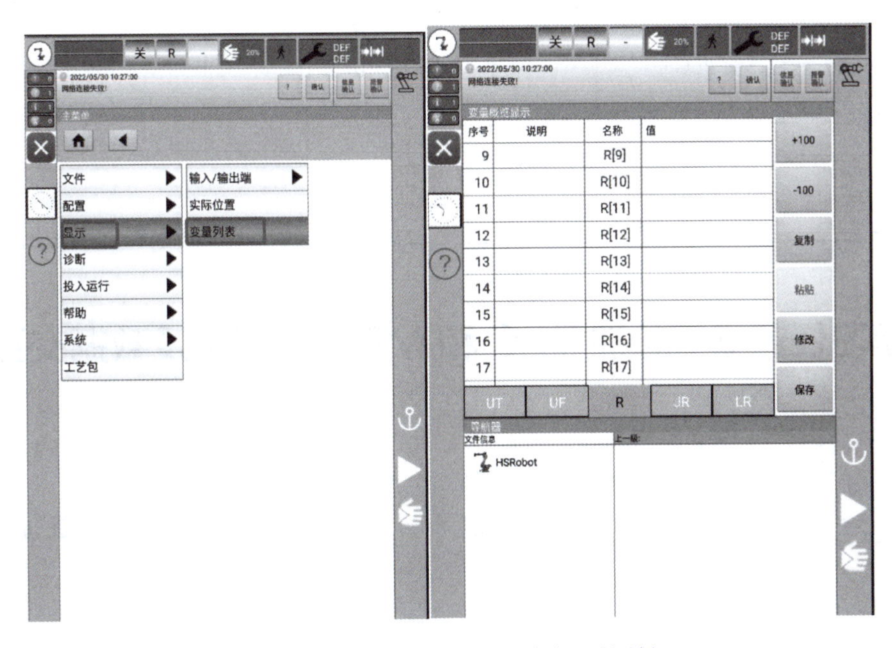


图 3.2.10　对应的地址 R 寄存器的数据

（2）PLC 从机器人 R 寄存器读取数据。

从机器人示教器中修改机器人写、PLC 读的 R 寄存器的某个数值，然后在博途软件中打开对应的 DB3“data_robot_read”数据块，监视所有变量，可以看到所有变量的当前值，如果机器人端数据和 PLC 寄存器数据一致，说明 PLC 和机器人是正常通信状态。如图 3.2.11 所示。

使用功能块“MB_CLIENT”的一些注意事项：

（1）S7-1200 CPU 的集成 PN 口通过功能块“MB_CLIENT”支持与多台 Modbus 服务器通信，支持的台数取决于 CPU 集成 PN 口所支持的 TCP 连接数，必须为每个服务器连接分别调用一次功能块“MB_CLIENT”，其背景数据块、ID 等参数必须唯一。

（2）S7-1200 CPU 的集成 PN 口可以同时作为 Modbus TCP 的 Server 及 Client。

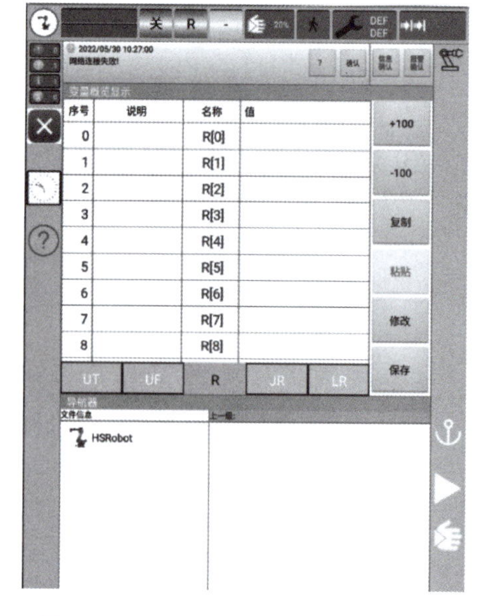

图 3.2.11　PLC 从机器人 R 寄存器读取数据

## 学习评价

通过本任务的深入学习，能够熟练运用 Modbus TCP 指令编程实现西门子 PLC 与第三方设备之间的通信及数据交互。

## 练习与作业

根据由教材学到的 Modbus TCP 指令编程方法与知识，完成 PLC 写、机器人读，以及机器人写、PLC 读的数据交互。

## 生产任务工单

| 下单日期 | ××/×/× | | | 交货日期 | ××/×/× |
|---|---|---|---|---|---|
| 下单人 | | | | 经手人 | |
| 序号 | 产品名称 | 型号 / 规格 | 数量 | 单位 | 生产要求 |
| 1 | PLC 发送数据给机器人 | 无 | 16 | 个 | 机器人要全部收到 |
| 2 | 机器人发送数据给 PLC | 无 | 16 | 个 | PLC 要全部收到 |
| | | | | | |
| | | | | | |
| 备注 | | | | | |

制单人：________　审核：________　生产主管：________

# 学习任务 3　总控 PLC 和 MES 的通信及数据交互

## 学习内容

本平台中总控 PLC 和 MES 之间的通信就是采用 Modbus TCP/IP 协议，以进行数据交互。

## 学习目标

通过本任务的深入学习，能够了解 Modbus TCP/IP，掌握西门子 Modbus TCP 的服务端通信指令，熟练运用 Modbus TCP 服务端通信指令编程实现西门子 PLC 与 MES 之间的通信及数据交互。

## 思维导图

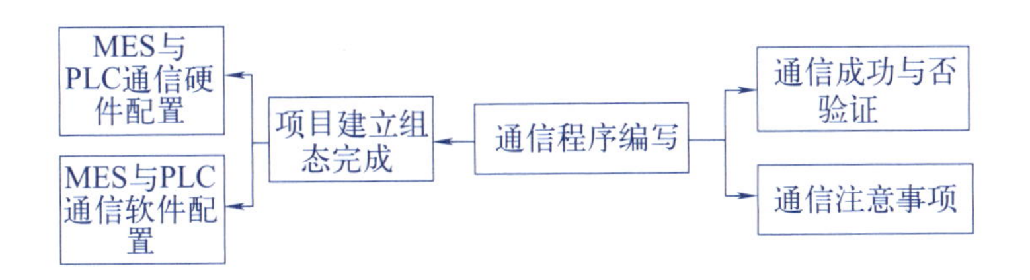


## 任务描述

完成总控PLC和MES通信的建立和相关参数的设置，并测试数据交互。

## 任务分析

Modbus/TCP是简单的、中立厂商的用于管理和控制自动化设备的Modbus系列通信协议的派生产品。显而易见，它覆盖了TCP/IP的Intranet和Internet环境中Modbus报文的用途。协议的最通用用途是提供网关，服务于PLC、I/O模块，以及连接其他简单域总线或I/O模块。

本任务需要建立起MES与西门子PLC之间的数据交互，应用Modbus/TCP进行通信。其中，西门子PLC做Modbus服务端（Server），MES做Modbus客户端（Client）。

MES命令与PLC交互（主流程）讲解

## 任务实施

下面将介绍如何配置S7-1200为Modbus/TCP的Server与MES建立通信，测试例子中用到的软硬件如表3.3.1、表3.3.2所示。

表3.3.1　硬件列表

| 名称 | 数量 | 订货号 |
| --- | --- | --- |
| SIMATIC CPU 1215C DC/DC/DC（固件V4.1） | 1 | 6ES7 215-1AG40-0XB0 |
| 网线 | 若干 | |
| 编程器兼软件测试机 | 1 | |

表3.3.2　软件列表

| 名称 | 订货号 |
| --- | --- |
| SIMATIC STEP7 Prossional V13 SP1 | 6ES7 822-1AA01-0YA5 |

步骤1：在CPU 1215的PLC功能块中添加Modbus TCP Server功能块“MB_SERVER”，版本V3.1，软件将提示会为该FB块生成一个背景数据块，本例中为DB4“MB_SERVER_DB”，如图3.3.1所示。

步骤2：创建一个全局数据块用于匹配功能块“MB_SERVER”的引脚参数“MB_HOLD_REG”，本例中创建的数据块DB5“Data_MES”是以PLC与MES配置表为依据，用于存储保持寄存器中的通信数据，如图3.3.2所示。

需要注意的是：该数据块必须为非优化数据块（支持绝对寻址），在该数据块的“属性”中不勾选“优化的块访问”复选框，如图3.3.3所示。

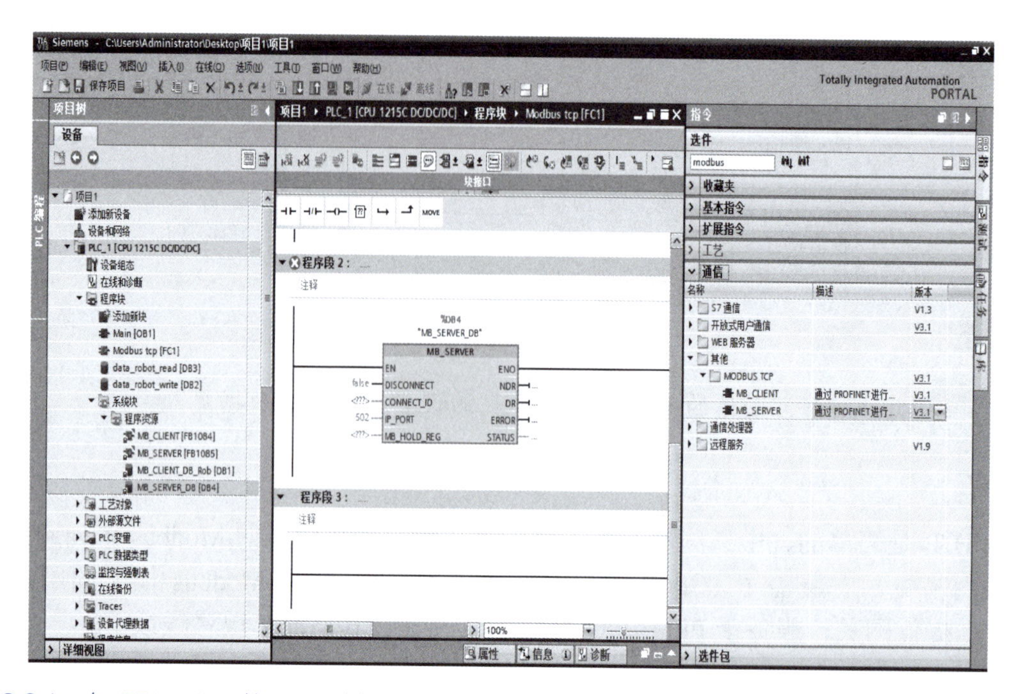


图 3.3.1　在 CPU 1215 的 PLC 功能块中添加 Modbus TCP Server 功能块“MB_SERVER”

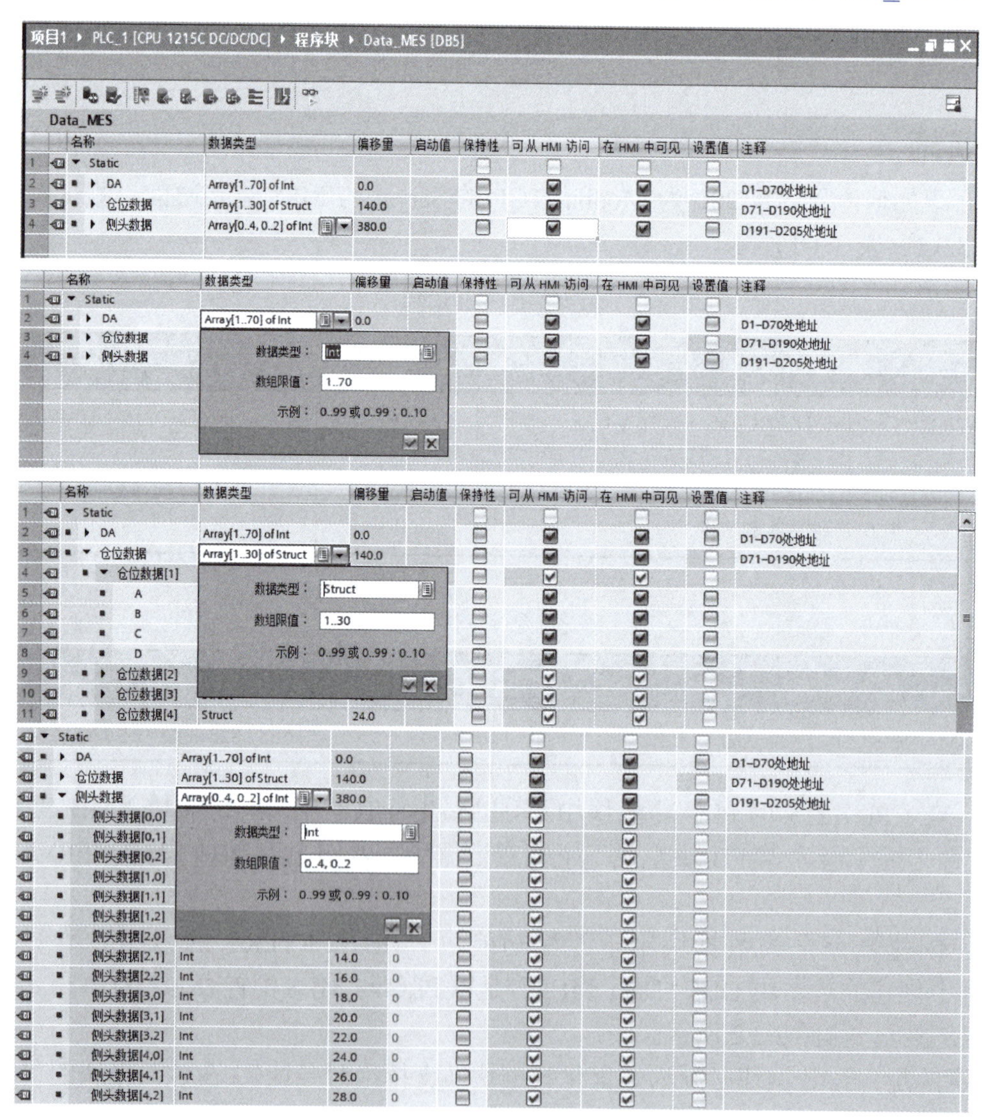


图 3.3.2　创建一个全局数据块用于匹配功能块“MB_SERVER”的引脚参数“MB_HOLD_REG”

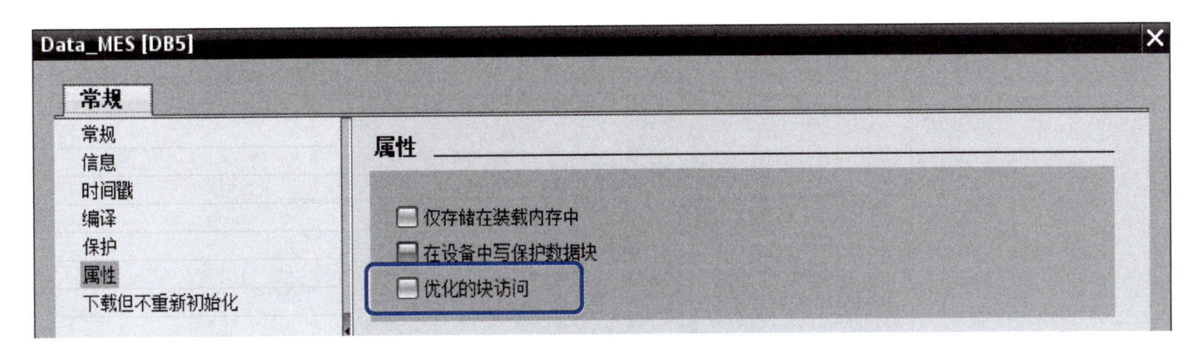


图 3.3.3 “属性”中不勾选“优化的块访问”复选框

步骤 3：设置引脚参数。功能块“MB_SERVER”的引脚参数如表 3.3.3 所示。

表 3.3.3 功能块“MB_SERVER”的引脚参数

| “MB_SERVER”的管脚参数 | 管脚声明 | 数据类型 | 含义 |
|---|---|---|---|
| DISCONNECT | 输入 | BOOL | 为 0 且连接不存在时，则可启动建立被动连接<br>为 1 且连接存在时，则断开连接 |
| CONNECT_ID | 输入 | UINT | 唯一标识 PLC 中的每个连接 |
| IP_PORT | 输入 | UINT | 默认值为 502，IP 端口号，将监视该端口是否有来自 Modbus 客户端的连接请求 |
| MB_HOLD_REG | 输入 / 输出 | VARIANT | 指向 MB_SERVER Modbus 保持寄存器的指针：必须是一个标准的全局 DB 或 M 存储区地址 |
| NDR | 输出 | BOOL | 0：没有新数据<br>1：从 Modbus 客户端写入的新数据 |
| DR | 输出 | BOOL | 0：没有读取数据<br>1：从 Modbus 客户端读取的数据 |
| ERROR | 输出 | BOOL | MB_SERVER 执行因错误而终止后，ERROR 位将保持为 TRUE 一个扫描周期的时间 |
| STATUS | 输出 | WORD | 通信状态信息，用于诊断：STATUS 参数中的错误代码值仅在 ERROR=TRUE 的一个循环周期的时间内有效 |

保持寄存器由功能块“MB_SERVER”的引脚参数“MB_HOLD_REG”关联。对于其他数据，如线圈、离散输入、模拟量输入等通过功能块均与 S7-1200 的过程映像区进行了映射，其映射地址对应如表 3.3.4 所示。

表 3.3.4 映射地址对应

| Modbus 功能 | | | | S7-1200 | |
|---|---|---|---|---|---|
| 代码 | 功能 | 数据区 | 地址范围 | 数据区 | CPU 地址 |
| 01 | 读位 | 输出 | 1 ～ 8192 | 输出过程映像 | Q0.0 ～ Q1023.7 |
| 02 | 读位 | 输入 | 10001 ～ 18192 | 输入过程映像 | I0.0 ～ I1023.7 |
| 04 | 读字 | 输入 | 30001 ～ 30512 | 输入过程映像 | IW0 ～ IW1022 |
| 05 | 写位 | 输出 | 1 ～ 8192 | 输出过程映像 | Q0.0 ～ Q1023.7 |
| 15 | 写位 | 输出 | 1 ～ 8192 | 输出过程映像 | Q0.0 ～ Q1023.7 |

设置完各引脚参数后，如图 3.3.4 所示。

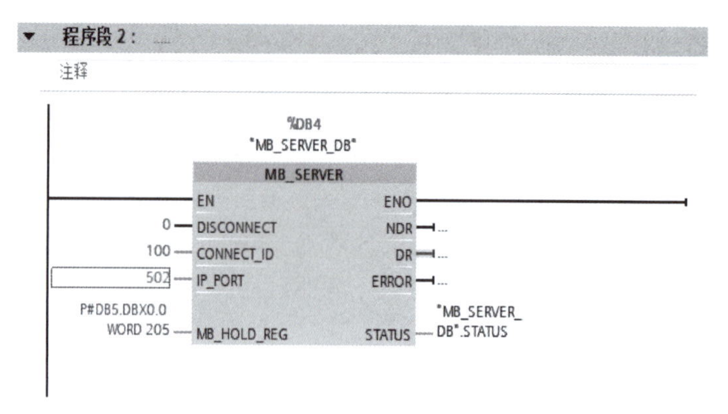


图 3.3.4　设置完各引脚参数

步骤 4：测试通信数据交互。

完成上述步骤后，保存项目，编译无误后，下载项目到 CPU 1215C 中，打开计算机 MES。下面以 PLC 发送机器人数据到 MES 界面为例介绍通信测试过程。

PLC 写数据到 MES 的方法：

（1）将当前项目的 PLC 切换到在线模式，打开数据块 DB5 “Data_MES”；

（2）监视所有的数据，然后修改指定变量 DA41 ～ DA52 的数值；

（3）选中变量，在右键菜单中选择“修改操作数”，在弹出的对话框中输入数值后，单击“确定”按钮即可生效，如图 3.3.5 所示。

注：其他变量详见参考资料《智能制造生产线 MES 系统使用手册》。

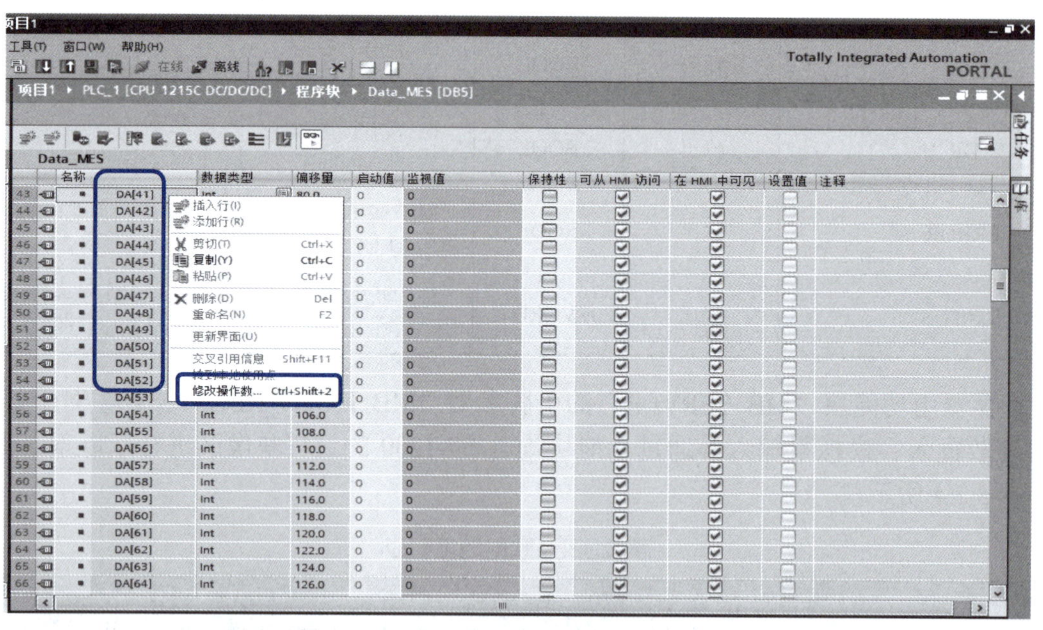


| Db041 | Robot_status | 机械手的状态 |
|---|---|---|
| Db042 | Robot_position_comfirm | 机械手是否在HOME位置确认 |
| Db043 | Robot_mode | 机械手运行模式 |
| Db044 | Robot_speed | 机器人繁忙 |
| Db045 | Joint1_coor | 机械手关节1的坐标值 |
| Db046 | Joint2_coor | 机械手关节2的坐标值 |
| Db047 | Joint3_coor | 机械手关节3的坐标值 |
| Db048 | Joint4_coor | 机械手关节4的坐标值 |
| Db049 | Joint5_coor | 机械手关节5的坐标值 |
| Db050 | Joint6_coor | 机械手关节6的坐标值 |
| Db051 | Joint7_coor | 机械手关节7的坐标值 |
| Db052 | Robot_clamp_number | 机械手当前使用的夹爪编号(1方料，2大圆，3小圆) |

图 3.3.5　PLC 写数据到 MES

完成后，在 MES 界面可以看到对应的数据块地址的数据，如图 3.3.6 所示。

图 3.3.6　对应的数据块地址的数据

使用功能块“MB_SERVER”的一些注意事项：

（1）S7-1200 CPU 的集成 PN 口通过功能块“MB_SERVER”支持与多个 Modbus 客户端通信，支持的个数取决于 CPU 集成 PN 口所支持的 TCP 连接数，必须为每一个客户端连接分别调用一次功能块“MB_SERVER”，其背景数据块、ID 等参数必须唯一。

（2）S7-1200 CPU 的集成 PN 口支持多种协议，除了 Modbus TCP 外，同时支持 PROFINET、TCP/IP、S7 等。

（3）S7-1200 CPU 的集成 PN 口可以同时作为 Modbus TCP 的 Server 及 Client。

## 学习评价

通过本任务的深入学习，能够熟练运用 Modbus TCP 指令编程实现西门子 PLC 与 MES 之间的通信及数据交互。

## 练习与作业

根据由教材学到的 Modbus TCP 指令编程方法与知识，完成 PLC 写、MES 读，以及 MES 写、PLC 读的数据交互。

## 生产任务工单

| 下单日期 | ××/×/× | | 交货日期 | | ××/×/× |
|---|---|---|---|---|---|
| 下单人 | | | 经手人 | | |
| 序号 | 产品名称 | 型号 / 规格 | 数量 | 单位 | 生产要求 |
| 1 | PLC 发送数据给 MES | 无 | 7 | 个 | MES 要全部收到 |
| 2 | MES 发送数据给 PLC | 无 | 4 | 个 | PLC 要全部收到 |
| | | | | | |
| | | | | | |
| 备注 | | | | | |

制单人：________________　审核：________________　生产主管：________________

# 学习任务 4　总控 PLC 与 RFID 读写器之间的通信

## 学习内容

本平台总控 PLC 与 RFID 读写器之间的通信协议采用 Modbus RTU 协议，以进行数据交换。

## 学习目标

通过本任务的深入学习，能够了解 Modbus RTU 协议，掌握西门子 Modbus RTU 的指令，熟练运用 S7-1200 为 Modbus RTU 主站编程实现西门子 PLC 与 RFID 读写器之间的通信及数据交互。

## 思维导图

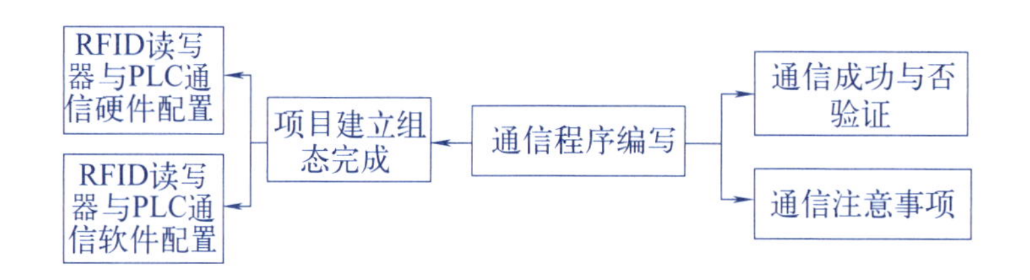


## 任务描述

完成总控 PLC 和 RFID 读写器通信的建立，相关参数设置，并测试数据交互。

## 任务分析

Modbus 串行链路协议是一个主 - 从协议。在同一时刻，只有一个主节点连接于总线，一个或多个子节点（最大编号为 247 ）连接于同一条串行总线。Modbus 通信总是由主节点发起。子节点在没有收到来自主节点的请求时，不会发送数据。子节点之间从不会互相通信。主节点在同一时刻只会发起一个 Modbus 事务进行处理。

本任务需要建立起 RFID 读写器与西门子 PLC 之间的数据交互，应用 Modbus/RTU 协议进行通信。其中，西门子 PLC 做 Modbus RTU 主站与 RFID 读写器进行信号交互。

## 任务实施

下面将介绍如何配置 S7-1200 为 Modbus RTU 主站与 RFID 读写器建立通信，测试例程中用到的软硬件如表 3.4.1、表 3.4.2 所示。

表 3.4.1　硬件列表

| 名称 | 数量 | 订货号 |
|---|---|---|
| SIMATIC CPU 1215C DC/DC/DC（固件 V4.1） | 1 | 6ES7 215-1AG40-0XB0 |
| CM 1241（RS422/485） | 1 | 6ES7 241-1CH32-0XB0 |
| RFID 读写器 | 1 | 思谷（品牌） |
| RS485 串口通信线 | 若干 | |
| 编程器兼软件测试机 | 1 | |

表 3.4.2　软件列表

| 名称 | 订货号 |
| --- | --- |
| SIMATIC STEP7 Prossional V13 SP1 | 6ES7 822-1AA01-0YA5 |

步骤 1：依据“硬件列表”进行通信模块的组态与参数调试，完成后如图 3.4.1 所示。

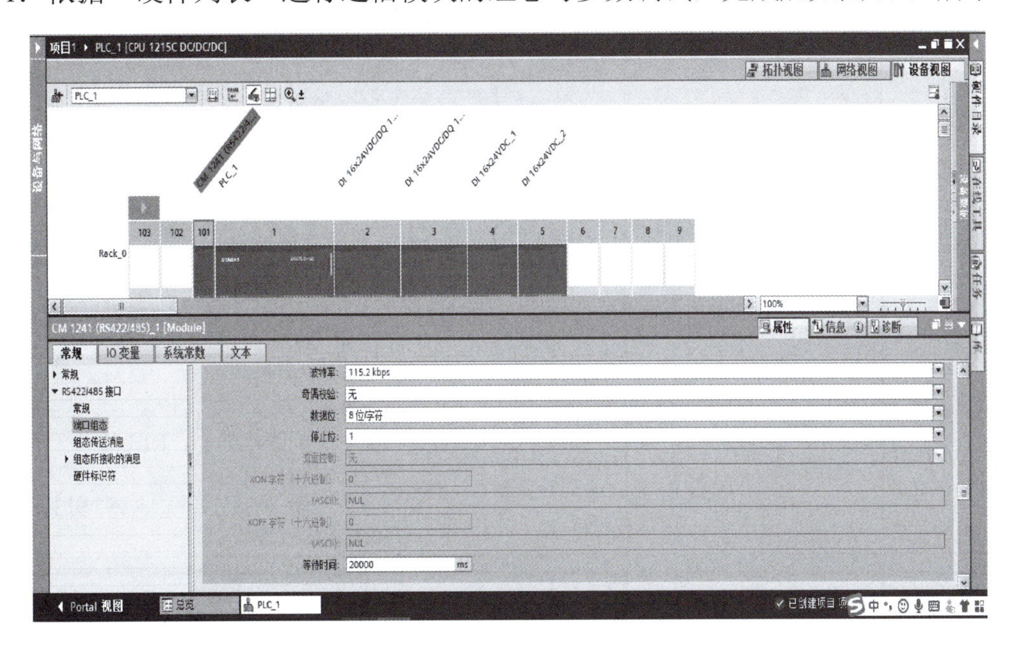


图 3.4.1　进行通信模块的组态与参数调试

步骤 2：在 CPU 1215C 程序中添加一个 FB 功能块“RFID_Com”，而后在“RFID_Com”中添加功能块“Modbus_Comm_Load”，作为通信接口使用。如图 3.4.2 所示。

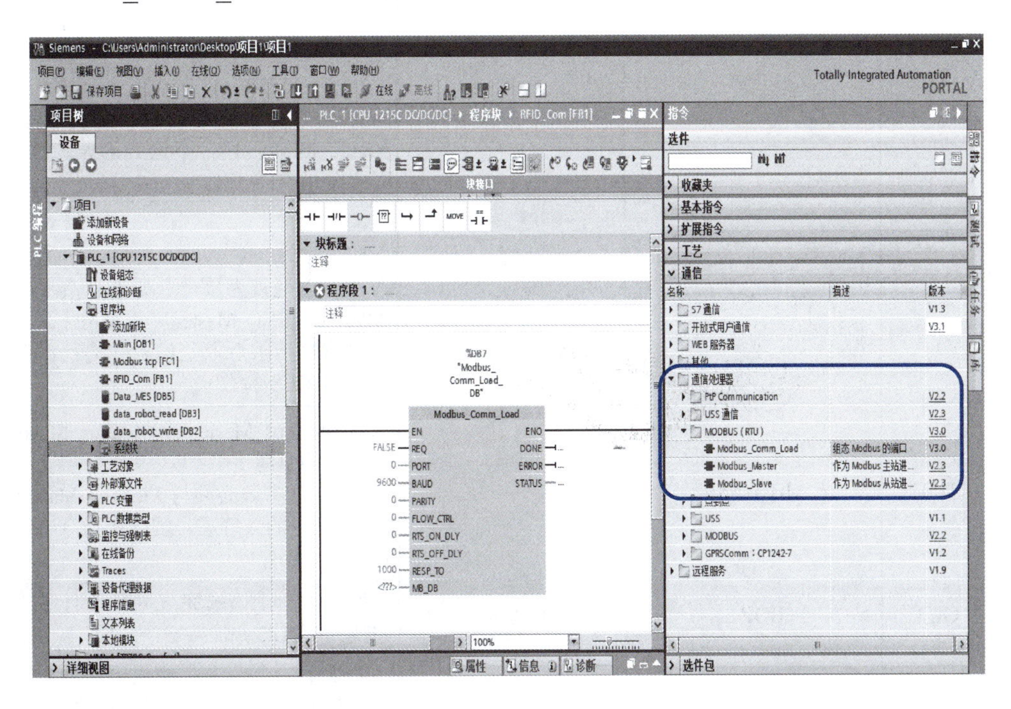


图 3.4.2　通信接口

步骤 3：设置引脚参数对于功能块“Modbus_Comm_Load”参数引脚含义如表 3.4.3 所示。

表 3.4.3　参数引脚含义

| 参数 | 声明 | 数据类型 | 标准 | 说明 |
|---|---|---|---|---|
| | | S7-1200/1500 | | |
| REQ | IN | BOOL | FALSE | 当此输入出现上升沿时，启动该指令 |
| PORT | IN | PORT | 0 | 组态完 CM 后，可在设备配置（S7-1200/1500）的“硬 ID”（Hardware ID）属性中找到 CM 端口值。端口的符号名称在 PLC 变量表的“系统常量”（System constants）选项卡中指定 |
| BAUD | IN | UDINT | 9600 | 数据传输速率有效值：300，600，1200，2400，4800，9600，19200，38400，57600，76800，115200（bit/s） |
| PARITY | IN | UINT | 1 | 选择奇偶校验：<br>• 0—无<br>• 1—奇校验<br>• 2—偶校验 |
| FLOW_CTRL | IN | UINT | 0 | 选择流控制：<br>• 0—（默认）无流控制<br>• 1—硬件流控制，RTS 始终开启（不适用于 RS422/485 CM）<br>• 2—硬件流控制，RTS 切换（不适用于 RS422/485 CM） |
| RTS_ON_DLY | IN | UINT | 0 | RTS 接通延迟选择：<br>• 0—从“RTS 激活”直到发送帧的第一个字符之前无延迟<br>• 1～65535—从“RTS 激活”一直到发送帧的第一个字符之前的延迟，以毫秒表示（不适用于 RS422/485 CM）。不论 FLOW_CTRL 如何选择，都会使用 RTS 延迟 |
| RTS_OFF_DLY | IN | UINT | 0 | RTS 关断延迟选择：<br>• 0—从传送上一个字符一直到“RTS 未激活”之前无延迟<br>• 1～65535—从传送上一个字符直到“RTS 未激活”之前的延迟，以毫秒表示（不适用于 RS422/485 端口）。不论 FLOW_CTRL 如何选择，都会使用 RTS 延迟 |
| RESP_TO | IN | UINT | 1000 | 响应超时：<br>5～65535ms—Modbus_Master 等待从站响应的时间，以毫秒为单位。如果从站在此时间段内未响应，Modbus_Master 将重复请求，或者在指定数量的重试请求后取消请求并提示错误（请参见下文 RETRIES 参数） |
| MB_DB | IN/OUT | MB_BASE | — | 对 Modbus_Master 或 Modbus_Slave 指令的背景数据块的引用<br>MB_DB 参数必须与 Modbus_Master 或 Modbus_Slave 指令的（静态，因此在指令中不可见）MB_DB 参数相连 |
| DONE | OUT | BOOL | FALSE | 如果上一个请求完成并且没有错误，DONE 位将变为 TRUE 并保持一个周期 |
| ERROR | OUT | BOOL | FALSE | 如果上一个请求完成出错，则 ERROR 位将变为 TRUE 并保持一个周期的时间。STATUS 参数中的错误代码仅在 ERROR=TRUE 的周期的时间内有效 |
| STATUS | OUT | WORD | 16#7000 | 错误代码 |

对于“Modbus_Comm_Load”的背景数据块对应关系如表 3.4.4 所示。

表 3.4.4 “Modbus_Comm_Load”的背景数据块对应关系

| 变量 | 数据类型（S7-1200/1500） | 标准 | 说明 |
|---|---|---|---|
| ICHAR_GAP | WORD | 0 | 字符间的最长字符延迟时间。此参数以毫秒为单位指定，并且增加了所接收字符之间的预期周期。将此参数的相应位时间数添加到 Modbus 默认值的 35 位时间（3.5 字符时间） |
| RETRIES | WORD | 2 | 返回“无响应”错误代码 0x80C8 之前主站执行的重复尝试次数 |
| EN_SUPPLY_VOLT | BOOL | 0 | 启用对电源电压 L+ 缺失的诊断 |
| MODE | USINT | 0 | 工作模式<br>有效的工作模式包括：<br>• 0—全双工（RS232）<br>• 1—全双工（RS422）四线制模式（点对点）<br>• 2—全全双工（RS422）四线制模式［多点主站，CM PtP（ET 200SP）］<br>• 3—全全双工（RS422）四线制模式［多点从站，CM PtP（ET 200SP）］<br>• 4—半双工（RS485）二线制模式 |
| LINE_PRE | USINT | 0 | 接收线路初始状态<br>有效的初始状态是：<br>• 0—“无”初始状态<br>• 1—信号 R（A）=5V，信号 R（B）=0V（断路检测）。在此初始状态下，可进行断路检测。仅可以选择以下项：“全双工（RS422）四线制模式（点对点连接）”和“全双工（RS422）四线制模式（多点从站）”<br>• 2—信号 R（A）=0V，信号 R（B）=5V。此默认设置对应于空闲状态（无激活的发送操作）。在此初始状态下，无法进行断路检测 |
| BRK_DET | USINT | 0 | 断路检测<br>以下内容有效：<br>• 0—断路检测已禁用<br>• 1—断路检测已激活 |
| EN_DIAG_ALARM | BOOL | 0 | 激活诊断中断：<br>• 0—未激活<br>• 1—已激活 |
| STOP_BITS | USINT | 1 | 停止位个数：<br>• 1—1 个停止位<br>• 2—2 个停止位<br>• 0、3 ～ 255—保留 |

功能块“Modbus_Comm_Load”的引脚参数设置完成后，如图 3.4.3 所示。

功能块“Modbus_Comm_Load”的背景数据块设置完成后如图 3.4.4 所示。

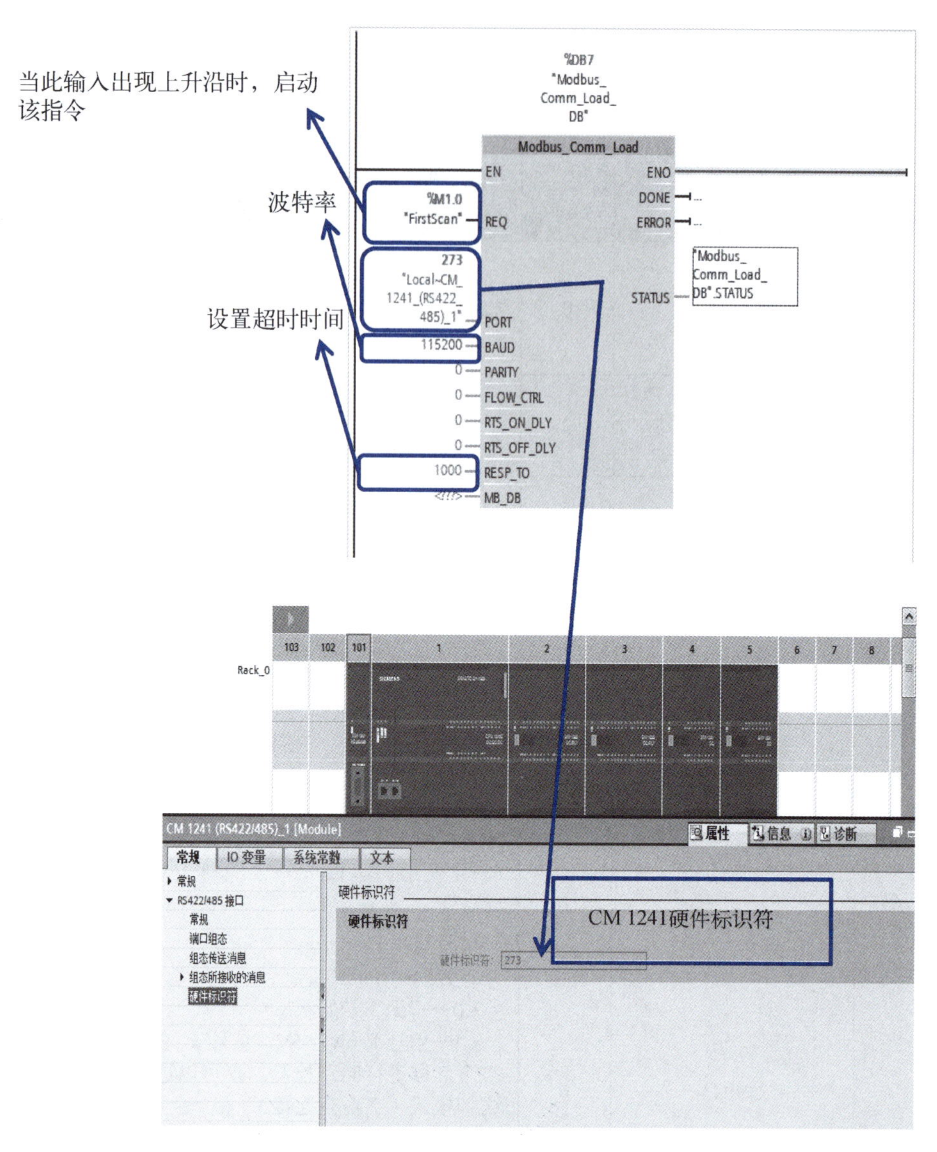


图 3.4.3　引脚参数设置

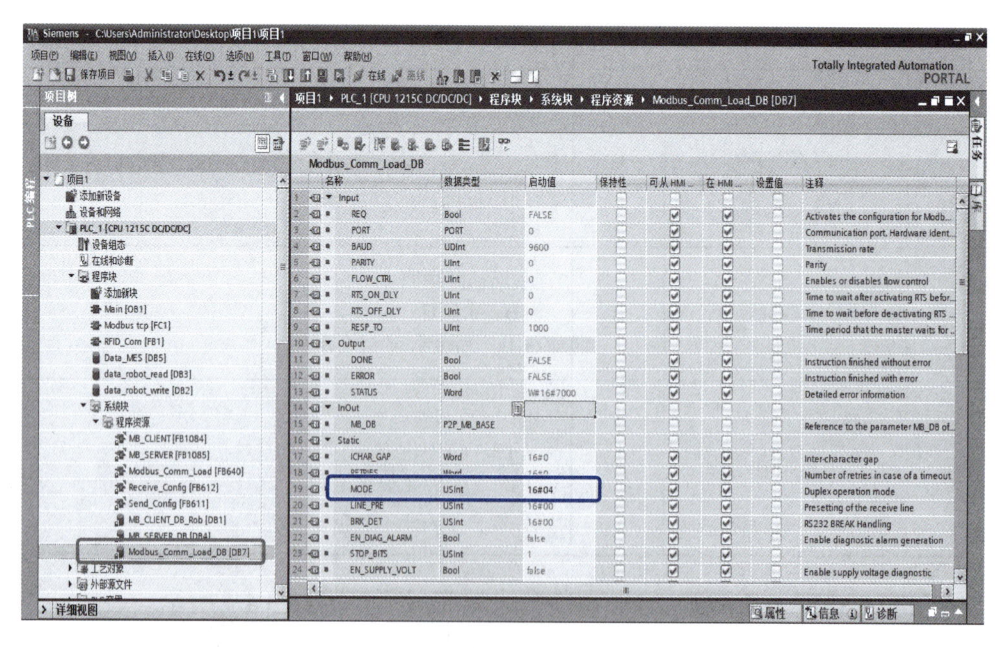


图 3.4.4　背景数据块设置完成

步骤 4：创建一个功能块用于匹配功能块“Modbus_Comm_Load”的引脚参数“MB_DB”，本例中为 DB6“Modbus_Master”，作为 Modbus 主站进行通信，同时完成匹配功能块“Modbus_Comm_Load”的引脚设置，如图 3.4.5 所示。

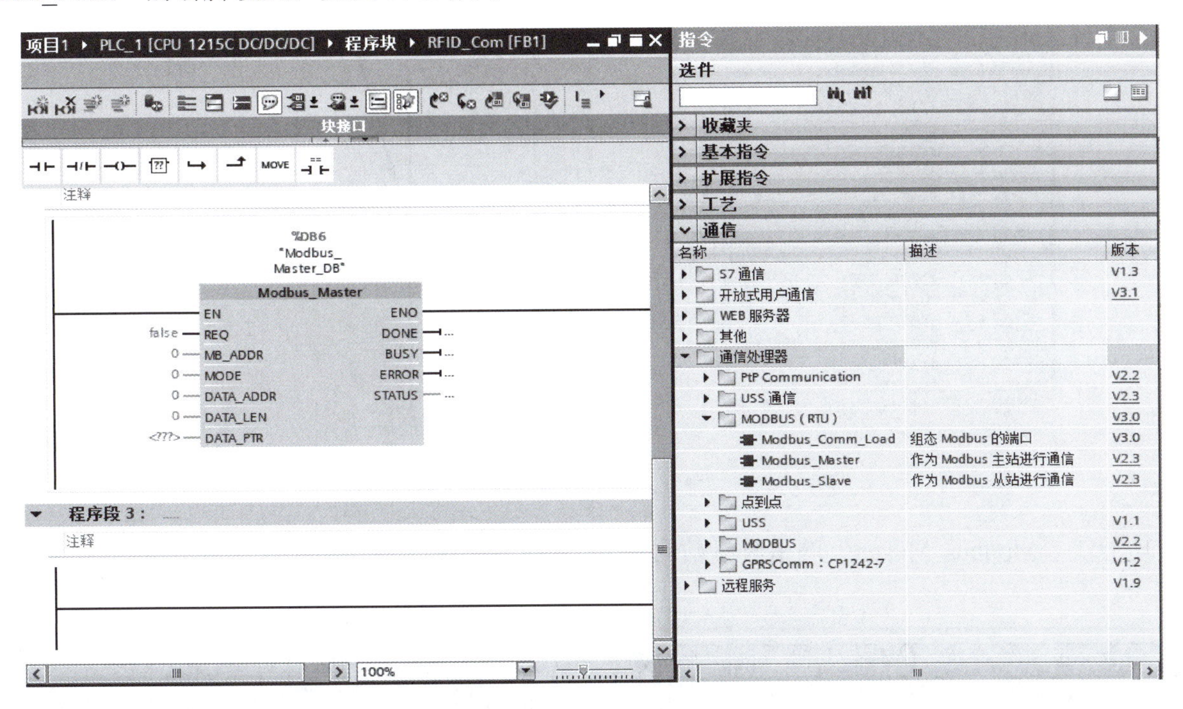


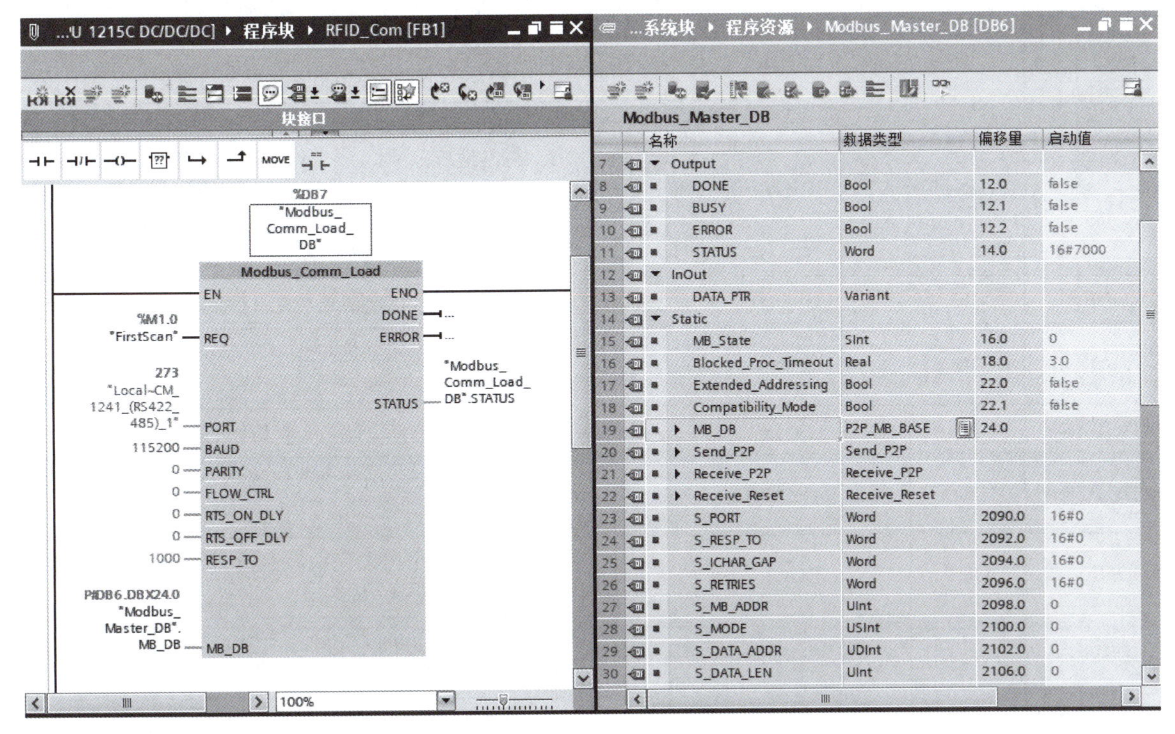


图 3.4.5 “Modbus_Comm_Load”的引脚设置

注意：此引脚因数据类型问题，不可直接从键盘输入寻址符“P#DB6.DBX24.0”，需打开“DB6 背景块”后通过拖拽鼠标添加。

步骤 5：创建一个用于匹配功能块“Modbus_Master”的引脚的数据块，本例中为 DB8“RFID_Com_Data”，用于存储 Modbus RTU 通信数据，同时完成匹配功能块“Modbus_Master”的引脚设置，如图 3.4.6 所示。

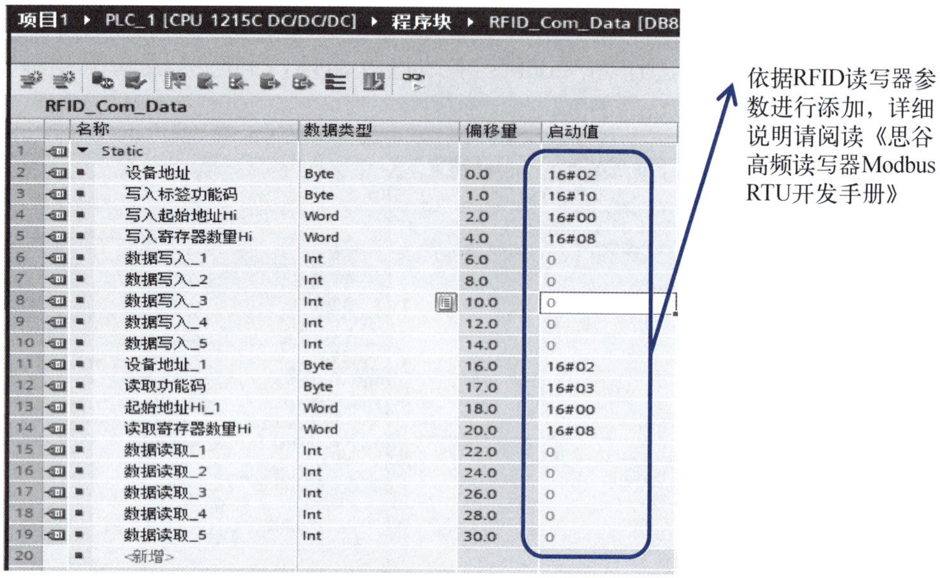

项目1 ▸ PLC_1 [CPU 1215C DC/DC/DC] ▸ 程序块 ▸ RFID_Com_Data [DB8

RFID_Com_Data

| | 名称 | 数据类型 | 偏移量 | 启动值 |
|---|---|---|---|---|
| 1 | ▼ Static | | | |
| 2 | 设备地址 | Byte | 0.0 | 16#02 |
| 3 | 写入标签功能码 | Byte | 1.0 | 16#10 |
| 4 | 写入起始地址Hi | Word | 2.0 | 16#00 |
| 5 | 写入寄存器数量Hi | Word | 4.0 | 16#08 |
| 6 | 数据写入_1 | Int | 6.0 | 0 |
| 7 | 数据写入_2 | Int | 8.0 | 0 |
| 8 | 数据写入_3 | Int | 10.0 | 0 |
| 9 | 数据写入_4 | Int | 12.0 | 0 |
| 10 | 数据写入_5 | Int | 14.0 | 0 |
| 11 | 设备地址_1 | Byte | 16.0 | 16#02 |
| 12 | 读取功能码 | Byte | 17.0 | 16#03 |
| 13 | 起始地址Hi_1 | Word | 18.0 | 16#00 |
| 14 | 读取寄存器数量Hi | Word | 20.0 | 16#08 |
| 15 | 数据读取_1 | Int | 22.0 | 0 |
| 16 | 数据读取_2 | Int | 24.0 | 0 |
| 17 | 数据读取_3 | Int | 26.0 | 0 |
| 18 | 数据读取_4 | Int | 28.0 | 0 |
| 19 | 数据读取_5 | Int | 30.0 | 0 |
| 20 | <新增> | | | |

依据RFID读写器参数进行添加，详细说明请阅读《思谷高频读写器Modbus RTU开发手册》

图 3.4.6 “Modbus_Master”的引脚设置

功能块“Modbus_Master”的引脚参数含义如表 3.4.5 所示。

表 3.4.5 “Modbus_Master”的引脚参数含义

| 参数 | 声明 | 数据类型（S7-1200/1500） | 标准 | 说明 |
|---|---|---|---|---|
| REQ | IN | BOOL | FALSE | FALSE—无请求<br>TRUE—请求向 Modbus 从站发送数据 |
| MB_ADDR | IN | UINT | — | Modbus RTU 站地址：<br>标准地址范围：1 ～ 247 以及 0，用于 Broadcast<br>扩展地址范围：1 ～ 65535 以及 0 ，用于 Broadcast<br>值 0 为将帧广播到所有 Modbus 从站预留。 广播仅支持 Modbus 功能代码 05、06、15 和 16 |
| MODE | IN | USINT | 0 | 模式选择：指定请求类型（读取、写入或诊断） |
| DATA_ADDR | IN | UDINT | 0 | 从站中的起始地址：指定在 Modbus 从站中访问的数据的起始地址 |
| DATA_LEN | IN | UINT | 0 | 数据长度：指定此指令将访问的位或字的个数 |
| DATA_PTR | IN/OUT | VARIANT | — | 数据指针：指向要进行数据写入或数据读取的标记或数据块地址 |
| DONE | OUT | BOOL | FALSE | 如果上一个请求完成并且没有错误，DONE 位将变为 TRUE 并保持一个周期 |
| BUSY | OUT | BOOL | — | FALSE—Modbus_Master 无激活命令<br>TRUE—Modbus_Master 命令执行中 |
| ERROR | OUT | BOOL | FALSE | 如果上一个请求完成出错，则 ERROR 位将变为 TRUE 并保持一个周期时间。STATUS 参数中的错误代码仅在 ERROR=TRUE 的周期时间内有效 |
| STATUS | OUT | WORD | 0 | 错误代码 |

需要注意的是：该数据块必须为非优化数据块（支持绝对寻址），在该数据块的“属性”中不勾选“优化的块访问”复选框，如图 3.4.7 所示。

功能块“Modbus_Master”的引脚参数设置完成后如图 3.4.8 所示。

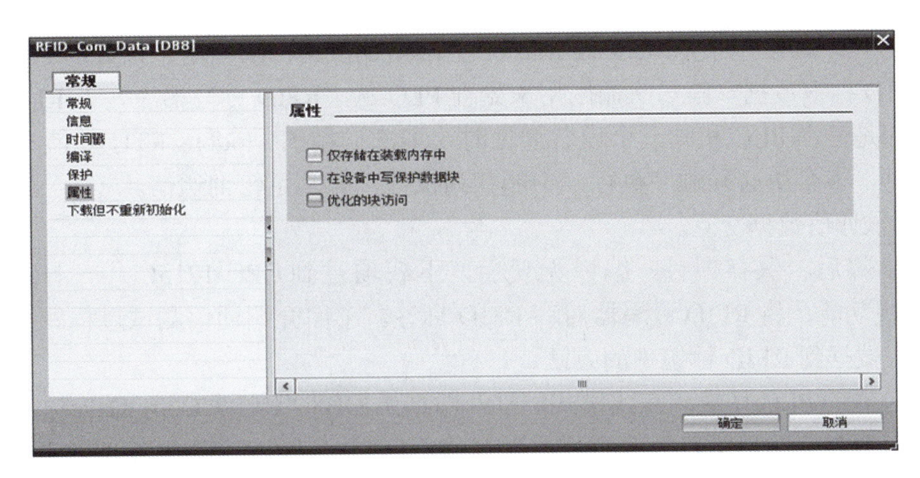


图 3.4.7　“属性”中不勾选“优化的块访问”复选项

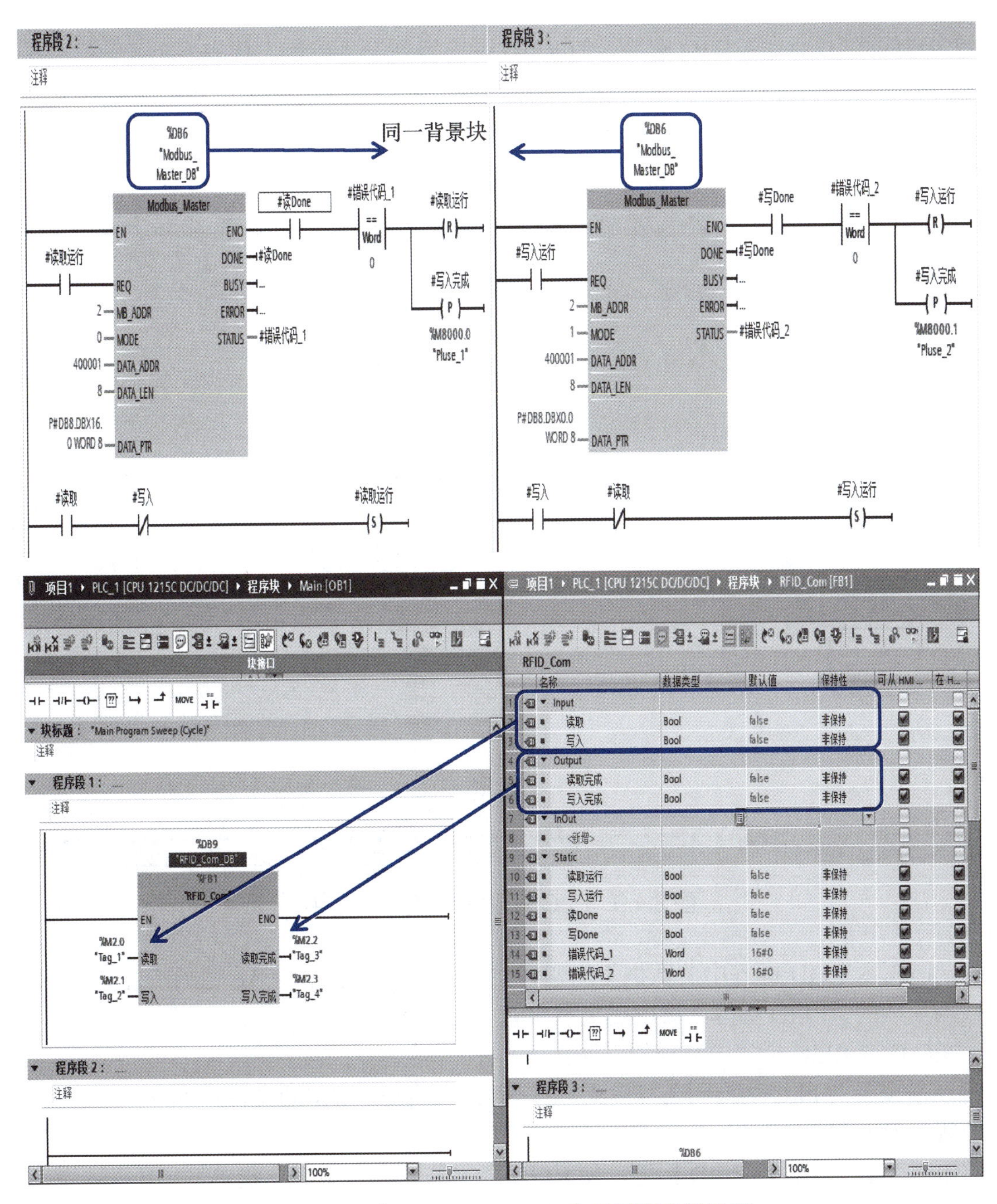


图 3.4.8　“Modbus_Master”的引脚参数设置

上述程序段中，调用了两次 Modbus_Master 主站指令，第一次调用用来处理 PLC 从“RFID 读写器”读取 RFID 标签数据，第二次调用用来处理 PLC 从“RFID 读写器”写入 RFID 标签数据。

需要注意的是，当 PLC 和同一个设备通信时，多次调用的 Modbus RTU 功能块的背景数据块必须一致。另外，多个块必须顺序执行，不能并列执行，即满足轮询通信。

步骤 6：测试通信数据交互。

完成上述步骤后，保存项目，编译无误后，下载项目到 CPU 1215C 中，打开 DB8“RFID_Com_Data”监视功能，将 RFID 读写器对齐 RFID 标签。下面介绍通信测试过程。

（1）PLC 写数据到 RFID 标签中的方法：

① 将当前项目的 PLC 切换到在线模式，打开数据块 DB8“RFID_Com_Data”。

② 监视所有数据，然后可以修改“数据写入 _1”～“数据写入 _5”变量的数值。

③ 选中变量，在右键菜单中选择“修改操作数”，在弹出的对话框中输入数值后，单击“确定”按钮即可生效。

④ 将 RFID 读写器对齐 RFID 标签，使 RFID 读写器处于“蓝色”状态下。

⑤ 选中“写入”引脚 M2.1，在右键菜单中选择“修改”→“修改为 1”，即可触发写入功能，写入完成后将输出“脉冲”M2.3 ，再在右键菜单中选择“修改”→“修改为 0”，即可完成一次写入功能。如图 3.4.9 所示。

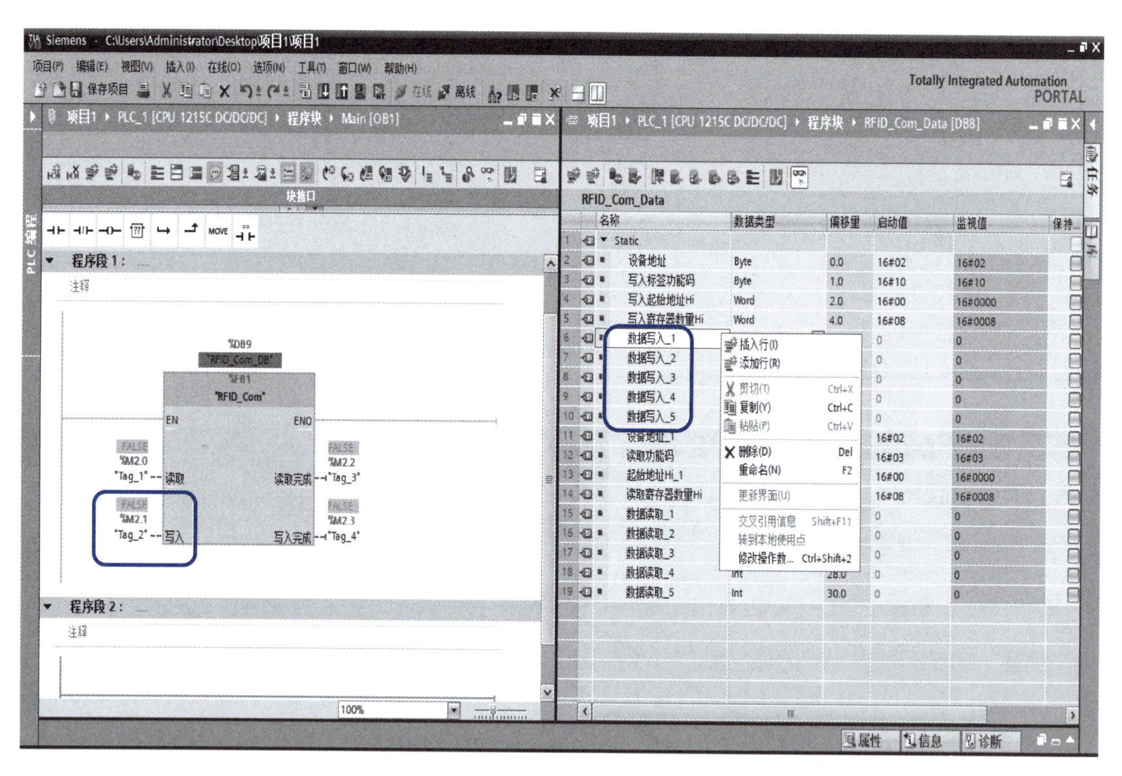


图 3.4.9 PLC 写数据到 RFID 标签中

注意：因写入 RFID 标签中的数据不可见，则重复上述步骤 2 ～ 5，进行 2 个以上 RFID 标签的写入，为后续的“RFID 标签”读取提供参照。

（2）PLC 读取 RFID 标签中数据的方法：

① 将当前项目的 PLC 切换到在线模式，打开数据块 DB8“RFID_Com_Data”。

② 监视所有数据。

③ 将 RFID 读写器对齐 RFID 标签，使 RFID 读写器处于“蓝色”状态下。

④ 选中“读取”引脚 M2.0，在右键菜单中选择“修改”→“修改为 1”，即可触发读取功能，

读取完成后将输出“脉冲”M2.2，再在右键菜单中选择“修改”→“修改为 0”，即可完成一次读取功能。如图 3.4.10 所示。

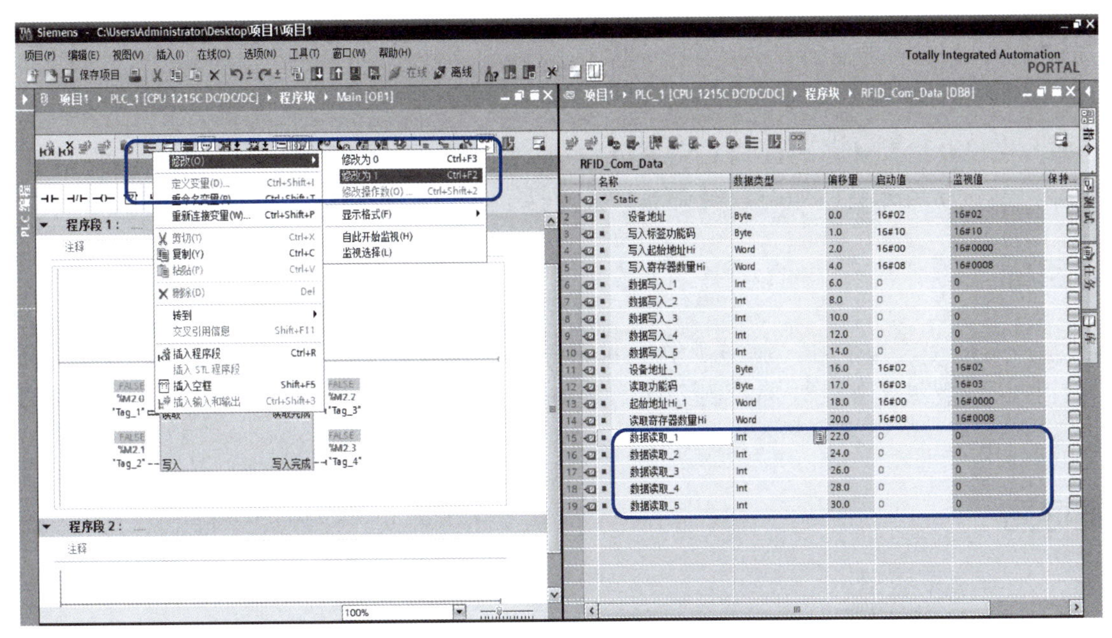

图 3.4.10　PLC 读取 RFID 标签中数据

注意：因 RFID 标签中的数据不可见，则实现读取功能前需配合写入功能的使用，为 RFID 标签读取提供参照数据。

使用功能块“Modbus_Master ”的一些注意事项：

（1）必须运行 Modbus_Comm_Load 来组态端口，以便 Modbus_Master 指令可以使用该端口进行通信。

（2）要用来作为 Modbus 主站的端口不可作为 Modbus_Slave 使用。对于该端口，可以使用一个或多个 Modbus_Master 实例。但是，所有版本的 Modbus_Master 都必须为该端口使用相同的背景数据块。

## 学习评价

通过对本任务的深入学习，能够熟练运用 Modbus RTU 指令编程实现西门子 PLC 与 RFID 读写器之间的通信及数据交互。

## 练习与作业

根据由教材学到的 Modbus RTU 指令编程方法与知识，完成对 RFID 读写器正确的读写操作。

## 生产任务工单

| 下单日期 | ××/×/× | | 交货日期 | | ××/×/× |
|---|---|---|---|---|---|
| 下单人 | | | 经手人 | | |
| 序号 | 产品名称 | 型号 / 规格 | 数量 | 单位 | 生产要求 |
| 1 | RFID 标签写入 | 无 | 5 | 个 | 正确写入 |
| 2 | RFID 标签读取 | 无 | 5 | 个 | 能够读取写入的数据 |
| | | | | | |
| | | | | | |
| 备注 | | | | | |

制单人：________________　审核：________________　生产主管：________________

# 学习任务5　总控PLC与数控机床的逻辑控制编程

## 学习内容

学习总控PLC与数控机床的数据交互，数控系统中的梯形图功能认知及实现简单功能梯形图的编写，实现数控系统与总控PLC的交互控制，包括机床M代码开关气动门、M代码松紧夹具、外部控制气动门开关、外部控制夹具松紧等操作。

## 学习目标

通过本任务的深入学习，能够了解数控系统的常见梯形图指令及其使用方法，了解总控PLC与数控机床数据交互及外部控制方法，掌握总控PLC实现外部控制气动门开关、夹具开关的PLC程序编写。

## 思维导图

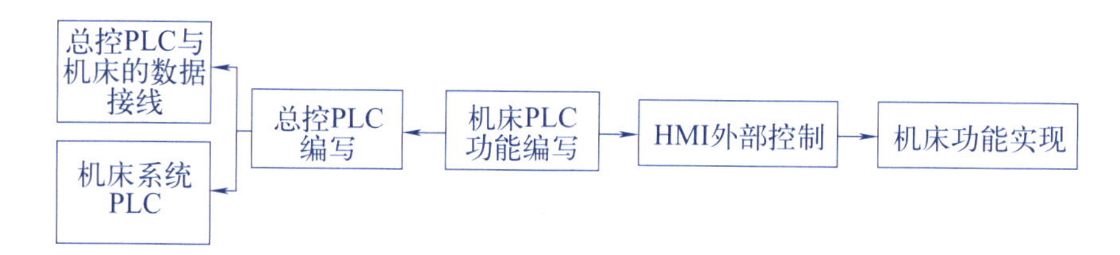


## 任务描述

使用数控系统的梯形图编写功能，学会数控系统的M代码控制气动门和夹具、外部信号控制气动门和夹具的编程方法、故障排除方法。

以加工中心为例，使用总控PLC实现外部控制气动门开关、外部控制夹具松紧等操作。

## 任务分析

总控PLC为西门子S7-1200系列，PLC与数控机床采用I/O通信系统通信。

总控PLC部分输出与对应的加工中心输入见表3.5.1。

表3.5.1　总控PLC部分输出与对应的加工中心输入

| PLC端部分输出 | | | | 对应的加工中心端输入 | |
|---|---|---|---|---|---|
| 加工中心联机请求 | 默认变量表 | BOOL | %Q4.0 | X4.0 | 联机请求 |
| 加工中心启动信号 | I/O端口 | BOOL | %Q4.1 | X4.1 | 启动信号 |
| 加工中心响应信号 | I/O端口 | BOOL | %Q4.2 | X4.2 | 响应信号 |
| 加工中心程序选择信号1 | I/O端口 | BOOL | %Q4.3 | X4.3 | 程序选择1 |
| 加工中心安全门打开 | I/O端口 | BOOL | %Q4.4 | X4.4 | 自动门开 |
| 加工中心卡盘控制信号 | I/O端口 | BOOL | %Q4.5 | X4.5 | 虎钳信号 |
| 加工中心暂停 | I/O端口 | BOOL | %Q4.6 | X4.6 | 暂停信号 |
| 加工中心吹气 | I/O端口 | BOOL | %Q4.7 | X4.7 | 吹气 |

加工中心部分输出对应的总控PLC输入见表3.5.2。

表 3.5.2　加工中心部分输出对应的总控 PLC 输入

| PLC 端部分输入 | | | | 对应的加工中心端输出 | |
|---|---|---|---|---|---|
| 加工中心已联机 | I/O 端口 | BOOL | %I4.0 | Y4.0 | 已联机 |
| 加工中心卡盘有工件 | I/O 端口 | BOOL | %I4.1 | Y4.1 | 卡盘有工件 |
| 加工中心在原点 | I/O 端口 | BOOL | %I4.2 | Y4.2 | 在原点 |
| 加工中心运行中 | I/O 端口 | BOOL | %I4.3 | Y4.3 | 运行中 |
| 加工中心加工完成 | I/O 端口 | BOOL | %I4.4 | Y4.4 | 加工完成 |
| 加工中心报警 | I/O 端口 | BOOL | %I4.5 | Y4.5 | 报警 |
| 加工中心卡盘松开状态 | I/O 端口 | BOOL | %I4.6 | Y4.6 | 卡盘松开状态 |
| 加工中心卡盘夹紧状态 | I/O 端口 | BOOL | %I4.7 | Y4.7 | 卡盘夹紧状态 |

上述表中 PLC 输出的命令，对应机床的输入；机床输出的是机床的状态，对应 PLC 的输入。所以只需控制 PLC 输出就可以控制机床动作。

详细指令请参见《华中数控 HNC-8-PLC 编程说明书》。

## 任务实施

### 一、总控 PLC 实现外部控制气动门开关

以在 HMI 界面中通过按钮控制铣床门开关为例，说明总控 PLC 实现外部控制机床的方法。HMI 界面如图 3.5.1 所示。

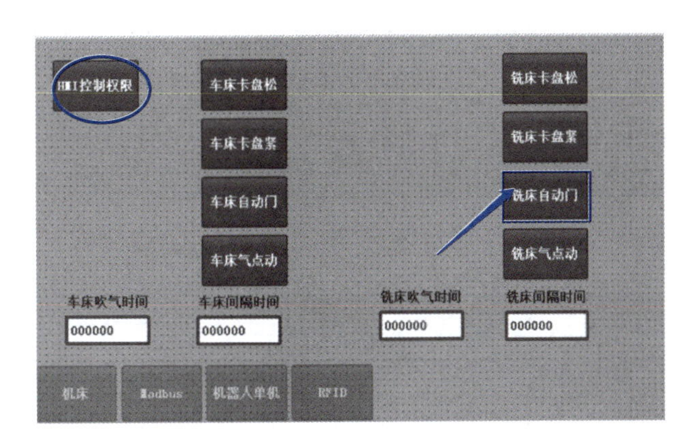


图 3.5.1　HMI 界面

PLC 程序如图 3.5.2 所示。

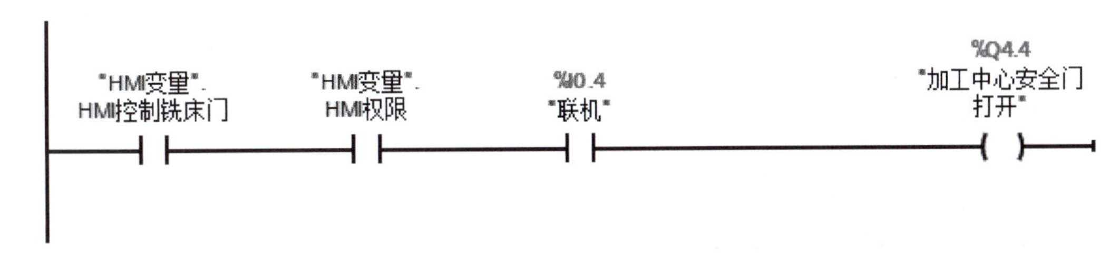


图 3.5.2　PLC 程序

综合实训平台上单机 / 联动开关打到联动位置，按下 HMI 界面中红色椭圆框选的“HMI 控制权限”按钮，再按下红色矩形框选的“铣床自动门”开关（按下此按钮，加工中心的安全门打开），如图 3.5.3 所示。

联机后，“HMI 控制权限”得电，按下“铣床自动门”开关，线圈 Q4.4（加工中心安全门打

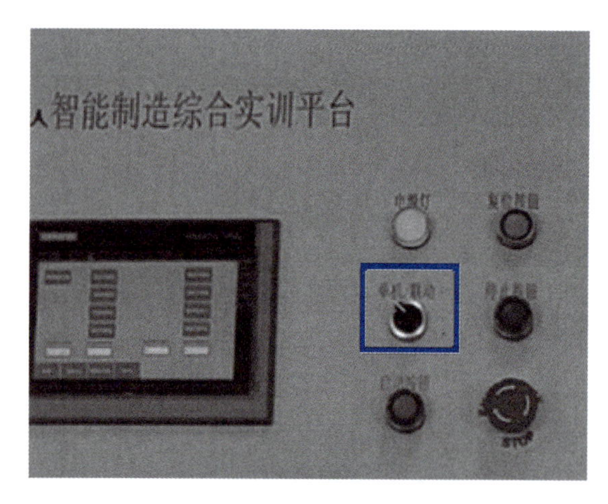


图 3.5.3 综合实训平台

开）得电，按表 3.5.1，Q4.4（PLC 输出）I/O 直连到加工中心的输入 X4.4 得电。加工中心机床 PLC 的中间寄存器 R351.4（机床门控制）得电，然后顺序往下查找。

R351.4 得电产生上升沿→ R217.1 得电产生上升沿→ R88.2 得电→ B1.0 得电→ B15=1 → R241.6 得电→ Y0.3 输出，铣床自动门开；当再按下红色矩形框选的“铣床自动门”开关，由梯图可以看出 B15=0 → R241.6 复位→ Y0.4 输出，铣床自动门关。梯形图如图 3.5.4 所示。卡盘等其他机床部分控制原理类似。

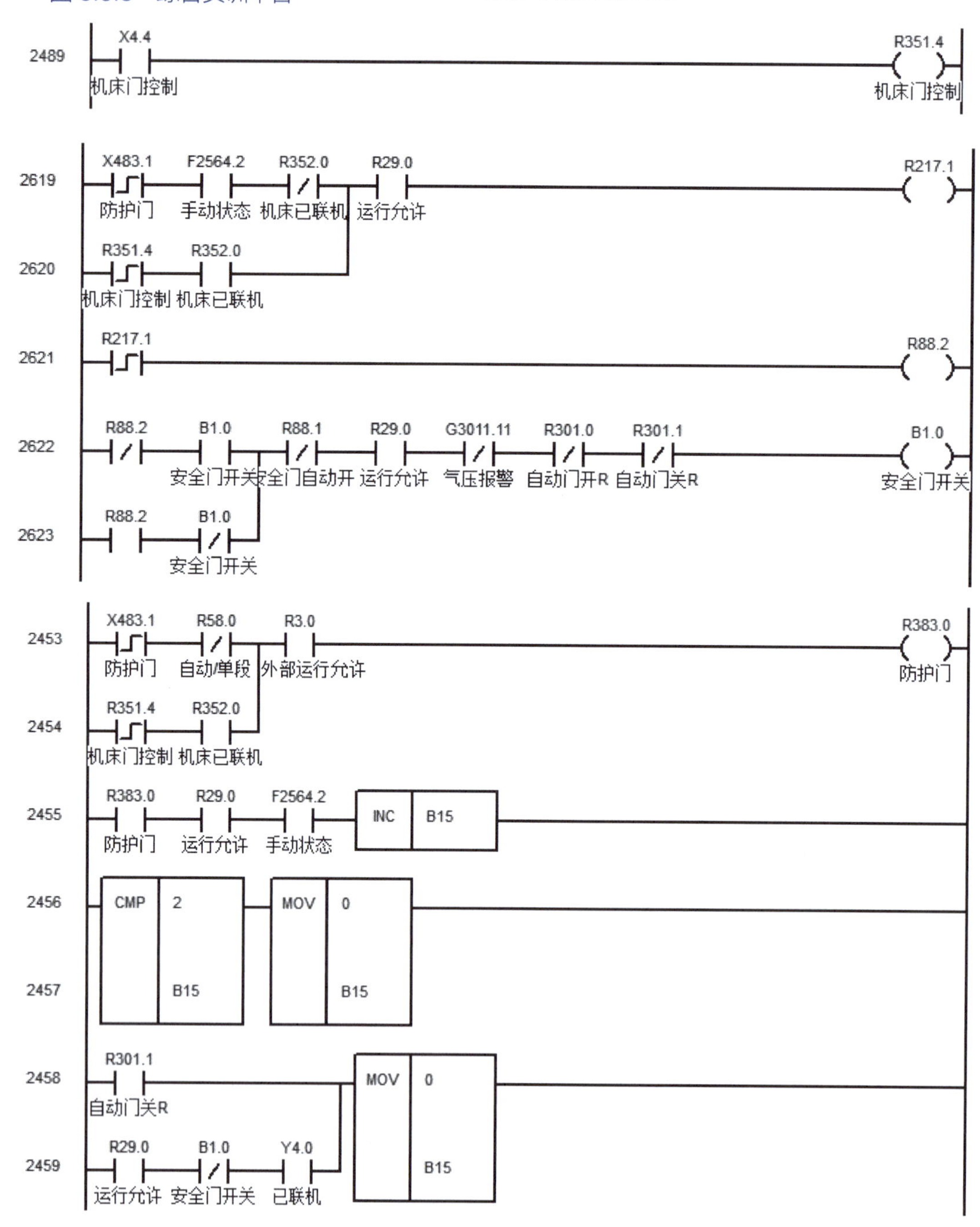

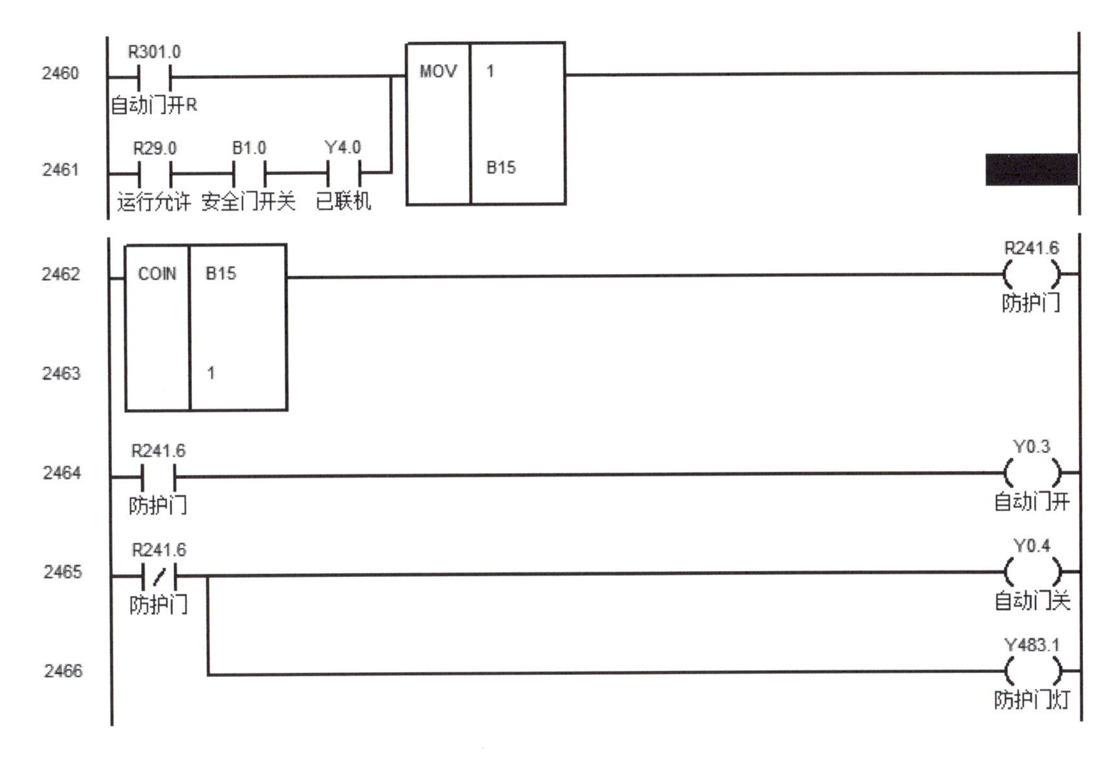


图 3.5.4　梯形图

## 二、机床 PLC 编程方法

### （一）登录数控权限

按以下步骤操作：数控系统的“设置”按钮→“参数”→“权限管理”→“注销”→选择需要的级别“数控”→“登录”→输入密码→按下面板“确认”按钮。完成以上步骤，获得能修改梯形图的权限。如图 3.5.5 所示。

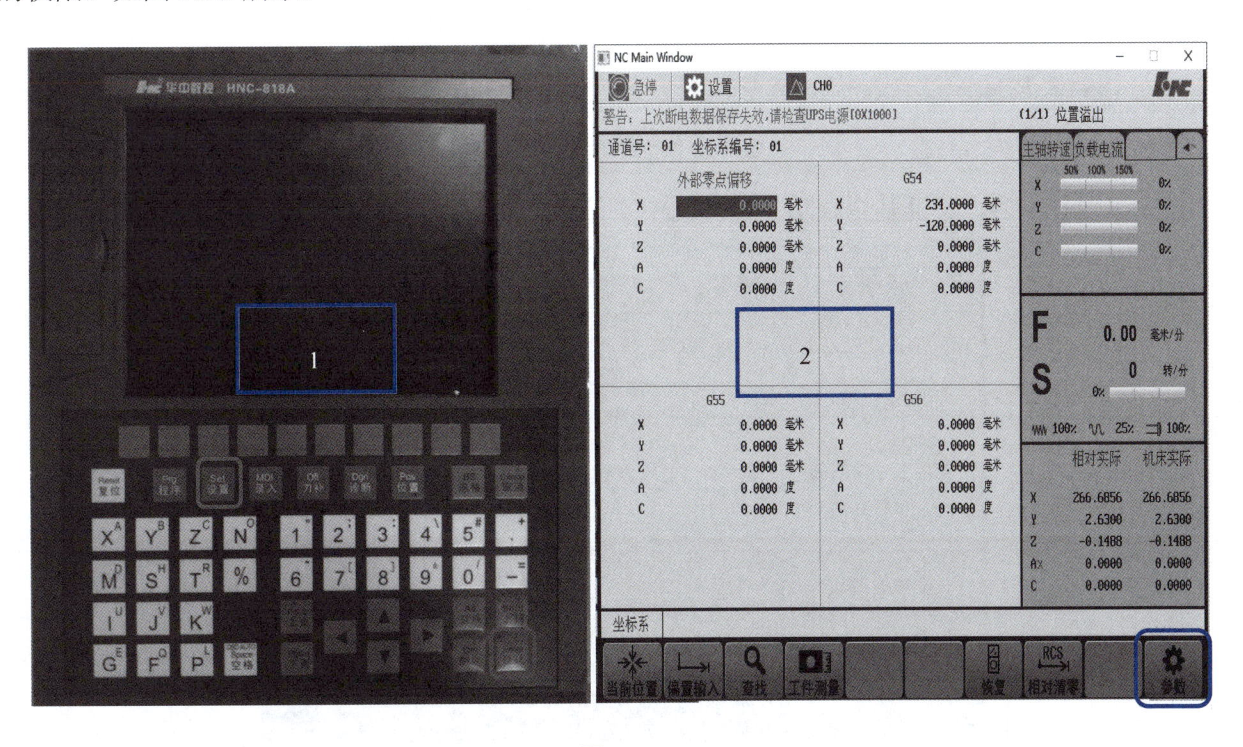


图 3.5.5

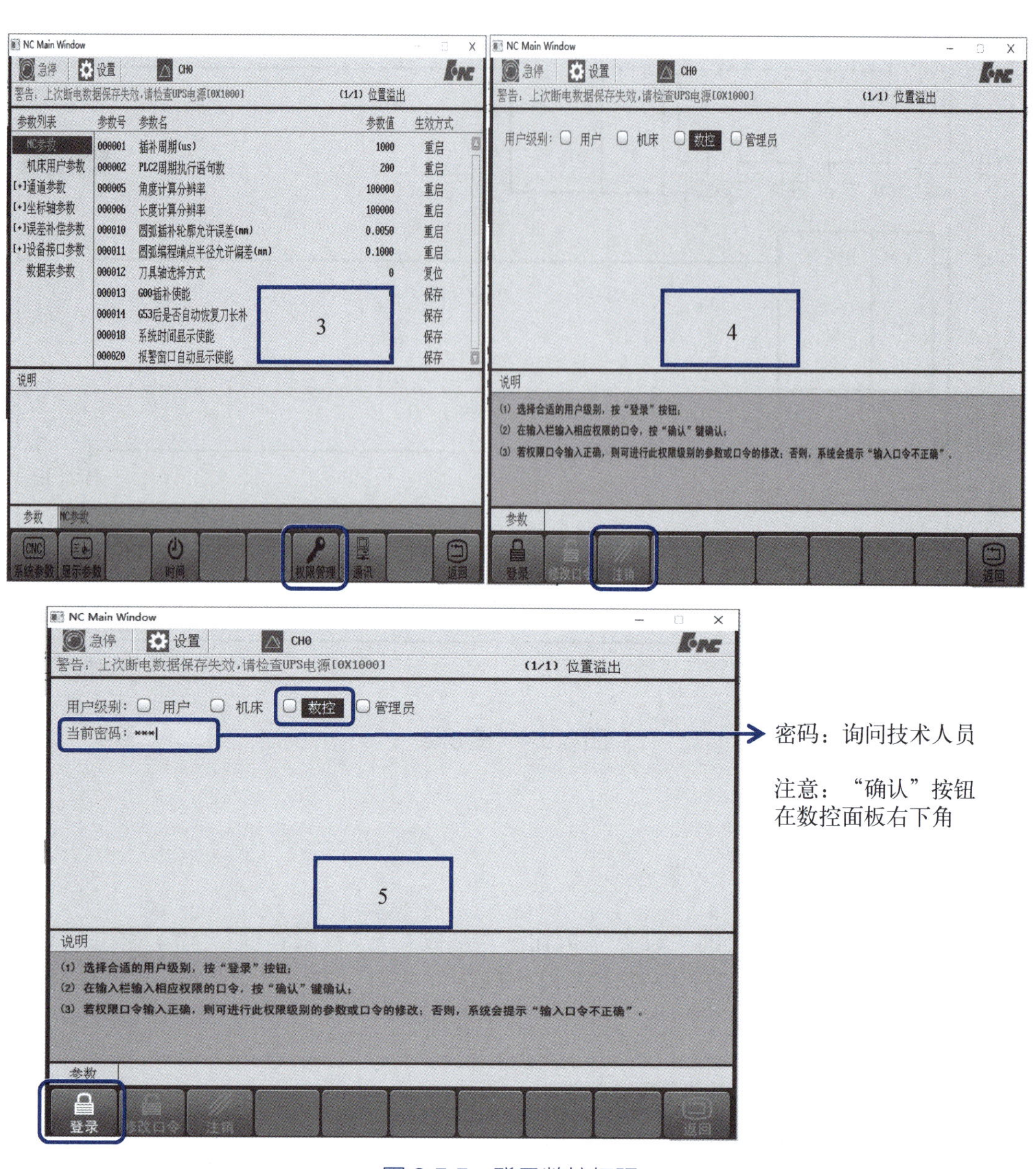


图 3.5.5　登录数控权限

完成权限登录后，验证是否成功：按界面中“诊断”按钮→“梯图诊断”，如图 3.5.6 所示。

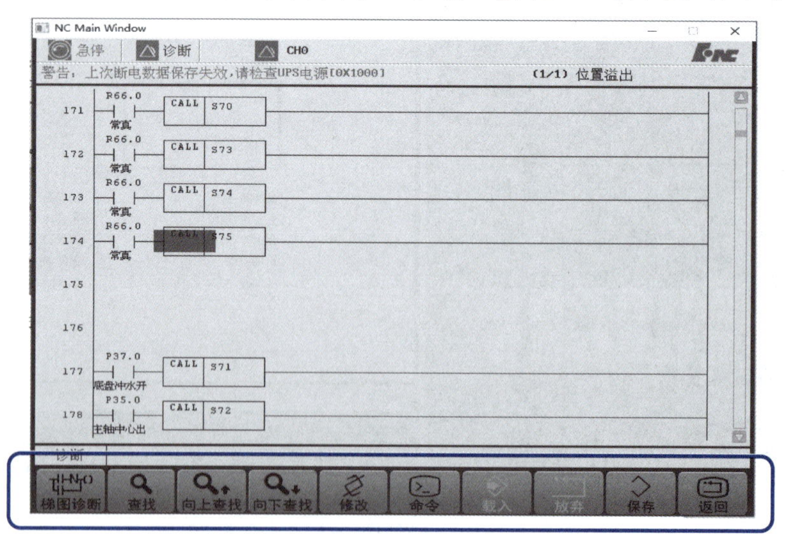

图 3.5.6　验证是否成功

（二）编写程序（CALL、SP、SPE）

在数控系统中，新添加一段 PLC 子程序，实现 M 代码控制气动门开关。需要用到指令：调用子程序 CALL、子程序开始 SP、子程序结束 SPE。

步骤 1：进入数控系统梯形图界面，如图 3.5.7 所示，“诊断”按钮→“梯图监控”。

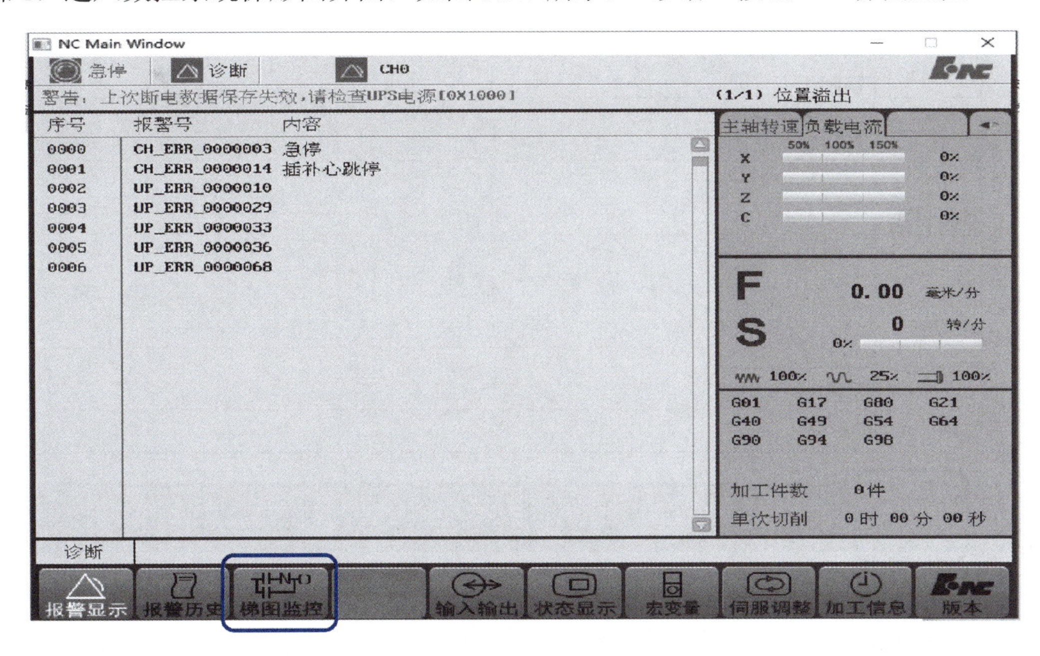


图 3.5.7　数控系统梯形图

步骤 2：新添加的指令——调用子程序 CALL，用于分类和存储气动门开关的 PLC 梯形图。

位置：在 1END 和 2END 之间找到同类型指令位置的下方。

实现操作：进入“命令”界面插入空白行，再返回上一界面，进入“修改”界面添加指令 CALL。如图 3.5.8 所示。

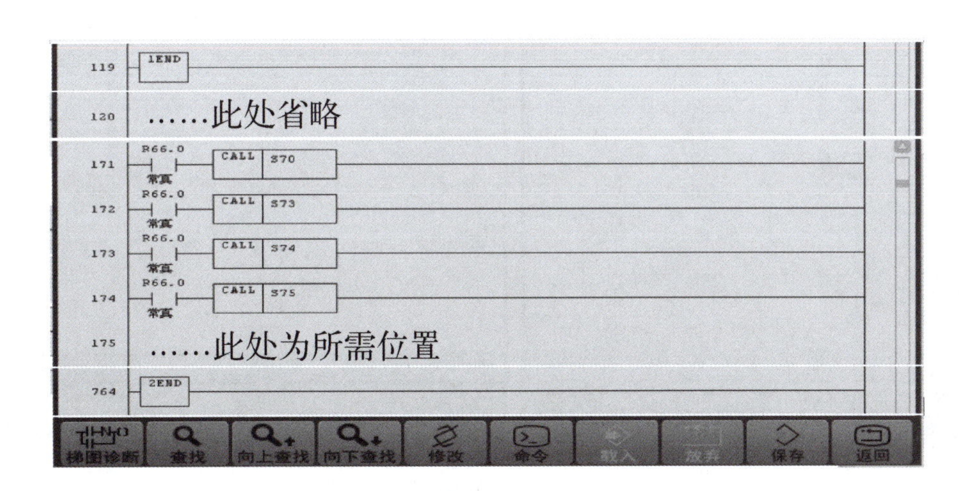


图 3.5.8　添加指令 CALL

方法：

（1）先使用底部的“查找”功能查找“1END”。

（2）然后使用“查找”功能查找“CALL”，再点击向下查找，找到所需位置。如图 3.5.9 所示。

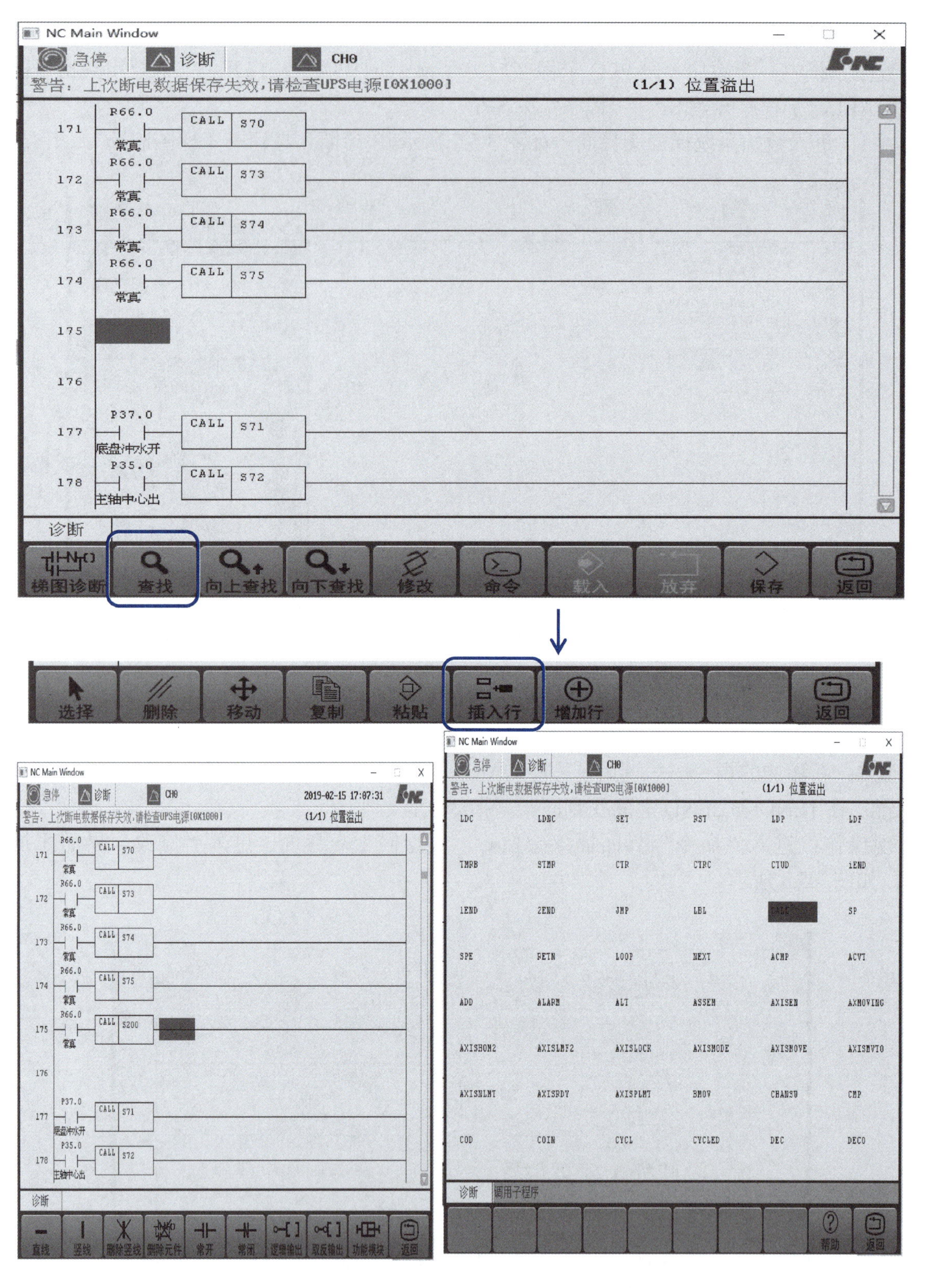


图 3.5.9　查找“CALL”

注意：触点 R66.0 为系统已处理过点位“常真”。

指令 CALL 的 S200 为自定义，不重复即可（最大支持 512 个子程序号）。

步骤 3：找到指令 SP、SPE 添加的位置后添加指令。如图 3.5.10 所示。

定义：CALL 指令作用为主程序调用子程序，SP 指令作用为子程序开始，SPE 作用为子程序结束。注意指令 SP 与 SPE 需成对使用。

位置：梯形图最后的位置或指令“2END”之后的位置。

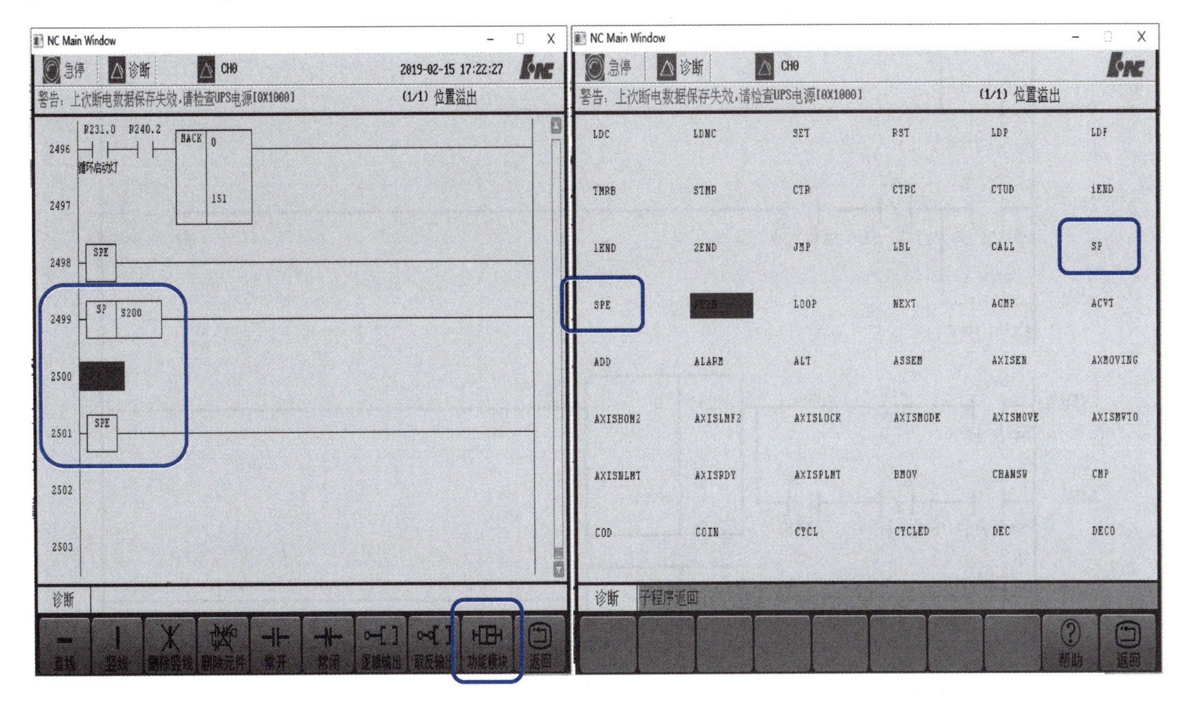


图 3.5.10　添加指令

注意：SP 指令的 S200，需对应 CALL 指令的 S200 常量。若对应不上，即子程序中的 PLC 未被调用，则无法使用。

步骤 4：在 SP 指令与 SPE 指令之间添加 PLC 梯形图。

实现功能：

（1）M110 控制自动门开；

（2）M111 控制自动门关。

信号分配表如表 3.5.3 所示。

表 3.5.3　信号分配表

| M110 | 自动门开（自定义） | X4.4 | 外部输入控制信号 |
|---|---|---|---|
| M111 | 自动门关（自定义） | Y0.3 | 门动作气缸开 |
| R □□□ . □ | 单字节内部寄存器 | Y0.4 | 门动作气缸关 |
| B15 | 断电保持寄存器 | Y483.1 | LED 灯 |

完成示例，如图 3.5.11 所示。

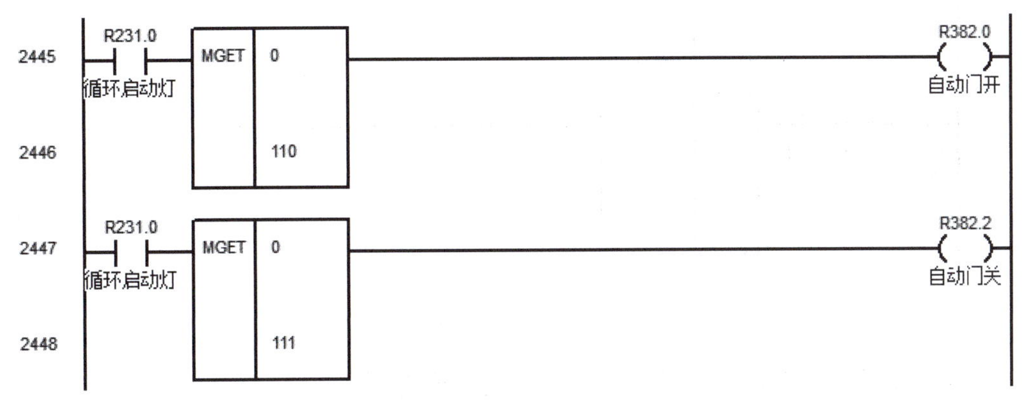


图 3.5.11

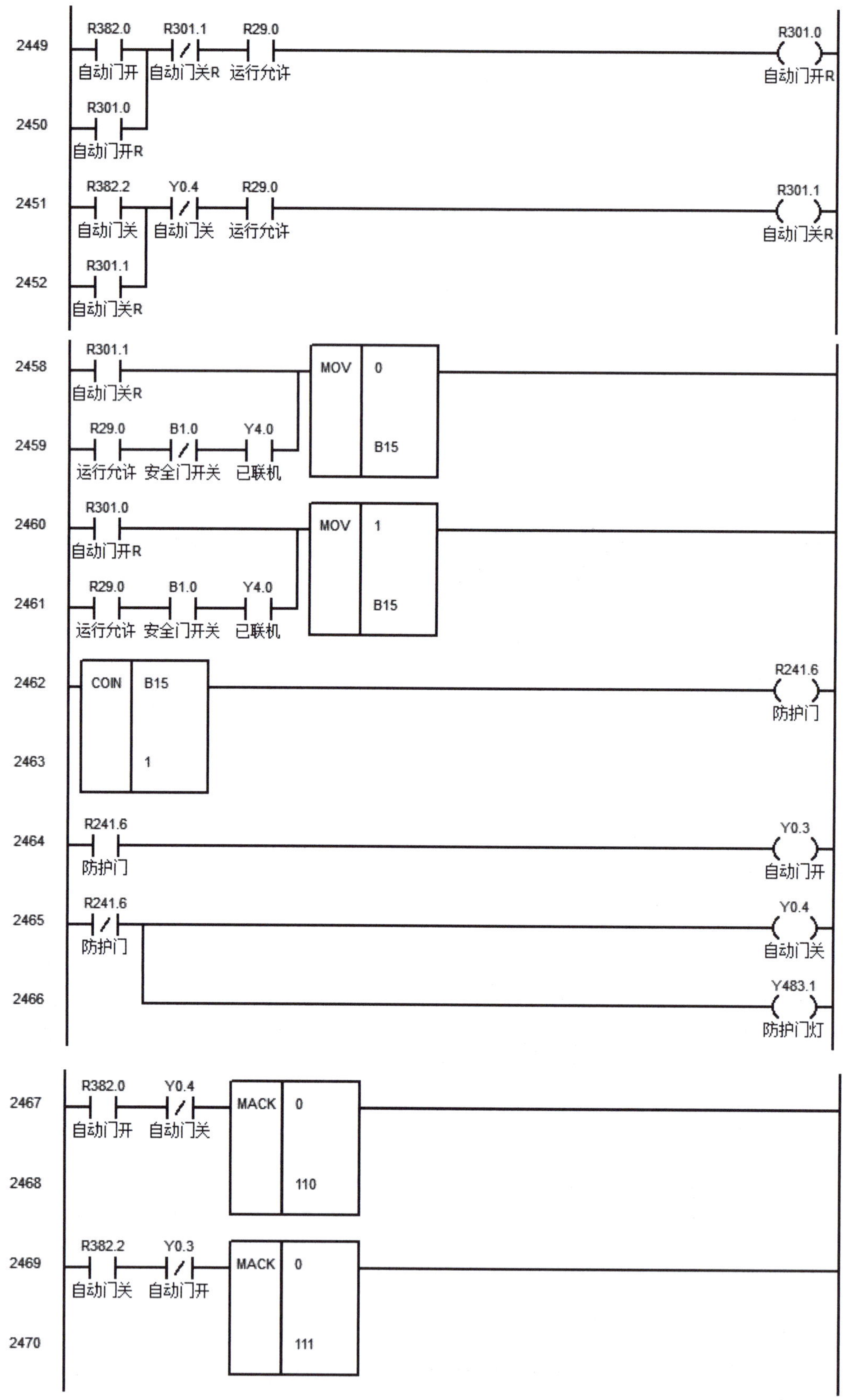

2449 R382.0 自动门开 R301.1 自动门关R R29.0 运行允许 R301.0 自动门开R

2450 R301.0 自动门开R

2451 R382.2 自动门关 Y0.4 自动门关 R29.0 运行允许 R301.1 自动门关R

2452 R301.1 自动门关R

2458 R301.1 自动门关R MOV 0

2459 R29.0 运行允许 B1.0 安全门开关 Y4.0 已联机 B15

2460 R301.0 自动门开R MOV 1

2461 R29.0 运行允许 B1.0 安全门开关 Y4.0 已联机 B15

2462 COIN B15 R241.6 防护门

2463 1

2464 R241.6 防护门 Y0.3 自动门开

2465 R241.6 防护门 Y0.4 自动门关

2466 Y483.1 防护门灯

2467 R382.0 自动门开 Y0.4 自动门关 MACK 0

2468 110

2469 R382.2 自动门关 Y0.3 自动门开 MACK 0

2470 111

图 3.5.11　完成示例

注意：此段程序只供参考，编写过程根据实际情况而定。

编写程序注意事项：

（1）M110 与 M111 使用前需先确定程序中是否有重复，可使用“查找”功能进行确定。

（2）R382.0、R382.2、R301.0、R301.1、B15 信号同理需确定程序中是否已使用过，若使用过，请“查找”到未使用过的寄存器信号，防止程序产生冲突。

（3）Y483.1、Y0.3、Y0.4 需注意是否有“双线圈”情况产生。若有，则会导致信号不动作。使用“查找”功能进行确定。

## 学习评价

通过本任务的深入学习，能够完成总控 PLC 实现外部控制气动门开关、夹具开关程序的编写并验证成功。

## 练习与作业

根据由教材学到的编程方法与知识，完成加工中心开关门及松紧卡盘的 PLC 外部控制。

## 生产任务工单

| 下单日期 | ××/×/× | | 交货日期 | ××/×/× | |
|---|---|---|---|---|---|
| 下单人 | | | 经手人 | | |
| 序号 | 产品名称 | 型号 / 规格 | 数量 | 单位 | 生产要求 |
| 1 | 加工中心开关门外部控制 | 无 | 2 | 个 | 外部控制正常 |
| 2 | 加工中心卡盘松紧外部控制 | 无 | 2 | 个 | 外部控制正常 |
| | | | | | |
| | | | | | |
| 备注 | | | | | |

制单人：________ 审核：________ 生产主管：________

# 学习任务 6　MES 控制五色灯调试

## 学习内容

学习 MES 控制五色灯及其硬件接线（电脑怎么连接到五色灯的），五色灯测试。

## 学习目标

通过本任务的深入学习，能够了解智能制造应用技术平台设备拓扑结构，了解 MES 如何控制五色灯，了解五色灯通信协议，能够进行五色灯相关硬件连接并用 MES 控制五色灯。

## 思维导图

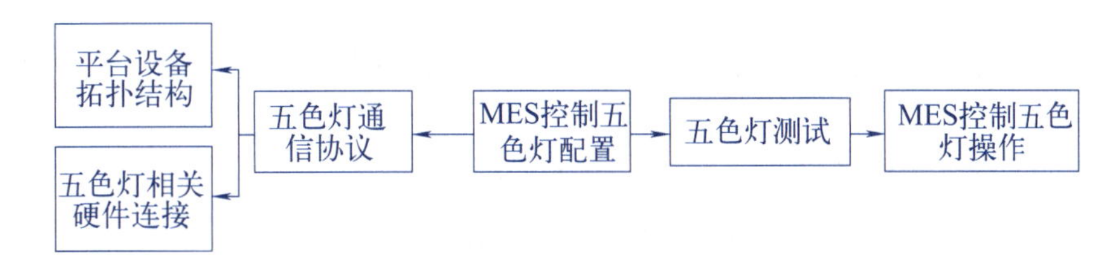


## 任务描述

完成五色灯硬件接线并进行五色灯测试，最后利用 MES 进行五色灯控制。

## 任务分析

### 一、智能制造应用技术平台设备拓扑图

从图 3.6.1 中可以看出 MES 与五色灯是通过 RS485 串口连接的。

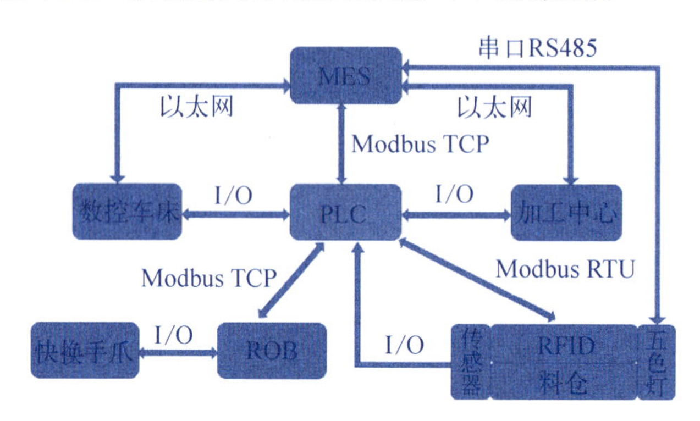


图 3.6.1　MES 与五色灯连接

### 二、MES 对五色灯的控制

打开 MES 进入“设备监视”→数字料仓页面，如图 3.6.2 所示，控制料仓上五色灯的开启和关闭。

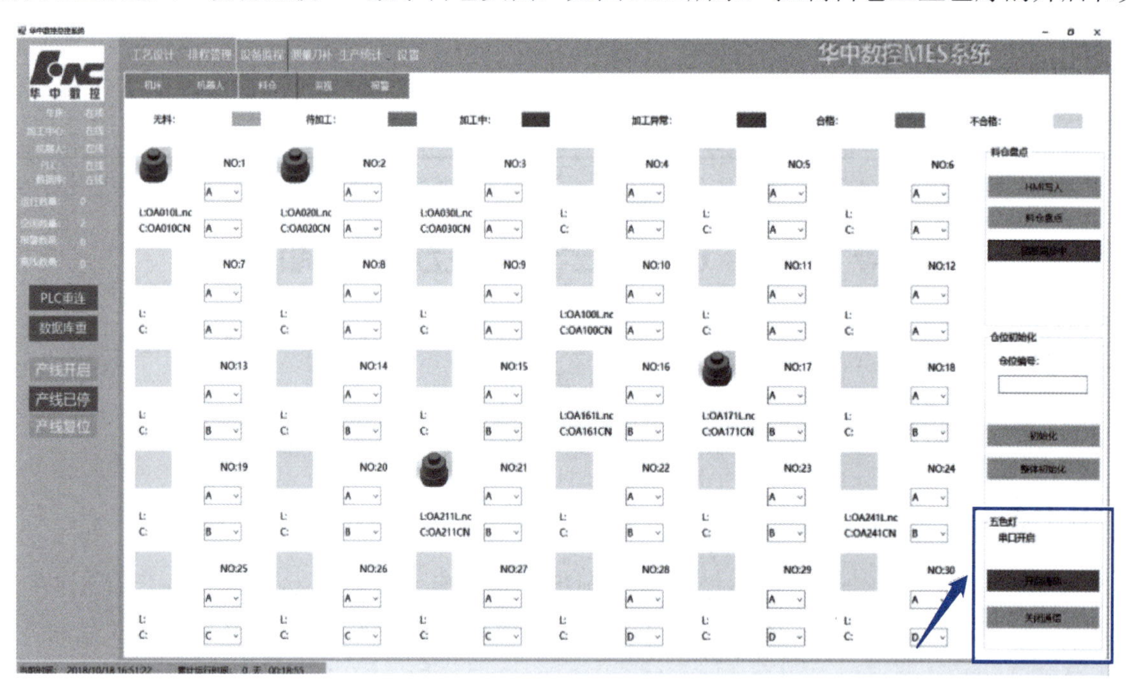


图 3.6.2　数字料仓页面

串口状态：显示五色灯的通信状态，分别为串口关闭、串口开启、串口关闭失败、串口开启失败等状态。

开启通信：单击“开启通信”按钮，开启五色灯通信。

关闭通信：单击“关闭通信”按钮，关闭五色灯通信。

### 三、五色灯通信协议

串口设置如图 3.6.3 所示。

协议内容：帧头（3 字节）+LED 编号（2 字节）+LED 颜色（1 字节）+ 校验码（2 字节）+ 结束码（1 字节）。

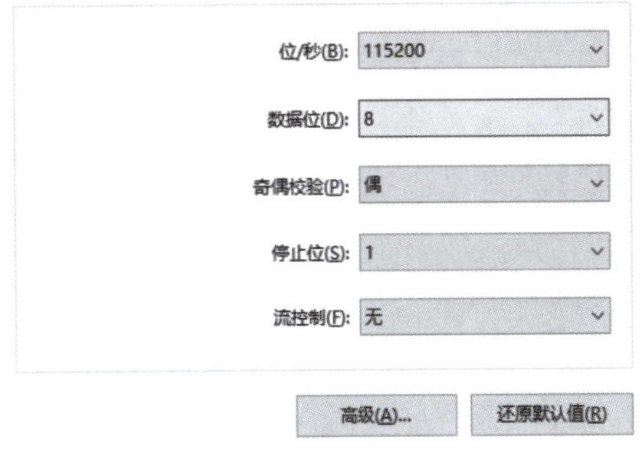

图 3.6.3　串口设置

帧头：01H+10H+03H

LED 编号：00H+01H，表示第二颗 LED 的编号

LED 颜色：01H 表示红色；

02H 表示绿色；

03H 表示黄色；

04H 表示蓝色；

05H 表示紫色；

06H 表示青色；

07H 表示白色。

校验码：随机的 2 个字节。

结束码：0AH。

例如：01 10 03 00 00 03 80 4C 0A 表示点亮第 1 颗灯，为黄灯。

## 任务实施

### 一、硬件连接

根据五色灯相关图纸，通过带有 USB 转 RS485 串口的线缆连接安装有 MES 的电脑与五色灯控制板。

### 二、五色灯测试

（1）根据五色灯相关图纸完成五色灯控制板的线缆连接。

由于控制板没有铜螺柱支撑固定，上电前注意控制板底面不要与金属板接触，防止控制板反面上元器件引脚短路，造成控制板烧坏。

（2）安装 USB 转 RS485 驱动软件，配置虚拟电脑端口串口通信参数。

购买 USB 转 RS485 接口时，包装盒中会同时配套一张光盘，该光盘存储了多个版本的 USB 转 RS485 驱动软件。根据电脑操作系统版本选择一个合适的驱动安装。驱动安装成功后，在电脑的 USB 接口上插入 USB 转 RS485 接口，在电脑的设备管理器中会显示一个端口设备，如图 3.6.4 所示。

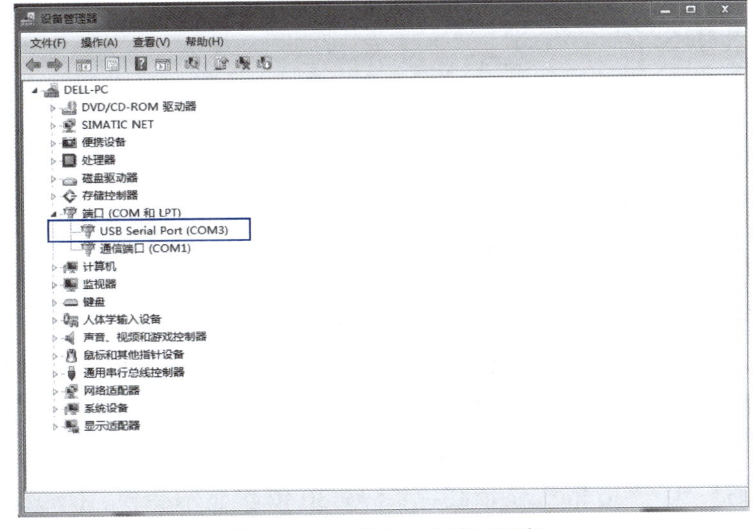

图 3.6.4　显示一个端口设备

设备管理器显示端口后，需要设置该端口COM端口号和通信参数，如图3.6.5所示。

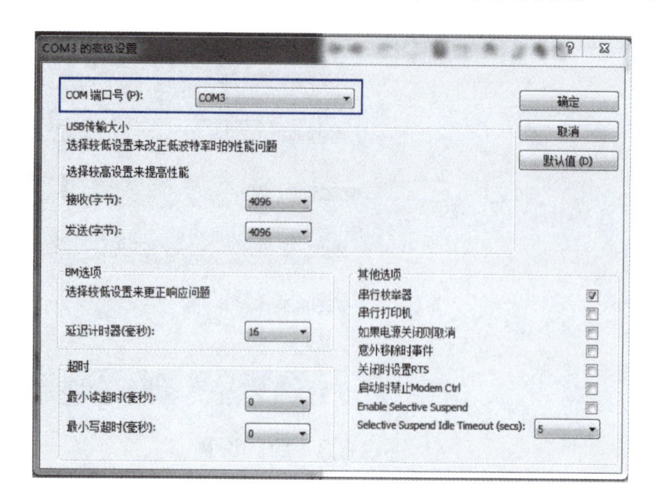


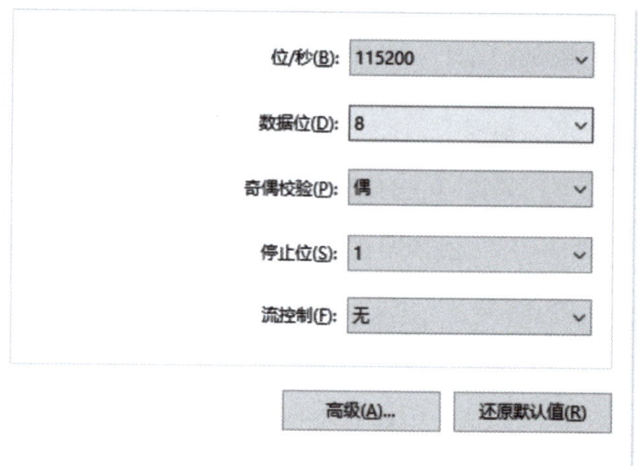


图3.6.5　设置端口COM端口号和通信参数

（3）测试。

图3.6.6所示为测试使用到的软件，sscom51.ini为用户设置文件，请勿删除。

| sscom5.13.1.exe | 2018/4/8 12:57 | 应用程序 | 441 KB |
|---|---|---|---|
| sscom51.ini | 2018/4/8 14:20 | 配置设置 | 7 KB |

图3.6.6　测试使用到的软件

双击sscom5.13.1.exe，测试工具打开，在软件上设置端口号波特率等通信参数。如图3.6.7所示。

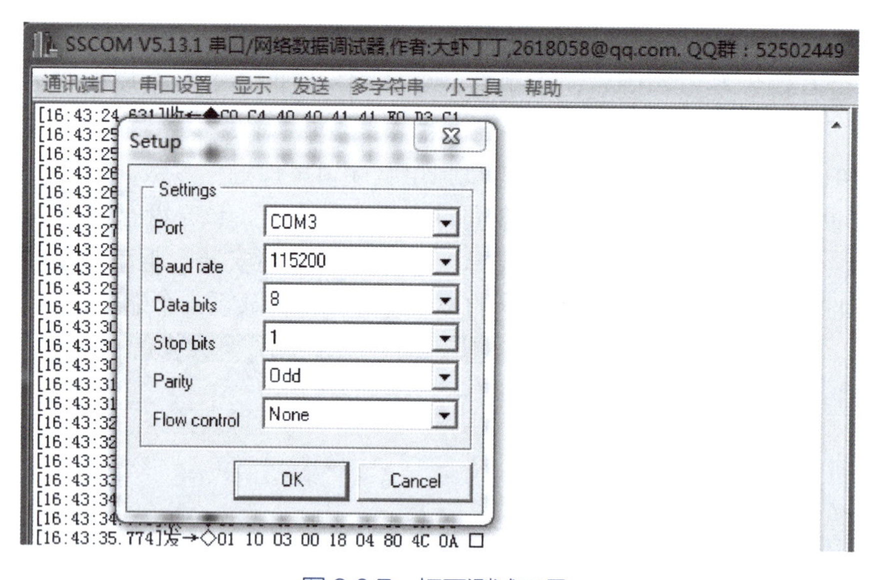


图3.6.7　打开测试工具

设置完成后选择对应的端口号，打开串口，如图3.6.8所示。

单击右下角的“扩展”按钮，扩展界面打开，选择多个字符串发送，显示设置文件sscom51.ini的内容，勾选“循环发送”复选框，配置的多个字符串会逐个发送到五色灯控制板上，五色灯有颜色变化，如图3.6.9所示。关于扩展功能的使用，可以参考工具中的“帮助”。

当前五色灯显示是：1～30依次显示红色；1～30依次显示绿色；1～30依次显示蓝色。检查每个灯的颜色变化是否正常。

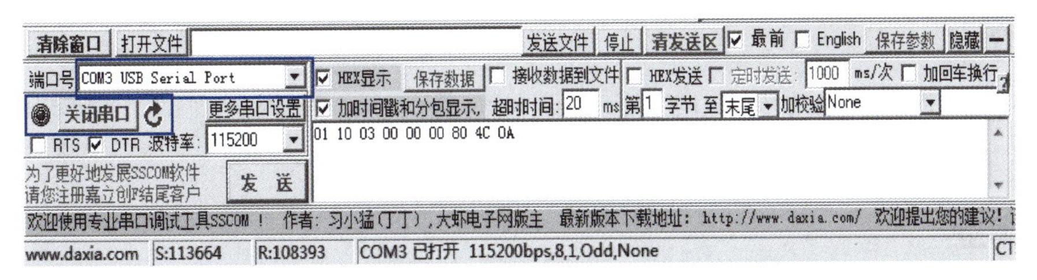


图 3.6.8　打开串口

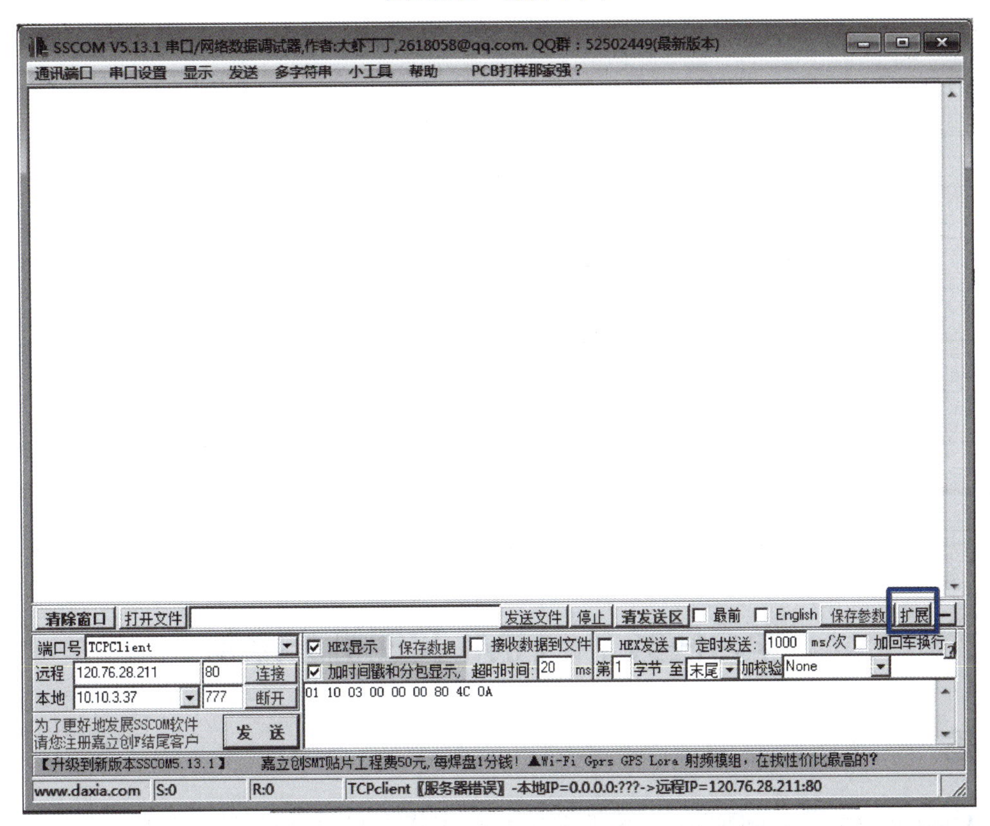


自定义多条数据串帮助:
1.勾选HEX表示这是一个16进制数据串,书写方式如"13 00 FF"表示三个字节.
2.字符串输入框里输入的是您要发送到串口的数据.
3.双击字符串输入框,可以输入该字符串的注释,注释将显示在发送按钮上.
4.点击发送按钮,将立即发送该数据串.
5.勾选自动循环发送,数据将自动按顺序号的大小,从小到达依次发送各条目.
6.顺序号为0的条目不会被发送,序号如相同,由前至后发送.
7.自动循环时,发送某条目后,将延时自定义的延时时间,再发送下一条数据.
8.主面板上的加回车换行和末尾加校验对多条发送也有效.
9.拖动分割线,可以改变字符串输入框的宽度.
10.点+/-按钮,可以改变发送按钮的宽度.
11.点"导入ini"可以将你之前保存或下载的ini文件导入进来.

▲注意:由于最新版本支持了注释和内容都可以保存逗号,新保存协议可能将您原先保存的逗号冲掉并截断数据,因此需要您重新输入一遍这些带逗号的数据,很抱歉!

图 3.6.9　发送字符串

## 学习评价

通过本任务的深入学习，能够完成五色灯硬件接线并进行五色灯测试，然后利用 MES 进行五色灯控制。

## 练习与作业

根据由教材学到的编程方法与知识，完成 MES 控制五色灯。

## 生产任务工单

| 下单日期 | ××/×/× | | 交货日期 | | ××/×/× |
|---|---|---|---|---|---|
| 下单人 | | | 经手人 | | |
| 序号 | 产品名称 | 型号 / 规格 | 数量 | 单位 | 生产要求 |
| 1 | MES 控制五色灯 | 仓位 | 30 | 个 | 30 个五色灯各种状态显示 |
| | | | | | |
| | | | | | |
| | | | | | |
| 备注 | | | | | |

制单人：________ 审核：________ 生产主管：________

# 学习任务 7　HMI 实现机床控制

## 学习内容

HMI（human machine interface，人机接口）是操作人员与底层设备之间交互的接口，在特定的生产线区域与相对应的设备之间建立连接，可以实现现场操作、数据存储、状态监视、报警、变量归档、报表打印等功能。本平台采用的触摸屏型号为西门子 TP700 Comfort 精智面板，订货号为 6AV2 124-0GC01-0AX0，主要实现可视化过程以及各单元运行状态的监控和操作。由于系统的数据和工艺流程都是由 MES 进行下发和调配，由 PLC 对机床、机器人进行信息采集和命令下发，所以对 PLC 的数据监控和操作显得尤为重要。实际上，对 PLC 的操作和监视都是依靠 HMI 来实现的，其辅助操作人员进行调试与监控。

## 学习目标

通过本任务的深入学习，能够了解 HMI 画面制作过程，掌握 HMI 与 PLC 的组态过程，掌握 HMI 变量与 PLC 变量的关联，能创建简单的 PLC 控制车床门开关程序和制作 HMI 画面。

## 思维导图

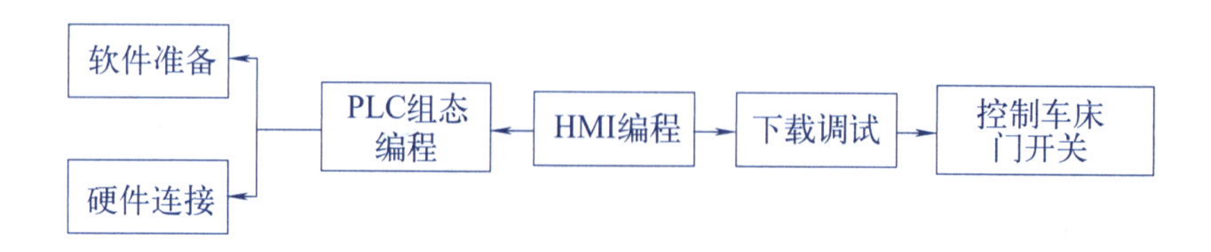

## 任务描述

以 HMI 外部控制车床门开关为例，介绍由 HMI 实现机床控制。卡盘控制、吹气控制等机床控制的原理与 HMI 外部控制车床门开关类似。

完成 PLC 与 HMI 设备组态，编写 PLC 控制车床门开关程序，制作 HMI 画面，关联 PLC 变量与 HMI 变量，编译下载程序到设备，实现 HMI 外部控制车床门开关。

## 任务分析

总控 PLC 为西门子 S7-1200 系列，PLC 与数控机床采用 I/O 通信系统通信，如图 3.7.1 所示。

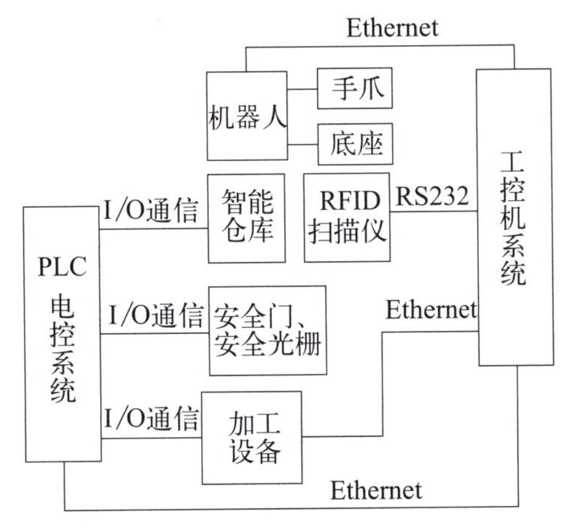


图 3.7.1　总控 PLC

总控 PLC 部分输出与对应的车床输入见表 3.7.1。

表 3.7.1　总控 PLC 部分输出与对应的车床输入

| PLC 端部分输出 | | | | 对应的车床端输入 | |
|---|---|---|---|---|---|
| 车床联机请求信号 | I/O 端口 | BOOL | %Q2.0 | X6.0 | 车床联机请求 |
| 车床启动信号 | I/O 端口 | BOOL | %Q2.1 | X6.1 | 车床启动信号 |
| 车床响应信号 | I/O 端口 | BOOL | %Q2.2 | X6.2 | 车床响应信号 |
| 机器人紧停 | I/O 端口 | BOOL | %Q2.3 | X6.3 | 请求开始 |
| 车床安全门打开 | I/O 端口 | BOOL | %Q2.4 | X6.4 | 车床门控制 |
| 车床卡盘控制信号 | I/O 端口 | BOOL | %Q2.5 | X6.5 | 车床卡盘控制信号 |
| 车床暂停 | I/O 端口 | BOOL | %Q2.6 | X6.6 | 车床暂停信号 |
| 车床吹气 | I/O 端口 | BOOL | %Q2.7 | X6.7 | 换料请求 |

车床部分输出对应的总控 PLC 输入见表 3.7.2。

表 3.7.2　车床部分输出对应的总控 PLC 输入

| PLC 端部分输入 | | | | 对应的车床端输出 | |
|---|---|---|---|---|---|
| 车床已联机 | I/O 端口 | BOOL | %I2.0 | Y4.0 | 车床已联机 |
| 车床卡盘有工件 | I/O 端口 | BOOL | %I2.1 | Y4.1 | 车床卡盘有工件 |
| 车床在原点 | I/O 端口 | BOOL | %I2.2 | Y4.2 | 车床在原点 |
| 车床运行中 | I/O 端口 | BOOL | %I2.3 | Y4.3 | 车床运行中 |
| 车床加工完成 | I/O 端口 | BOOL | %I2.4 | Y4.4 | 车床加工完成 |
| 车床报警 | I/O 端口 | BOOL | %I2.5 | Y4.5 | 车床报警 |
| 车床卡盘松开状态 | I/O 端口 | BOOL | %I2.6 | Y4.6 | 车床卡盘松开状 |
| 车床卡盘夹紧状态 | I/O 端口 | BOOL | %I2.7 | Y4.7 | 车床卡盘夹紧状 |

上表中 PLC 输出的为命令，对应的为机床输入；机床输出的为机床的状态，对应的为 PLC 输入。

## 任务实施

### 实现 HMI 外部控制车床门开关

#### （一）创建项目，并编写车床门开关 PLC 控制程序

车床门开关 PLC 控制程序如图 3.7.2 所示，编译下载到 PLC 设备。方法在前面相关知识中有详细描述。

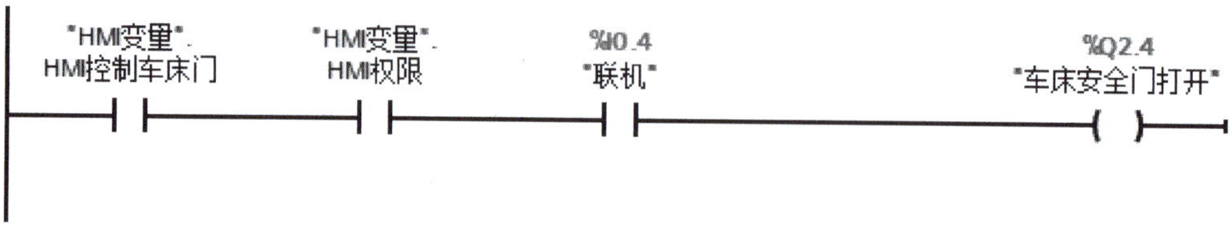

"HMI变量".
HMI控制车床门
"HMI变量".
HMI权限
%I0.4
"联机"
%Q2.4
"车床安全门打开"

图 3.7.2　车床门开关 PLC 控制程序

#### （二）HMI 与 PLC 组态（图 3.7.3）

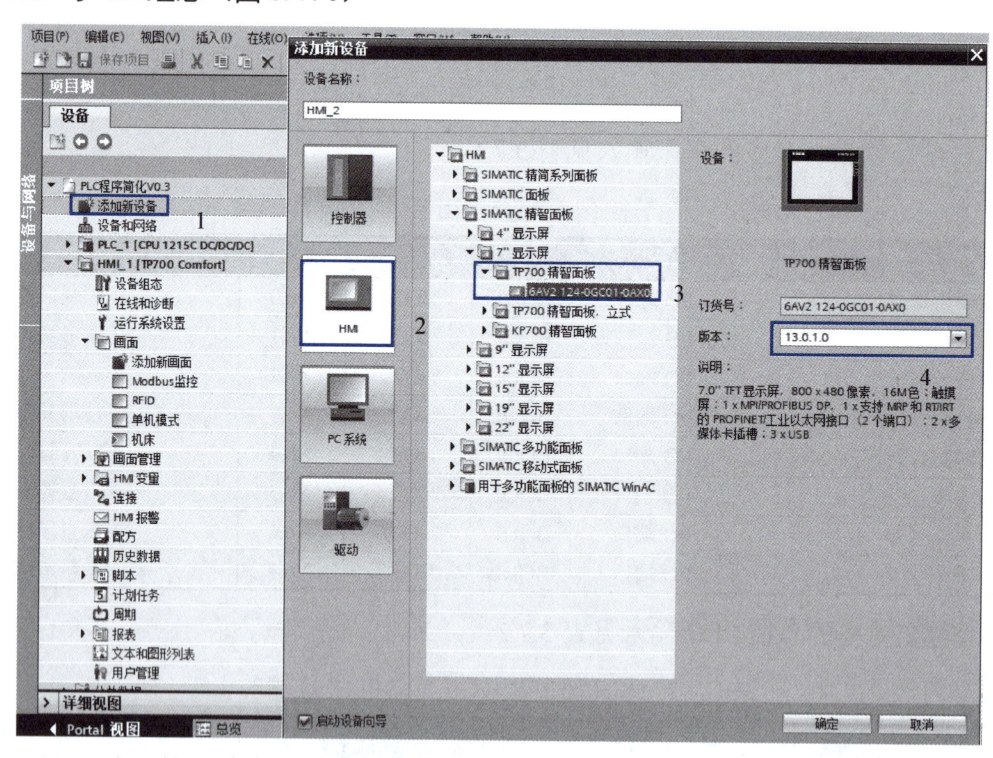


图 3.7.3　HMI 与 PLC 组态

在巡视视图中添加 HMI，订货号、版本如表 3.7.3 所示。

表 3.7.3　订货号、版本

| 模块 | 类型 | 订货号 | 版本 |
| --- | --- | --- | --- |
| HMI_RT_1 | TP700 Comfort | 6AV2 124-0GC01-0AX0 | 13.0.1.0 |

单击“添加”后，弹出“HMI 设备向导”界面，可配置 HMI 参数，组态 PLC，如图 3.7.4 所示。

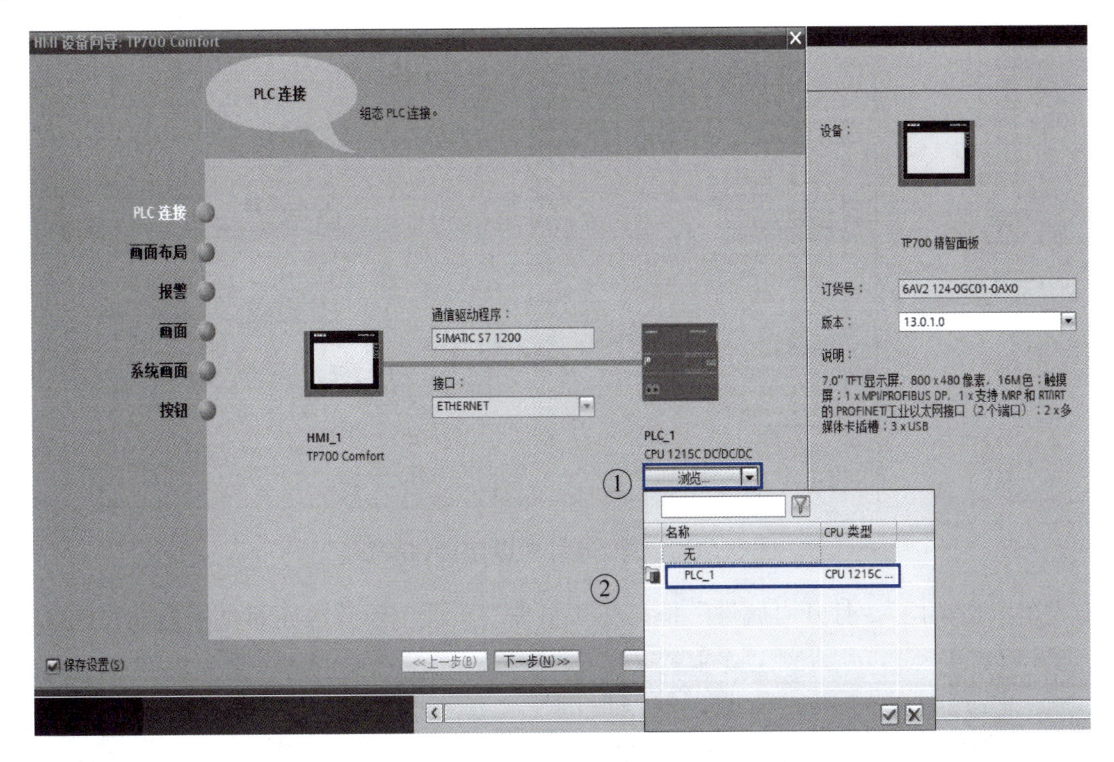


图 3.7.4　HMI 设备向导界面

## （三）HMI 画面制作

在“根画面”下单击工具库，找到开关元素，拖动到画面中完成添加，如图 3.7.5 所示。

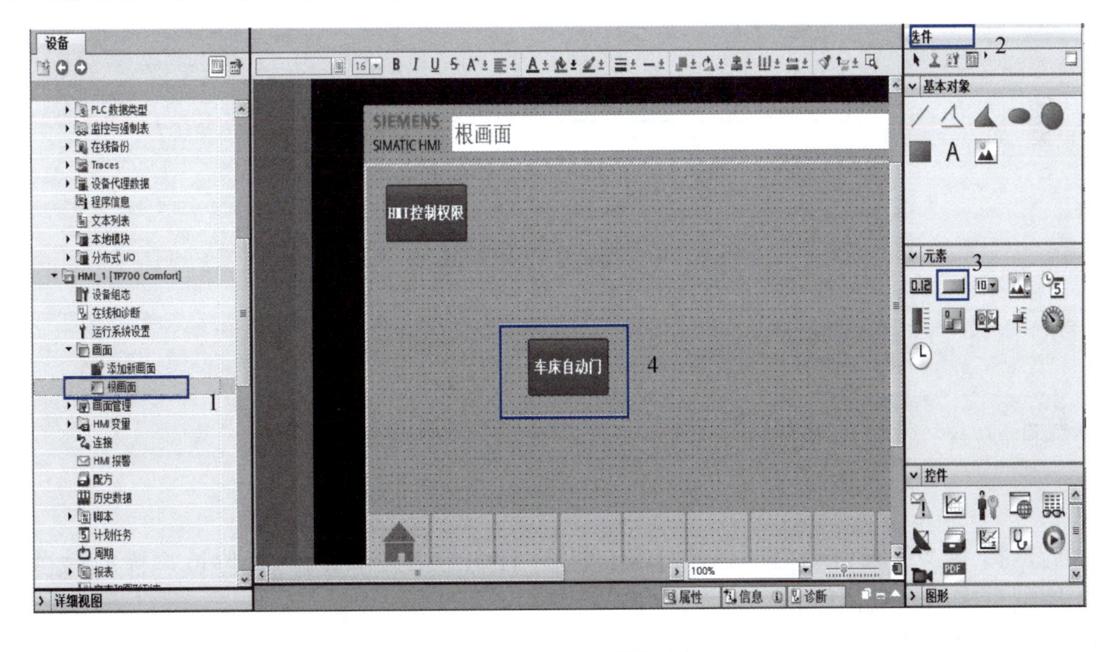


图 3.7.5　HMI 画面制作

## （四）关联 PLC 变量与 HMI 变量

方法见图 3.7.6。

第三篇　互联互通篇

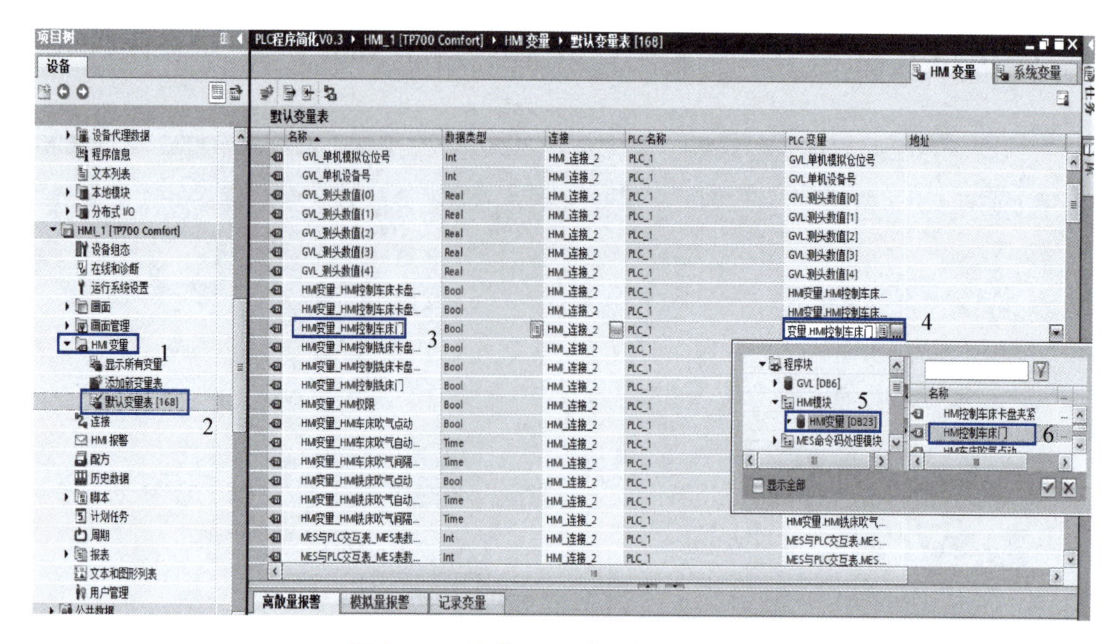


图 3.7.6　关联 PLC 变量与 HMI 变量

右击“车床自动门”，打开“属性”框，在“事件”页面中设置按钮事件。方法见图 3.7.7。

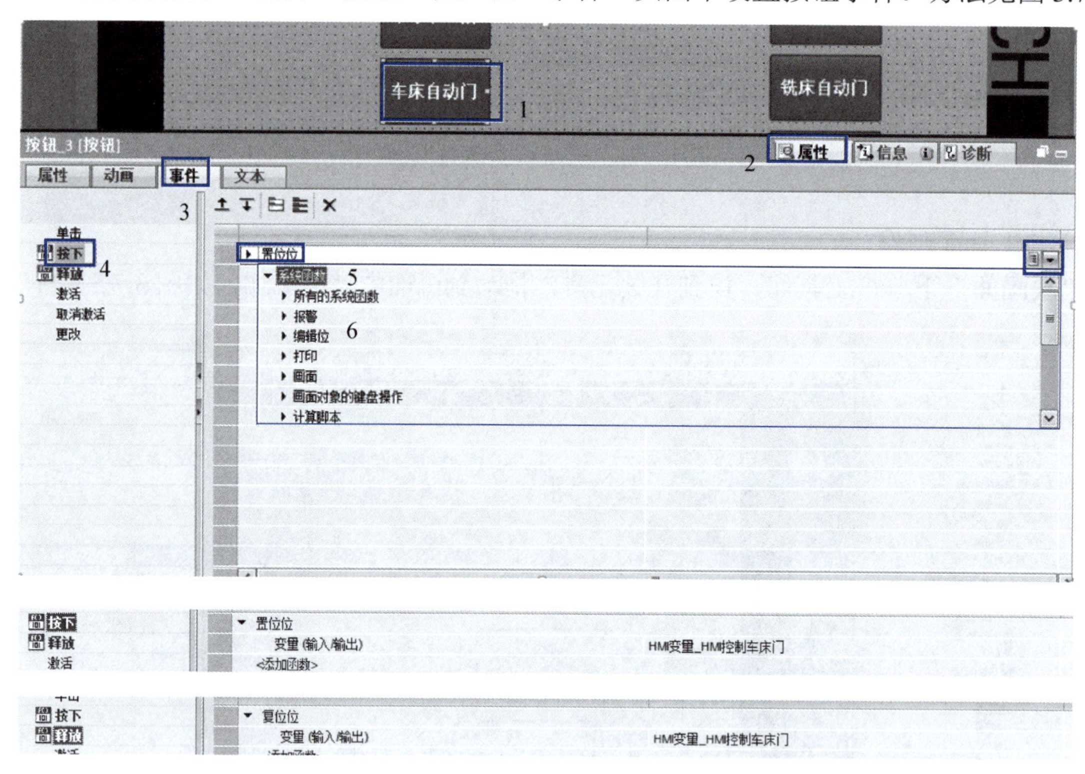


图 3.7.7　设置按钮事件

设置后，按下“车床自动门”后，“HMI 变量 _HMI 控制车床门”置位位，释放后“HMI 变量 _HMI 控制车床门”复位位。

### （五）编译下载到设备

完成制作画面后，编译程序及画面，没有错误后下载到设备。

### （六）测试功能

打开 HMI 权限而且使 HMI 处于联机状态，当按下“车床自动门”时，车床门打开，再次按下“车床自动门”时，车床门关闭。

## 学习评价

通过本任务的深入学习，能够完成通过 HMI 实现外部控制车床门开关的 PLC 程序、HMI 程序的编写并验证成功。

## 练习与作业

根据由教材学到的编程方法与知识，完成车床门开关及卡盘松紧的 HMI 外部控制。

## 生产任务工单

| 下单日期 | ××/×/× | | 交货日期 | | ××/×/× |
|---|---|---|---|---|---|
| 下单人 | | | 经手人 | | |
| 序号 | 产品名称 | 型号 / 规格 | 数量 | 单位 | 生产要求 |
| 1 | 车床门开关外部控制 | 无 | 1 | 个 | 外部控制正常 |
| 2 | 车床卡盘松紧外部控制 | 无 | 1 | 个 | 外部控制正常 |
| | | | | | |
| | | | | | |
| 备注 | | | | | |
| 制单人：______ | | 审核：______ | | 生产主管：______ | |

# 学习任务 8　RFID 电子标签系统的组成及数据处理、信息读写

## 学习内容

射频识别（RFID）是一种无线通信技术。从概念上来讲，RFID 类似于条码扫描，对于条码技术而言，它是将已编码的条形码附着于目标物，通过专用的扫描读写器的光信号将信息由条形码传送到扫描读写器；而 RFID 技术则使用专用的 RFID 读写器及专门的可附着于目标物的 RFID 标签，利用频率信号将信息由 RFID 标签传送至 RFID 读写器。

## 学习目标

通过本任务的深入学习，能够了解 RFID 技术的概念和基本组成，完成 RFID 数据处理、信息读写 PLC 程序的编写。

## 思维导图

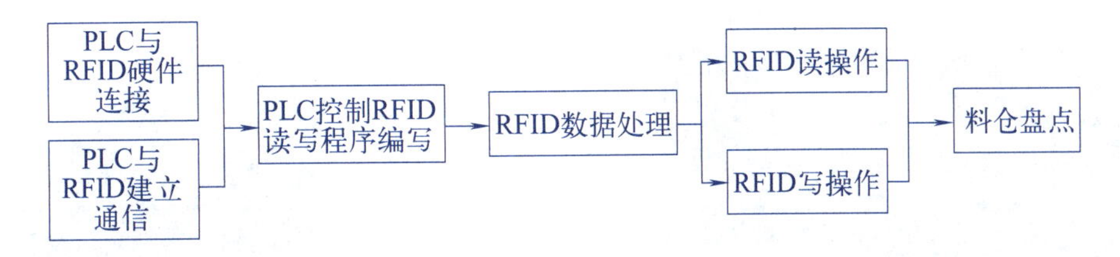


## 任务描述

了解 RFID 技术的概念和基本组成，掌握 RFID 工件初始化方法，完成 RFID 数据处理、信息读写 PLC 程序的编写。

生料（毛坯件）的初始化：根据产线任务要求，将生料进行初始化，并放入智能料仓的指定区域，然后机器人根据对应的订单取对应仓位的毛坯。

生料信息的读取：RFID 读写头安装在工业机器人夹具上，加工前对毛坯进行 RFID 读操作。此时，总控单元将记录该生料的信息，如工件种类（生料）、编号等。机器人更换手爪，抓取生料放入数控机床进行加工。

工件信息写入：工件加工结束，进行在线测量，测量结果传至总控单元。然后，机器人根据对应的订单取对应的加工完的半成品或成品回料仓并进行 RFID 写操作，将工件信息（成品或半成品等）写入电子标签。

## 任务分析

### 一、RFID 基本组成

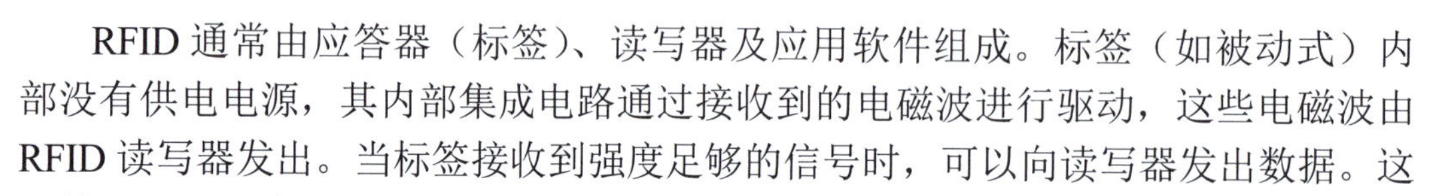

RFID 通常由应答器（标签）、读写器及应用软件组成。标签（如被动式）内部没有供电电源，其内部集成电路通过接收到的电磁波进行驱动，这些电磁波由 RFID 读写器发出。当标签接收到强度足够的信号时，可以向读写器发出数据。这些数据不仅包括 ID 号（全球唯一标示 ID），还可以包括预先存于标签内 EEPROM 中的数据。

料仓 RFID 如何初始化

RFID 系统由标签、阅读器、控制器、天线、通信设施等组成。

#### （一）标签

标签（tag）由耦合元件及芯片组成，每个标签具有唯一的电子编码，附着在物体上标识目标对象，如图 3.8.1 与图 3.8.2 所示。

图 3.8.1　电子标签

图 3.8.2　RFID 高频电子标签

#### （二）阅读器

阅读器（reader）是用于读取（有时还可以写入，所以可称读写器）标签信息的设备，可设计为手持式或固定式，如图 3.8.3 与图 3.8.4 所示。

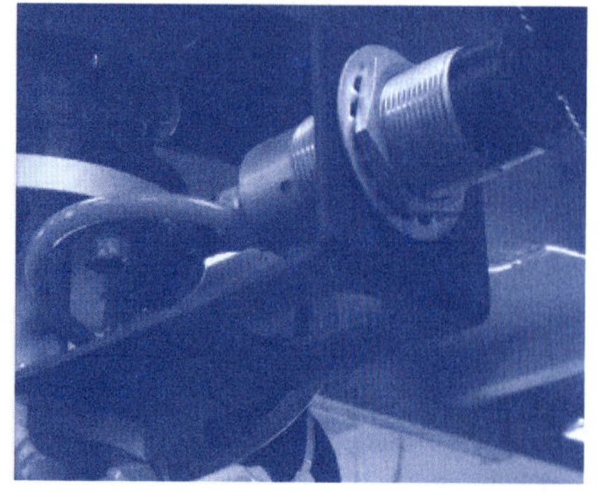

图 3.8.3　RFID 读写头

图 3.8.4　RFID 手持机

### （三）控制器

控制器是读写器芯片有序工作的指挥中心，主要功能是与应用系统软件进行通信；其最重要的作用是执行对读写器芯片的控制操作。

### （四）天线

天线是一种接收或发射电磁波形式的前端射频信号的设备，是电路与空间的界面器件，用来实现导行波与自由空间波能量的转化。在 RFID 系统中，天线分为电子标签天线和读写器天线两大类，分别起到接收信号和发射信号的作用。

### （五）通信设施

通信设施为 RFID 系统提供安全的通信连接，是 RFID 系统的重要组成部分。通信设施包括有线网络或无线网络、读写器或控制器与计算机连接的串行通信接口。无线网络可以是个域网（PAN）（如蓝牙技术）、局域网（如 802.11x、Wi-Fi），也可以是广域网（如 GPRS、3G）或卫星通信网络（如同步轨道卫星 L 波段的 RFID 系统）。

许多行业都应用了射频识别技术。例如，将标签附着在一辆正在生产的汽车上，就可以方便地追踪此车在产线上的生产进度。

## 二、机器人与总控 PLC 通信变量表

机器人与总控 PLC 通信变量见表 3.8.1。

表 3.8.1　机器人与总控 PLC 通信变量表

| | PLC Modbus 通信地址 | 机器人内部地址 | 功能 | 变量类型 | 定义功能 | 值说明 | 地址 |
|---|---|---|---|---|---|---|---|
| 机器人发给总控 PLC | 30001 | 30001 | 写 | INT | J1 轴实时坐标值 | （系统数据）J1 轴实时坐标值 | DBW0 |
| | 30002 | 30002 | 写 | INT | J2 轴实时坐标值 | （系统数据）J2 轴实时坐标值 | DBW2 |
| | 30003 | 30003 | 写 | INT | J3 轴实时坐标值 | （系统数据）J3 轴实时坐标值 | DBW4 |
| | 30004 | 30004 | 写 | INT | J4 轴实时坐标值 | （系统数据）J4 轴实时坐标值 | DBW6 |
| | 30005 | 30005 | 写 | INT | J5 轴实时坐标值 | （系统数据）J5 轴实时坐标值 | DBW8 |
| | 30006 | 30006 | 写 | INT | J6 轴实时坐标值 | （系统数据）J6 轴实时坐标值 | DBW10 |
| | 30007 | 30007 | 写 | INT | E1 轴实时坐标值 | （系统数据）E1 轴实时坐标值 | DBW12 |
| | 30008 | 30008 | 写 | INT | 机器人状态 | （系统数据）机器人状态 | DBW14 |
| | 30009 | 30009 | 写 | INT | 机器人 HOME 位（第 2 参考点）确认 | （系统数据）机器人 HOME 位 | DBW16 |
| | 30010 | 30010 | 写 | INT | 机器人模式 | （系统数据）机器人模式 | DBW18 |
| | 30011 | 30011 | 写 | INT | 机器人运行状态忙/空闲 | R[90]　0：空闲　1：忙 | DBW20 |
| | 30012 | 30012 | 写 | INT | 取料位置响应 | R[11] | DBW22 |
| | 30013 | 30013 | 写 | INT | 下料位置响应 | R[12] | DBW24 |
| | 30014 | 30014 | 写 | INT | 设备号响应 | R[13] | DBW26 |
| | 30015 | 30015 | 写 | INT | RFID 位置 | R[14] | DBW28 |
| | 30016 | 30016 | 写 | INT | | R[24]　1：读 RFID　2：写 RFID　3：车床卡盘松开　4：车床卡盘加紧　5：铣床夹具夹紧　6：铣床夹具松开　7：机床启动　8：报警　9：RFID 完成　11：车床下料完成　12：车床取料完成　13：CNC 下料完成　14：CNC 取料完成　15：料仓放料完成　16：料仓取料安全联锁开启　17：料仓放料安全联锁开启　18：取夹爪安全联锁开启　19：放夹爪安全联锁开启　20：料仓安全联锁关闭 | DBW30 |

续表

|  | PLC Modbus 通信地址 | 机器人内部地址 | 功能 | 变量类型 | 定义功能 | 值说明 | 地址 |
|---|---|---|---|---|---|---|---|
| 总控PLC发给机器人 | 40001 | 40001 | 读 | INT | 取料位 | R[15] | DBW32 |
|  | 40002 | 40002 | 读 | INT | 放料位 | R[16] | DBW34 |
|  | 40003 | 40003 | 读 | INT | 设备号 | R[17] 1：车床 2：CNC | DBW36 |
|  | 40004 | 40004 | 读 | INT | RFID 读写完成 | R[18] | DBW38 |
|  | 40005 | 40005 | 读 | INT | 车床安全门 | R[19] 0：打开 1：关闭 | DBW40 |
|  | 40006 | 40006 | 读 | INT | 加工中心安全门 | R[20] 0：打开 1：关闭 | DBW42 |
|  | 40007 | 40007 | 读 | INT | 手爪类型 | R[21] | DBW44 |
|  | 40008 | 40008 | 读 | INT |  | R[22] | DBW46 |
|  | 40009 | 40009 | 读 | INT | RFID 开始读写 | R[23] | DBW48 |
|  | 40010 | 40010 | 读 | INT | 确认信号 | R[25] | DBW50 |
|  | 40011 | 40011 | 读 | INT | 车床卡盘信号 | R[26] 0：打开 1：夹紧 | DBW52 |
|  | 40012 | 40012 | 读 | INT | CNC 卡盘信号 | R[27] 0：打开 1：夹紧 | DBW54 |
|  | 40013 | 40013 | 读 | INT |  | R[28] | DBW56 |
|  | 40014 | 40014 | 读 | INT |  | R[29] | DBW58 |
|  | 40015 | 40015 | 读 | INT | HMI 信号 | R[31] 1：HMI 发出的指令（不执行机床启动） | DBW60 |
|  | 40016 | 40016 | 读 | INT | 机器人运行功能 | （自动模式）3：暂停程序 4：启动程序 | DBW62 |

## 三、PLC 与 MES 地址表

PLC 与 MES 地址见表 3.8.2。

表 3.8.2 PLC 与 MES 地址表

<table>
<tr><th colspan="5">MES 发给 PLC 的指令地址</th></tr>
<tr><th>地址</th><th>方向</th><th>名字</th><th>数值</th><th>备注</th></tr>
<tr><td rowspan="7">D001</td><td rowspan="7">MES → PLC</td><td rowspan="7">命令码</td><td>98 启动系统</td><td rowspan="7">PLC 收到 103 命令时，把 MES 的 RFID 状态区的信息写给 PLC 并由 PLC 将料仓信息写入相应的 RID 芯片内，写完后给 MES 发送 103 命令；MES 发送 104 命令时，MES 清除 MES 内部的料仓信息，PLC 读取 HMI 设置的仓位信息并写入 RFID 芯片内，完成后给 MES 发送 104 命令通知 MES，MES 获取 HMI 信息并刷新 MES 的料仓</td></tr>
<tr><td>99 停止系统</td></tr>
<tr><td>100 启动设备</td></tr>
<tr><td>102 加工调度</td></tr>
<tr><td>103 写 RFID</td></tr>
<tr><td>104 读 RFID</td></tr>
<tr><td>105 返修</td></tr>
<tr><td>D002</td><td>MES → PLC</td><td>下料位</td><td>下料号 n</td><td></td></tr>
<tr><td>D003</td><td>MES → PLC</td><td>加工类型</td><td>加工类型</td><td>1 车，2 铣</td></tr>
<tr><td>D004</td><td>MES → PLC</td><td>上料位</td><td>上料位 m</td><td></td></tr>
<tr><td colspan="5">备注：102 指令，当 n= =0、m ! =0 时，表示取 m 仓位的料到机床上加工；当 n ! =0、m= =0 时，表示将 n 料位的料从机床取回料仓；当 n ! =0、m ! =0 时，表示先取 m 料位的料，到对应的机床上将 n 料取下，换料爪，将 m 料上到机床，随后把 n 料放回 n 仓位；调度完成后，需写入 RFID 信息，从 RFID 状态区读取、写入</td></tr>
<tr><th colspan="5">MES 响应 PLC 指令地址</th></tr>
<tr><th>地址</th><th>方向</th><th>名字</th><th>数值</th><th>备注</th></tr>
<tr><td>D011</td><td>MES → PLC</td><td>车床加工完成响应码</td><td>202 加工反馈</td><td></td></tr>
<tr><td>D012</td><td>MES → PLC</td><td>上料位</td><td>m</td><td></td></tr>
<tr><td>D013</td><td>MES → PLC</td><td>下料位</td><td>n</td><td></td></tr>
</table>

续表

| 地址 | 方向 | 名字 | 数值 | 备注 |
| --- | --- | --- | --- | --- |
| MES 响应 PLC 指令地址 | | | | |
| D014 | MES → PLC | 设备号 | k 设备号 =1 | 1 车床，2 加工中心 |
| D015 | 预留 | | | |
| D016 | MES → PLC | 加工中心加工完成响应码 | 202 加工反馈 | |
| D017 | MES → PLC | 上料位 | m | |
| D018 | MES → PLC | 下料位 | n | |
| D019 | MES → PLC | 设备号 | k 设备号 =2 | 1 车床，2 加工中心 |
| D020 | 预留 | | | |
| PLC 发给 MES 的指令地址 | | | | |
| 地址 | 方向 | 名字 | 数值 | 备注 |
| D021 | PLC → MES | PLC 车床加工完成指令 | 202 加工反馈 | |
| D022 | PLC → MES | 上料位 | m 仓位 | |
| D023 | PLC → MES | 下料位 | n 仓位 | |
| D024 | PLC → MES | 设备号 | K 设备号 =1 | 1 车床，2 加工中心 |
| D025 | 预留 | | | |
| D026 | PLC → MES | PLC 加工中心加工完成指令 | 202 加工反馈 | |
| D027 | PLC → MES | 上料位 | m 仓位 | |
| D028 | PLC → MES | 下料位 | n 仓位 | |
| D029 | PLC → MES | 设备号 | K 设备号 =2 | 1 车床，2 加工中心 |
| D030 | PLC → MES | | | |
| PLC 响应 MES 指令地址 | | | | |
| 地址 | 方向 | 名字 | 数值 | 备注 |
| D031 | PLC → MES | 响应码 | 98 启动系统 | |
| | | | 99 停止系统 | |
| | | | 100 启动设备 | |
| | | | 102 加工调度 | |
| | | | 103 写入 RFID 信息 | |
| | | | 104 读取 RFID 信息 | |
| | | | 105 返修 | |
| D032 | PLC → MES | MES 发给 PLC 的机床下料仓位 n | n 下料位 | |
| D033 | PLC → MES | 机床编号 | 机床编号 | 1 车床，2 加工中心 |
| D034 | PLC → MES | MES 发给 PLC 的机床上料仓位 m | m 上料位 | |

## 任务实施

实现 RFID 料仓盘点、RFID 数据处理、信息读写 PLC 程序的编写。

（1）创建项目并编写 RFID 料仓盘点 PLC 控制程序。

RFID 料仓盘点控制程序如图 3.8.5 所示。

MES 发出 103（料仓盘点命令），PLC 通过 Modbus 通信给表 3.8.1 中机器人 R 寄存器中的 R[23]（RFID 开始读写 / 料仓盘点）赋值（为 1），机器人动作，RFID 开始读写（料仓盘点）。

（2）RFID 信息读取控制程序——上料模式。

上料模式如图 3.8.6 所示。

%DB8.DBW0
"MES与PLC交互表".MES表数据[1]
==
Int
103
P_TRIG
CLK
Q
#TEMP0
MOVE
EN
ENO
1
IN
OUT1
%DB1.DBW48
"ROB与PLC交互表".WRITE[9]
%DB1.DBW30
"ROB与PLC交互表".READ[16]
==
Int
9
MOVE
EN
ENO
%DB8.DBW0
"MES与PLC交互表".MES表数据[1]
IN
OUT1
%DB8.DBW60
"MES与PLC交互表".MES表数据[31]
MOVE
EN
ENO
0
IN
%DB1.DBW48
"ROB与PLC交互表".WRITE[9]
OUT1


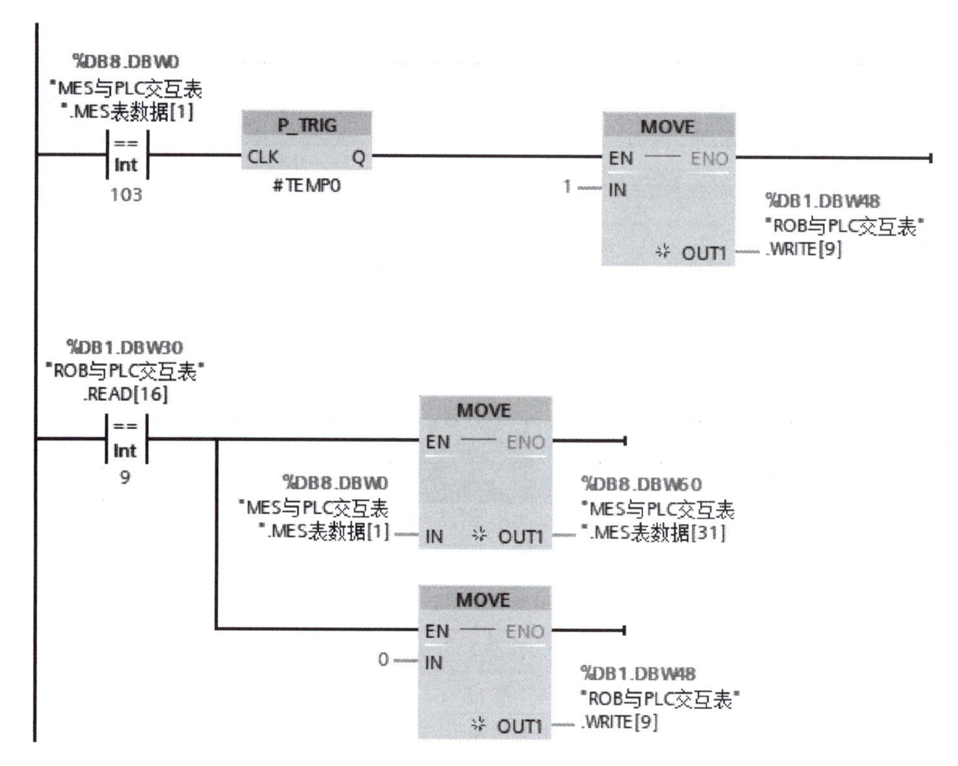

图 3.8.5　RFID 料仓盘点控制程序

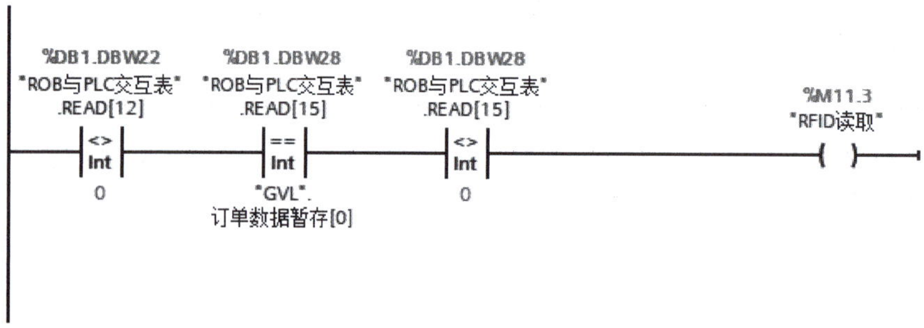

%DB1.DBW22
"ROB与PLC交互表".READ[12]
<>
Int
0
%DB1.DBW28
"ROB与PLC交互表".READ[15]
==
Int
"GVL".订单数据暂存[0]
%DB1.DBW28
"ROB与PLC交互表".READ[15]
<>
Int
0
%M11.3
"RFID读取"


图 3.8.6　上料模式

当数据块 DB1 中取料位置响应不为零，即 R［11］不为 0，且 DB1 中 RFID 位置 R［14］不为 0，RFID 开始读取。

（3）RFID 信息写入控制程序——下料模式 / 盘点模式。

下料模式 / 盘点模式如图 3.8.7 所示。

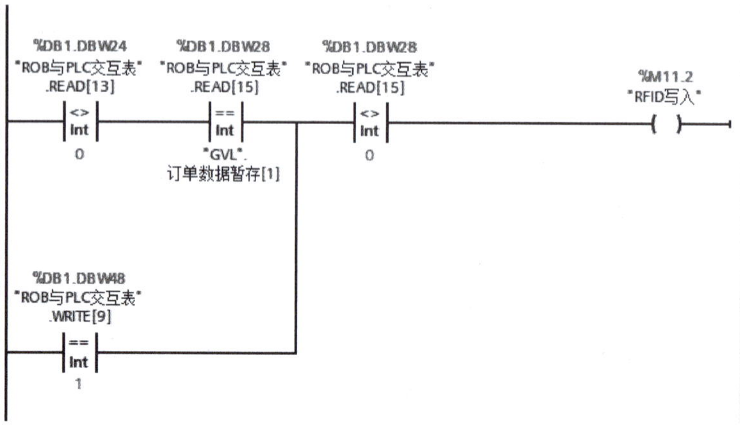

%DB1.DBW24
"ROB与PLC交互表".READ[13]
<>
Int
0
%DB1.DBW28
"ROB与PLC交互表".READ[15]
==
Int
"GVL".订单数据暂存[1]
%DB1.DBW28
"ROB与PLC交互表".READ[15]
<>
Int
0
%M11.2
"RFID写入"
%DB1.DBW48
"ROB与PLC交互表".WRITE[9]
==
Int
1


图 3.8.7　下料模式 / 盘点模式

当数据块 DB1 中放料位置响应不为零，即 R［12］不为 0，且 DB1 中 RFID 位置号 R［14］不为 0，RFID 开始信息写入。

（4）RFID 数据处理控制程序。

RFID 数据处理控制程序如图 3.8.8 所示。

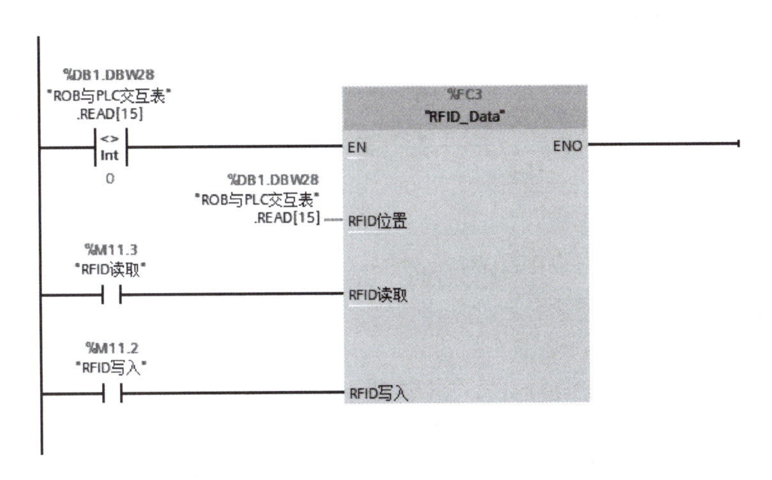


图 3.8.8　RFID 数据处理控制程序

当 DB1 中 RFID 位置号 R［14］不为 0，RFID 读取或写入时开始调用 FC3 进行数据处理。

FC3 数据处理如图 3.8.9 所示。

```
1
2   (* RFID读取仓格标签信息 *)
3  IF #RFID读取 = 1 THEN          //自动读取rfid
4       "MES与PLC交互表".料仓数据[#RFID位置].场次 := "RFID_Com_Data".场次读取Hi;
5       "MES与PLC交互表".料仓数据[#RFID位置].编号 := "RFID_Com_Data".零件类型读取Hi;
6       "MES与PLC交互表".料仓数据[#RFID位置].类型 := "RFID_Com_Data".零件材质读取Hi;
7       "MES与PLC交互表".料仓数据[#RFID位置].状态 := "RFID_Com_Data".零件状态读取Hi;
8
9  END_IF;
10
11  (* RFID  写入标签信息 *)
12 IF #RFID写入 = 1 THEN          //自动写入rfid
13      "RFID_Com_Data".场次写入Hi :="MES与PLC交互表".料仓数据[#RFID位置].场次;
14      "RFID_Com_Data".零件类型写入Hi := "MES与PLC交互表".料仓数据[#RFID位置].编号;
15      "RFID_Com_Data".零件材质写入Hi :="MES与PLC交互表".料仓数据[#RFID位置].类型;
16      "RFID_Com_Data".零件状态写入Hi := "MES与PLC交互表".料仓数据[#RFID位置].状态;
17 END_IF;
18
19
```

图 3.8.9　FC3 数据处理

当 #RFID 读取 =1 时，开始读取场次数据、零件类型、材质、状态数据；

当 #RFID 写入 =1 时，开始写入场次数据、零件类型、材质、状态数据。

（5）RFID 通信——数据传送。

当 RFID 读取或 RFID 写入得电时，调用 FB1 通过 Modbus 通信进行数据传送（图 3.8.10）。

（6）RFID 读写完成信号给 ROB。

当“RFID 读取完成”或“RFID 写入完成”时，将 1 赋值给数据块 DB1 中的“RFID 读写完成”（机器人 R 寄存器中 R［18］）。

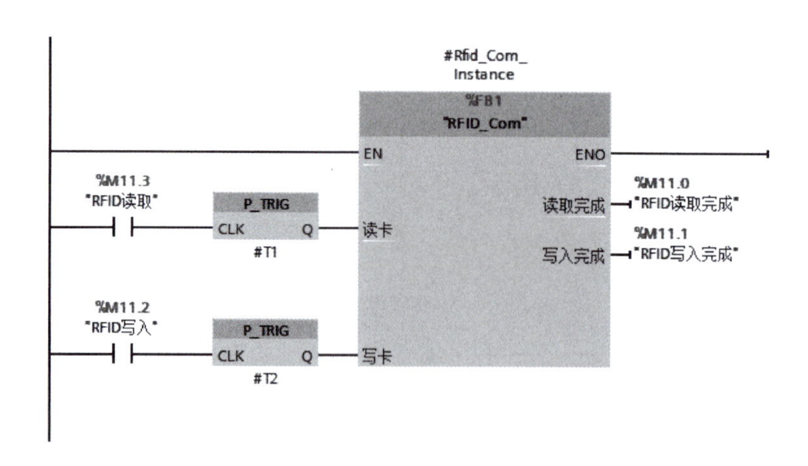


图 3.8.10　数据传送

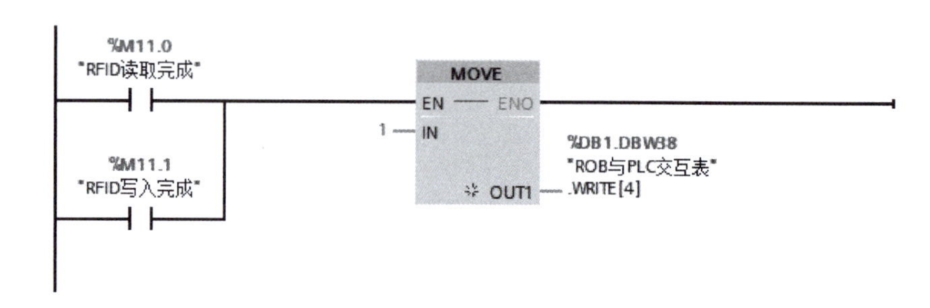


图 3.8.11　RFID 读写完成给 ROB

（7）复位 RFID 读写完成信号，如图 3.8.12 所示。

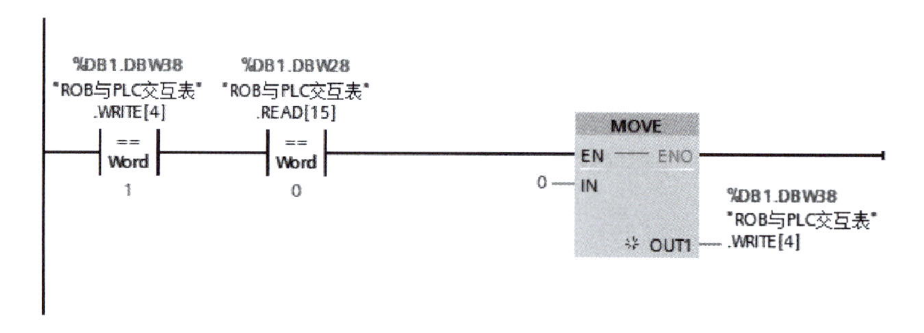


图 3.8.12　复位 RFID 读写完成信号

当 R[18]=1（RFID 读写完成）且 R[14]=0（RFID 位置号）时，将读写完成信号复位。

（8）编译下载到设备。

完成程序后，编译程序，没有错误后下载到设备。

（9）测试功能。

## 学习评价

通过本任务的深入学习之后，完成 RFID 数据处理、信息读写 PLC 程序的编写，能够正确进行 RFID 读写、盘点操作。

## 练习与作业

根据由教材学到的编程方法与知识，完成 RFID 数据处理、信息读写 PLC 程序编写，进行 RFID 读写验证。

## 生产任务工单

| 下单日期 | ××/×/× | | | 交货日期 | ××/×/× |
|---|---|---|---|---|---|
| 下单人 | | | | 经手人 | |
| 序号 | 产品名称 | 型号/规格 | 数量 | 单位 | 生产要求 |
| 1 | RFID 写 | 无 | 5 | 个 | 正确 |
| 2 | RFID 读 | 无 | 5 | 个 | 正确 |
| 3 | 料仓盘点 | 无 | 30 | 人 | 正确 |
| | | | | | |
| 备注 | | | | | |

制单人：＿＿＿＿＿＿　审核：＿＿＿＿＿＿　生产主管：＿＿＿＿＿＿

# 学习任务 9　模拟仿真零件在线检测及测头标定数据处理

## 学习内容

学习模拟仿真零件的在线测量，测量数据通过以太网上传，根据检测数据，判断零件是否合格，并作出相应处理。

## 学习目标

通过本任务的深入学习，掌握测头标定与在线检测基本知识，了解测头标定数据的处理方法，能够编写测头标定及在线检测程序并进行仿真在线检测，能够编写 PLC 程序对测头标定数据进行处理并在 HMI 上显示出来。

## 思维导图

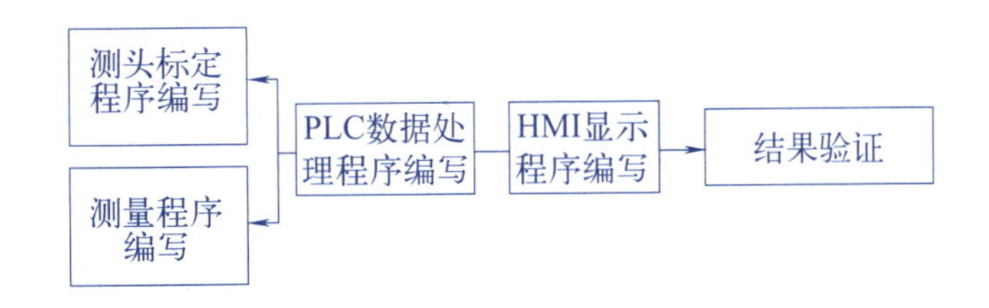


## 任务描述

（1）测头标定。

编程完成在线测量装置（测头）的标定，并在数控系统宏变量列表中正确显示标定数据，如图 3.9.1 所示。

（2）测头标定数据处理。

编写 PLC 程序进行测头标定数据处理并在 HMI 上显示，如图 3.9.2 所示。

（3）根据工件外形尺寸检测的具体要求编写测量程序。

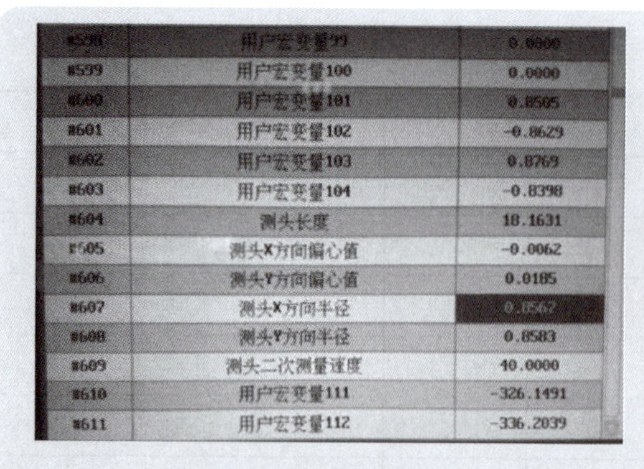

| #598 | 用户宏变量99 | 0.0000 |
| --- | --- | --- |
| #599 | 用户宏变量100 | 0.0000 |
| #600 | 用户宏变量101 | 0.8505 |
| #601 | 用户宏变量102 | -0.8629 |
| #602 | 用户宏变量103 | 0.8769 |
| #603 | 用户宏变量104 | -0.8398 |
| #604 | 测头长度 | 18.1631 |
| #605 | 测头X方向偏心值 | -0.0062 |
| #606 | 测头Y方向偏心值 | 0.0185 |
| #607 | 测头X方向半径 | 0.8567 |
| #608 | 测头Y方向半径 | 0.8583 |
| #609 | 测头二次测量速度 | 40.0000 |
| #610 | 用户宏变量111 | -326.1491 |
| #611 | 用户宏变量112 | -336.2039 |

图 3.9.1　标定数据



图 3.9.2　编写 PLC 程序进行测头标定数据处理并在 HMI 上显示

## 任务分析

### 一、测头标定

在实践中，最好能使测针机械地对中，以减少主轴和刀具定向误差的影响。如果未标定测头，测头的偏心将导致不准确的测量。测头的偏心结果通过标定可以准确地计算出来。

加工中心如何调取测头和开启关闭

在下列情况下标定测头是很重要的：

（1）第一次使用测头时。

（2）测头上安装了新的测针。

（3）怀疑测针弯曲或测头发生碰撞时。

（4）定期对机床的机械变化进行误差补偿时。

（5）如果测头柄的重新定位的重复性差，可能每次选用测头时都要对其重新标定。

通过三个不同的操作来标定测头，分别是：长度标定 O9801；偏心值标定 O9802；半径标定 O9803。标定循环没有顺序要求。

#### （一）测头长度标定 09801

测头长度标定如图 3.9.3 所示。

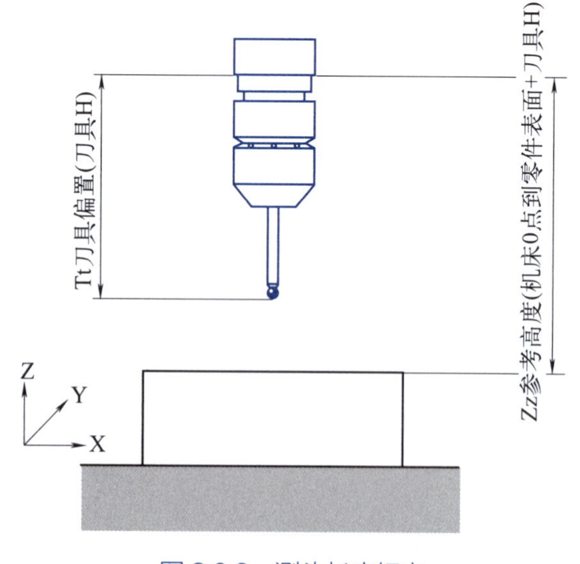


图 3.9.3　测头长度标定

在一个已知的参考平面上标定测头的长度会存储测头基于电子触发点的长度。它不同于测头组件的物理长度。在使用长度标定时，系统直接基于机床坐标系进行计算，故不能使用 G43 刀具长度偏置。

格式：G90/G91 G65 P9801 Z_H_（F_）

Z：标定表面的公称位置，可以用 G90 或 G91 的方式进行设定，但必须保证 Z 轴的目标位置在负方向。

动作：

（1）Z 轴由当前点向目标点移动；

（2）碰触到标准平面；

（3）返回测量初始点，测量结束。

结果：计算出测量得到的位置与公称位置的差值并将其保存到 #54104 以及 H 代表的刀偏中。

### （二）测头偏心值标定 09802

测头偏心值标定如图 3.9.4 所示。

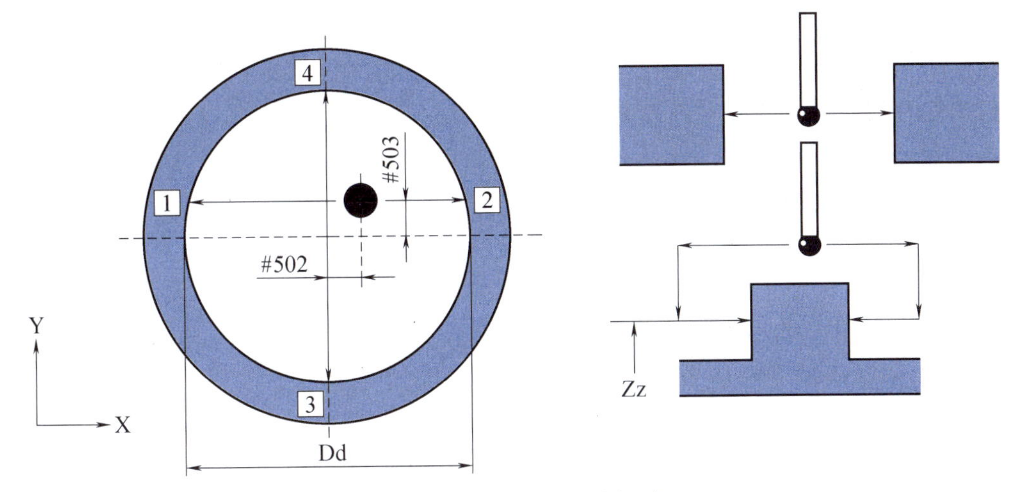


图 3.9.4　测头偏心值标定

用镗孔标定测头将自动存储测球相对主轴中心线的偏心，存储的数据将自动被测量循环使用，用它来补偿测量结果以获得相对于主轴中心的位置。先用一把镗刀镗出一个孔，以便知道孔中心的准确位置，然后把待标定的测头定位到孔内，并在主轴定向有效的情况下把主轴定位到已知的中心位置。一定要保证主轴中心在圆心位置上才能开始测量。

格式：G90/G91 G65 P9802 D_（F_Z_R_）

D：镗孔的直径尺寸，不需要很精确。

Z：允许用圆柱的外表面进行标定，此时 Z 值为测量点的 Z 方向位置。

R：使用圆柱外边测量时的安全距离。

动作：

（1）X 负方向、X 正方向先后进行 2 次测量移动。

（2）返回起始点

（3）Y 负方向、Y 正方向先后进行 2 次测量移动。

（4）返回起始点。

结果：计算出 X、Y 两 个方向的偏心值，并将其保存到 #54105、#54106 中。

### （三）测头 X、Y 方向球半径标定 09803

测头 X、Y 方向半径标定如图 3.9.5 所示。

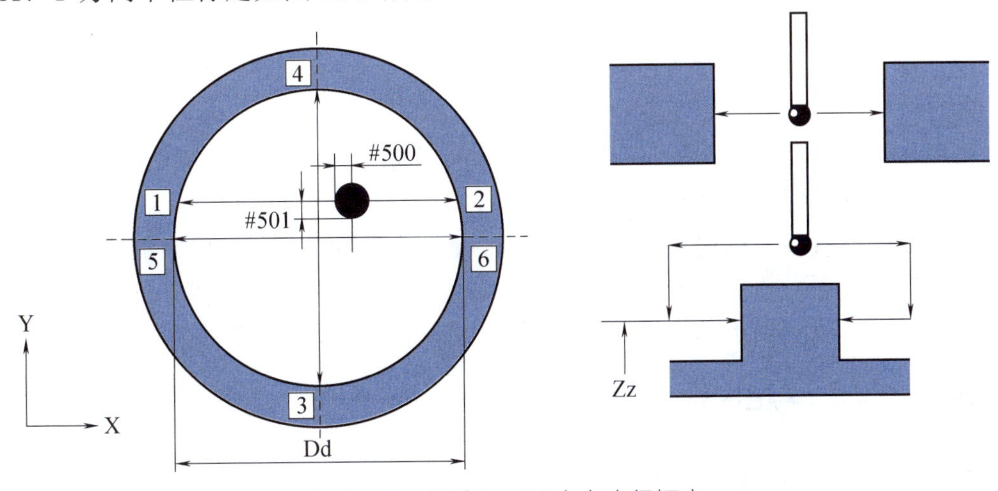


图 3.9.5　测头 X、Y 方向半径标定

用直径已知的环规标定测头将自动存储测球的半径值，存储的数据自动被测量循环所使用，以得到型面的真实尺寸。这些值也被用来获得单个平面的真实位置。存储的球半径值是基于真实的电子触发点的，不同于物理尺寸。首先把环规固定到机床工作台上近似的已知位置。在主轴定向有效的情况下，将待标定的测头定位到环规内靠近中心的位置开始测量。

格式：G90/G91 G65 P9803 D_（F_Z_R_）

D：环规的精确尺寸。

Z：允许用外表面进行标定，此时 Z 值为测量点的 Z 方向位置。

R：使用圆柱外边测量时的安全距离。

动作：

（1）X 负方向、X 正方向先后进行 2 次测量移动。

（2）返回两个碰触点的中心位置，保证测球在 X 方向中心点上。

（3）Y 负方向、Y 正方向先后进行 2 次测量移动。

（4）返回两个碰触点的中心位置，保证测球在 Y 方向中心点上。

（5）X 负方向、X 正方向再次进行 2 次测量移动。

（6）返回两个碰触点的中心位置。

结果：计算出测头在 X、Y 两个方向的触发半径值，并将其保存到 #54107、#54108 中。

## 二、基本移动程序

测头有 2 个基本移动程序，分别是保护定位移动 09810 和测量移动 09726。

### （一）保护定位移动 09810

在测头使用过程中，机床除手动移动及测量程序移动之外，必须使用 09810 进行移动。移动过程中，若测头触碰到非预期的障碍物，则机床立刻停止移动，程序停止，需要将轴手动离开障碍物。

格式：G90/G91 G65 P9810 X_Y_Z_（F_）

X、Y、Z：测头移动的目标位置，同时输入多个轴时，差补移动。

动作：测头以 F 速度移动到目标位置，若中途碰触到非预期的障碍物，则后退 4mm 之后 Z 轴回零并报警。

### （二）测量移动 09726

此移动为所有测量过程中使用的基本二次测量循环，无须单独调用，可以根据需要对与测量移动相关的参数进行修改。

格式：G90/G91 G65 P9726 X_Y_Z_（F_）

X、Y、Z：测量移动的目标位置，只能输入单个轴，否则不进行任何移动。

动作：

（1）测头以 F 速度向目标位置定位移动，实际的目标位置为输入目标位置 + 越程距离，越程距离默认为 10mm，可在程序中修改。

（2）碰触到目标位置后，回退 2mm，回退距离可在程序中修改，以保证测头退出碰触点。

（3）测头回退完成后，重新以 #54109 慢速度向前运动 2 倍的回退距离，即 4mm。

（4）再次碰触后，找到精确的位置，停止移动，等待后续程序处理数值。

## 三、标定数据地址（MES 及 PLC）

标定数据地址（MES 及 PLC）如表 3.9.1 所示。

表 3.9.1　标定数据地址（MES 及 PLC）

| | | | | |
|---|---|---|---|---|
| D191 | p_MeterValue1 | 测头长度补偿符号位（0 正数，1 负数） | INT | DB100.DBW380 |
| D192 | i_MeterValue1 | 测头长度补偿整数部分 | INT | DB100.DBW382 |
| D193 | f_MeterValue1 | 测头长度小数部分（0.0001） | INT | DB100.DBW384 |
| D194 | p_MeterValue2 | 测头球半径 X 补偿符号位（0 正数，1 负数） | INT | DB100.DBW386 |
| D195 | i_MeterValue2 | 测头球半径 X 补偿整数部分 | INT | DB100.DBW388 |
| D196 | f_MeterValue2 | 测头球半径 X 补偿小数部分 | INT | DB100.DBW390 |
| D197 | p_MeterValue3 | 测头球半径 Y 补偿符号位（0 正数，1 负数） | INT | DB100.DBW392 |
| D198 | i_MeterValue3 | 测头球半径 Y 补偿整数部分 | INT | DB100.DBW394 |
| D199 | f_MeterValue3 | 测头球半径 Y 补偿小数部分 | INT | DB100.DBW396 |
| D200 | p_MeterValue4 | 测头偏心 X 补偿符号位（0 正数，1 负数） | INT | DB100.DBW398 |
| D201 | i_MeterValue4 | 测头偏心 X 补偿整数部分 | INT | DB100.DBW400 |
| D202 | f_MeterValue4 | 测头偏心 X 补偿小数部分 | INT | DB100.DBW402 |
| D203 | p_MeterValue5 | 测头偏心 Y 补偿符号位（0 正数，1 负数） | INT | DB100.DBW404 |
| D204 | i_MeterValue5 | 测头偏心 Y 补偿整数部分 | INT | DB100.DBW406 |
| D205 | f_MeterValue5 | 测头偏心 Y 补偿小数部分 | INT | DB100.DBW408 |

## 任务实施

### 一、编写测头标定程序

#### （一）头长度标定 09801 应用参考程序（在工件坐标系 G59 中设定 X、Y、Z 值）

```
%4
M6 T6
G17 G40 G49 G80 G90
G59
G43 H6 Z100
G0 X20 Y0
G01 Z20
G65 P9832
G65 P9810 Z5 F500
G65 P9801 Z0 T6 F500
G65 P9810 Z10 F500
G28 G91 Z0
M30
```

#### （二）测头偏心值标定 09802 应用参考程序（在工件坐标系 G59 中设定 X、Y、Z 值）

```
%5
M6 T6
G28 G91 Z0
G59
G43 H6 Z100
G90 G80 G40 G49 G69
G0 X0 Y0
G43 G0 Z20 H6
```

```
G65 P9832
G65 P9810 Z-8 F500
G65 P9802 D24.998
G65 P9810 Z100 F500
M30
```

（三）测头 X、Y 方向球半径标定 09803 应用参考程序（在工件坐标系 G59 中设定 X、Y、Z 值）

```
%6
M6 T6
G17 G40 G49 G80 G90
G59
G43 H6 Z100
G0 X0 Y0
G01 Z20
G65 P9832
G65 P9810 Z-8 F500
G65 P9803 D24.998
G65 P9810 Z10 F500
G28 G91 Z0
M30
```

## 二、编写 PLC 程序进行测头标定数据处理并在 HMI 中显示

（1）创建项目，编写测头标定数据处理 PLC 控制程序。

针对测头标定数据需要显示在 HMI 上的要求，要编写一个数据处理程序。测头标定出来的数据被 MES 采集过来后通过一特定的接口传递给 PLC，PLC 再取出这些数据，但传递过来的数据被拆散成了整数部分、小数部分及符号位判断部分，不能直接用。其中小数部分是乘以 10000 后发过来的，所以真实标定的值等于整数部分加上小数部分除以 10000 的值然后再乘以一个符号位，此值才能填到 HMI 上。

MES 与 PLC 交互数据块如图 3.9.6 所示。

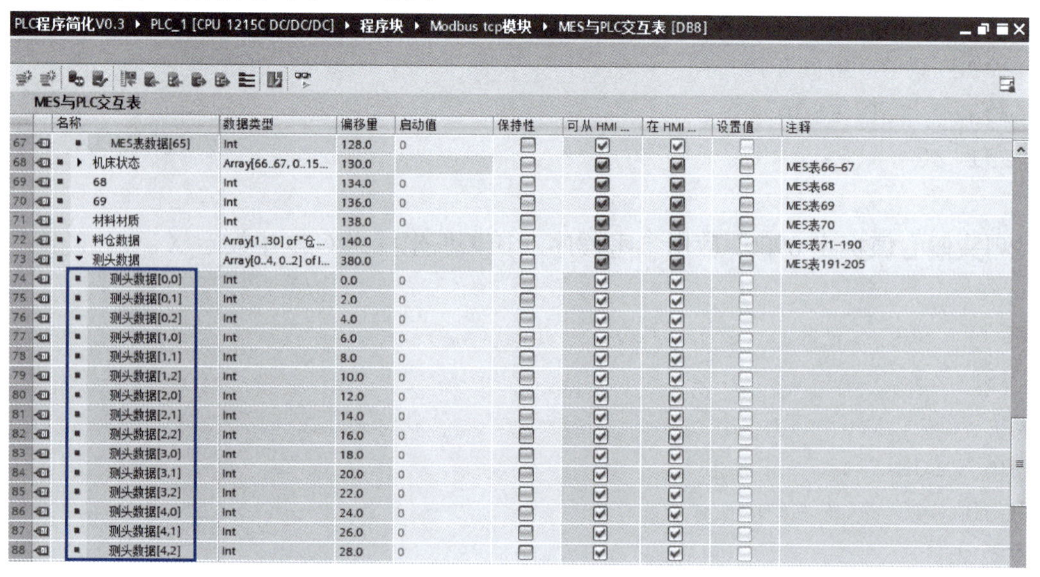
PLC程序简化V0.3 ▸ PLC_1 [CPU 1215C DC/DC/DC] ▸ 程序块 ▸ Modbus tcp模块 ▸ MES与PLC交互表 [DB8]

MES与PLC交互表

| | 名称 | 数据类型 | 偏移量 | 启动值 | 保持性 | 可从 HMI ... | 在 HMI ... | 设置值 | 注释 |
|---|---|---|---|---|---|---|---|---|---|
| 67 | MES表数据[65] | Int | 128.0 | 0 | ☐ | ☑ | ☑ | ☐ | |
| 68 | ▸ 机床状态 | Array[66..67, 0..15... | 130.0 | | ☐ | ☑ | ☑ | ☐ | MES表66-67 |
| 69 | 68 | Int | 134.0 | 0 | ☐ | ☑ | ☑ | ☐ | MES表68 |
| 70 | 69 | Int | 136.0 | 0 | ☐ | ☑ | ☑ | ☐ | MES表69 |
| 71 | 材料材质 | Int | 138.0 | 0 | ☐ | ☑ | ☑ | ☐ | MES表70 |
| 72 | ▸ 料仓数据 | Array[1..30] of "仓... | 140.0 | | ☐ | ☑ | ☑ | ☐ | MES表71-190 |
| 73 | ▾ 测头数据 | Array[0..4, 0..2] of I... | 380.0 | | ☐ | ☑ | ☑ | ☐ | MES表191-205 |
| 74 | 测头数据[0,0] | Int | 0.0 | 0 | ☐ | ☑ | ☑ | ☐ | |
| 75 | 测头数据[0,1] | Int | 2.0 | 0 | ☐ | ☑ | ☑ | ☐ | |
| 76 | 测头数据[0,2] | Int | 4.0 | 0 | ☐ | ☑ | ☑ | ☐ | |
| 77 | 测头数据[1,0] | Int | 6.0 | 0 | ☐ | ☑ | ☑ | ☐ | |
| 78 | 测头数据[1,1] | Int | 8.0 | 0 | ☐ | ☑ | ☑ | ☐ | |
| 79 | 测头数据[1,2] | Int | 10.0 | 0 | ☐ | ☑ | ☑ | ☐ | |
| 80 | 测头数据[2,0] | Int | 12.0 | 0 | ☐ | ☑ | ☑ | ☐ | |
| 81 | 测头数据[2,1] | Int | 14.0 | 0 | ☐ | ☑ | ☑ | ☐ | |
| 82 | 测头数据[2,2] | Int | 16.0 | 0 | ☐ | ☑ | ☑ | ☐ | |
| 83 | 测头数据[3,0] | Int | 18.0 | 0 | ☐ | ☑ | ☑ | ☐ | |
| 84 | 测头数据[3,1] | Int | 20.0 | 0 | ☐ | ☑ | ☑ | ☐ | |
| 85 | 测头数据[3,2] | Int | 22.0 | 0 | ☐ | ☑ | ☑ | ☐ | |
| 86 | 测头数据[4,0] | Int | 24.0 | 0 | ☐ | ☑ | ☑ | ☐ | |
| 87 | 测头数据[4,1] | Int | 26.0 | 0 | ☐ | ☑ | ☑ | ☐ | |
| 88 | 测头数据[4,2] | Int | 28.0 | 0 | ☐ | ☑ | ☑ | ☐ | |

图 3.9.6 MES 与 PLC 交互数据块

因为有 5 个标定值要显示，分别是测头长度补偿、测头球半径 X 补偿、测头球半径 Y 补偿、测头偏心 X 补偿、测头偏心 Y 补偿，每个经过处理得到的标定值又有 3 个 MES 采集过来的数据，所以共有 15 个测头数据。测头数据［i，j］中的 i 从 0 到 4 分别对应测头长度补偿、测头球半径 X 补偿、测头球半径 Y 补偿、测头偏心 X 补偿、测头偏心 Y 补偿的相关采集数据，j 从 0 到 2，分别对应数据的符号位部分、整数部分和小数部分。

经过数据处理后的值——测头数值［0～4］放在数据块 GVL（DB6）中，如图 3.9.7 所示。

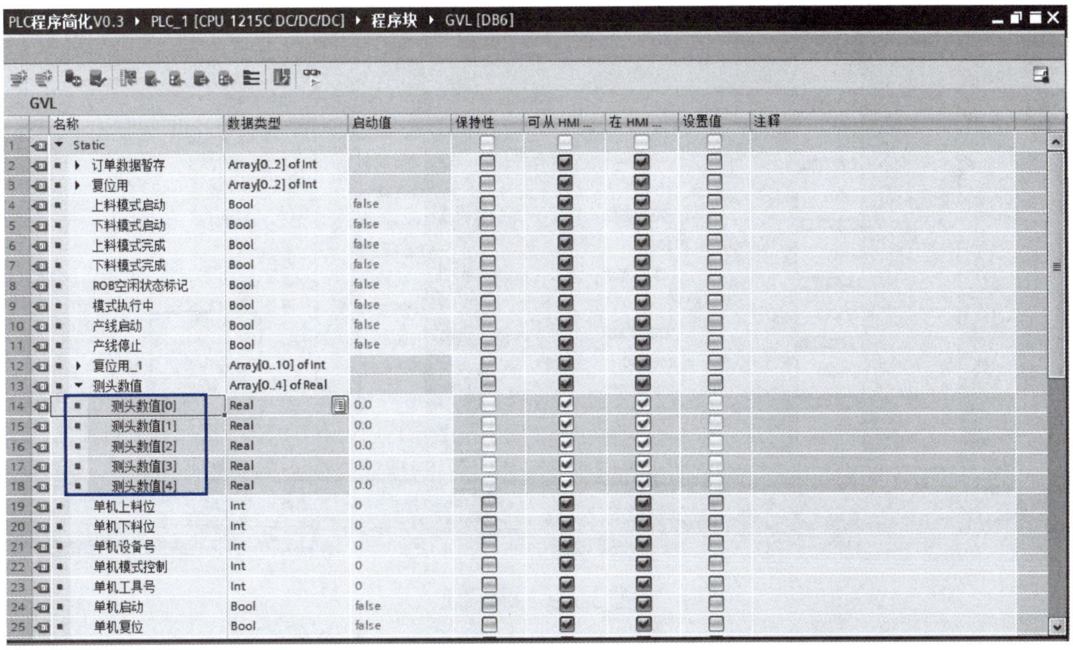

PLC程序简化V0.3 ▸ PLC_1 [CPU 1215C DC/DC/DC] ▸ 程序块 ▸ GVL [DB6]

GVL

| | 名称 | 数据类型 | 启动值 | 保持性 | 可从 HMI ... | 在 HMI ... | 设置值 | 注释 |
|---|---|---|---|---|---|---|---|---|
| 1 | ▼ Static | | | ☐ | ☐ | ☐ | ☐ | |
| 2 | ▸ 订单数据暂存 | Array[0..2] of Int | | ☐ | ☑ | ☑ | ☐ | |
| 3 | ▸ 复位用 | Array[0..2] of Int | | ☐ | ☑ | ☑ | ☐ | |
| 4 | 上料模式启动 | Bool | false | ☐ | ☑ | ☑ | ☐ | |
| 5 | 下料模式启动 | Bool | false | ☐ | ☑ | ☑ | ☐ | |
| 6 | 上料模式完成 | Bool | false | ☐ | ☑ | ☑ | ☐ | |
| 7 | 下料模式完成 | Bool | false | ☐ | ☑ | ☑ | ☐ | |
| 8 | ROB空闲状态标记 | Bool | false | ☐ | ☑ | ☑ | ☐ | |
| 9 | 模式执行中 | Bool | false | ☐ | ☑ | ☑ | ☐ | |
| 10 | 产线启动 | Bool | false | ☐ | ☑ | ☑ | ☐ | |
| 11 | 产线停止 | Bool | false | ☐ | ☑ | ☑ | ☐ | |
| 12 | ▸ 复位用_1 | Array[0..10] of Int | | ☐ | ☑ | ☑ | ☐ | |
| 13 | ▼ 测头数值 | Array[0..4] of Real | | ☐ | ☑ | ☑ | ☐ | |
| 14 | 测头数值[0] | Real | 0.0 | ☐ | ☑ | ☑ | ☐ | |
| 15 | 测头数值[1] | Real | 0.0 | ☐ | ☑ | ☑ | ☐ | |
| 16 | 测头数值[2] | Real | 0.0 | ☐ | ☑ | ☑ | ☐ | |
| 17 | 测头数值[3] | Real | 0.0 | ☐ | ☑ | ☑ | ☐ | |
| 18 | 测头数值[4] | Real | 0.0 | ☐ | ☑ | ☑ | ☐ | |
| 19 | 单机上料位 | Int | 0 | ☐ | ☑ | ☑ | ☐ | |
| 20 | 单机下料位 | Int | 0 | ☐ | ☑ | ☑ | ☐ | |
| 21 | 单机设备号 | Int | 0 | ☐ | ☑ | ☑ | ☐ | |
| 22 | 单机模式控制 | Int | 0 | ☐ | ☑ | ☑ | ☐ | |
| 23 | 单机工具号 | Int | 0 | ☐ | ☑ | ☑ | ☐ | |
| 24 | 单机启动 | Bool | false | ☐ | ☑ | ☑ | ☐ | |
| 25 | 单机复位 | Bool | false | ☐ | ☑ | ☑ | ☐ | |

图 3.9.7　测头数值

参考程序如图 3.9.8 所示。

```
(*测头数据处理*)
FOR #i := 0 TO 4 DO
    ;        //表示5组数据
    #Data_1 := INT_TO_REAL("MES与PLC交互表".测头数据[#i,1]);        //整型转浮点
    #Data_2 := INT_TO_REAL("MES与PLC交互表".测头数据[#i,2]);      //整型转浮点
    "GVL".测头数值[#i] := #Data_1 + (#Data_2 / 10000);      //数值 = 整数 + 小数（因MES发送的小数部分需除以10000）
    IF "MES与PLC交互表".测头数据[#i,0] = 1 THEN
        ;
        "GVL".测头数值[#i] := "GVL".测头数值[#i] * (-1);
    END_IF;
END_FOR;
```

图 3.9.8　参考程序

#Data_1：=INT_TO_REAL（"MES 与 PLC 交互表 ". 测头数据［#i，1］）

表示将 MES 采集的整数部分从整型转浮点型。

#Data_2：=INT_TO_REAL（"MES 与 PLC 交互表 ". 测头数据［#i，2］）

表示将 MES 采集的小数部分从整型转浮点型（小数部分乘以 10000 再传过来）。

程序使用了 FOR 循环，i 从 0 到 4。

"GVL". 测头数值［#i］：= #Data_1+（#Data_2/10000）

表示标定真实数值 = 整数 + 小数（因 MES 发送的小数部分需除以 10000）。

IF "MES 与 PLC 交互表 ". 测头数据［#i，0］=1 THEN

　　"GVL". 测头数值［#i］：="GVL". 测头数值［#i］*（-1）；

END_IF

这条 IF 语句判断符号位，当符号位为 1 时，计算得到的“GVL.”测头数值［#i］就要乘以 -1。

（2）经处理后的标定值在 HMI 上显示。

在 GVL（DB6）数据块中全选 5 个测头数值拖入 HMI 画面，处理后的标定值即可显示。如图 3.9.9 所示。

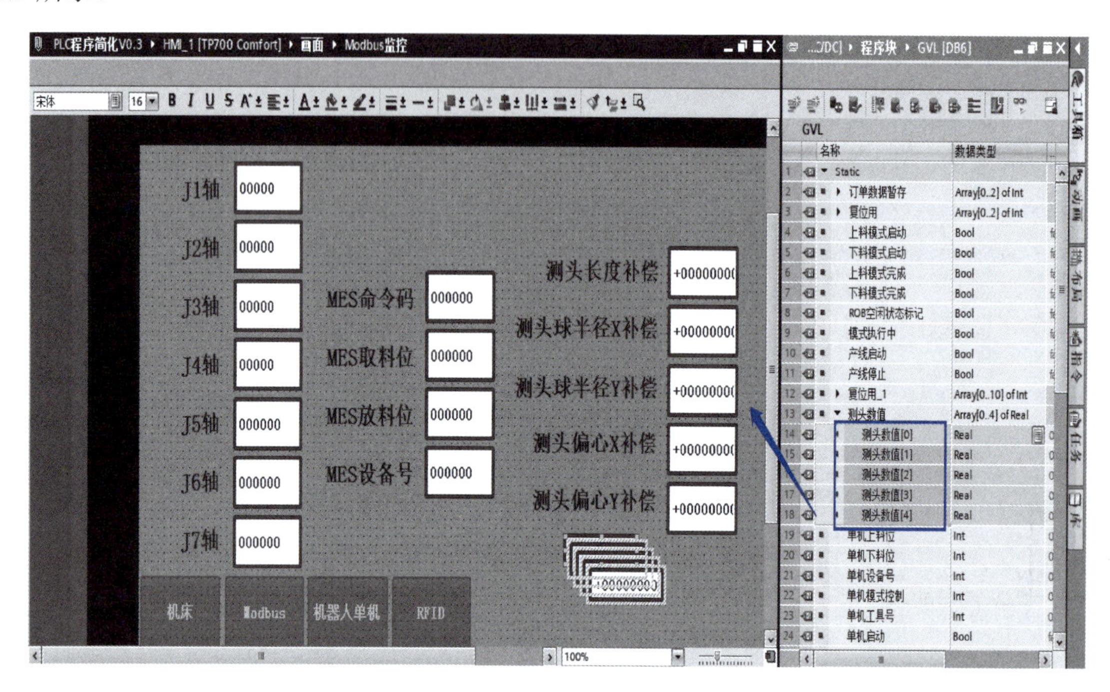


图 3.9.9　标定值

（3）编译下载到设备。

完成画面后，编译程序及画面，没有错误后下载到设备。

（4）测试功能。

## 学习评价

通过本任务的深入学习，能够编写测头标定及在线检测程序并进行在线检测仿真，能够编写 PLC 程序对测头标定数据进行处理并在 HMI 上显示。

## 练习与作业

根据由教材学到的编程方法与知识，完成测头标定及在线检测程序的编写并进行在线检测仿真，能够完成 PLC 程序的编写以对测头标定数据进行处理并在 HMI 上显示结果。

## 生产任务工单

| 下单日期 | ××/×/× | | 交货日期 | | ××/×/× |
|---|---|---|---|---|---|
| 下单人 | | | 经手人 | | |
| 序号 | 产品名称 | 型号 / 规格 | 数量 | 单位 | 生产要求 |
| 1 | 测头标定程序编写 | 无 | 3 | 个 | 正常使用 |
| 2 | 编写处理测头标定数据 PLC 程序 | 无 | 1 | 个 | 正确 |
| 3 | HMI 上显示结果 | 无 | 5 | 个 | 正确 |
| | | | | | |
| 备注 | | | | | |

制单人：________________　　审核：________________　　生产主管：________________

# 学习任务10 加工中心上下料信号交互

## 学习内容

学习加工中心上下料相关PLC控制程序、机器人程序，以及机器人、PLC、MES、料仓之间的信号交互。

## 学习目标

通过本任务的深入学习，掌握设备信号交互基本知识，能够编写加工中心上下料PLC控制程序及机器人程序。

## 思维导图

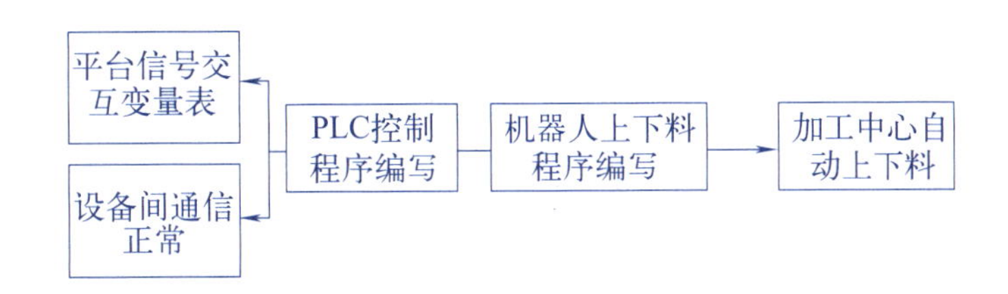


## 任务描述

完成加工中心上下料相关PLC控制程序编写，机器人程序编写，注意设备间的交互信号。

## 任务分析

订单处理机器人上下料PLC编程

### 一、平台信号交互变量表

（1）机器人与PLC的Modbus TCP通信交互变量表如表3.10.1所示。

表3.10.1 机器人与PLC的Modbus TCP通信交互变量表

| | PLC Modbus通信地址 | 机器人内部地址 | 功能 | 变量类型 | 定义功能 | 值说明 | 地址 |
|---|---|---|---|---|---|---|---|
| 机器人发给总控PLC | 30001 | 30001 | 写 | INT | J1轴实时坐标值 | （系统数据）J1轴实时坐标值 | DBW0 |
| | 30002 | 30002 | 写 | INT | J2轴实时坐标值 | （系统数据）J2轴实时坐标值 | DBW2 |
| | 30003 | 30003 | 写 | INT | J3轴实时坐标值 | （系统数据）J3轴实时坐标值 | DBW4 |
| | 30004 | 30004 | 写 | INT | J4轴实时坐标值 | （系统数据）J4轴实时坐标值 | DBW6 |
| | 30005 | 30005 | 写 | INT | J5轴实时坐标值 | （系统数据）J5轴实时坐标值 | DBW8 |
| | 30006 | 30006 | 写 | INT | J6轴实时坐标值 | （系统数据）J6轴实时坐标值 | DBW10 |
| | 30007 | 30007 | 写 | INT | E1轴实时坐标值 | （系统数据）E1轴实时坐标值 | DBW12 |
| | 30008 | 30008 | 写 | INT | 机器人状态 | （系统数据）机器人状态 | DBW14 |
| | 30009 | 30009 | 写 | INT | 机器人HOME位（第2参考点）确认 | （系统数据）机器人HOME位 | DBW16 |
| | 30010 | 30010 | 写 | INT | 机器人模式 | （系统数据）机器人模式 | DBW18 |
| | 30011 | 30011 | 写 | INT | 机器人运行状态 忙/空闲 | R[90] 0：空闲 1：忙 | DBW20 |

续表

| | PLC Modbus 通信地址 | 机器人内部地址 | 功能 | 变量类型 | 定义功能 | 值说明 | 地址 |
|---|---|---|---|---|---|---|---|
| 机器人发给总控 PLC | 30012 | 30012 | 写 | INT | 取料位置响应 | R[11] | DBW22 |
| | 30013 | 30013 | 写 | INT | 放料位置响应 | R[12] | DBW24 |
| | 30014 | 30014 | 写 | INT | 设备号响应 | R[13] | DBW26 |
| | 30015 | 30015 | 写 | INT | RFID 位置 | R[14] | DBW28 |
| | 30016 | 30016 | 写 | INT | | R[24] 1：读 RFID 2：写 RFID 3：车床卡盘松开 4：车床卡盘加紧 5：铣床夹具夹紧 6：铣床夹具松开 7：机床启动 8：报警 9：RFID 完成 11：车床下料完成 12：车床取料完成 13：CNC 下料完成 14：CNC 取料完成 15：料仓放料完成 16：料仓取料安全联锁开启 17：料仓放料安全联锁开启 18：取夹爪安全联锁开启 19：放夹爪安全联锁开启 20：料仓安全联锁关闭 | DBW30 |
| | PLC Modbus 通信地址 | 机器人内部地址 | 功能 | 变量类型 | 定义功能 | 值说明 | 地址 |
| 总控 PLC 发给机器人 | 40001 | 40001 | 读 | INT | 取料位 | R[15] | DBW32 |
| | 40002 | 40002 | 读 | INT | 放料位 | R[16] | DBW34 |
| | 40003 | 40003 | 读 | INT | 设备号 | R[17] 1：车床 2：CNC | DBW36 |
| | 40004 | 40004 | 读 | INT | RFID 读写完成 | R[18] | DBW38 |
| | 40005 | 40005 | 读 | INT | 车床安全门 | R[19] 0：打开 1：关闭 | DBW40 |
| | 40006 | 40006 | 读 | INT | 加工中心安全门 | R[20] 0：打开 1：关闭 | DBW42 |
| | 40007 | 40007 | 读 | INT | 手爪类型 | R[21] | DBW44 |
| | 40008 | 40008 | 读 | INT | | R[22] | DBW46 |
| | 40009 | 40009 | 读 | INT | RFID 开始读写 | R[23] | DBW48 |
| | 40010 | 40010 | 读 | INT | 确认信号 | R[25] | DBW50 |
| | 40011 | 40011 | 读 | INT | 车床卡盘信号 | R[26] 0：打开 1：夹紧 | DBW52 |
| | 40012 | 40012 | 读 | INT | CNC 卡盘信号 | R[27] 0：打开 1：夹紧 | DBW54 |
| | 40013 | 40013 | 读 | INT | | R[28] | DBW56 |
| | 40014 | 40014 | 读 | INT | | R[29] | DBW58 |
| | 40015 | 40015 | 读 | INT | HMI 信号 | R[31] 1：HMI 发出的指令（不执行机床启动） | DBW60 |
| | 40016 | 40016 | 读 | INT | 机器人运行功能 | （自动模式）3：暂停程序 4：启动程序 | DBW62 |

（2）PLC I/O 信号表如表 3.10.2 所示。

表 3.10.2 PLC I/O 信号表

| 名称 | 路径 | 数值类型 | 逻辑地址 | 注释 | HMI 可见 | HMI 可访问 |
|---|---|---|---|---|---|---|
| 启动 | 默认变量表 | BOOL | %I0.0 | | TRUE | TRUE |
| 停止 | 默认变量表 | BOOL | %I0.1 | | TRUE | TRUE |
| 复位 | 默认变量表 | BOOL | %I0.2 | | TRUE | TRUE |
| 急停 | 默认变量表 | BOOL | %I0.3 | | TRUE | TRUE |

续表

| 名称 | 路径 | 数值类型 | 逻辑地址 | 注释 | HMI 可见 | HMI 可访问 |
|---|---|---|---|---|---|---|
| 联机 | 默认变量表 | BOOL | %I0.4 | | TRUE | TRUE |
| 仓库安全门 | 默认变量表 | BOOL | %I1.0 | | TRUE | TRUE |
| 仓库解锁按钮 | 默认变量表 | BOOL | %I1.1 | | TRUE | TRUE |
| 仓库急停按钮 | 默认变量表 | BOOL | %I1.2 | | TRUE | TRUE |
| 围栏安全开关 _1 | 默认变量表 | BOOL | %I1.3 | 料仓侧 | TRUE | TRUE |
| 围栏安全开关 _2 | 默认变量表 | BOOL | %I1.4 | 加工中心侧 | TRUE | TRUE |
| 车床已联机 | 默认变量表 | BOOL | %I2.0 | | TRUE | TRUE |
| 车床卡盘有工件 | 默认变量表 | BOOL | %I2.1 | | TRUE | TRUE |
| 车床在原点 | 默认变量表 | BOOL | %I2.2 | | TRUE | TRUE |
| 车床运行中 | 默认变量表 | BOOL | %I2.3 | | TRUE | TRUE |
| 车床加工完成 | 默认变量表 | BOOL | %I2.4 | | TRUE | TRUE |
| 车床报警 | 默认变量表 | BOOL | %I2.5 | | TRUE | TRUE |
| 车床卡盘张开状态 | 默认变量表 | BOOL | %I2.6 | | TRUE | TRUE |
| 车床卡盘夹紧状态 | 默认变量表 | BOOL | %I2.7 | | TRUE | TRUE |
| 车床开门状态 | 默认变量表 | BOOL | %I3.0 | 1：开门　0：关门 | TRUE | TRUE |
| 车床允许上料 | 默认变量表 | BOOL | %I3.1 | | TRUE | TRUE |
| 加工中心已联机 | 默认变量表 | BOOL | %I4.0 | | TRUE | TRUE |
| 加工中心卡盘有工件 | 默认变量表 | BOOL | %I4.1 | | TRUE | TRUE |
| 加工中心在原点 | 默认变量表 | BOOL | %I4.2 | | TRUE | TRUE |
| 加工中心运行中 | 默认变量表 | BOOL | %I4.3 | | TRUE | TRUE |
| 加工中心加工完成 | 默认变量表 | BOOL | %I4.4 | | TRUE | TRUE |
| 加工中心报警 | 默认变量表 | BOOL | %I4.5 | | TRUE | TRUE |
| 加工中心台虎钳卡盘张开状态 | 默认变量表 | BOOL | %I4.6 | | TRUE | TRUE |
| 加工中心台虎钳卡盘夹紧状态 | 默认变量表 | BOOL | %I4.7 | | TRUE | TRUE |
| 加工中心开门状态 | 默认变量表 | BOOL | %I5.0 | 1：开门　0：关门 | TRUE | TRUE |
| 加工中心允许上料 | 默认变量表 | BOOL | %I5.1 | | TRUE | TRUE |
| 加工中心零点卡盘夹紧到位 | 默认变量表 | BOOL | %I5.2 | | TRUE | TRUE |
| 加工中心零点卡盘松开到位 | 默认变量表 | BOOL | %I5.3 | | TRUE | TRUE |
| 仓格 1 | 默认变量表 | BOOL | %I8.0 | | TRUE | TRUE |
| 仓格 2 | 默认变量表 | BOOL | %I8.1 | | TRUE | TRUE |
| 仓格 3 | 默认变量表 | BOOL | %I8.2 | | TRUE | TRUE |
| 仓格 4 | 默认变量表 | BOOL | %I8.3 | | TRUE | TRUE |
| 仓格 5 | 默认变量表 | BOOL | %I8.4 | | TRUE | TRUE |
| 仓格 6 | 默认变量表 | BOOL | %I8.5 | | TRUE | TRUE |
| 仓格 7 | 默认变量表 | BOOL | %I8.6 | | TRUE | TRUE |
| 仓格 8 | 默认变量表 | BOOL | %I8.7 | | TRUE | TRUE |
| 仓格 9 | 默认变量表 | BOOL | %I9.0 | | TRUE | TRUE |
| 仓格 10 | 默认变量表 | BOOL | %I9.1 | | TRUE | TRUE |
| 仓格 11 | 默认变量表 | BOOL | %I9.2 | | TRUE | TRUE |
| 仓格 12 | 默认变量表 | BOOL | %I9.3 | | TRUE | TRUE |
| 仓格 13 | 默认变量表 | BOOL | %I9.4 | | TRUE | TRUE |
| 仓格 14 | 默认变量表 | BOOL | %I9.5 | | TRUE | TRUE |

续表

| 名称 | 路径 | 数值类型 | 逻辑地址 | 注释 | HMI 可见 | HMI 可访问 |
|---|---|---|---|---|---|---|
| 仓格 15 | 默认变量表 | BOOL | %I9.6 | | TRUE | TRUE |
| 仓格 16 | 默认变量表 | BOOL | %I9.7 | | TRUE | TRUE |
| 仓格 17 | 默认变量表 | BOOL | %I10.0 | | TRUE | TRUE |
| 仓格 18 | 默认变量表 | BOOL | %I10.1 | | TRUE | TRUE |
| 仓格 19 | 默认变量表 | BOOL | %I10.2 | | TRUE | TRUE |
| 仓格 20 | 默认变量表 | BOOL | %I10.3 | | TRUE | TRUE |
| 仓格 21 | 默认变量表 | BOOL | %I10.4 | | TRUE | TRUE |
| 仓格 22 | 默认变量表 | BOOL | %I10.5 | | TRUE | TRUE |
| 仓格 23 | 默认变量表 | BOOL | %I10.6 | | TRUE | TRUE |
| 仓格 24 | 默认变量表 | BOOL | %I10.7 | | TRUE | TRUE |
| 仓格 25 | 默认变量表 | BOOL | %I11.0 | | TRUE | TRUE |
| 仓格 26 | 默认变量表 | BOOL | %I11.1 | | TRUE | TRUE |
| 仓格 27 | 默认变量表 | BOOL | %I11.2 | | TRUE | TRUE |
| 仓格 28 | 默认变量表 | BOOL | %I11.3 | | TRUE | TRUE |
| 仓格 29 | 默认变量表 | BOOL | %I11.4 | | TRUE | TRUE |
| 仓格 30 | 默认变量表 | BOOL | %I11.5 | | TRUE | TRUE |
| 三色灯绿灯 | 默认变量表 | BOOL | %Q0.0 | | TRUE | TRUE |
| 三色灯黄灯 | 默认变量表 | BOOL | %Q0.1 | | TRUE | TRUE |
| 三色灯红灯 | 默认变量表 | BOOL | %Q0.2 | | TRUE | TRUE |
| 启动指示灯 | 默认变量表 | BOOL | %Q0.4 | | TRUE | TRUE |
| 停止指示灯 | 默认变量表 | BOOL | %Q0.5 | | TRUE | TRUE |
| 运行灯 | 默认变量表 | BOOL | %Q0.6 | | TRUE | TRUE |
| 解锁许可灯 | 默认变量表 | BOOL | %Q0.7 | | TRUE | TRUE |
| 车床联机请求信号 | 默认变量表 | BOOL | %Q2.0 | | TRUE | TRUE |
| 车床启动信号 | 默认变量表 | BOOL | %Q2.1 | 上完料机器人回安全位后给机床信号 | TRUE | TRUE |
| 车床响应信号 | 默认变量表 | BOOL | %Q2.2 | | TRUE | TRUE |
| 机器人急停 | 默认变量表 | BOOL | %Q2.3 | 1：急停 0：正常 | TRUE | TRUE |
| 车床安全门控制 | 默认变量表 | BOOL | %Q2.4 | 上升沿触发 | TRUE | TRUE |
| 车床卡盘控制信号 | 默认变量表 | BOOL | %Q2.5 | 1：夹紧 0：松开 | TRUE | TRUE |
| 车床急停 | 默认变量表 | BOOL | %Q2.6 | 1：急停 0：正常 | TRUE | TRUE |
| 车床吹气 | 默认变量表 | BOOL | %Q2.7 | 1：吹气 0：关闭 | TRUE | TRUE |
| 加工中心联机请求 | 默认变量表 | BOOL | %Q4.0 | | TRUE | TRUE |
| 加工中心启动信号 | 默认变量表 | BOOL | %Q4.1 | 上完料机器人回安全位后给机床信号 | TRUE | TRUE |
| 加工中心响应信号 | 默认变量表 | BOOL | %Q4.2 | | TRUE | TRUE |
| 加工中心零点卡盘控制 | 默认变量表 | BOOL | %Q4.3 | 1：夹紧 0：松开 | TRUE | TRUE |
| 加工中心安全门控制 | 默认变量表 | BOOL | %Q4.4 | 上升沿触发 | TURE | TRUE |
| 加工中心台虎钳卡盘控制信号 | 默认变量表 | BOOL | %Q4.5 | 1：夹紧 0：松开 | TURE | TRUE |
| 加工中心急停 | 默认变量表 | BOOL | %Q4.6 | 1：急停 0：正常 | TURE | TRUE |
| 加工中心吹气 | 默认变量表 | BOOL | %Q4.7 | 1：吹气 0：关闭 | TURE | TRUE |

（3）部分 PLC 与 MES 变量设置表如表 3.10.3 所示。

表 3.10.3 部分 PLC 与 MES 变量设置表

| PLC 型号 | | CPU 1215C DC/DC/DC/ | | |
|---|---|---|---|---|
| 输入点 | 信号 | 说明 | 数值类型 | PLC 地址 |
| Db001 | MES_PLC_comfirm | MES 发给 PLC 命令 | INT | DB100.DBW0 |
| Db002 | Rack_number_Unload_comfirm | MES 发给 PLC 的机床下料仓位 n | INT | DB100.DBW2 |
| Db003 | Order_type_comfirm | 机床编号 | INT | DB100.DBW4 |
| Db004 | Rack_number_Load_comfirm | MES 发给 PLC 的机床上料仓位 m | INT | DB100.DBW6 |
| Db005 | 预留 | 预留 | INT | DB100.DBW8 |
| Db006 | 预留 | 预留 | INT | DB100.DBW10 |
| Db007 | 预留 | 预留 | INT | DB100.DBW12 |
| Db008 | 预留 | 预留 | INT | DB100.DBW14 |
| Db009 | 预留 | 预留 | INT | DB100.DBW16 |
| Db010 | 预留 | 预留 | INT | DB100.DBW18 |
| Db011 | MES_PLC_response | MES 响应车床加工完成 | INT | DB100.DBW20 |
| Db012 | Rcak_Load_number_response | MES 响应上料仓位 m | INT | DB100.DBW22 |
| Db013 | Rcak_Unlnumber_response | MES 响应下料仓位 n | INT | DB100.DBW24 |
| Db014 | Machine_type_response | MES 响应设备号 | INT | DB100.DBW26 |
| Db015 | 预留 | 预留 | INT | DB100.DBW28 |
| Db016 | MES_PLC_response_2 | MES 响应加工中心加工完成 | INT | DB100.DBW30 |
| Db017 | Rcak_Load_number_response | MES 响应上料仓位 m | INT | DB100.DBW32 |
| Db018 | Rcak_Unlnumber_response | MES 响应下料仓位 n | INT | DB100.DBW34 |
| Db019 | Machine_type response_2 | MES 响应设备号 | INT | DB100.DBW36 |
| Db020 | 预留 | 预留 | INT | DB100.DBW38 |
| Db021 | PLC_MES_comfirm | PLC 向 MES 发送命令，车床加工完成 | INT | DB100.DBW40 |
| Db022 | Rcak_Load_number_comfirm | PLC 向 MES 发送的上料位值 m | INT | DB100.DBW42 |
| Db023 | Rcak_Unload_number_comfirm | PLC 向 MES 发送的下料位值 n | INT | DB100.DBW44 |
| Db024 | Machine_type_comfirm | PLC 向 MES 发送的设备号 | INT | DB100.DBW46 |
| Db025 | 预留 | 预留 | INT | DB100.DBW48 |
| Db026 | PLC_MES_comfirm_2 | PLC 向 MES 发送命令，加工中心加工完成 | INT | DB100.DBW50 |
| Db027 | Rcak_Load_number_comfirm_2 | PLC 向 MES 发送的上料位值 m | INT | DB100.DBW52 |
| Db028 | Rcak_Unload_number_comfirm_2 | PLC 向 MES 发送的下料位值 n | INT | DB100.DBW54 |
| Db029 | Machine_type_comfirm_2 | PLC 向 MES 发送的设备号 | INT | DB100.DBW56 |
| Db030 | 预留 | 预留 | INT | DB100.DBW58 |
| Db031 | PLC_MES_response | PLC 响应 MES 命令 | INT | DB100.DBW60 |
| Db032 | Rack_number_Unload_response | PLC 响应 MES 料位机床下料仓位 n | INT | DB100.DBW62 |
| Db033 | Order_type_response | PLC 响应 MES 加工类型 | INT | DB100.DBW64 |
| Db034 | Rack_number_Load_response | PLC 响应 MES 料位机床上料仓位 m | INT | DB100.DBW66 |
| Db035 | 预留 | 预留 | INT | DB100.DBW68 |
| Db036 | 预留 | | INT | DB100.DBW70 |
| Db037 | 预留 | | INT | DB100.DBW72 |
| Db038 | 预留 | | INT | DB100.DBW74 |

续表

| PLC 型号 | | CPU 1215C DC/DC/DC/ | | |
|---|---|---|---|---|
| 输入点 | 信号 | 说明 | 数值类型 | PLC 地址 |
| Db039 | 预留 | | INT | DB100.DBW76 |
| Db040 | 预留 | | INT | DB100.DBW78 |
| Db041 | Robot_status | 机器人的状态 | INT | DB100.DBW80 |
| Db042 | Robot_position_comfirm | 机器人是否在 HOME 位置确认 | INT | DB100.DBW82 |
| Db043 | Robot_mode | 机器人运行模式 | INT | DB100.DBW84 |
| Db044 | Robot_speed | 机器人繁忙 | INT | DB100.DBW86 |
| Db045 | Joint1_coor | 机器人关节 1 的坐标值 | INT | DB100.DBW88 |
| Db046 | Joint2_coor | 机器人关节 2 的坐标值 | INT | DB100.DBW90 |
| Db047 | Joint3_coor | 机器人关节 3 的坐标值 | INT | DB100.DBW92 |
| Db048 | Joint4_coor | 机器人关节 4 的坐标值 | INT | DB100.DBW94 |
| Db049 | Joint5_coor | 机器人关节 5 的坐标值 | INT | DB100.DBW96 |
| Db050 | Joint6_coor | 机器人关节 6 的坐标值 | INT | DB100.DBW98 |
| Db051 | Joint7_coor | 机器人关节 7 的坐标值 | INT | DB100.DBW100 |
| Db052 | Robot_clamp_number | 机器人当前使用的夹爪编号（1：方料，2：大圆，3：小圆） | INT | DB100.DBW102 |
| Db053 | Lathe_finish_state | 车床加工完成状态（1：完成） | INT | DB100.DBW104 |
| Db054 | Cnc_finish_state | 加工中心加工完成状态 | INT | DB100.DBW106 |
| D66.0 ～ 66.7 | 预留 | | BYTE | DB100.DBW130 |
| D66.8 | 预留 | | BOOL | |
| D66.9 | L_Door_Open | 车床门打开（0：关闭，1：打开） | BOOL | |
| D66.10 | L_Chuck_state | 车床卡盘状态（0：松开，1：夹紧） | BOOL | |
| D66.11 | 预留 | | BOOL | |
| D66.12 | 预留 | | BOOL | |
| D66.13 | 预留 | | BOOL | |
| D66.14 | 预留 | | BOOL | |
| D66.15 | 预留 | | BOOL | |
| D67.0 ～ 67.7 | 预留 | | BYTE | DB100.DBW132 |
| D67.8 | 预留 | | BOOL | |
| D67.9 | CNC_Door_Open | 加工中心门打开（0：关闭，1：打开） | BOOL | |
| D67.10 | CNC_Chuck_state | 加工中心卡盘状态（0：松开，1：夹紧） | BOOL | |
| D67.11 | CNC_Chuck_state 2 | 加工中心零点卡盘状态（0：松开，1：夹紧） | BOOL | |
| D67.12 | 预留 | | BOOL | |

## 二、华数工业机器编程指令（略）

# 任务实施

（1）加工中心上料：

① 创建项目，编写 PLC 控制程序及信号交互说明。

复位程序段如图 3.10.1 所示。

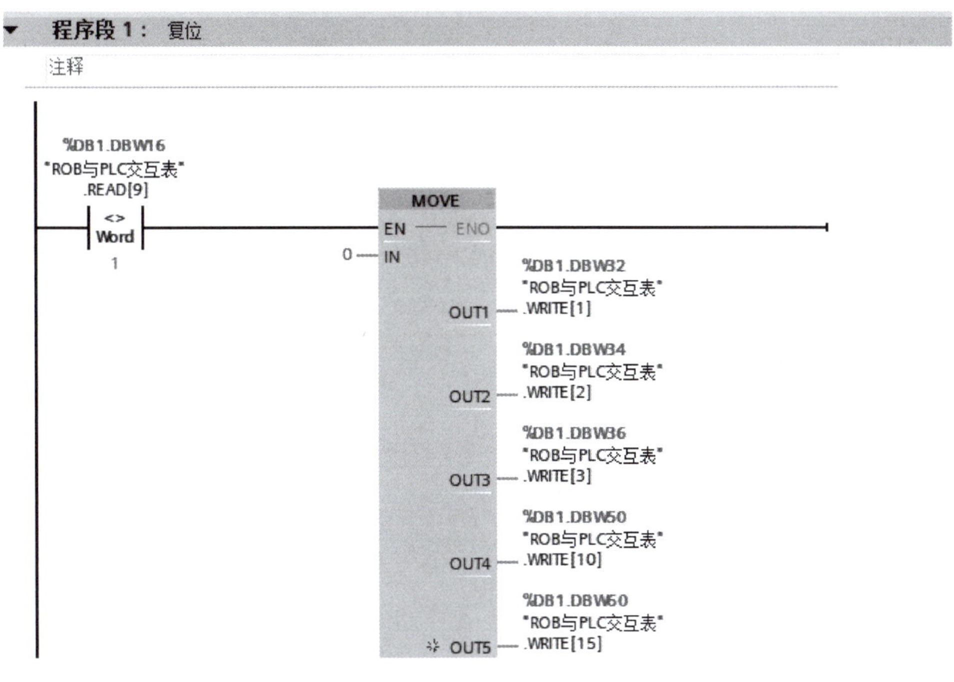


图 3.10.1　复位程序段

机器人不在安全位，说明已经开始执行子程序了，可以将给机器人的命令全部清掉。

订单模式判断程序段如图 3.10.2 所示。

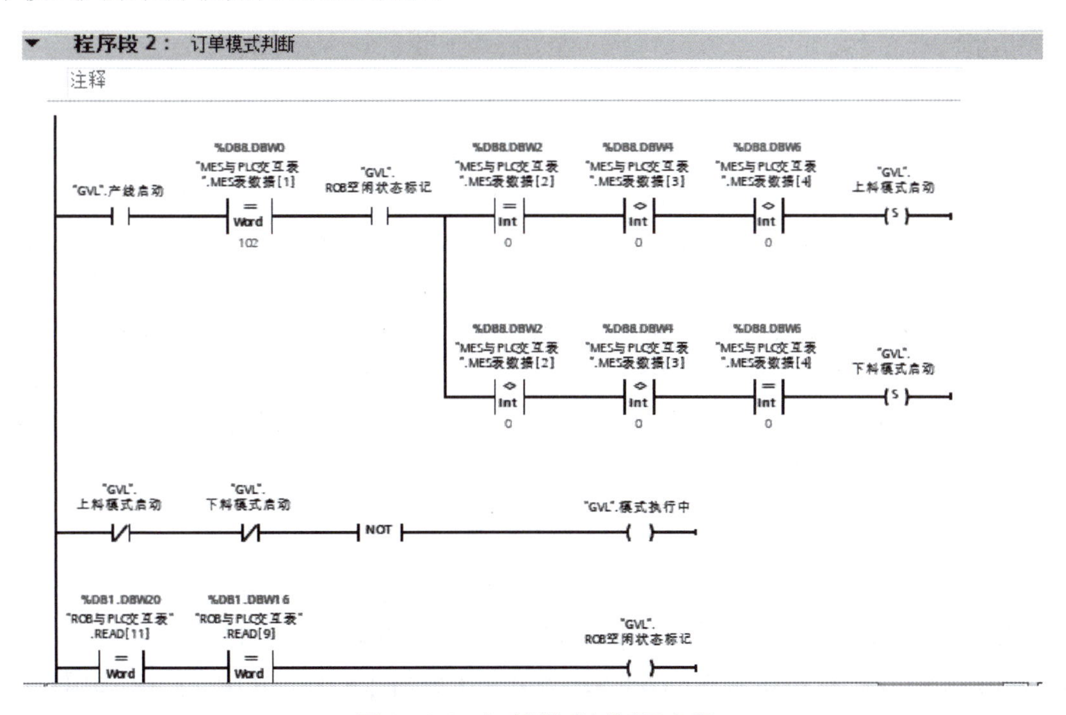


图 3.10.2　订单模式判断程序段

MES 下单发 102 加工调度后会有模式选择，有上料和下料两种模式，需要使用 m、n、k（m 表示料仓取料仓位号，n 表示料仓放料仓位号，k 表示设备号）的组合来区分。条件是产线启动 98（按下启动按钮），机器人在安全位，开始进行模式选择。

上料模式控制程序段如图 3.10.3 所示。

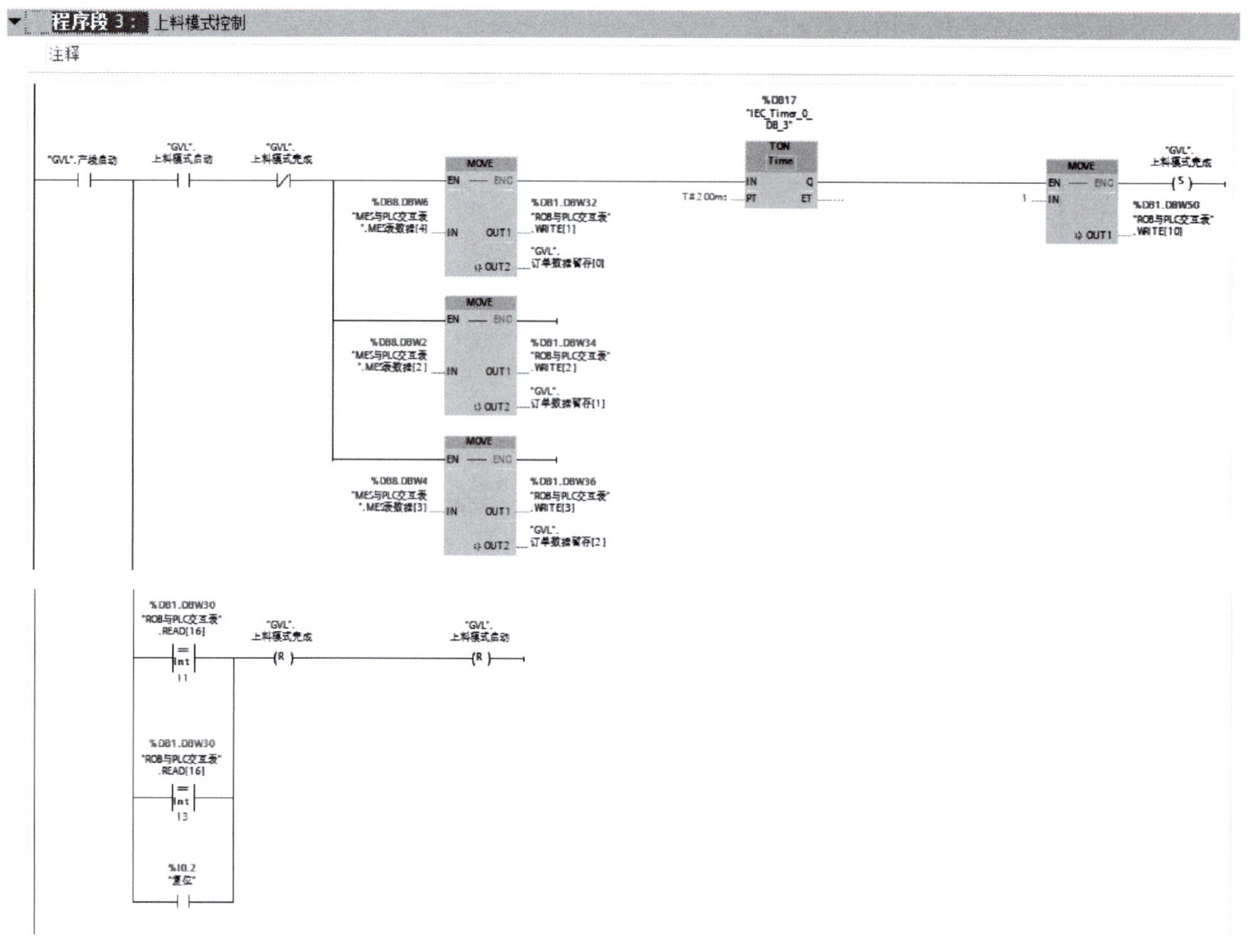


图 3.10.3　上料模式控制程序段

上料模式启动条件第一是产线启动，第二是上料模式启动，串联上料模式完成自锁。MES 给 PLC 的信号数据（m、n、k）通过 Modbus 通信传给机器人（在机器人 R 寄存器中的 R［11］、R［12］、R［13］），机器人就会开始动作，根据 MES 与 PLC 交互规则，在机器人动作前，MES 会把发给 PLC 的数据全部清除，所以 m、n、k 都要暂存，存在 DVL 中的订单数据暂存位置。根据交互规则，还需要一个机器人的确认信号。输出一个上料模式完成，意思是数据都给了机器人，MES 的任务都完成了，剩下的任务就是机器人动作了，然后就是机器人和机床的信号交互。以下是机器人收到 m、n、k（m 不等于 0，k 不等于 0，也就是 R［11］、R［13］不为 0）数据后的动作。

② 机器人程序编写及信号交互说明。

部分主程序：

'------------ 料仓取料 ---------

IF R[11] <>0 AND R[13] <>0 AND R[12] =0, CALL "A.PRG"

' 判断取料号，设备号不等于 0 时，往下执行 CALL A 调用料仓取料子程序

' 料仓取料子程序根据设备号 R[13] =1 调用车床放料子程序，R[13] =2 调用铣床放料子程序。

' 当 R[13] =2，机器人从料仓取好料后放到铣床中去

'--------------- 铣放 -----------

IF  R[13] =2  , CALL "C1.PRG"

' 判断设备号 R[13] =2，判断料仓放料位置响应等于 0 时，执行 CALL C1 加工中心放料子程序

```
'加工中心放料子程序
<attr>
VERSION: 0
GROUP: [0]
<end>
<pos>
<end>
<program>
J JR[104]
'加工中心放料
'---------------------- 点计算 ----------------------
IF R[11] >6 AND R[11] <13 THEN
LR[71]=LR[34]
LR[72]=LR[11]
END IF

IF R[11] >18 OR (R[11] >12 AND R[11] <18) THEN
LR[71]=LR[35]
LR[72]=LR[12]
END IF
'---------------------- 确认铣床安全门打开到位 ----------------------
WAIT R[20]=0
'---------------------- 确认铣床卡盘打开到位 ----------------------
R[24]=6
WAIT TIME=100
WAIT R[27]=1
R[24]=5
WAIT TIME=100
WAIT R[27]=0
R[24]=0
'---------------------- 运动点位 ----------------------
LR[73]=LR[71]+LR[9]
LR[74]=LR[71]+LR[72]
J JR[104]
J JR[8]
J JR[9]
L LR[73] VEL=100
L LR[74] VEL=50
WAIT TIME=1000
DO [3]=ON
DO [4]=OFF
WAIT TIME=1000
```

```
R[24]=6
WAIT TIME=1000
WAIT R[27]=1
IF R[10]=2 THEN
LR[75]=LR[71]+LR[17]
ELSE
LR[75]=LR[71]+LR[9]
END IF

L LR[75] VEL=100
J JR[9]
J JR[8]
J JR[104]
R[24]=13
WAIT TIME=1000
IF R[32]=1, GOTO LBL [1]
'---------------------- 机床启动 ----------------------
R[24] =7
WAIT TIME=500
WAIT R[20] =1
R[24] =0
LBL [1]
J JR[1]
WAIT TIME=500
<end>
```

WAIT R［20］=0，R［20］是 PLC 发给机器人的加工中心安全门状态，0 是打开，这个信号应该是 PLC 与机床 I/O 直连得到的输入信号 I5.0。PLC 与机器人采用 Modbus 通信，机器人得到这个等于 0 信号后程序往下执行。

R［24］=6 后 R［24］=5 是指机器人请求加工中心卡盘关闭与打开。具体控制梯形图见图 3.10.4。

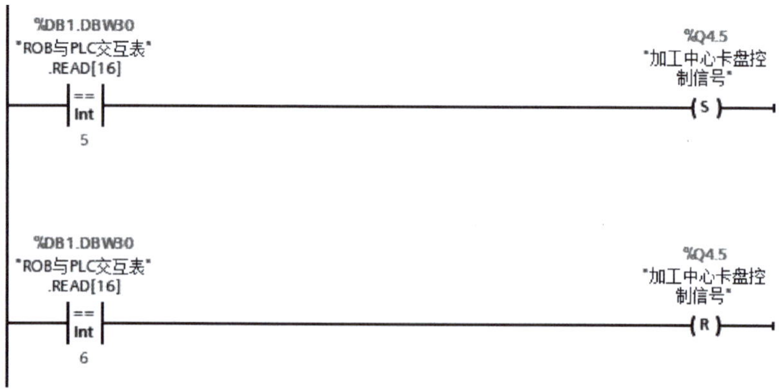

%DB1.DBW30
"ROB与PLC交互表".READ[16]
==
Int
5
%Q4.5
"加工中心卡盘控制信号"
S

%DB1.DBW30
"ROB与PLC交互表".READ[16]
==
Int
6
%Q4.5
"加工中心卡盘控制信号"
R

图 3.10.4　加工中心卡盘控制梯形图

WAIT R［27］=0 等待卡盘松开到位，这个状态信号是 PLC 发给机器人的（R［27］等于 0 是松开，1 是夹紧），也是 PLC 与机床 I/O 直连得到输入信号 I4.6，然后通过 Modbus 通信给机器人，开始放料。

放料完成后，机器人请求卡盘夹紧，WAIT R[27]=1 等待卡盘夹紧到位后，机器人退回机床外。

运动至安全位后 R[24]=13，CNC 放料完成。

R[24] 复位后，R[24]=7 启动机床，CALL WAIT（R[20]，1）等待 R[20]=1 即加工中心门关闭，说明开始运行程序 M 代码，关门，加工开始，所以可以将 R[24] 复位。图 3.10.5 是机器人请求加工中心启动 PLC 控制梯形图。

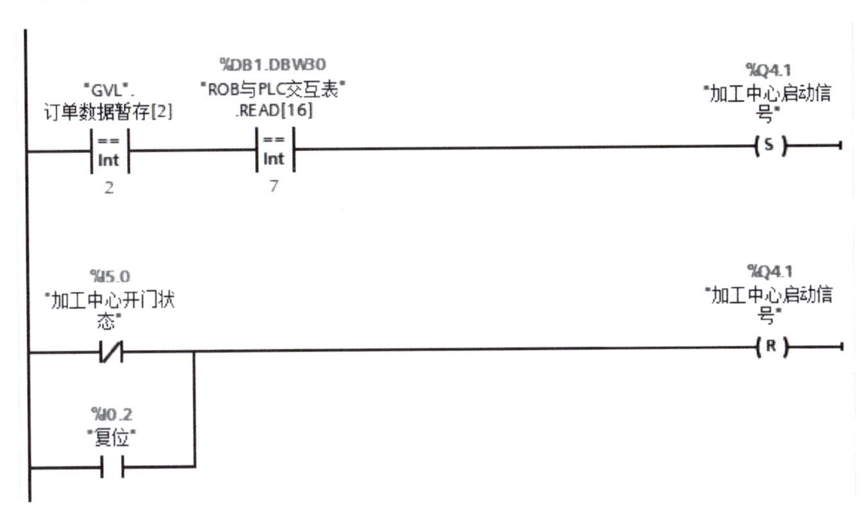


图 3.10.5　加工中心启动 PLC 控制梯形图

（2）加工中心下料：

① PLC 程序。

下料模式控制程序段如图 3.10.6 所示。

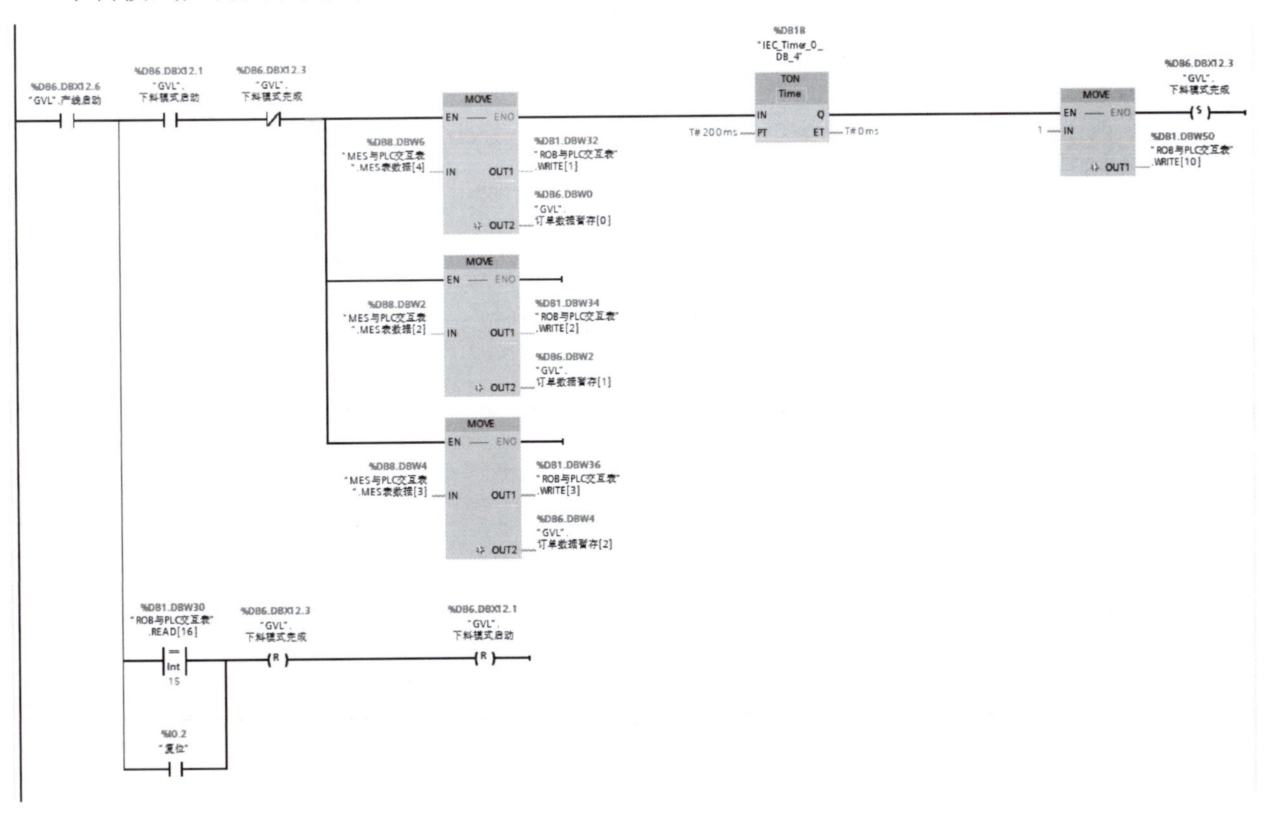


图 3.10.6　下料模式控制程序段

第三篇　互联互通篇

下料模式与上料模式类似。

② 部分机器人程序编写及信号交互说明。

部分主程序：

```
IF R [13]=2 AND R [11]=0 AND R [12]<>0 ,CALL "C.PRG"  '判断设备号,R[13]=
2，判断取料位置响应等于 0，放料位置响应不等于 0 时，执行 CALL C  加工中心取料子程序
'取料完成后放回料仓
R [24]=14
WAIT TIME=2000
R [24]=0
CALL "D.PRG"
'取料完成信号 R [24]=14，延时 2s 清零，然后调用料仓放料子程序
'加工中心取料子程序
<attr>
VERSION：0
GROUP：[0]
<end>
<pos>
<end>
<program>
J JR [104]
'加工中心取料
IF R [12] >6 AND R [12] <13 THEN
LR [71]=LR [34]
LR [72]=LR [34]+LR [9]
END IF
IF R [12] >18 OR (R [12] >12 AND R [12] <18) THEN
LR [71]=LR [35]
LR [72]=LR [35]+LR [17]
END IF
'----------------------- 确认车床安全门打开到位 ----------------
WAIT R [20] =0
'----------------------- 运动点 -----------------------
J JR [104]
J JR [8]
J JR [9]
L LR [72] VEL=100
L LR [71] VEL=50
WAIT TIME=1000
'----------------------- 机器人卡爪夹紧，卡盘打开 -----------------------
DO [3]=OFF
DO [4]=ON
WAIT TIME=1000
```

```
R [24]=5
WAIT R [27]=0
WAIT TIME=500
'----------------------------------------
L LR [72] VEL=100
J JR [9]
J JR [8]
J JR [104]
R [24]=14
WAIT TIME=2000
R [24]=0
CALL "D.PRG"
<end>
```

WAIT R[20]=0 等待 R[20]=0，即加工中心门开门，说明运行了程序 M 代码开门，加工结束了，机器人开始取料动作。

R[24]=5，机器人请求卡盘松开。等待 PLC 发出卡盘状态，WAIT R[27]=0 确认卡盘松开。机器人手爪夹紧且铣床卡盘松开后带料返回。

R[24]=14，机器人发出取料完成信号。PLC 响应机床以清除加工完成信号。Q4.2 输出给机床清除加工完成信号，复位机床，可以开始下一轮加工（图 3.10.7）。

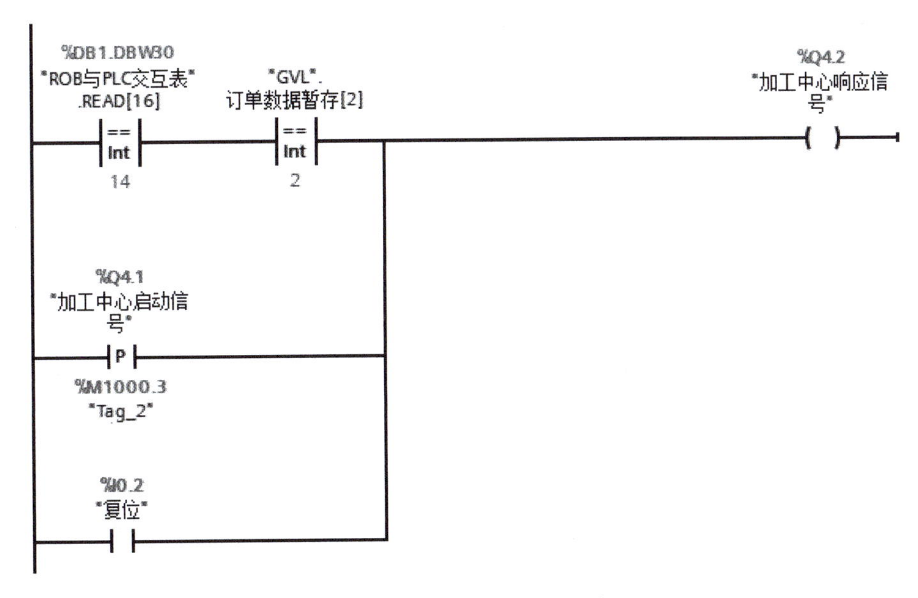


图 3.10.7　控制程序（1）

机器人取料完成后，回到安全位。接下来调用子程序 D 完成料仓放料。其中有 WAIT R[18]=1，等待 PLC 发出的 RFID 读写完成信号。收到信号后往下执行。料仓放料完成后机器人输出 R[24]=15 信号，表示料仓放料完成。下料模式启动复位。如图 3.10.8 所示。

（3）PLC 程序下载、机器人程序对点。

（4）加工中心加工空跑程序放到 C 盘指定目录，以便 MES 下单绑定。

（5）MES 下单加工中心上下料空跑流程验证。

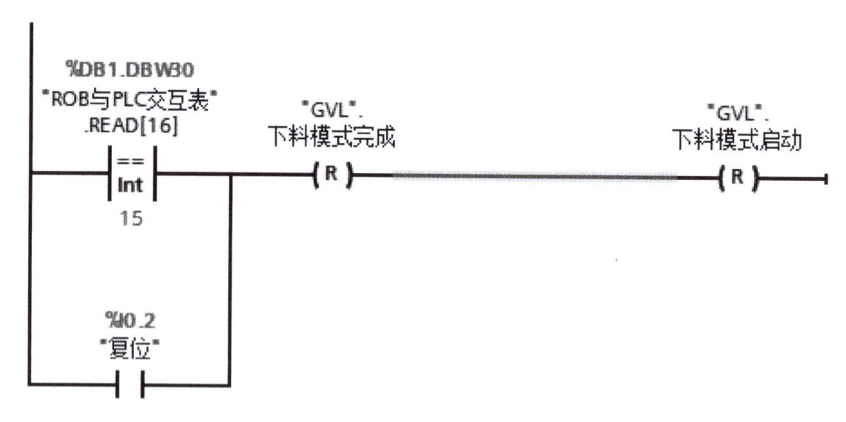


图 3.10.8　控制程序（2）

## 学习评价

通过本任务的深入学习，能够正确编写 PLC 控制程序并下载，编写机器人程序并对点，绑定空跑加工程序进行加工中心自动上下料。

## 练习与作业

根据由教材学到的编程方法与知识，完成 PLC 控制程序及机器人程序编写，MES 下单绑定加工中心空跑程序，实现加工中心自动上下料。

## 生产任务工单

| 下单日期 | ××/×/× | | 交货日期 | | ××/×/× |
|---|---|---|---|---|---|
| 下单人 | | | 经手人 | | |
| 序号 | 产品名称 | 型号 / 规格 | 数量 | 单位 | 生产要求 |
| 1 | PLC 控制程序编写 | 无 | 1 | 个 | 正常使用 |
| 2 | 机器人程序编写 | 无 | 1 | 个 | 正常使用 |
| 3 | MES 下单绑定加工程序实现加工中心自动上下料 | 无 | 3 | 个 | 实现三个料仓毛坯加工中心自动上下料 |
| | | | | | |
| 备注 | | | | | |
| 制单人：________ | | 审核：________ | | 生产主管：________ | |

## 学习任务1　加工中心上下料信号交互及带料加工（铣削）

### 学习内容

学习加工中心上下料相关PLC控制程序、机器人程序，以及机器人、PLC、MES、料仓之间的信号交互；完成下板零件加工中心（CNC）加工。

### 学习目标

通过本任务的深入学习，能够掌握设备信号交互基本知识，学会编写加工中心上下料PLC控制程序、机器人程序、加工程序。

### 思维导图

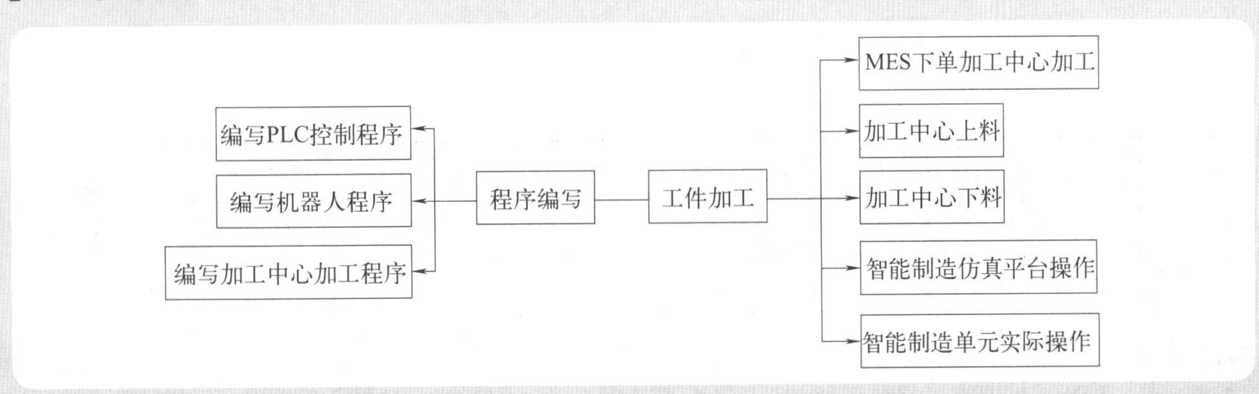


### 任务描述

完成与加工中心上下料操作相关的PLC控制程序的编写，机器人上下（取放）料程序的编写，加工程序的编写，并将下板加工成合格零件。注意设备间的交互信号。零件如图4.1.1所示。

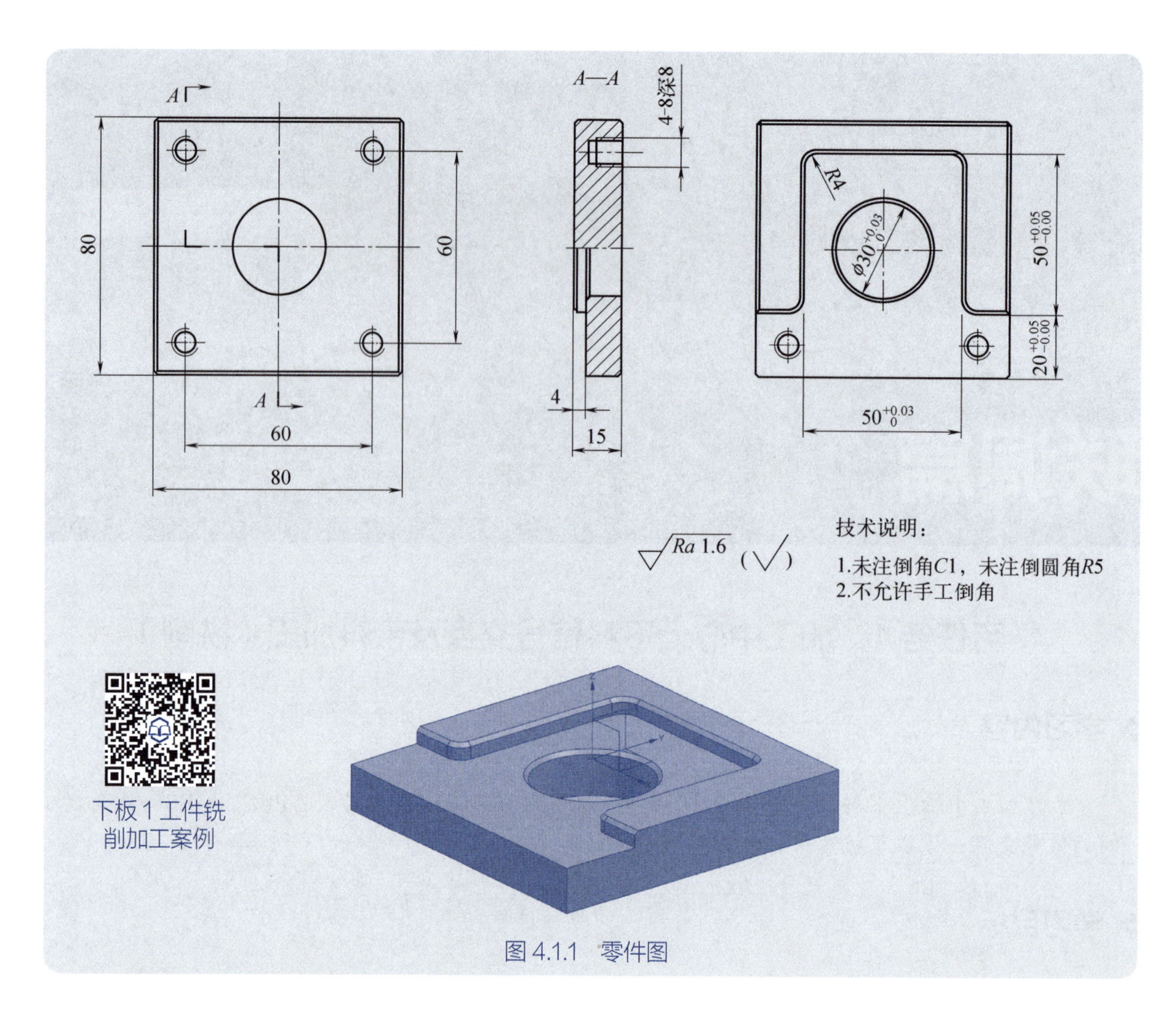


图 4.1.1 零件图

## 任务分析

### 一、平台信号交互变量表

（1）机器人与 PLC 的 Modbus TCP 通信交互变量表如表 4.1.1 所示。

表 4.1.1 机器人与 PLC 信号 Modbus TCP 通信交互变量

| | PLC modbus 通信地址 | 机器人内部地址 | 功能 | 变量类型 | 定义功能 | 值说明 | 地址 | |
|---|---|---|---|---|---|---|---|---|
| 机器人发给总控 PLC | 30001 | 30001 | 写 | int | J1 轴实时坐标值 | （系统数据）J1 轴实时坐标值 | DBW0 | |
| | 30002 | 30002 | 写 | int | J2 轴实时坐标值 | （系统数据）J2 轴实时坐标值 | DBW2 | |
| | 30003 | 30003 | 写 | int | J3 轴实时坐标值 | （系统数据）J3 轴实时坐标值 | DBW4 | |
| | 30004 | 30004 | 写 | int | J4 轴实时坐标值 | （系统数据）J4 轴实时坐标值 | DBW6 | |
| | 30005 | 30005 | 写 | int | J5 轴实时坐标值 | （系统数据）J5 轴实时坐标值 | DBW8 | |
| | 30006 | 30006 | 写 | int | J6 轴实时坐标值 | （系统数据）J6 轴实时坐标值 | DBW10 | |

续表

| | PLC modbus通信地址 | 机器人内部地址 | 功能 | 变量类型 | 定义功能 | 值说明 | 地址 | |
|---|---|---|---|---|---|---|---|---|
| 机器人发给总控PLC | 30007 | 30007 | 写 | int | E1 轴实时坐标值 | （系统数据）E1 轴实时坐标值 | DBW12 | |
| | 30008 | 30008 | 写 | int | 机器人状态 | （系统数据）机器人状态 | DBW14 | |
| | 30009 | 30009 | 写 | int | 机器人home位（第2参考点）确认 | （系统数据）机器人 home 位 | DBW16 | |
| | 30010 | 30010 | 写 | int | 机器人模式 | （系统数据）机器人模式 | DBW18 | |
| | 30011 | 30011 | 写 | int | 机器人运行状态忙 / 空闲 | R［90］ 0：空闲 1：忙 | DBW20 | |
| | 30012 | 30012 | 写 | int | 取料位置响应 | R［11］ | DBW22 | |
| | 30013 | 30013 | 写 | int | 放料位置响应 | R［12］ | DBW24 | |
| | 30014 | 30014 | 写 | int | 设备号响应 | R［13］ | DBW26 | |
| | 30015 | 30015 | 写 | int | RFID 位置 | R［14］ | DBW28 | |
| | 30016 | 30016 | 写 | int | | R［24］ 1：读 RFID 2：写 RFID 3：车床卡盘松开 4：车床卡盘加紧 5：铣床夹具夹紧 6：铣床夹具松开 7：机床启动 8：报警 9：RFID 完成 11：车床放料完成 12：车床取料完成 13：CNC 放料完成 14：CNC 取料完成 15：料仓放料完成 16：料仓取料安全联锁开启 17：料仓放料安全联锁开启 18：取夹爪安全联锁开启 19：放夹爪安全联锁开启 20：料仓安全联锁关闭 | DBW30 | |
| 总控PLC发给机器人 | PLC modbus通信地址 | 机器人内部地址 | 功能 | 变量类型 | 定义功能 | 值说明 | 地址 | |
| | 40001 | 40001 | 读 | int | 取料位 | R［15］ | DBW32 | |
| | 40002 | 40002 | 读 | int | 放料位 | R［16］ | DBW34 | |
| | 40003 | 40003 | 读 | int | 设备号 | R［17］ 1：车床 2：铣床 | DBW36 | |
| | 40004 | 40004 | 读 | int | RFID 读写完成 | R［18］ | DBW38 | |
| | 40005 | 40005 | 读 | int | 车床安全门 | R［19］ 0：打开； 1：关闭 | DBW40 | |
| | 40006 | 40006 | 读 | int | 加工中心安全门 | R［20］ 0：打开； 1：关闭 | DBW42 | |
| | 40007 | 40007 | 读 | int | 手爪类型 | R［21］ | DBW44 | |
| | 40008 | 40008 | 读 | int | | R［22］ | DBW46 | |
| | 40009 | 40009 | 读 | int | RFID 开始读写 | R［23］ | DBW48 | |
| | 40010 | 40010 | 读 | int | 确认信号 | R［25］ | DBW50 | |
| | 40011 | 40011 | 读 | int | 车床卡盘信号 | R［26］ 0：打开； 1：夹紧 | DBW52 | |

续表

| | PLC modbus 通信地址 | 机器人内部地址 | 功能 | 变量类型 | 定义功能 | 值说明 | 地址 | |
|---|---|---|---|---|---|---|---|---|
| 总控PLC发给机器人 | 40012 | 40012 | 读 | int | CNC 卡盘信号 | R[27]　0：打开　1：夹紧 | DBW54 | |
| | 40013 | 40013 | 读 | int | | R[28] | DBW56 | |
| | 40014 | 40014 | 读 | int | | R[29] | DBW58 | |
| | 40015 | 40015 | 读 | int | HMI 信号 | R[31]　1：HMI 发出的指令（不执行机床启动） | DBW60 | |
| | 40016 | 40016 | 读 | int | 机器人运行功能 | （自动模式）3. 暂停程序　4. 启动程序 | DBW62 | |

（2）PLC I/O 信号表如表 4.1.2 所示。

表 4.1.2　PLC I/O 信号表

| 名称 | 路径 | 数值类型 | 逻辑地址 | 注释 | HMI 可见 | HMI 可访问 |
|---|---|---|---|---|---|---|
| 启动 | 默认变量表 | BOOL | %I0.0 | | TRUE | TRUE |
| 停止 | 默认变量表 | BOOL | %I0.1 | | TRUE | TRUE |
| 复位 | 默认变量表 | BOOL | %I0.2 | | TRUE | TRUE |
| 急停 | 默认变量表 | BOOL | %I0.3 | | TRUE | TRUE |
| 联机 | 默认变量表 | BOOL | %I0.4 | | TRUE | TRUE |
| 仓库安全门 | 默认变量表 | BOOL | %I1.0 | | TRUE | TRUE |
| 仓库解锁按钮 | 默认变量表 | BOOL | %I1.1 | | TRUE | TRUE |
| 仓库急停按钮 | 默认变量表 | BOOL | %I1.2 | | TRUE | TRUE |
| 围栏安全开关 _1 | 默认变量表 | BOOL | %I1.3 | 料仓侧 | TRUE | TRUE |
| 围栏安全开关 _2 | 默认变量表 | BOOL | %I1.4 | 加工中心侧 | TRUE | TRUE |
| 车床已联机 | 默认变量表 | BOOL | %I2.0 | | TRUE | TRUE |
| 车床卡盘有工件 | 默认变量表 | BOOL | %I2.1 | | TRUE | TRUE |
| 车床在原点 | 默认变量表 | BOOL | %I2.2 | | TRUE | TRUE |
| 车床运行中 | 默认变量表 | BOOL | %I2.3 | | TRUE | TRUE |
| 车床加工完成 | 默认变量表 | BOOL | %I2.4 | | TRUE | TRUE |
| 车床报警 | 默认变量表 | BOOL | %I2.5 | | TRUE | TRUE |
| 车床卡盘张开状态 | 默认变量表 | BOOL | %I2.6 | | TRUE | TRUE |
| 车床卡盘夹紧状态 | 默认变量表 | BOOL | %I2.7 | | TRUE | TRUE |
| 车床开门状态 | 默认变量表 | BOOL | %I3.0 | 1：开门　0：关门 | TRUE | TRUE |
| 车床允许上料 | 默认变量表 | BOOL | %I3.1 | | TRUE | TRUE |
| 加工中心已联机 | 默认变量表 | BOOL | %I4.0 | | TRUE | TRUE |
| 加工中心卡盘有工件 | 默认变量表 | BOOL | %I4.1 | | TRUE | TRUE |
| 加工中心在原点 | 默认变量表 | BOOL | %I4.2 | | TRUE | TRUE |
| 加工中心运行中 | 默认变量表 | BOOL | %I4.3 | | TRUE | TRUE |
| 加工中心加工完成 | 默认变量表 | BOOL | %I4.4 | | TRUE | TRUE |
| 加工中心报警 | 默认变量表 | BOOL | %I4.5 | | TRUE | TRUE |
| 加工中心台虎钳卡盘张开状态 | 默认变量表 | BOOL | %I4.6 | | TRUE | TRUE |

续表

| 名称 | 路径 | 数值类型 | 逻辑地址 | 注释 | HMI 可见 | HMI 可访问 |
|---|---|---|---|---|---|---|
| 加工中心台虎钳卡盘夹紧状态 | 默认变量表 | BOOL | %I4.7 | | TRUE | TRUE |
| 加工中心开门状态 | 默认变量表 | BOOL | %I5.0 | 1：开门 0：关门 | TRUE | TRUE |
| 加工中心允许上料 | 默认变量表 | BOOL | %I5.1 | | TRUE | TRUE |
| 加工中心零点卡盘夹紧到位 | 默认变量表 | BOOL | %I5.2 | | TRUE | TRUE |
| 加工中心零点卡盘松开到位 | 默认变量表 | BOOL | %I5.3 | | TRUE | TRUE |
| 仓格 1 | 默认变量表 | BOOL | %I8.0 | | TRUE | TRUE |
| 仓格 2 | 默认变量表 | BOOL | %I8.1 | | TRUE | TRUE |
| 仓格 3 | 默认变量表 | BOOL | %I8.2 | | TRUE | TRUE |
| 仓格 4 | 默认变量表 | BOOL | %I8.3 | | TRUE | TRUE |
| 仓格 5 | 默认变量表 | BOOL | %I8.4 | | TRUE | TRUE |
| 仓格 6 | 默认变量表 | BOOL | %I8.5 | | TRUE | TRUE |
| 仓格 7 | 默认变量表 | BOOL | %I8.6 | | TRUE | TRUE |
| 仓格 8 | 默认变量表 | BOOL | %I8.7 | | TRUE | TRUE |
| 仓格 9 | 默认变量表 | BOOL | %I9.0 | | TRUE | TRUE |
| 仓格 10 | 默认变量表 | BOOL | %I9.1 | | TRUE | TRUE |
| 仓格 11 | 默认变量表 | BOOL | %I9.2 | | TRUE | TRUE |
| 仓格 12 | 默认变量表 | BOOL | %I9.3 | | TRUE | TRUE |
| 仓格 13 | 默认变量表 | BOOL | %I9.4 | | TRUE | TRUE |
| 仓格 14 | 默认变量表 | BOOL | %I9.5 | | TRUE | TRUE |
| 仓格 15 | 默认变量表 | BOOL | %I9.6 | | TRUE | TRUE |
| 仓格 16 | 默认变量表 | BOOL | %I9.7 | | TRUE | TRUE |
| 仓格 17 | 默认变量表 | BOOL | %I10.0 | | TRUE | TRUE |
| 仓格 18 | 默认变量表 | BOOL | %I10.1 | | TRUE | TRUE |
| 仓格 19 | 默认变量表 | BOOL | %I10.2 | | TRUE | TRUE |
| 仓格 20 | 默认变量表 | BOOL | %I10.3 | | TRUE | TRUE |
| 仓格 21 | 默认变量表 | BOOL | %I10.4 | | TRUE | TRUE |
| 仓格 22 | 默认变量表 | BOOL | %I10.5 | | TRUE | TRUE |
| 仓格 23 | 默认变量表 | BOOL | %I10.6 | | TRUE | TRUE |
| 仓格 24 | 默认变量表 | BOOL | %I10.7 | | TRUE | TRUE |
| 仓格 25 | 默认变量表 | BOOL | %I11.0 | | TRUE | TRUE |
| 仓格 26 | 默认变量表 | BOOL | %I11.1 | | TRUE | TRUE |
| 仓格 27 | 默认变量表 | BOOL | %I11.2 | | TRUE | TRUE |
| 仓格 28 | 默认变量表 | BOOL | %I11.3 | | TRUE | TRUE |
| 仓格 29 | 默认变量表 | BOOL | %I11.4 | | TRUE | TRUE |
| 仓格 30 | 默认变量表 | BOOL | %I11.5 | | TRUE | TRUE |
| 三色灯绿灯 | 默认变量表 | BOOL | %Q0.0 | | TRUE | TRUE |
| 三色灯黄灯 | 默认变量表 | BOOL | %Q0.1 | | TRUE | TRUE |
| 三色灯红灯 | 默认变量表 | BOOL | %Q0.2 | | TRUE | TRUE |
| 启动指示灯 | 默认变量表 | BOOL | %Q0.4 | | TRUE | TRUE |
| 停止指示灯 | 默认变量表 | BOOL | %Q0.5 | | TRUE | TRUE |

续表

| 名称 | 路径 | 数值类型 | 逻辑地址 | 注释 | HMI 可见 | HMI 可访问 |
| --- | --- | --- | --- | --- | --- | --- |
| 运行灯 | 默认变量表 | BOOL | %Q0.6 | | TRUE | TRUE |
| 解锁许可灯 | 默认变量表 | BOOL | %Q0.7 | | TRUE | TRUE |
| 车床联机请求 | 默认变量表 | BOOL | %Q2.0 | | TRUE | TRUE |
| 车床启动 | 默认变量表 | BOOL | %Q2.1 | 上完料机器人回安全位后给机床信号 | TRUE | TRUE |
| 车床响应 | 默认变量表 | BOOL | %Q2.2 | | TRUE | TRUE |
| 机器人急停 | 默认变量表 | BOOL | %Q2.3 | 1：急停 0：正常 | TRUE | TRUE |
| 车床安全门控制 | 默认变量表 | BOOL | %Q2.4 | 上升沿触发 | TRUE | TRUE |
| 车床卡盘控制 | 默认变量表 | BOOL | %Q2.5 | 1：夹紧 0：松开 | TRUE | TRUE |
| 车床急停 | 默认变量表 | BOOL | %Q2.6 | 1：急停 0：正常 | TRUE | TRUE |
| 车床吹气 | 默认变量表 | BOOL | %Q2.7 | 1：吹气 0：关闭 | TRUE | TRUE |
| 加工中心联机请求 | 默认变量表 | BOOL | %Q4.0 | | TRUE | TRUE |
| 加工中心启动 | 默认变量表 | BOOL | %Q4.1 | 上完料机器人回安全位后给机床信号 | TRUE | TRUE |
| 加工中心响应 | 默认变量表 | BOOL | %Q4.2 | | TRUE | TRUE |
| 加工中心零点卡盘控制 | 默认变量表 | BOOL | %Q4.3 | 1：夹紧 0：松开 | TRUE | TRUE |
| 加工中心安全门控制 | 默认变量表 | BOOL | %Q4.4 | 上升沿触发 | TRUE | TRUE |
| 加工中心台虎钳卡盘控制 | 默认变量表 | BOOL | %Q4.5 | 1：夹紧 0：松开 | TRUE | TRUE |
| 加工中心急停 | 默认变量表 | BOOL | %Q4.6 | 1：急停 0：正常 | TRUE | TRUE |
| 加工中心吹气 | 默认变量表 | BOOL | %Q4.7 | 1：吹气 0：关闭 | TRUE | TRUE |

（3）部分 PLC 与 MES 变量设置表见表 4.1.3。

表 4.1.3　部分 PLC 与 MES 变量设置表

| PLC 型号 | | CPU 1215C DC/DC/DC/ | | |
| --- | --- | --- | --- | --- |
| 输入点 | 信号 | 说明 | 数值类型 | PLC 地址 |
| Db021 | PLC_MES_comfirm | PLC 向 MES 发送命令车床加工完成 | Int | DB100.DBW40 |
| Db022 | Rcak_Load_number_comfirm | PLC 向 MES 发送的上料位值 m | Int | DB100.DBW42 |
| Db023 | Rcak_Unload_number_comfirm | PLC 向 MES 发送的下料位值 n | Int | DB100.DBW44 |
| Db024 | Machine_type_comfirm | PLC 向 MES 发送的设备号 | Int | DB100.DBW46 |
| Db025 | 预留 | 预留 | Int | DB100.DBW48 |
| Db026 | PLC_MES_comfirm_2 | PLC 向 MES 发送命令加工中心加工完成 | Int | DB100.DBW50 |
| Db027 | Rcak_Load_number_comfirm_2 | PLC 向 MES 发送的上料位值 m | Int | DB100.DBW52 |
| Db028 | Rcak_Unload_number_comfirm_2 | PLC 向 MES 发送的下料位值 n | Int | DB100.DBW54 |
| Db029 | Machine_type_comfirm_2 | PLC 向 MES 发送的设备号 | Int | DB100.DBW56 |
| Db030 | 预留 | 预留 | Int | DB100.DBW58 |
| Db031 | PLC_MES_respone | PLC 响应 MES 命令 | Int | DB100.DBW60 |
| Db032 | Rcak_number_Unload_respone | PLC 响应 MES 料位机床下料仓位 n | Int | DB100.DBW62 |
| Db033 | Order_type_respone | PLC 响应 MES 加工类型 | Int | DB100.DBW64 |
| Db034 | Rack_number_Load_respo | PLC 响应 MES 料位机床上料仓位 m | Int | DB100.DBW66 |
| Db035 | 预留 | 预留 | Int | DB100.DBW68 |
| Db036 | 预留 | | Int | DB100.DBW70 |

续表

| PLC 型号 | | CPU 1215C DC/DC/DC/ | | |
|---|---|---|---|---|
| 输入点 | 信号 | 说明 | 数值类型 | PLC 地址 |
| Db037 | 预留 | | Int | DB100.DBW72 |
| Db038 | 预留 | | Int | DB100.DBW74 |
| Db039 | 预留 | | Int | DB100.DBW76 |
| Db040 | 预留 | | Int | DB100.DBW78 |
| Db001 | MES_PLC_comfirm | MES 发给 PLC 命令 | Int | DB100.DBW0 |
| Db002 | Rack_number_Unload_comfirm | MES 发给 PLC 的机床下料仓位 n | Int | DB100.DBW2 |
| Db003 | Order_type_comfirm | 机床编号 | Int | DB100.DBW4 |
| Db004 | Rack_number_Load_comfirm | MES 发给 PLC 的机床上料仓位 m | Int | DB100.DBW6 |
| Db005 | 预留 | 预留 | Int | DB100.DBW8 |
| Db006 | 预留 | 预留 | Int | DB100.DBW10 |
| Db007 | 预留 | 预留 | Int | DB100.DBW12 |
| Db008 | 预留 | 预留 | Int | DB100.DBW14 |
| Db009 | 预留 | 预留 | Int | DB100.DBW16 |
| Db010 | 预留 | 预留 | Int | DB100.DBW18 |
| Db011 | MES_PLC_response | MES 响应车床加工完成 | Int | DB100.DBW20 |
| Db012 | Rcak_Load_number_respo | MES 响应上料仓位 m | Int | DB100.DBW22 |
| Db013 | Rcak_Unlnumber_respons | MES 响应下料仓位 n | Int | DB100.DBW24 |
| Db014 | Machine_type_response | MES 响应设备号 | Int | DB100.DBW26 |
| Db015 | 预留 | 预留 | Int | DB100.DBW28 |
| Db016 | MES_PLC_response_2 | MES 响应加工中心加工完成 | Int | DB100.DBW30 |
| Db017 | Rcak_Load_number_respo | MES 响应上料仓位 m | Int | DB100.DBW32 |
| Db018 | Rcak_Unlnumber_respons | MES 响应下料仓位 n | Int | DB100.DBW34 |
| Db019 | Machine_type_response_2 | MES 响应设备号 | Int | DB100.DBW36 |
| Db020 | 预留 | 预留 | Int | DB100.DBW38 |
| Db041 | Robot_status | 机械手的状态 | Int | DB100.DBW80 |
| Db042 | Robot_position_comfirm | 机械手是否在 HOME 位置确认 | Int | DB100.DBW82 |
| Db043 | Robot_mode | 机械手运行模式 | Int | DB100.DBW84 |
| Db044 | Robot_speed | 机器人繁忙 | Int | DB100.DBW86 |
| Db045 | Joint1_coor | 机械手关节 1 的坐标值 | Int | DB100.DBW88 |
| Db046 | Joint2_coor | 机械手关节 2 的坐标值 | Int | DB100.DBW90 |
| Db047 | Joint3_coor | 机械手关节 3 的坐标值 | Int | DB100.DBW92 |
| Db048 | Joint4_coor | 机械手关节 4 的坐标值 | Int | DB100.DBW94 |
| Db049 | Joint5_coor | 机械手关节 5 的坐标值 | Int | DB100.DBW96 |
| Db050 | Joint6_coor | 机械手关节 6 的坐标值 | Int | DB100.DBW98 |
| Db051 | Joint7_coor | 机械手关节 7 的坐标值 | Int | DB100.DBW100 |
| Db052 | Robot_clamp_number | 机械手当前使用的夹爪编号（1 方料，2 大圆，3 小圆） | Int | DB100.DBW102 |
| Db053 | Lathe_finish_state | 车床加工完成状态（1 为完成） | Int | DB100.DBW104 |
| Db054 | Cnc_finish_state | 加工中心加工完成状态 | Int | DB100.DBW106 |

续表

| PLC 型号 | | CPU 1215C DC/DC/DC/ | | |
|---|---|---|---|---|
| 输入点 | 信号 | 说明 | 数值类型 | PLC 地址 |
| D66.0 ~ 66.7 | 预留 | | byte | |
| D66.8 | 预留 | | bool | |
| D66.9 | L_Door_Open | 车床自动门打开（0 关闭 1 打开） | bool | |
| D66.10 | L_Chuck_state | 车床卡盘状态（0 松开 1 夹紧） | bool | |
| D66.11 | 预留 | | bool | DB100.DBW130 |
| D66.12 | 预留 | | bool | |
| D66.13 | 预留 | | bool | |
| D66.14 | 预留 | | bool | |
| D66.15 | 预留 | | bool | |
| D67.0 ~ 67.7 | 预留 | | byte | |
| D67.8 | 预留 | | bool | |
| D67.9 | CNC_Door_Open | 加工中心自动门打开（0 关闭 1 打开） | bool | DB100.DBW132 |
| D67.10 | CNC_Chuck_state | 加工中心卡盘状态（0 松开 1 夹紧） | bool | |
| D67.11 | CNC_Chuck_state 2 | 加工中心零点卡盘状态（0 松开 1 夹紧） | bool | |
| D67.12 | 预留 | | bool | |

## 二、用 UG 软件创建铣削加工程序步骤

### （一）程序创建

进入加工界面并熟悉各个工具的使用后，开始程序创建。具体操作如图 4.1.2 所示。

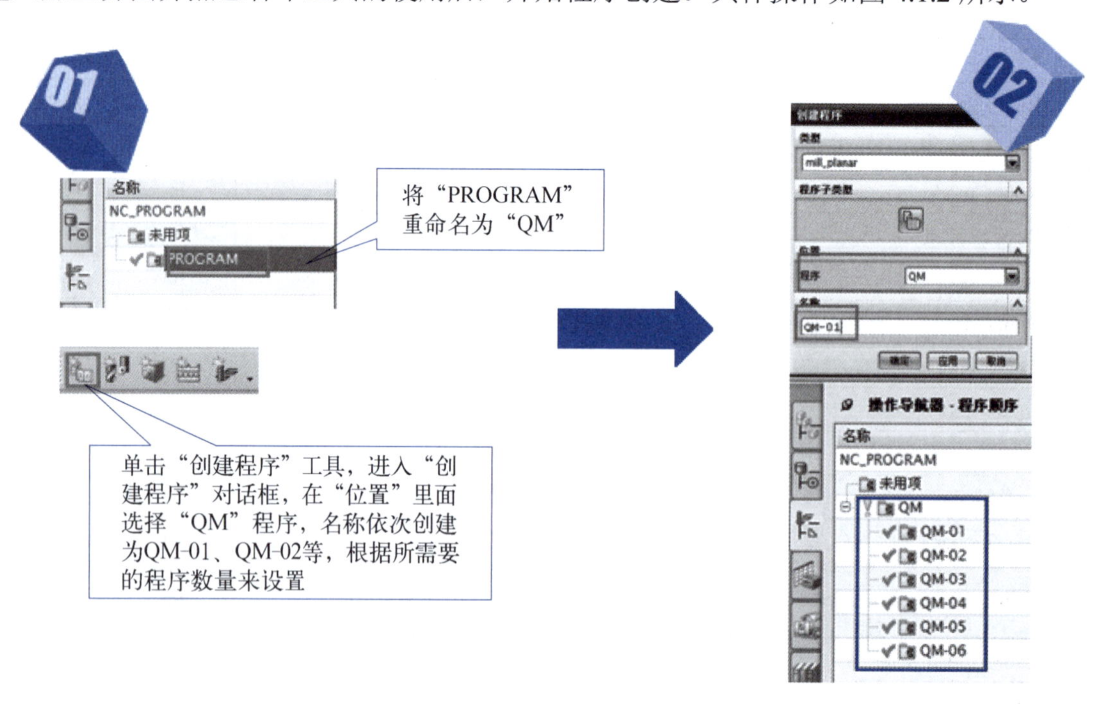


图 4.1.2　程序创建

### （二）创建刀具

单击“创建刀具”工具，进入“创建刀具”对话框，选择“mill_planar”类型，名称设置为“D17R0.8”圆鼻刀。根据所需要的刀具来依次创建。如图 4.1.3 所示。

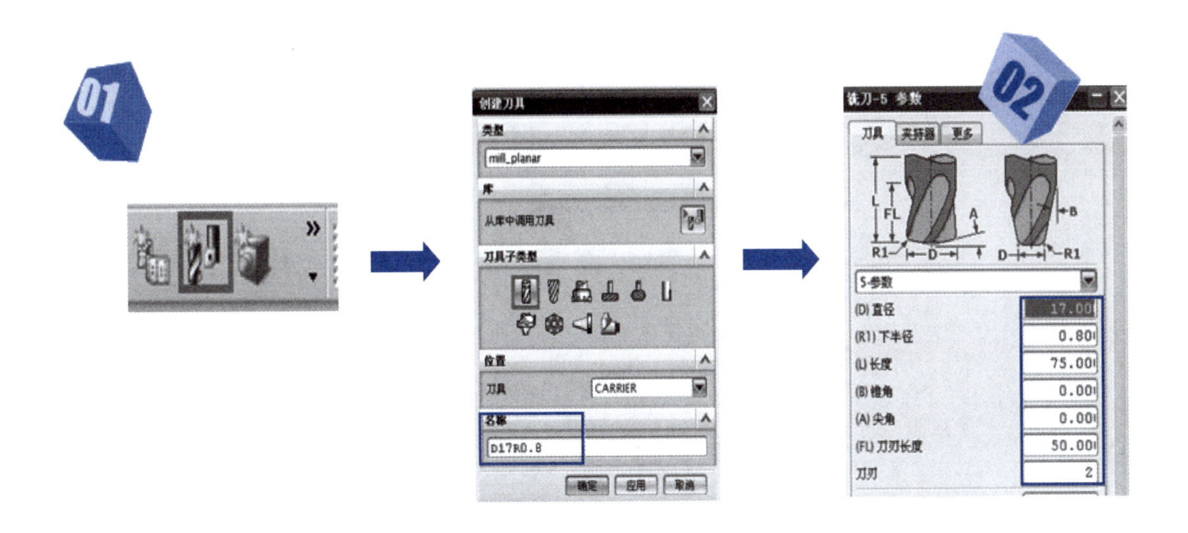


图 4.1.3　创建刀具

### （三）创建几何体

双击 WORKPIECE，进入操作导航器。双击 MCS_MILL，进入“Mill Orient”对话框，在“安全距离”中设置“平面”，“指定平面”为“点和方向”，安全距离为表面上方 20mm。双击 WORKPIECE，进入“铣削几何体”对话框。单击“指定毛坯”，进入“毛坯几何体”对话框，“选择选项”设置为“自动块”。如图 4.1.4 所示。

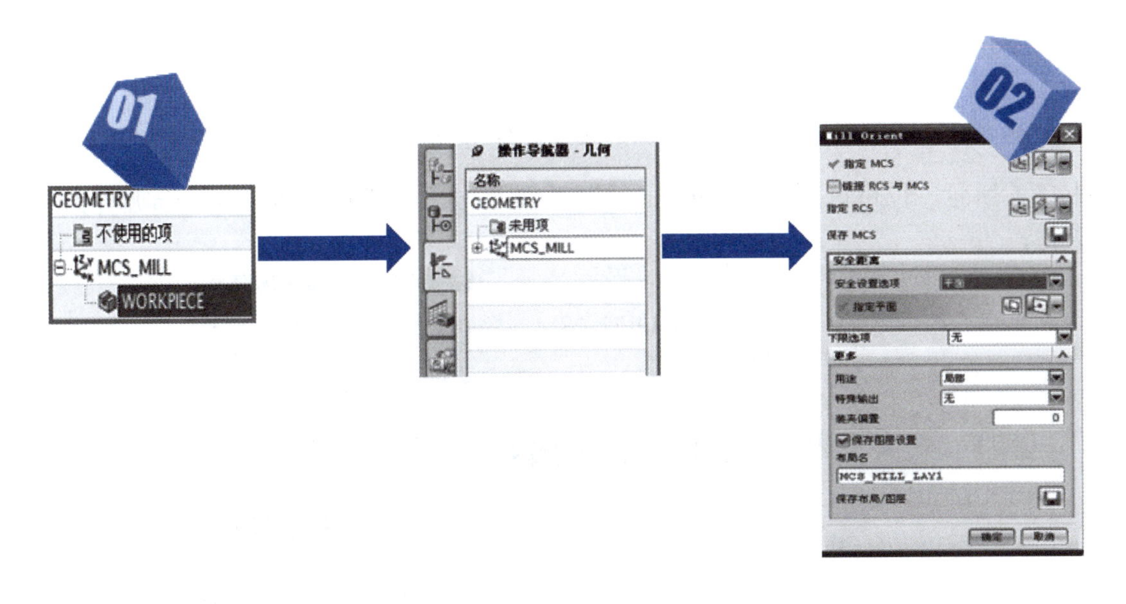


(a)

图 4.1.4

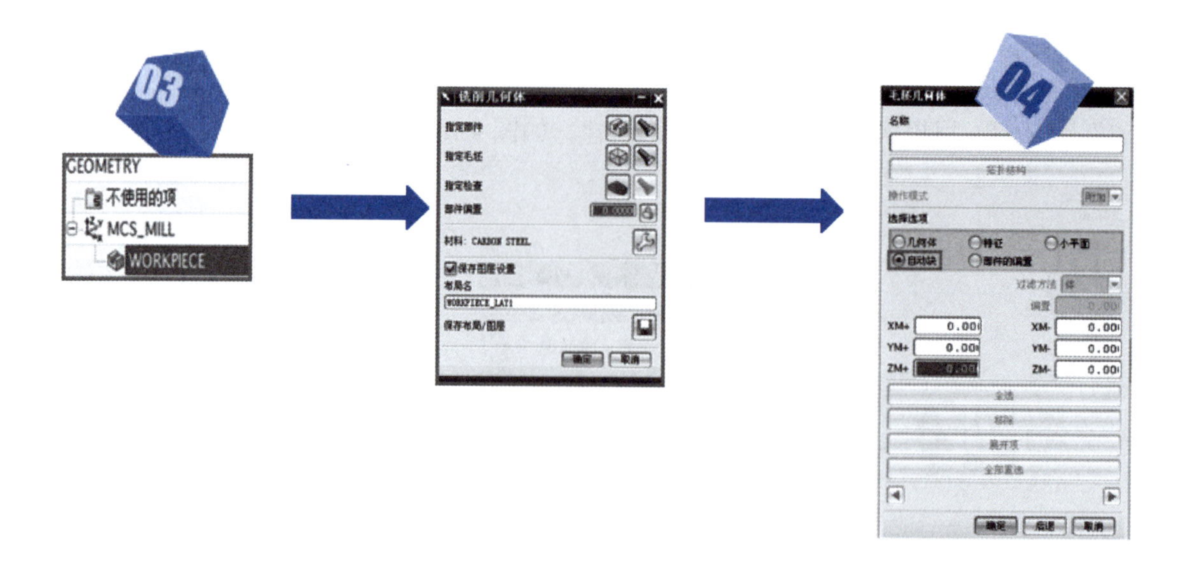


(b)

图 4.1.4 创建几何体

## （四）创建操作

如图 4.1.5 所示，进入“创建操作”对话框，选择型腔铣和深度加工轮廓。

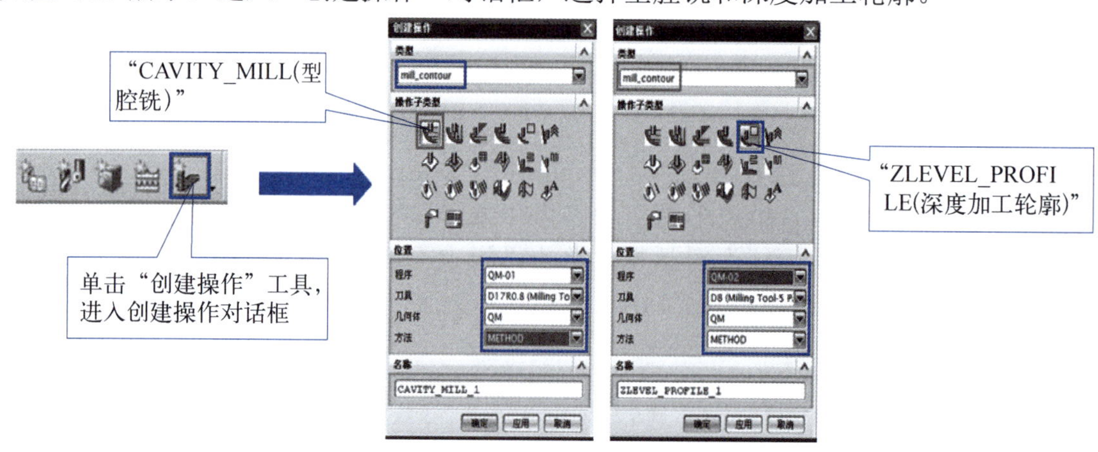


图 4.1.5 创建操作（1）

如图 4.1.6 所示，也可以选择“mill_planar”类型下的子类型面铣削。至于选哪种方式，根据实际需要来定。

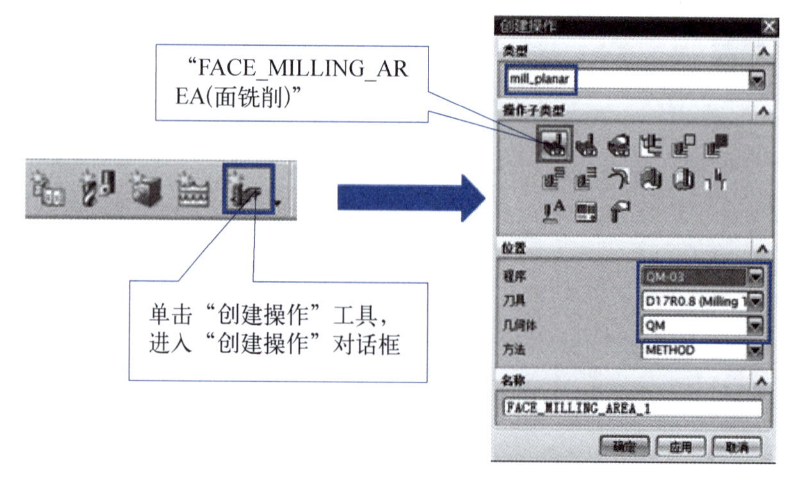


图 4.1.6 创建操作（2）

## 任务实施

仿真平台操作流程如图 4.1.7 所示。

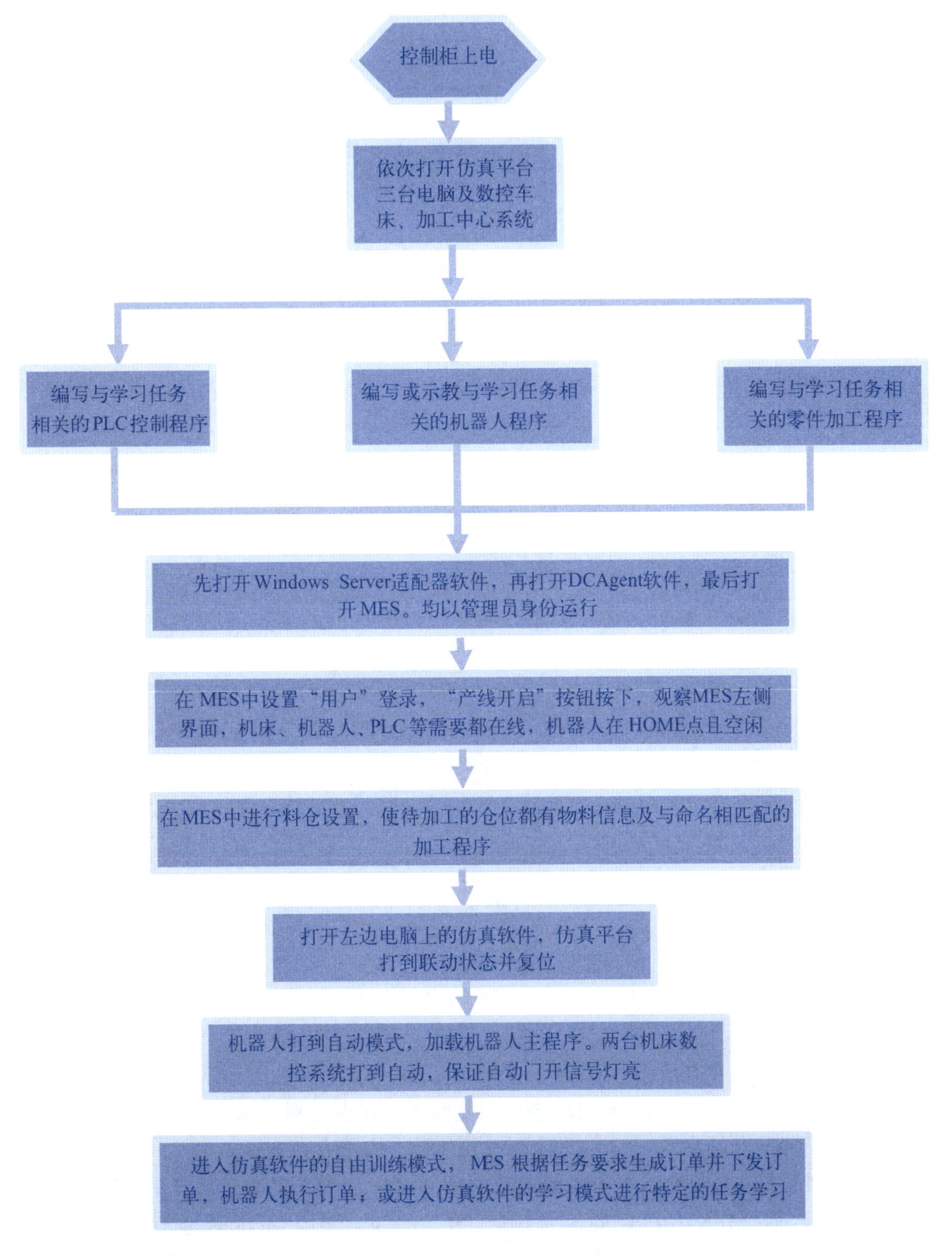


图 4.1.7　仿真平台操作流程

### 一、MES 下单 CNC 加工

仓位：要生成的订单绑定的仓位号。该仓位号不能与订单下发列表的仓位编号重复。加工程序也要绑定仓位号。

工序一：如图 4.1.8 所示选择第一道工序，“铣工序”表示第一道工序是 CNC 加工。
工序二：“无”表示没有第二道工序。

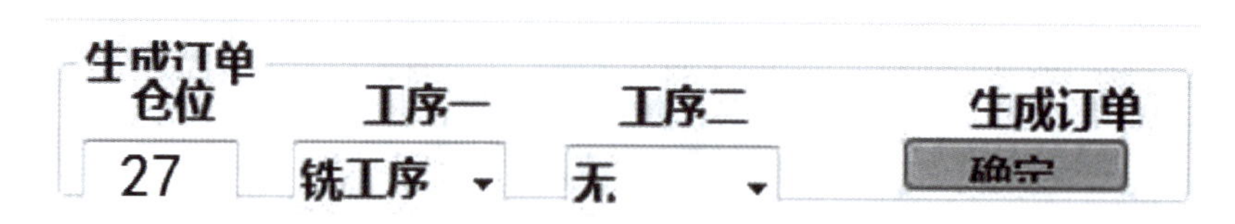

图 4.1.8　选择第一道工序

这样，27 号仓位件只有 CNC 加工。

## 二、加工中心上料

（1）创建项目，PLC 控制程序编写及信号交互说明如下。

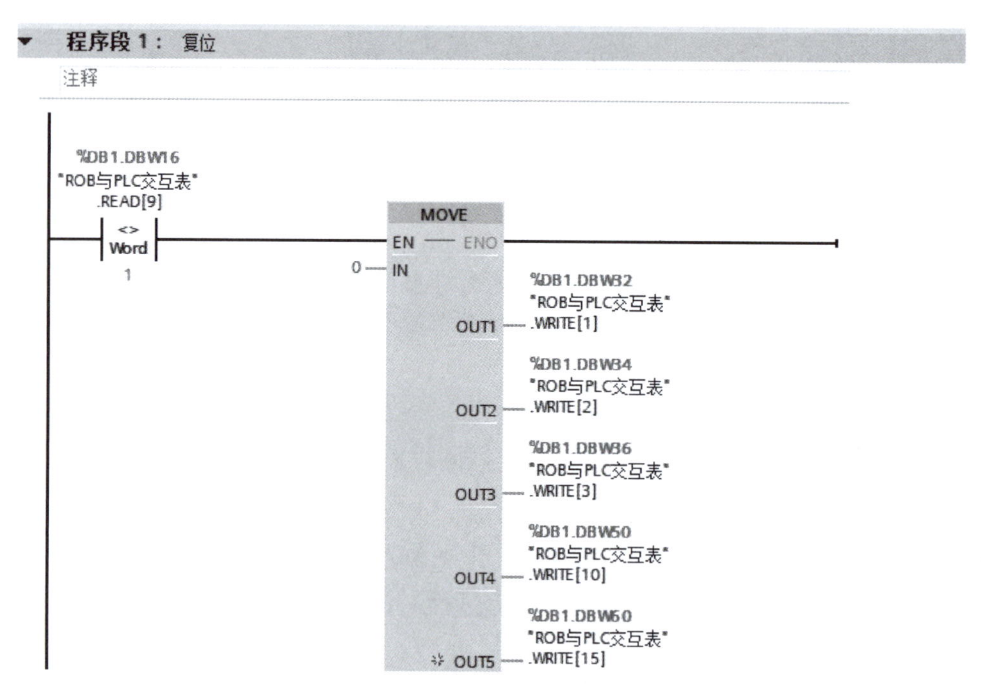

图 4.1.9　复位

复位如图 4.1.9 所示。机器人不在安全位，说明已经开始执行子程序了，可以将给机器人的命令全部清掉。

订单模式判断如图 4.1.10 所示。MES 下单发 102 加工调度后就会有模式选择，有上料和下料两种模式，需要使用 m、n、k（m 表示料仓取料仓位号，n 表示料仓放料仓位号，k 表示设备号）的组合来区分。条件是产线启动（98）（按下启动按钮），机器人在安全位。

上料模式控制如图 4.1.11 所示。上料模式启动条件第一是产线启动；第二是上料模式启动，串联上料模式完成自锁。MES 给 PLC 的信号数据（m、n、k）采用 Modbus 通信传给机器人（存在机器人 R 寄存器中的 R[11]、R[12]、R[13] 中），机器人开始动作，根据 MES 与 PLC 交互规则，在机器人动作前，MES 会把发给 PLC 的数据全部清除，所以 m、n、k 都要暂存，存在 DVL 中的订单数据暂存位置。根据交互规则，还需要一个机器人确认信号。输出上料模式完成，意思是数据都给了机器人，MES 的任务都完成了，剩下的任务就是机器人动作了，然后就是机器人和机床的信号交互。以下是机器人收到 m、n、k（m 不等于 0，k 不等于 0，也就是 R[11]、R[13] 不为 0）数据后的动作。

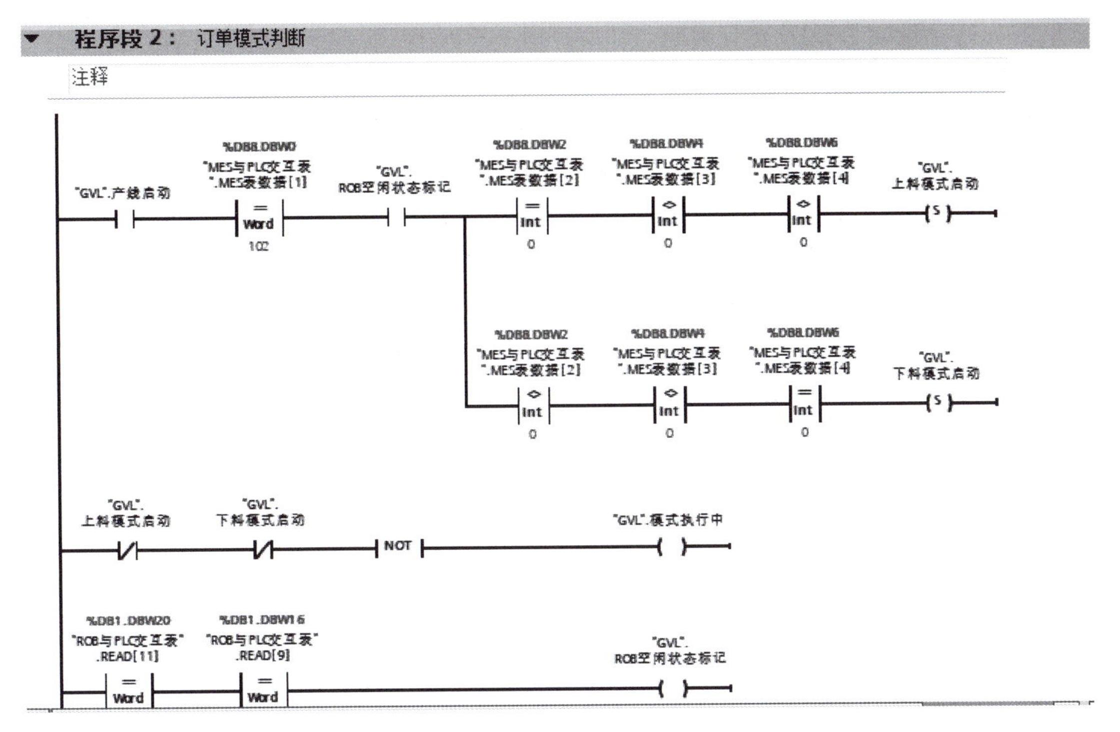


图 4.1.10　订单模式判断

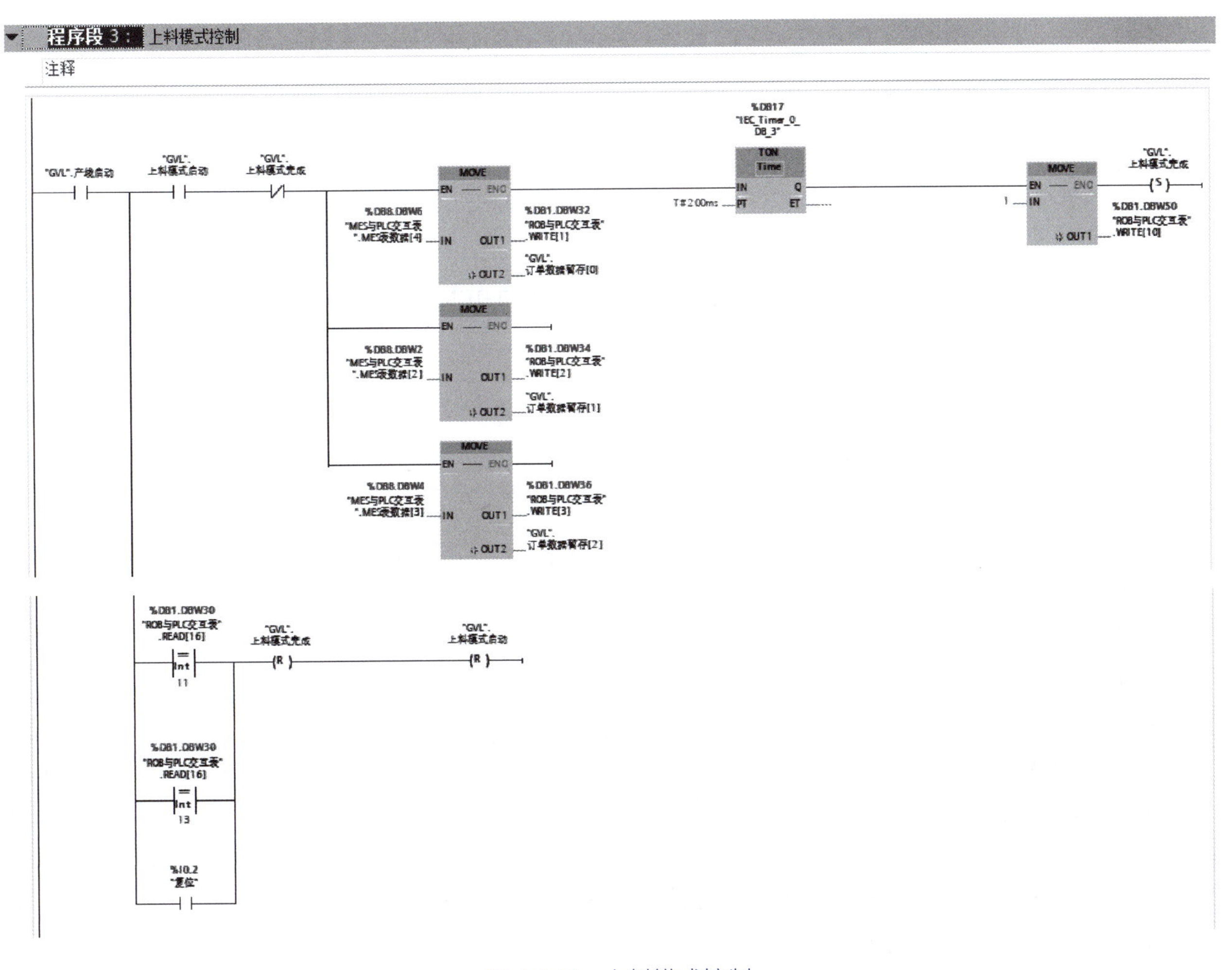


图 4.1.11　上料模式控制

（2）机器人程序编写及信号交互说明。

部分主程序：

IF R[11]<>0 AND R[13]<>0 AND R[12]=0,CALL "A.PRG" '判断取料号，设备号不等于 0 时，往下走 CALL A 调用料仓取料子程序

料仓取料子程序再根据设备号 R[13]=1 调用车床放料子程序；R[13]=2 调用铣床放料子程序。

当 R[13]=2，下面机器人从料仓取好料后放到铣床中去。

'-------------- 铣放 -----------

IF R[13]=2 , CALL "C1.PRG" '判断设备号响应 =2， 判断料仓放料位置响应等于 0 时，执行 CALL C1 加工中心放料子程序

加工中心放料子程序

```
<attr>
VERSION:0
GROUP:[0]
<end>
<pos>
<end>
<program>
J JR[104]
'加工中心放料
'--------------------- 点计算 ----------------------
IF R[11]>6 AND R[11]<13 THEN
LR[71]=LR[34]
LR[72]=LR[11]
END IF

IF R[11]>18 OR (R[11]>12 AND R[11]<18) THEN
LR[71]=LR[35]
LR[72]=LR[12]
END IF
'----------- 确认铣床安全门打开到位 ----------------------
WAIT R[20] = 0
'-------------------- 确认铣床卡盘打开到位 ----------------------
R[24]=6
WAIT TIME=100
WAIT R[27]=1
R[24]=5
WAIT TIME=100
WAIT R[27]=0
R[24]=0
'--------------------- 运动点位 ----------------------
LR[73]=LR[71]+LR[9]
LR[74]=LR[71]+LR[72]
```

```
J JR[104]
J JR[8]
J JR[9]
L LR[73] VEL=100
L LR[74] VEL=50
'--------------------------------
WAIT TIME = 1000
DO[3] = ON
DO[4] = OFF
WAIT TIME = 1000
R[24] = 6
WAIT TIME = 1000
WAIT R[27] = 1
'----------------------------
IF R[10]=2 THEN
LR[75] = LR[71]+LR[17]
ELSE
LR[75] = LR[71]+LR[9]
END IF

L LR[75] VEL=100
J JR[9]
J JR[8]
J JR[104]
R[24] = 13
WAIT TIME = 1000
IF R[32]=1 , GOTO LBL[1]
'---------------------- 机床启动 ----------------------
R[24] = 7
WAIT TIME = 500
WAIT R[20]=1
R[24]=0
LBL[1]
J JR[1]
WAIT TIME=500
<end>
```

WAIT R[20]=0，R[20] 是 PLC 发给机器人的加工中心安全门状态，0 是打开，这个信号应该是 PLC 与机床 IO 直联得到的输入信号 I5.0。PLC 与机器人 MODBUS 通信，机器人得到这个信号等于 0 后程序往下执行。

R[24]=6 后 R[24]=5 是指机器人请求加工中心卡盘关闭与打开。具体控制如图 4.1.12 所示。

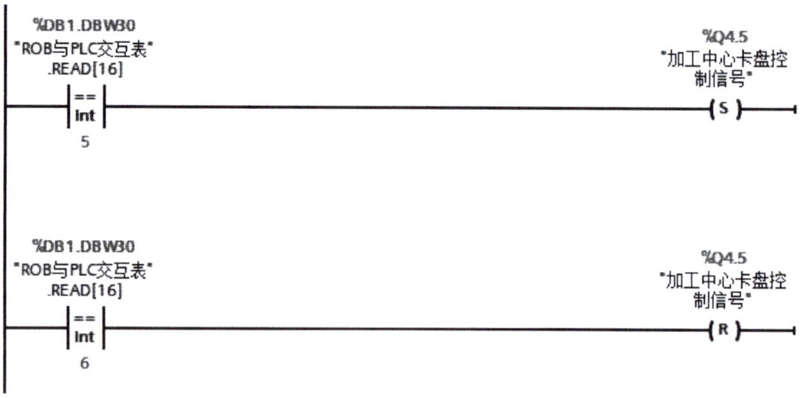

图 4.1.12　梯形图

WAIT R[27]=0 等待卡盘松开到位，这个状态信号是 PLC 发给机器人的（R[27] 等于 0 是松开，等于 1 是夹紧），也是 PLC 与机床 IO 直联得到的输入信号 I4.6，然后通过 MODBUS 通信给机器人的，开始放料。

放料完成后，机器人请求卡盘夹紧，WAIT R[27]=1 等待卡盘夹紧到位后，机器人退回机床外。

运动至安全位后 R[24]=13，CNC 放料完成。

R[24] 复位后，R[24]=7 启动机床，WAIT R[20] = 1 等待 R[20]=1 即加工中心门关闭，说明开始运行了程序 M 代码关门，加工开始了，所以可以将 R[24] 复位了。图 4.1.13 所示是机器人请求加工中心启动 PLC 控制程序。

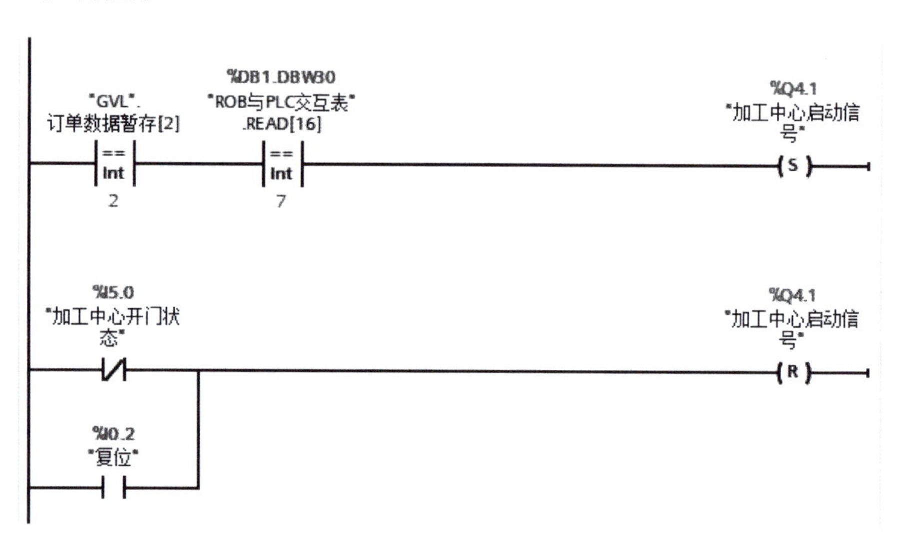


图 4.1.13　机器人请求加工中心启动 PLC 控制程序

## 三、加工中心下料

### 1. PLC 程序

下料模式控制如图 4.1.14 所示。下料模式与上料模式类似。

### 2. 部分机器人程序编写及信号交互说明

部分主程序：

IF R[13]=2 AND R[11]=0 AND R[12]<>0，CALL "C.PRG"　' 判断设备号响应 =2，判断取料位置响应 =0，放料位置响应不等于 0 时，执行加工中心取料

CALL C　　加工中心取料子程序

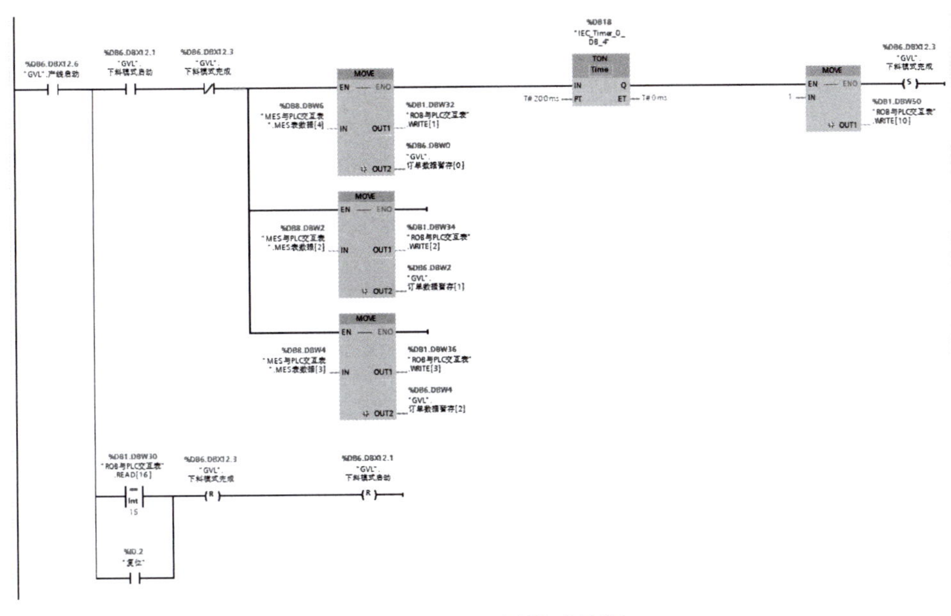

图 4.1.14　下料模式控制

取料完成后放回料仓

```
R[24]=14
WAIT TIME=2000
R[24]=0
CALL "D.PRG"
```

取料完成信号 R[24]=14，延时 2s 清零，然后调用料仓放料子程序。

加工中心取料子程序：

```
<attr>
VERSION:0
GROUP:[0]
<end>
<pos>
<end>
<program>
J JR[104]     '加工中心取料
IF R[12]>6 AND R[12]<13 THEN
LR[71]=LR[34]
LR[72]=LR[34]+LR[9]
END IF
IF R[12]>18 OR (R[12]>12 AND R[12]<18) THEN
LR[71]=LR[35]
LR[72]=LR[35]+LR[17]
END IF
'---------------------- 确认车床安全门打开到位 ---------------
WAIT R[20]=0
'---------------------- 运动点 -----------------------
```

```
J JR[104]
J JR[8]
J JR[9]
L LR[72] VEL=100
L LR[71] VEL=50
WAIT TIME=1000
'------------------机器人卡爪夹紧，卡盘打开-------------------------
DO[3]=OFF
DO[4]=ON
WAIT TIME=1000

R[24]=5
WAIT R[27]=0
WAIT TIME=500
'---------------------------------------
L LR[72] VEL=100
J JR[9]
J JR[8]
J JR[104]
R[24]=14
WAIT TIME=2000
R[24]=0
CALL "D.PRG"
<end>
```

WAIT R[20] = 0，等待 R[20]=0 即加工中心门开门，说明运行了程序 M 代码开门，加工结束了，机器人开始取料动作。

R[24]=5，机器人请求卡盘松开。等待 PLC 发出卡盘状态，WAIT R[27] = 0 确认卡盘松开。机器人手抓夹紧且铣床卡盘松开后带料返回。

IR［24］=14，机器人发出取料完成信号，PLC 响应机床信号以清除加工完成信号。Q4.2 是 PLC 输出给机床的清除加工完成信号，复位机床，可以开始下一轮加工（图 4.1.15）。

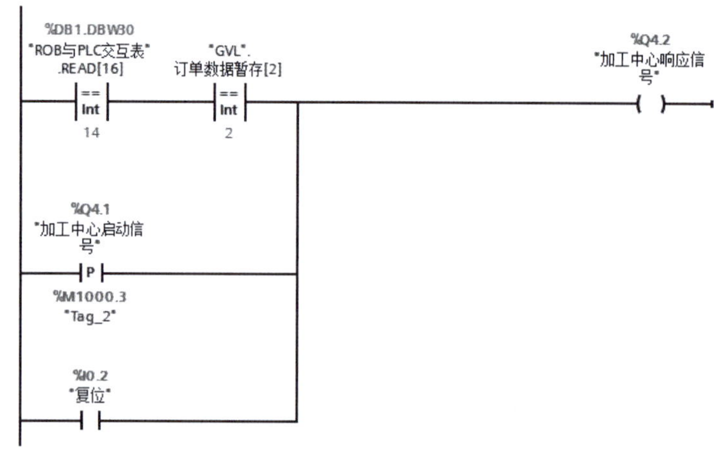


图 4.1.15　复位机床

机器人取料完成后，回到安全位。接下来调用子程序 D 完成料仓放料。其中有 CALL WAIT(IR[18]，1)，等待 PLC 发出的 RFID 读写完成信号。收到信号后往下执行。料仓放料完成后机器人输出 IR[24]=15，表示料仓放料完成。下料模式启动复位。PLC 控制程序如图 4.1.16 所示。

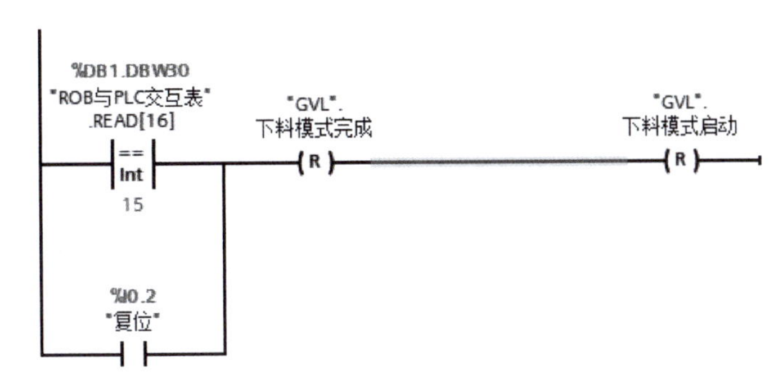


图 4.1.16　PLC 控制程序

## 四、CNC 加工程序

CNC 加工程序有固定模板：

```
G91 G28 Z0              ；Z 轴回参考点
G90 G59 G00 X0 Y0       ；机床工作台运动到取、下料点位置
M110                    ；关门
M128                    ；机床运行中
G4 X20                  ；暂停（可以在这里加入真实加工程序，但要记得最后加上一
                          段程序回取料点位置 G90 G59 G00 X0 Y0）
M100                    ；加工完成
M111                    ；开门
M30                     ；结束并返回程序起始段
```

实际加工程序因受篇幅影响，这里不列出。

## 五、智能制造仿真平台操作

这里的思路是让学生在智能制造仿真平台上掌握并完成 PLC 控制程序、机器人程序、CNC 加工程序的编写并成功仿真，再在实际产线上加工。

在上述程序编写好后，仿真平台操作步骤如下：

（1）上电，打开电源开关。

（2）依次打开三台电脑及数控车床、加工中心系统。

（3）打开中间电脑中的 MES，顺序如下：先打开 Windows Server 适配器软件（以管理员身份运行）；再打开 DCAgent 软件（以管理员身份运行）；打开 MES；开启 MES 排程功能。

自动模式启动有以下几个条件：

① MES 界面上的“产线开启”按钮按下；

② 订单所需机床必须在线；

③ PLC 在线；

④ 机器人在 HOME 点，并且空闲；

⑤ 没有正在进行的工序；

⑥ 所有自动状态的订单的仓位都有物料及加工程序；

⑦ 两台机床在线。

MES 的具体操作详见 MES 系统使用手册。

（4）打到联动状态，并复位。

（5）打开左边电脑上的仿真软件。

（6）机器人打到自动模式，加载机器人主程序。

（7）两台机床数控系统打到自动，保证自动门开信号灯亮。

（8）生成订单并下发订单。

## 六、切削加工智能制造单元实际操作

### （一）开机操作顺序

#### 1. 开机前准备

（1）检查各处螺栓、运动部件、安全防护装置等是否完好。

（2）接通经过干燥过滤的气源及保证气压稳定。

（3）确认周边设备的状态和周边的环境是否符合开机条件。

#### 2. 开机

（1）上气。

打开总气阀开关，分别给机器人、机床等提供气源，检查是否有漏气现象，检查并调节气压使之能达到生产要求，以保障生产顺利进行。

（2）通电。

① 机器人通电。给机器人控制柜通电，操作机器人控制柜上旋转开关，完成机器人的通电。

② 数控机床通电。将数控机床对应负荷开关打开，操作电源按钮完成通电。

③ 智能产线控制系统通电。给智能产线控制系统通电，完成后急停复位，再操作负荷开关即可。

然后的操作步骤与仿真平台操作步骤（3）～（8）相同。

### （二）停机操作顺序

#### 1. 停机

（1）在智能产线控制系统中按下停止按钮，旋转负荷开关断电。

（2）待机器人停止运动。

（3）将机器人手动回到参考点位置。旋转机器人示教器上钥匙转换到手动 T1 模式，按下菜单键选择显示、变量位置，点击面板上 JR1 选择修改按键，左手按住手操盒背面的使能开关，点击面板上“MOVE 到点”，等待机器人回到参考点位置不动。

（4）加工中心回零完成后断电。

（5）关闭整体电源，关闭气源开关。

#### 2. 停机后工作

（1）清理干净各设备。

（2）打扫卫生，保持设备清洁。

## 七、任务实施内容解读

教师对任务实施内容进行解读，必要时可以进行示范。在解读任务实施内容的过程中，结合 PPT，对本任务涉及的重点、难点进行讲解。

## 八、工具整理

按要求整理好工具，清理实训平台，并由教师检查。

# 学习评价

根据本任务的学习情况，认真反思，填写下面的评价表。

| 评价内容 | 评分标准 | 分值 | 得分 | 备注 |
|---|---|---|---|---|
| 目标认知程度 | 工作目标明确，能快速准确收集相关资料，能合理列写自评表 | 10 | | |
| 情感态度 | 工作态度端正，注意力集中，工作积极、主动 | 10 | | |
| 团队协作 | 具有一定的组织、协调能力，能积极与他人合作，顾全大局，共同完成工作任务 | 5 | | |
| 知识能力运用 | 知识准备充分，运用熟练正确 | 10 | | |
| 任务实施情况 | 机器人编程指令及其使用方法是否掌握 | 10 | | |
| | 西门子 PLC 的编程方法是否掌握 | 10 | | |
| | 实现加工中心编程及上下料 | 25 | | |
| 成果展示情况 | 作品完善、操作方便、功能多样、符合预期要求 | 10 | | |
| | 积极、主动、大方 | 5 | | |
| | 展示过程语言流畅、逻辑性强、表达准确到位 | 5 | | |
| 总分 | | 100 | | |

# 练习与作业

根据由教材学到的知识，完成图 4.1.17 所示模型的加工。

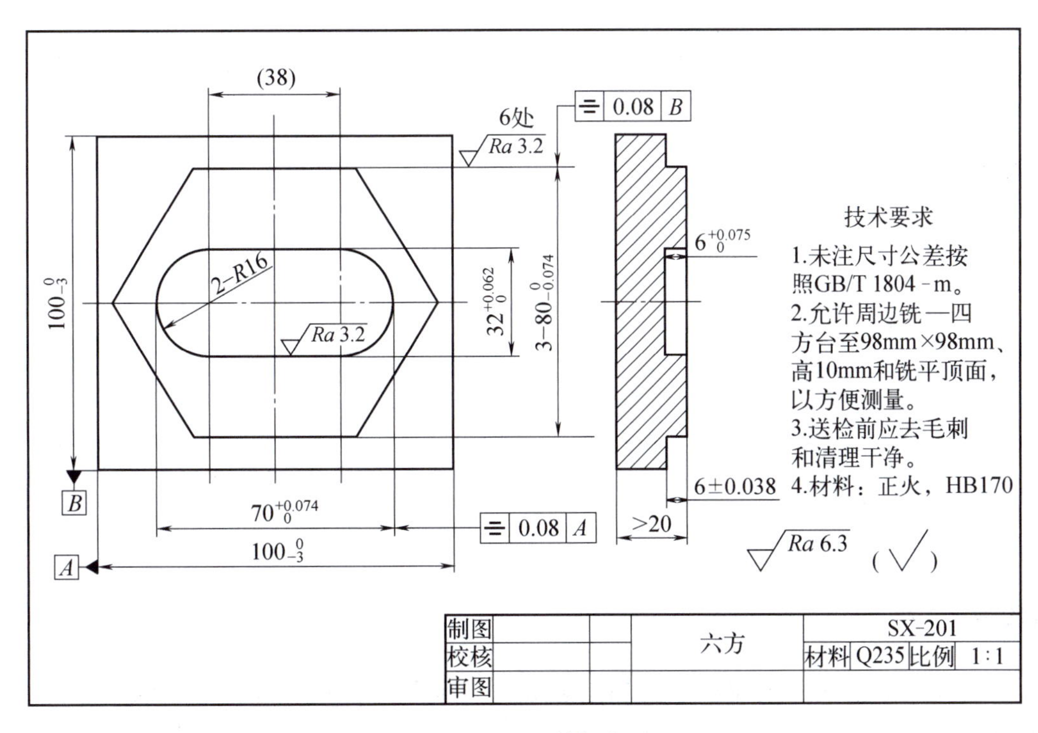


图 4.1.17　模型

## 生产任务工单

| 下单日期 | ××/×/× | | | 交货日期 | ××/×/× |
|---|---|---|---|---|---|
| 下单人 | | | | 经手人 | |
| 序号 | 产品名称 | 型号/规格 | 数量 | 单位 | 生产要求 |
| 1 | 编写机器人 CNC 机床上下料程序 | 无 | 1 | 个 | 按照实施任务要求 |
| 2 | 编写 PLC 机床上下料控制程序 | 无 | 1 | 个 | 按照实施任务要求 |
| 3 | 编写图 4.1.17 中零件的加工程序，实现零件单铣自动化加工 | 无 | 1 | 个 | 按照实施任务要求 |
| | | | | | |
| 备注 | | | | | |
| 制单人：________ | 审核：________ | 生产主管：________ | | | |

# 学习任务 2　数控车床上下料信号交互及带料加工（车削）

## 学习内容

学习数控车床上下料相关 PLC 控制程序、机器人程序，以及机器人、PLC、MES、料仓之间的信号交互；完成连接轴零件车削加工。

## 学习目标

通过本任务的深入学习，能够掌握设备信号交互基本知识，学会编写加工中心上下料 PLC 控制程序、机器人程序、加工程序。

## 思维导图

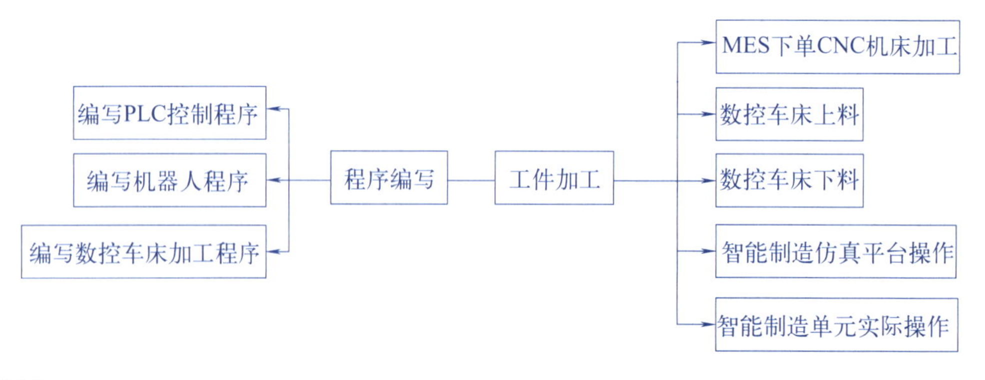


## 任务描述

完成与数控车床上下料操作相关的 PLC 控制程序的编写，机器人上下料程序的编写，加工程序的编写并将连接轴加工成合格零件。注意设备间的交互信号。零件如图 4.2.1 所示。

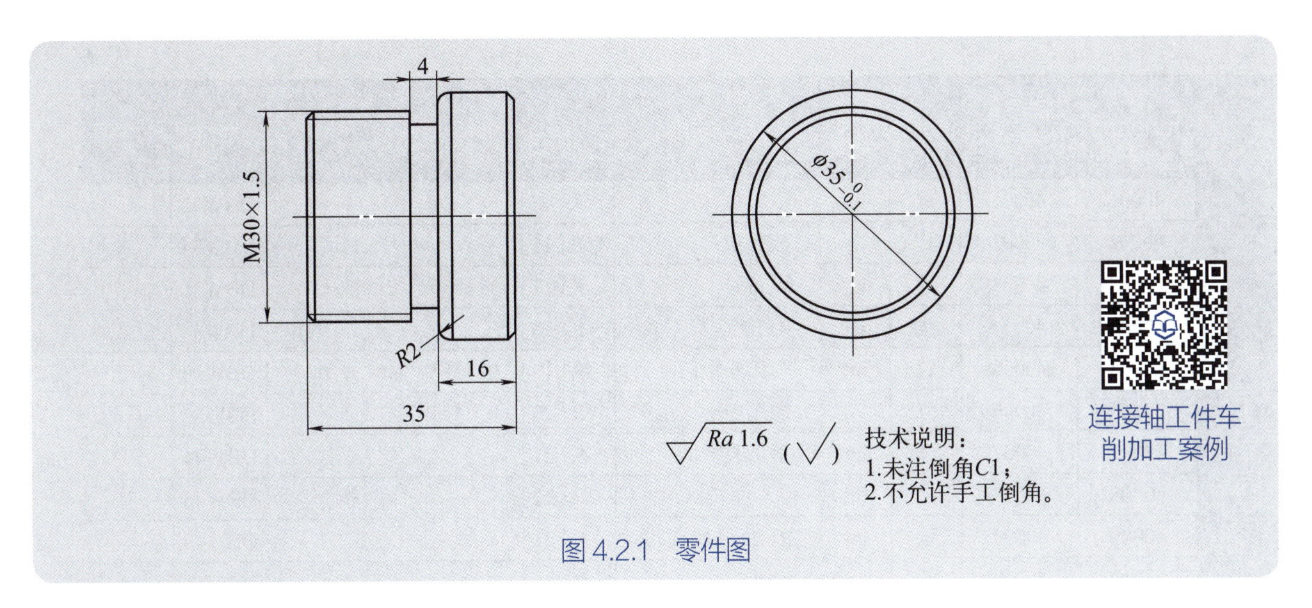


图 4.2.1 零件图

## 任务分析

### 一、平台信号交互变量表

（1）机器人与 PLC 的 Modbus TCP 通信交互变量表如表 4.2.1 所示。

表 4.2.1 机器人与 PLC 信号 Modbus TCP 通信交互变量

| | PLC modbus 通讯地址 | 机器人内部地址 | 功能 | 变量类型 | 定义功能 | 值说明 | 地址 | |
|---|---|---|---|---|---|---|---|---|
| 机器人发给总控PLC | 30001 | 30001 | 写 | int | J1 轴实时坐标值 | （系统数据）J1 轴实时坐标值 | DBW0 | |
| | 30002 | 30002 | 写 | int | J2 轴实时坐标值 | （系统数据）J2 轴实时坐标值 | DBW2 | |
| | 30003 | 30003 | 写 | int | J3 轴实时坐标值 | （系统数据）J3 轴实时坐标值 | DBW4 | |
| | 30004 | 30004 | 写 | int | J4 轴实时坐标值 | （系统数据）J4 轴实时坐标值 | DBW6 | |
| | 30005 | 30005 | 写 | int | J5 轴实时坐标值 | （系统数据）J5 轴实时坐标值 | DBW8 | |
| | 30006 | 30006 | 写 | int | J6 轴实时坐标值 | （系统数据）J6 轴实时坐标值 | DBW10 | |
| | 30007 | 30007 | 写 | int | E1 轴实时坐标值 | （系统数据）E1 轴实时坐标值 | DBW12 | |
| | 30008 | 30008 | 写 | int | 机器人状态 | （系统数据）机器人状态 | DBW14 | |
| | 30009 | 30009 | 写 | int | 机器人 home 位（第 2 参考点）确认 | （系统数据）机器人 home 位 | DBW16 | |
| | 30010 | 30010 | 写 | int | 机器人模式 | （系统数据）机器人模式 | DBW18 | |
| | 30011 | 30011 | 写 | int | 机器人运行状态 忙 / 空闲 | R[90] 0：空闲 1：忙 | DBW20 | |
| | 30012 | 30012 | 写 | int | 取料位置响应 | R[11] | DBW22 | |
| | 30013 | 30013 | 写 | int | 放料位置响应 | R[12] | DBW24 | |
| | 30014 | 30014 | 写 | int | 设备号响应 | R[13] | DBW26 | |
| | 30015 | 30015 | 写 | int | RFID 位置 | R[14] | DBW28 | |
| | 30016 | 30016 | 写 | int | | R[24] 1：读 RFID 2：写 RFID 3：车床卡盘松开 4：车床卡盘加紧 5：铣床夹具夹紧 6：铣床夹具松开 7：机床启动 8：报警 9：RFID 完成 11：车床放料完成 12：车床取料完成 13：CNC 放料完成 14：CNC 取料完成 15：料仓放料完成 16：料仓取料安全联锁开启 17：料仓放料安全联锁开启 18：取夹爪安全联锁开启 19：放夹爪安全联锁开启 20：料仓安全联锁关闭 | DBW30 | |

续表

| | PLC modbus 通讯地址 | 机器人内部地址 | 功能 | 变量类型 | 定义功能 | 值说明 | 地址 | |
|---|---|---|---|---|---|---|---|---|
| 总控PLC发给机器人 | 40001 | 40001 | 读 | int | 取料位 | R[15] | DBW32 | |
| | 40002 | 40002 | 读 | int | 放料位 | R[16] | DBW34 | |
| | 40003 | 40003 | 读 | int | 设备号 | R[17] 1：车床 2：铣床 | DBW36 | |
| | 40004 | 40004 | 读 | int | RFID 读写完成 | R[18] | DBW38 | |
| | 40005 | 40005 | 读 | int | 车床安全门 | R[19] 0：打开 1：关闭 | DBW40 | |
| | 40006 | 40006 | 读 | int | 加工中心安全门 | R[20] 0：打开 1：关闭 | DBW42 | |
| | 40007 | 40007 | 读 | int | 手爪类型 | R[21] | DBW44 | |
| | 40008 | 40008 | 读 | int | | R[22] | DBW46 | |
| | 40009 | 40009 | 读 | int | RFID 开始读写 | R[23] | DBW48 | |
| | 40010 | 40010 | 读 | int | 确认信号 | R[25] | DBW50 | |
| | 40011 | 40011 | 读 | int | 车床卡盘信号 | R[26] 0：打开 1：夹紧； | DBW52 | |
| | 40012 | 40012 | 读 | int | CNC 卡盘信号 | R[27] 0：打开 1：夹紧； | DBW54 | |
| | 40013 | 40013 | 读 | int | | R[28] | DBW56 | |
| | 40014 | 40014 | 读 | int | | R[29] | DBW58 | |
| | 40015 | 40015 | 读 | int | HMI 信号 | R[31] 1：HMI 发出的指令（不执行机床启动） | DBW60 | |
| | 40016 | 40016 | 读 | int | 机器人运行功能 | （自动模式） 3. 暂停程序 4. 启动程序 | DBW62 | |

（2）PLC I/O 信号表见表 4.2.2。

表 4.2.2 PLC I/O 信号

| 名称 | 路径 | 数值类型 | 逻辑地址 | 注释 | HMI 可见 | HMI 可访问 |
|---|---|---|---|---|---|---|
| 启动 | 默认变量表 | BOOL | %I0.0 | | TRUE | TRUE |
| 停止 | 默认变量表 | BOOL | %I0.1 | | TRUE | TRUE |
| 复位 | 默认变量表 | BOOL | %I0.2 | | TRUE | TRUE |
| 急停 | 默认变量表 | BOOL | %I0.3 | | TRUE | TRUE |
| 联机 | 默认变量表 | BOOL | %I0.4 | | TRUE | TRUE |
| 仓库安全门 | 默认变量表 | BOOL | %I1.0 | | TRUE | TRUE |
| 仓库解锁按钮 | 默认变量表 | BOOL | %I1.1 | | TRUE | TRUE |
| 仓库急停按钮 | 默认变量表 | BOOL | %I1.2 | | TRUE | TRUE |
| 围栏安全开关 _1 | 默认变量表 | BOOL | %I1.3 | 料仓侧 | TRUE | TRUE |
| 围栏安全开关 _2 | 默认变量表 | BOOL | %I1.4 | 加工中心侧 | TRUE | TRUE |
| 车床已联机 | 默认变量表 | BOOL | %I2.0 | | TRUE | TRUE |
| 车床卡盘有工件 | 默认变量表 | BOOL | %I2.1 | | TRUE | TRUE |
| 车床在原点 | 默认变量表 | BOOL | %I2.2 | | TRUE | TRUE |
| 车床运行中 | 默认变量表 | BOOL | %I2.3 | | TRUE | TRUE |
| 车床加工完成 | 默认变量表 | BOOL | %I2.4 | | TRUE | TRUE |
| 车床报警 | 默认变量表 | BOOL | %I2.5 | | TRUE | TRUE |

续表

| 名称 | 路径 | 数值类型 | 逻辑地址 | 注释 | HMI 可见 | HMI 可访问 |
| --- | --- | --- | --- | --- | --- | --- |
| 车床卡盘张开状态 | 默认变量表 | BOOL | %I2.6 | | TRUE | TRUE |
| 车床卡盘夹紧状态 | 默认变量表 | BOOL | %I2.7 | | TRUE | TRUE |
| 车床开门状态 | 默认变量表 | BOOL | %I3.0 | 1：开门 0：关门 | TRUE | TRUE |
| 车床允许上料 | 默认变量表 | BOOL | %I3.1 | | TRUE | TRUE |
| 加工中心已联机 | 默认变量表 | BOOL | %I4.0 | | TRUE | TRUE |
| 加工中心卡盘有工件 | 默认变量表 | BOOL | %I4.1 | | TRUE | TRUE |
| 加工中心在原点 | 默认变量表 | BOOL | %I4.2 | | TRUE | TRUE |
| 加工中心运行中 | 默认变量表 | BOOL | %I4.3 | | TRUE | TRUE |
| 加工中心加工完成 | 默认变量表 | BOOL | %I4.4 | | TRUE | TRUE |
| 加工中心报警 | 默认变量表 | BOOL | %I4.5 | | TRUE | TRUE |
| 加工中心台虎钳卡盘张开状态 | 默认变量表 | BOOL | %I4.6 | | TRUE | TRUE |
| 加工中心台虎钳卡盘夹紧状态 | 默认变量表 | BOOL | %I4.7 | | TRUE | TRUE |
| 加工中心开门状态 | 默认变量表 | BOOL | %I5.0 | 1：开门 0：关门 | TRUE | TRUE |
| 加工中心允许上料 | 默认变量表 | BOOL | %I5.1 | | TRUE | TRUE |
| 加工中心零点卡盘夹紧到位 | 默认变量表 | BOOL | %I5.2 | | TRUE | TRUE |
| 加工中心零点卡盘松开到位 | 默认变量表 | BOOL | %I5.3 | | TRUE | TRUE |
| 仓格 1 | 默认变量表 | BOOL | %I8.0 | | TRUE | TRUE |
| 仓格 2 | 默认变量表 | BOOL | %I8.1 | | TRUE | TRUE |
| 仓格 3 | 默认变量表 | BOOL | %I8.2 | | TRUE | TRUE |
| 仓格 4 | 默认变量表 | BOOL | %I8.3 | | TRUE | TRUE |
| 仓格 5 | 默认变量表 | BOOL | %I8.4 | | TRUE | TRUE |
| 仓格 6 | 默认变量表 | BOOL | %I8.5 | | TRUE | TRUE |
| 仓格 7 | 默认变量表 | BOOL | %I8.6 | | TRUE | TRUE |
| 仓格 8 | 默认变量表 | BOOL | %I8.7 | | TRUE | TRUE |
| 仓格 9 | 默认变量表 | BOOL | %I9.0 | | TRUE | TRUE |
| 仓格 10 | 默认变量表 | BOOL | %I9.1 | | TRUE | TRUE |
| 仓格 11 | 默认变量表 | BOOL | %I9.2 | | TRUE | TRUE |
| 仓格 12 | 默认变量表 | BOOL | %I9.3 | | TRUE | TRUE |
| 仓格 13 | 默认变量表 | BOOL | %I9.4 | | TRUE | TRUE |
| 仓格 14 | 默认变量表 | BOOL | %I9.5 | | TRUE | TRUE |
| 仓格 15 | 默认变量表 | BOOL | %I9.6 | | TRUE | TRUE |
| 仓格 16 | 默认变量表 | BOOL | %I9.7 | | TRUE | TRUE |
| 仓格 17 | 默认变量表 | BOOL | %I10.0 | | TRUE | TRUE |
| 仓格 18 | 默认变量表 | BOOL | %I10.1 | | TRUE | TRUE |
| 仓格 19 | 默认变量表 | BOOL | %I10.2 | | TRUE | TRUE |
| 仓格 20 | 默认变量表 | BOOL | %I10.3 | | TRUE | TRUE |
| 仓格 21 | 默认变量表 | BOOL | %I10.4 | | TRUE | TRUE |
| 仓格 22 | 默认变量表 | BOOL | %I10.5 | | TRUE | TRUE |

续表

| 名称 | 路径 | 数值类型 | 逻辑地址 | 注释 | HMI 可见 | HMI 可访问 |
| --- | --- | --- | --- | --- | --- | --- |
| 仓格 23 | 默认变量表 | BOOL | %I10.6 |  | TRUE | TRUE |
| 仓格 24 | 默认变量表 | BOOL | %I10.7 |  | TRUE | TRUE |
| 仓格 25 | 默认变量表 | BOOL | %I11.0 |  | TRUE | TRUE |
| 仓格 26 | 默认变量表 | BOOL | %I11.1 |  | TRUE | TRUE |
| 仓格 27 | 默认变量表 | BOOL | %I11.2 |  | TRUE | TRUE |
| 仓格 28 | 默认变量表 | BOOL | %I11.3 |  | TRUE | TRUE |
| 仓格 29 | 默认变量表 | BOOL | %I11.4 |  | TRUE | TRUE |
| 仓格 30 | 默认变量表 | BOOL | %I11.5 |  | TRUE | TRUE |
| 三色灯绿灯 | 默认变量表 | BOOL | %Q0.0 |  | TRUE | TRUE |
| 三色灯黄灯 | 默认变量表 | BOOL | %Q0.1 |  | TRUE | TRUE |
| 三色灯红灯 | 默认变量表 | BOOL | %Q0.2 |  | TRUE | TRUE |
| 启动指示灯 | 默认变量表 | BOOL | %Q0.4 |  | TRUE | TRUE |
| 停止指示灯 | 默认变量表 | BOOL | %Q0.5 |  | TRUE | TRUE |
| 运行灯 | 默认变量表 | BOOL | %Q0.6 |  | TRUE | TRUE |
| 解锁许可灯 | 默认变量表 | BOOL | %Q0.7 |  | TRUE | TRUE |
| 车床联机请求 | 默认变量表 | BOOL | %Q2.0 |  | TRUE | TRUE |
| 车床启动 | 默认变量表 | BOOL | %Q2.1 | 上完料机器人回安全位后给机床信号 | TRUE | TRUE |
| 车床响应 | 默认变量表 | BOOL | %Q2.2 |  | TRUE | TRUE |
| 机器人急停 | 默认变量表 | BOOL | %Q2.3 | 1：急停 0：正常 | TRUE | TRUE |
| 车床安全门控制 | 默认变量表 | BOOL | %Q2.4 | 上升沿触发 | TRUE | TRUE |
| 车床卡盘控制 | 默认变量表 | BOOL | %Q2.5 | 1：夹紧 0：松开 | TRUE | TRUE |
| 车床急停 | 默认变量表 | BOOL | %Q2.6 | 1：急停 0：正常 | TRUE | TRUE |
| 车床吹气 | 默认变量表 | BOOL | %Q2.7 | 1：吹气 0：关闭 | TRUE | TRUE |
| 加工中心联机请求 | 默认变量表 | BOOL | %Q4.0 |  | TRUE | TRUE |
| 加工中心启动 | 默认变量表 | BOOL | %Q4.1 | 上完料机器人回安全位后给机床信号 | TRUE | TRUE |
| 加工中心响应 | 默认变量表 | BOOL | %Q4.2 |  | TRUE | TRUE |
| 加工中心零点卡盘控制 | 默认变量表 | BOOL | %Q4.3 | 1：夹紧 0：松开 | TRUE | TRUE |
| 加工中心安全门控制 | 默认变量表 | BOOL | %Q4.4 | 上升沿触发 | TRUE | TRUE |
| 加工中心台虎钳卡盘控制 | 默认变量表 | BOOL | %Q4.5 | 1：夹紧 0：松开 | TRUE | TRUE |
| 加工中心急停 | 默认变量表 | BOOL | %Q4.6 | 1：急停 0：正常 | TRUE | TRUE |
| 加工中心吹气 | 默认变量表 | BOOL | %Q4.7 | 1：吹气 0：关闭 | TRUE | TRUE |

（3）部分 PLC 与 MES 变量配置表见表 4.2.3。

表 4.2.3 部分 PLC 与 MES 变量配置表

| PLC 型号 | | CPU 1215C DC/DC/DC/ | | |
|---|---|---|---|---|
| 输入点 | 信号 | 说明 | 数值类型 | PLC 地址 |
| Db001 | MES_PLC_comfirm | MES 发给 PLC 命令 | INT | DB100.DBW0 |
| Db002 | Rack_number_Unload_comfirm | MES 发给 PLC 的机床下料仓位 n | INT | DB100.DBW2 |
| Db003 | Order_type_comfirm | 机床编号 | INT | DB100.DBW4 |
| Db004 | Rack_number_Load_comfirm | MES 发给 PLC 的机床上料仓位 m | INT | DB100.DBW6 |
| Db005 | 预留 | 预留 | INT | DB100.DBW8 |
| Db006 | 预留 | 预留 | INT | DB100.DBW10 |
| Db007 | 预留 | 预留 | INT | DB100.DBW12 |
| Db008 | 预留 | 预留 | INT | DB100.DBW14 |
| Db009 | 预留 | 预留 | INT | DB100.DBW16 |
| Db010 | 预留 | 预留 | INT | DB100.DBW18 |
| Db011 | MES_PLC_response | MES 响应车床加工完成 | INT | DB100.DBW20 |
| Db012 | Rcak_Load_number_response | MES 响应上料仓位 m | INT | DB100.DBW22 |
| Db013 | Rcak_Unlnumber_response | MES 响应下料仓位 n | INT | DB100.DBW24 |
| Db014 | Machine_type_response | MES 响应设备号 | INT | DB100.DBW26 |
| Db015 | 预留 | 预留 | INT | DB100.DBW28 |
| Db016 | MES_PLC_response_2 | MES 响应加工中心加工完成 | INT | DB100.DBW30 |
| Db017 | Rcak_Load_number_response | MES 响应上料仓位 m | INT | DB100.DBW32 |
| Db018 | Rcak_Unlnumber_response | MES 响应下料仓位 n | INT | DB100.DBW34 |
| Db019 | Machine_type_response_2 | MES 响应设备号 | INT | DB100.DBW36 |
| Db020 | 预留 | 预留 | INT | DB100.DBW38 |
| Db021 | PLC_MES_comfirm | PLC 向 MES 发送命令车床加工完成 | INT | DB100.DBW40 |
| Db022 | Rcak_Load_number_comfirm | PLC 向 MES 发送的上料位值 m | INT | DB100.DBW42 |
| Db023 | Rcak_Unload_number_comfirm | PLC 向 MES 发送的下料位值 n | INT | DB100.DBW44 |
| Db024 | Machine_type_comfirm | PLC 向 MES 发送的设备号 | INT | DB100.DBW46 |
| Db025 | 预留 | 预留 | INT | DB100.DBW48 |
| Db026 | PLC_MES_comfirm_2 | PLC 向 MES 发送命令加工中心加工完成 | INT | DB100.DBW50 |
| Db027 | Rcak_Load_number_comfirm_2 | PLC 向 MES 发送的上料位值 m | INT | DB100.DBW52 |
| Db028 | Rcak_Unload_number_comfirm_2 | PLC 向 MES 发送的下料位值 n | INT | DB100.DBW54 |
| Db029 | Machine_type_comfirm_2 | PLC 向 MES 发送的设备号 | INT | DB100.DBW56 |
| Db030 | 预留 | 预留 | INT | DB100.DBW58 |
| Db031 | PLC_MES_response | PLC 响应 EMS 命令 | INT | DB100.DBW60 |
| Db032 | Rack_number_Unload_response | PLC 响应 MES 料位机床下料仓位 n | INT | DB100.DBW62 |
| Db033 | Order_type_response | PLC 响应 MES 加工类型 | INT | DB100.DBW64 |
| Db034 | Rack_number_Load_response | PLC 响应 MES 料位机床上料仓位 m | INT | DB100.DBW66 |
| Db035 | 预留 | 预留 | INT | DB100.DBW68 |
| Db036 | 预留 | | INT | DB100.DBW70 |

续表

| PLC 型号 | | CPU 1215C DC/DC/DC/ | | |
|---|---|---|---|---|
| 输入点 | 信号 | 说明 | 数值类型 | PLC 地址 |
| Db037 | 预留 | | INT | DB100.DBW72 |
| Db038 | 预留 | | INT | DB100.DBW74 |
| Db039 | 预留 | | INT | DB100.DBW76 |
| Db040 | 预留 | | INT | DB100.DBW78 |
| Db041 | Robot_status | 机器人的状态 | INT | DB100.DBW80 |
| Db042 | Robot_position_comfirm | 机器人是否在 HOME 位置确认 | INT | DB100.DBW82 |
| Db043 | Robot_mode | 机器人运行模式 | INT | DB100.DBW84 |
| Db044 | Robot_speed | 机器人繁忙 | INT | DB100.DBW86 |
| Db045 | Joint1_coor | 机器人关节 1 的坐标值 | INT | DB100.DBW88 |
| Db046 | Joint2_coor | 机器人关节 2 的坐标值 | INT | DB100.DBW90 |
| Db047 | Joint3_coor | 机器人关节 3 的坐标值 | INT | DB100.DBW92 |
| Db048 | Joint4_coor | 机器人关节 4 的坐标值 | INT | DB100.DBW94 |
| Db049 | Joint5_coor | 机器人关节 5 的坐标值 | INT | DB100.DBW96 |
| Db050 | Joint6_coor | 机器人关节 6 的坐标值 | INT | DB100.DBW98 |
| Db051 | Joint7_coor | 机器人关节 7 的坐标值 | INT | DB100.DBW100 |
| Db052 | Robot_clamp_number | 机械手当前使用的夹爪编号（1：方料，2：大圆，3：小圆） | INT | DB100.DBW102 |
| Db053 | Lathe_finish_state | 车床加工完成状态（1：完成） | INT | DB100.DBW104 |
| Db054 | Cnc_finish_state | 加工中心加工完成状态 | INT | DB100.DBW106 |
| D66.0 ~ 66.7 | 预留 | | BYTE | DB100.DBW130 |
| D66.8 | 预留 | | BOOL | |
| D66.9 | L_Door_Open | 车床自动门打开（0：关闭 1：打开） | BOOL | |
| D66.10 | L_Chuck_state | 车床卡盘状态（0：松开 1：夹紧） | BOOL | |
| D66.11 | 预留 | | BOOL | |
| D66.12 | 预留 | | BOOL | |
| D66.13 | 预留 | | BOOL | |
| D66.14 | 预留 | | BOOL | |
| D66.15 | 预留 | | BOOL | |
| D67.0 ~ 67.7 | 预留 | | BYTE | DB100.DBW132 |
| D67.8 | 预留 | | BOOL | |
| D67.9 | CNC_Door_Open | 加工中心自动门打开（0：关闭 1：打开） | BOOL | |
| D67.10 | CNC_Chuck_state | 加工中心卡盘状态（0：松开 1：夹紧） | BOOL | |
| D67.11 | CNC_Chuck_state 2 | 加工中心零点卡盘状态（0：打开 1：夹紧） | BOOL | |
| D67.12 | 预留 | | BOOL | |

## 二、数控车床手动编程

（1）识别图纸。

（2）选用刀具。

根据图纸可以看出只需要三把车刀就够了，分别为外圆车刀、切槽刀和外螺纹车刀，如图 4.2.2 所示。

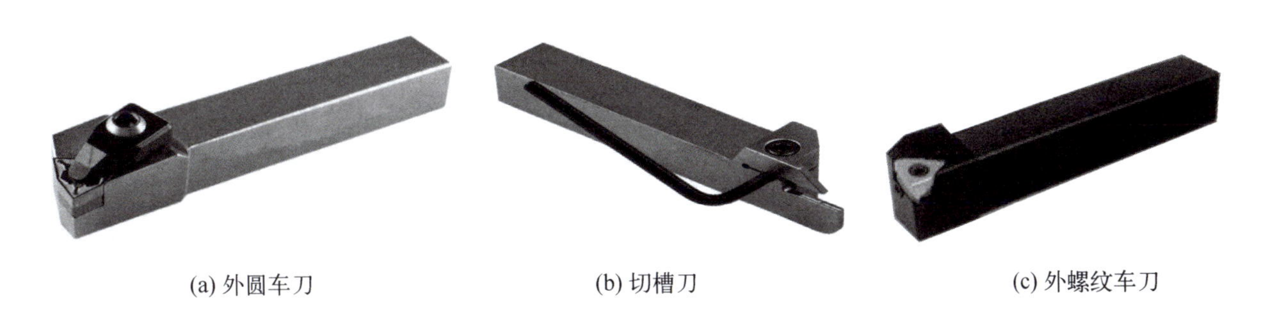

(a) 外圆车刀　　(b) 切槽刀　　(c) 外螺纹车刀

图 4.2.2　选用刀具

（3）G 代码手动编程。

```
%
G91 G28 Z0                    ；回参考点
G90
M111                          ；关门
M128                          ；运行中
顶料
T0606
G00 X0 Z5
G0 X0 Z-10
M10                           ；卡盘松
G4 X2
M11                           ；卡盘紧
G4 X5
G91 G28 Z0
G90

车外圆
N10 T0303
N20 G95 M04 S1200
M08
N30 G00 X38 Z3
N40 G71 U1.5 R1 P50 Q120 X0.4 Z0.1 F0.2
N50 G00 X0 S1500
N60 G01 Z0 F0.06
N70 G01 X26
```

```
N80 G01 X30 Z-2
N90 G01 Z-19
N100 G01 X31
N110 G01 X35 Z-21
N120 G01 X38
G91G28Z0
G90
M05
切槽
T0808
M03 S600
G00 X38 Z-19
G01 X24.0 F0.03
X33
G91G28Z0
G90
M05
车螺纹
T0404
M04 S400
G00 X34 Z3
G82 X29.4 Z-17 F1.5
X28.9
X28.5
X28.2
X28.04
M05
G91 G28 Z0
G91 G28 X0
G90
M09
M103                          ；预完成
M100                          ；加工完成
M110                          ；开门
M30
```

因为机床 PLC 的要求，这里的程序有固定模板。车床放料完成后得到机床启动信号 R［24］=7 后，车床运行回参考点后关门，然后给机器人一个关门到位信号 WAIT R［19］=1，机器人程序使 R［24］复位，车床上料结束；接着机床开始运行 G 代码进行工件加工。这里在 M100（加工完成）前应该加入 M103，这是机床 PLC 的要求，然后运行 M110 开门后结束，向机器人发出开门到位信号，等待机器人下料。要注意的是：这里的机床 PLC 要求加工完成时 X、Z 轴应该回到参考点位置，所以 G91 G28 Z0 和 G91 G28 X0 都需要。

## 任务实施

仿真平台操作流程如图 4.2.3 所示。

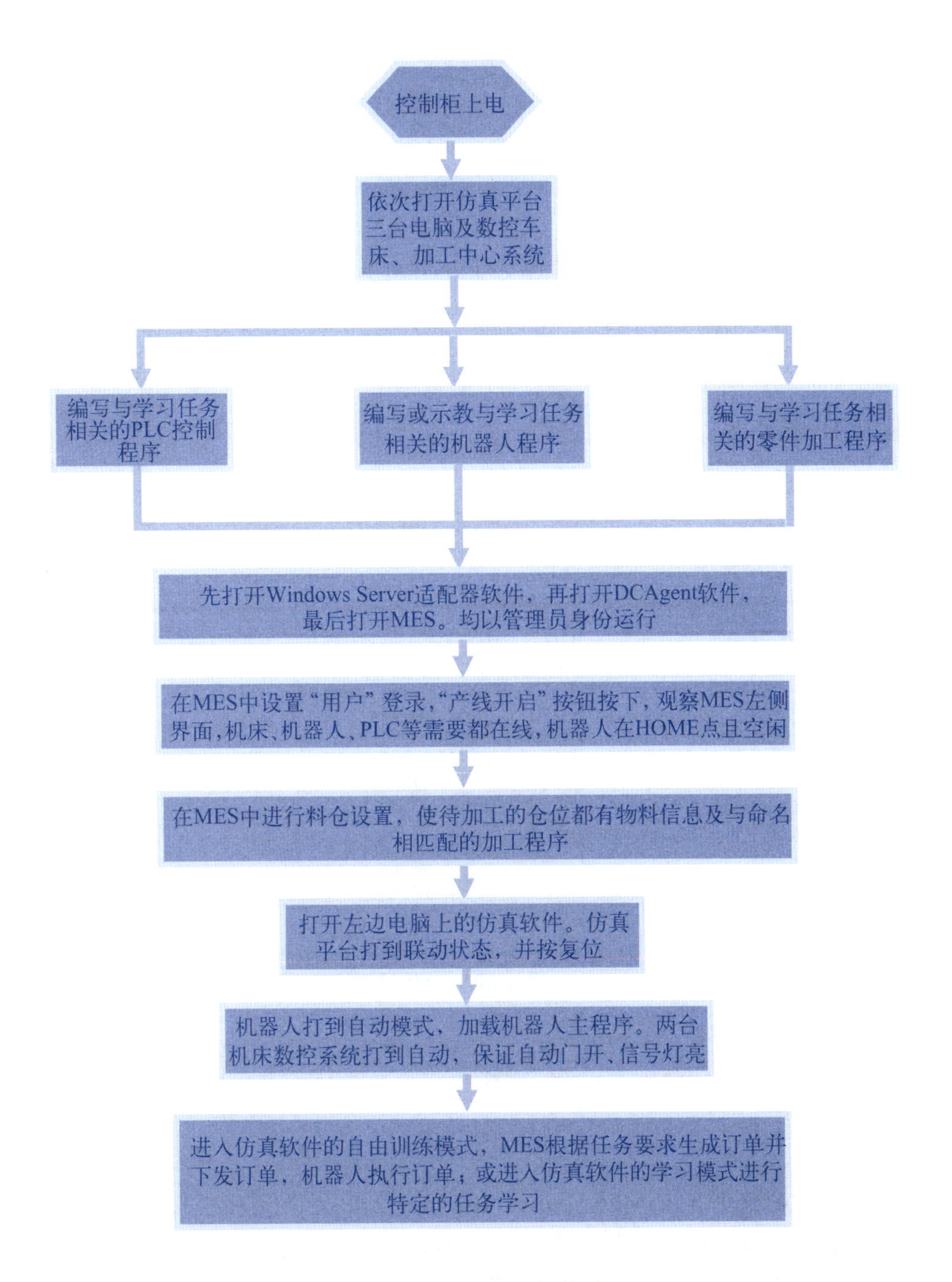


图 4.2.3 仿真平台操作流程

### 一、MES 下单数控车床加工

仓位：要生成的订单绑定的仓位号。该仓位号不能与订单下发列表的仓位编号重复。加工程序也要绑定仓位号。

工序一：如图 4.2.4 所示选择第一道工序，“车工序”表示第一道工序是数控车床加工。

工序二：“无”表示没有第二道工序。

图 4.2.4　选择第一道工序

这样 27 号仓位件只有数控车床加工。

## 二、数控车床上料

（1）创建项目，PLC 控制程序编写及信号交互说明如下。

复位如图 4.2.5 所示。机器人不在安全位，说明已经开始执行子程序了，可以将给机器人的命令全部清掉。

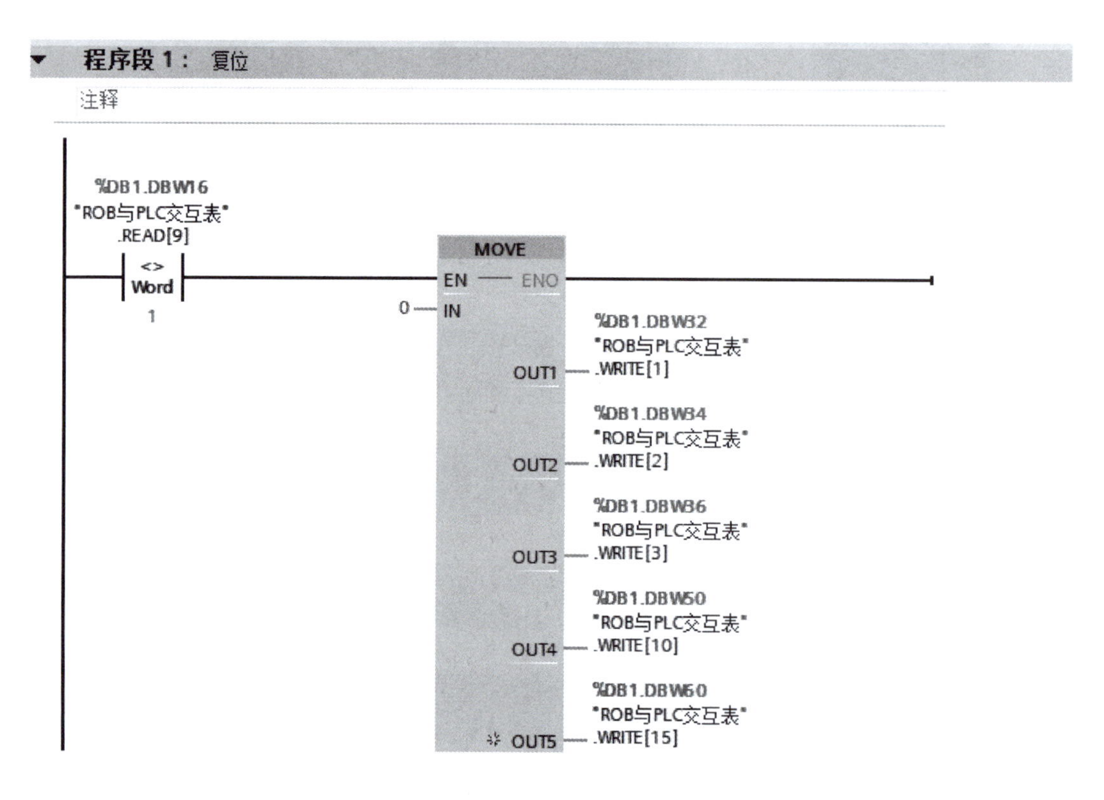


图 4.2.5　复位

订单模式判断如图 4.2.6 所示。MES 下单发 102 加工调度后就会有模式选择，有上料和下料两种模式，需要使用 m、n、k（m 表示料仓取料仓位号，n 表示料仓放料仓位号，k 表示设备号）的组合来区分。条件是产线启动（98）（按下启动按钮），机器人在安全位。

上料模式控制如图 4.2.7 所示。上料模式启动条件第一是产线启动；第二是上料模式启动，串联上料模式完成自锁。MES 给 PLC 的信号数据（m、n、k）采用 Modbus 通信传给机器人（存在机器人 R 寄存器中的 R［11］、R［12］、R［13］中），机器人开始动作，根据 MES 与 PLC 交互规则，在机器人动作前，MES 会把发给 PLC 的数据全部清除，所以 m、n、k 都要暂存，存在 DVL 中的订单数据暂存位置。根据交互规则，还需要一个机器人的确认信号。输出一个上料模式完成，意思是数据都给了机器人，MES 的任务都完成了，剩下的任务就是机器人动作了，然后就是机器人和机床的信号交互。以下是机器人收到 m、n、k（m 不等于 0，k 不等于 0，也就是 R［11］、R［13］不为 0）数据后的动作。

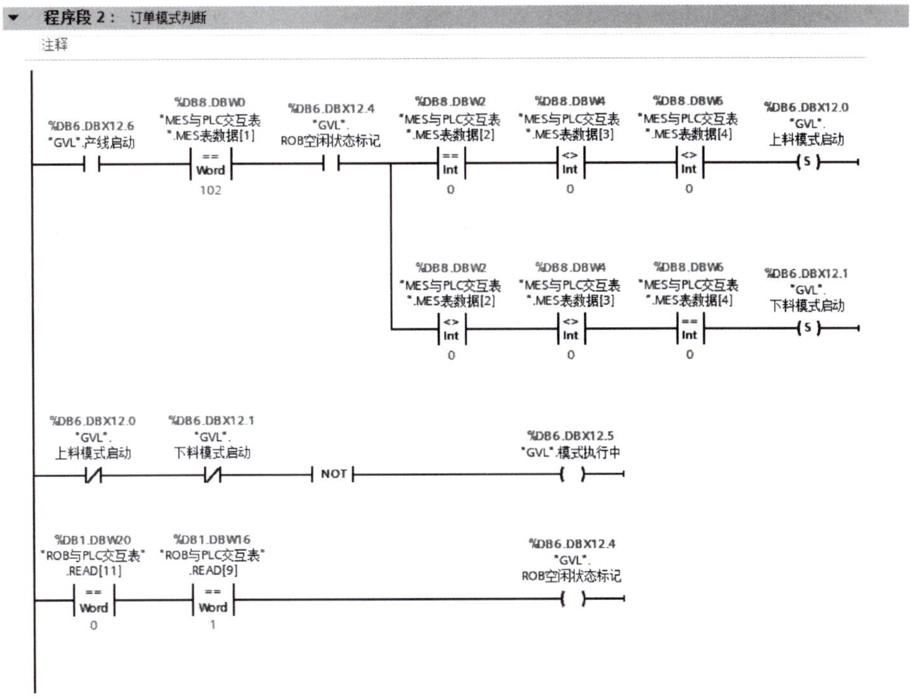

程序段 2： 订单模式判断
注释
%DB6.DBX12.6
"GVL".产线启动
%DB8.DBW0
"MES与PLC交互表".MES表数据[1]
==
Word
102
%DB6.DBX12.4
"GVL".
ROB空闲状态标记
%DB8.DBW2
"MES与PLC交互表".MES表数据[2]
==
Int
0
%DB8.DBW4
"MES与PLC交互表".MES表数据[3]
<>
Int
0
%DB8.DBW6
"MES与PLC交互表".MES表数据[4]
<>
Int
0
%DB6.DBX12.0
"GVL".
上料模式启动
S
%DB8.DBW2
"MES与PLC交互表".MES表数据[2]
<>
Int
0
%DB8.DBW4
"MES与PLC交互表".MES表数据[3]
<>
Int
0
%DB8.DBW6
"MES与PLC交互表".MES表数据[4]
==
Int
0
%DB6.DBX12.1
"GVL".
下料模式启动
S
%DB6.DBX12.0
"GVL".
上料模式启动
%DB6.DBX12.1
"GVL".
下料模式启动
NOT
%DB6.DBX12.5
"GVL".模式执行中
%DB1.DBW20
"ROB与PLC交互表".READ[11]
==
Word
0
%DB1.DBW16
"ROB与PLC交互表".READ[9]
==
Word
1
%DB6.DBX12.4
"GVL".
ROB空闲状态标记


图 4.2.6　订单模式判断

程序段 3： 上料模式控制
注释
%DB6.DBX12.6
"GVL".产线启动
%DB6.DBX12.0
"GVL".
上料模式启动
%DB6.DBX12.2
"GVL".
上料模式完成
MOVE
EN
ENO
%DB8.DBW6
"MES与PLC交互表".MES表数据[4]
IN
OUT1
%DB1.DBW32
"ROB与PLC交互表".WRITE[1]
OUT2
%DB6.DBW0
"GVL".
订单数据暂存[0]
%DB17
"IEC_Timer_0_DB_3"
TON
Time
IN
Q
PT
ET
T#200ms
T#0ms
MOVE
EN
ENO
1
IN
OUT1
%DB6.DBX12.2
"GVL".
上料模式完成
S
%DB1.DBW50
"ROB与PLC交互表".WRITE[10]
MOVE
%DB8.DBW2
"MES与PLC交互表".MES表数据[2]
%DB1.DBW34
"ROB与PLC交互表".WRITE[2]
%DB6.DBW2
"GVL".
订单数据暂存[1]
MOVE
%DB8.DBW4
"MES与PLC交互表".MES表数据[3]
%DB1.DBW36
"ROB与PLC交互表".WRITE[3]
%DB6.DBW4
"GVL".
订单数据暂存[2]
%DB1.DBW30
"ROB与PLC交互表".READ[16]
==
Int
11
%DB6.DBX12.2
"GVL".
上料模式完成
R
%DB6.DBX12.0
"GVL".
上料模式启动
R
%DB1.DBW30
"ROB与PLC交互表".READ[16]
==
Int
13
%I0.2
"复位"


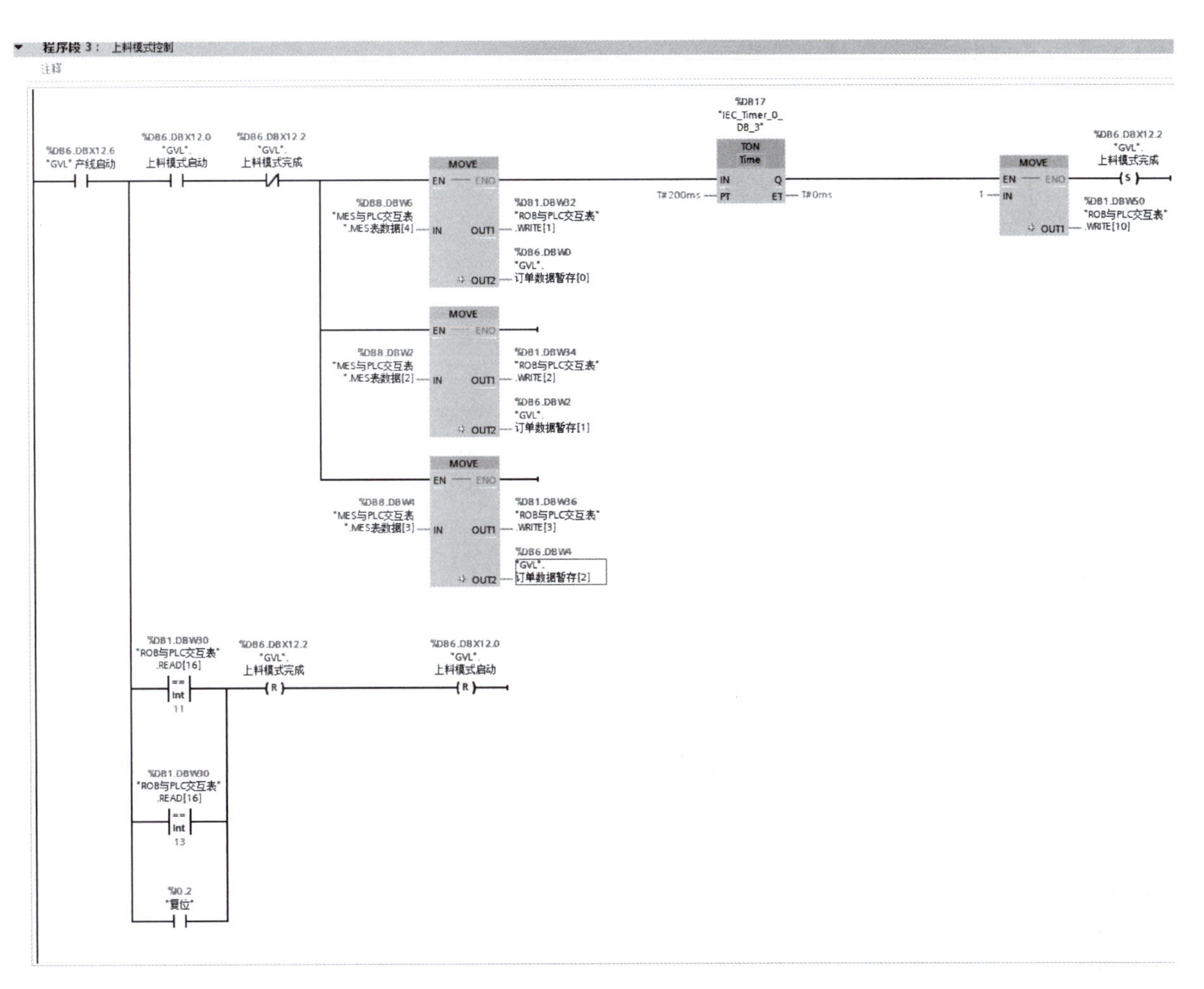

图 4.2.7　上料模式控制

（2）机器人程序编写及信号交互说明。

部分主程序：

```
'----------- 料仓取料 ---------
IF R[11]<>0 AND R[13]<>0 AND R[12]=0 ,CALL"A.PRG"        '判断取料号，设备号不等于=0时，往下走CALL A 调用料仓取料子程序
```

料仓取料子程序再根据设备号R[13]=1调用车床放料子程序;R[13]=2调用铣床放料子程序。

当R[13]=1，下面机器人从料仓取好料后放到车床中去。

```
<attr>
VERSION:0
GROUP:[0]
<end>
<pos>
<end>
<program>
J JR[103]
'调用车床放料子程序
'--------------------- 小圆、大圆点位确定 ------------------------
IF R[11]>6 AND R[11]<13 THEN
LR[71]=LR[32]
LR[72]=LR[13]
END IF
IF R[11]=13 OR R[11]=18 OR (R[11]>0 AND R[11]<7) THEN
LR[71]=LR[33]
LR[72]=LR[14]
END IF
'----------------- 确认车床安全门打开到位 ----------------------
WAIT R[19] = 0
'---------------------- 卡盘动作 ----------------------
R[24]=4
WAIT R[26]=1
R[24]=3
WAIT R[26]=0
R[24]=0

'---------------------- 运动点 -----------------------
LR[73]=LR[71]+LR[8]
J JR[103]
J JR[6]
J JR[5]
L LR[73] VEL=100
L LR[71] VEL=50
```

```
WAIT TIME=1000
'---------------------- 先卡盘夹紧 ----------------------
R[24]=4
WAIT TIME=500
WAIT R[26]=1

DO[3]=ON
DO[4]=OFF
WAIT TIME=1000
'---------------------- 运动点 ----------------------
L LR[73] VEL=50
J JR[5]
J JR[6]
J JR[103]
R[24]=11
WAIT TIME=1000
IF R[32]=1 , GOTO LBL[1]
'---------------------- 机床启动 ----------------------
R[24]=7
WAIT TIME=500
WAIT R[19]=1
WAIT TIME=500
R[24]=0
LBL[1]
J JR[1]
WAIT TIME=500
<end>
```

WAIT R[19] = 0，IR[19] 是 PLC 发给机器人的数控车床安全门状态，0 是打开，这个信号应该是 PLC 与机床 IO 直联得到的输入信号 I6.3。PLC 与机器人采用 Modbus 通信，机器人得到这个信号等于 0 后程序往下执行。

R[24]=3 后 R[24]=4 是指机器人请求数控车床卡盘关闭与打开。具体控制梯形图如图 4.2.8 所示。

图 4.2.8　控制梯形图

WAIT R[26] = 0 等待卡盘松开到位，这个状态信号是 PLC 发给机器人的（R[26] 等于 0 是松开，1 是夹紧），也是 PLC 与车床 IO 直联得到的输入信号 I2.6，然后通过 Modbus 通信给机器人的。开始放料。

放料完成后，机器人请求卡盘夹紧，WAIT R[26] = 1 等待卡盘夹紧到位后，机器人退回机床外。

运动至安全位后 R[24]=11，车床放料完成。

R[24] 复位后，R[24]=7 启动机床，WAIT R[19] = 1 等待 R[19]=1 即数控车床门关闭，说明开始运行了程序 M 代码关门，加工开始了，所以可以将 R[24] 复位了。图 4.2.9 所示为机器人请求数控车床启动 PLC 控制程序。

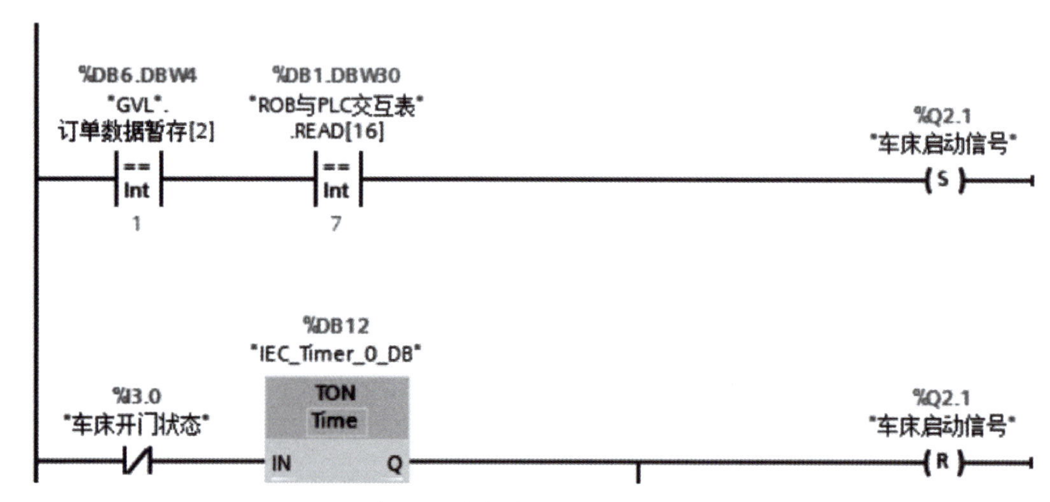


图 4.2.9　机器人请求数控车床启动 PLC 控制程序

## 三、数控车床下料

### 1. PLC 程序

数控车床下料 PLC 程序如图 4.2.10 所示。下料模式与上料模式类似。

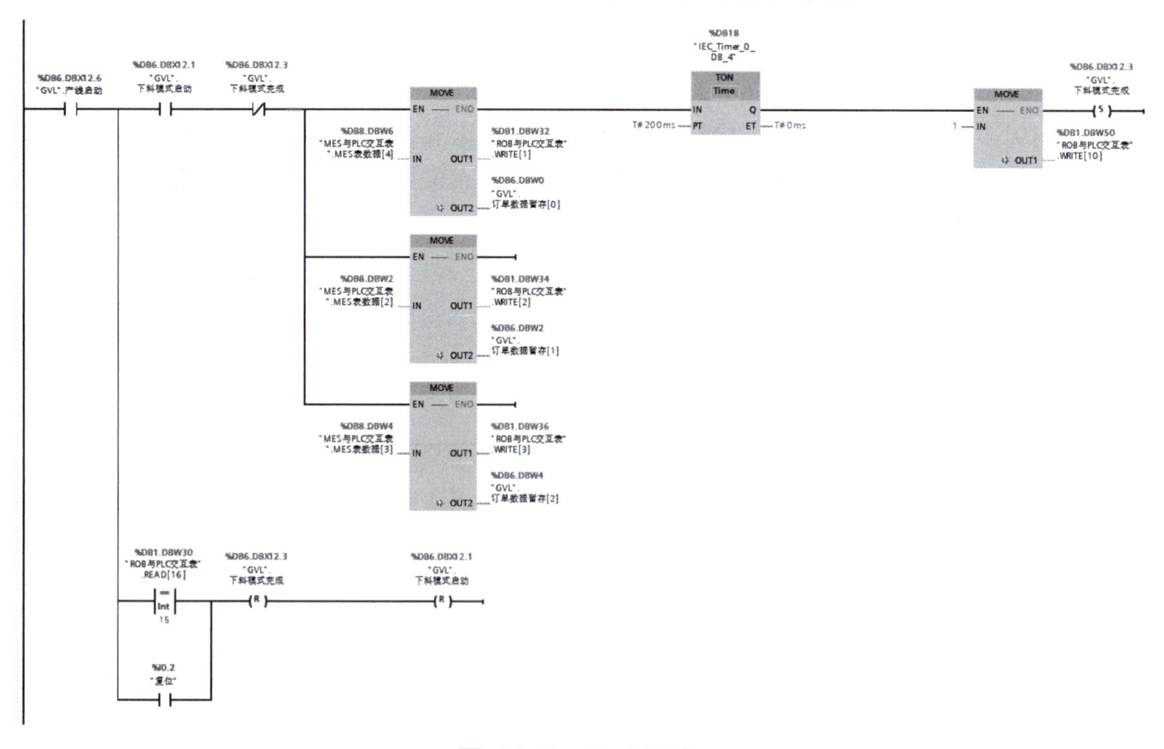

图 4.2.10　PLC 程序

### 2. 部分机器人程序编写及信号交互说明

部分主程序：

```
attr>
VERSION:0
GROUP:[0]
<end>
<pos>
<end>
<program>
J JR[103]
' 调用车床取料子程序
'---------------------- 小圆、大圆点位确定 ------------------------
IF R[12]>6 AND R[12]<13 THEN
LR[71] = LR[32]
LR[72] = LR[13]
END IF
IF R[12]=13 OR R[12]=18 OR (R[12]>0 AND R[12]<7) THEN
LR[71] = LR[33]
LR[72] = LR[14]
END IF

'-------------------- 确认车床安全门打开到位 ----------------------
WAIT R[19] = 0
'----------------------- 运动点 -----------------------
LR[73] = LR[71]+LR[8]
LR[74] = LR[71]+LR[72]
J JR[103]
J JR[6]
J JR[5]
L LR[73] VEL=100
L LR[74] VEL=50
'----------------------- 先夹料再松卡盘 -----------------------
WAIT TIME = 1000
DO[3] = OFF
DO[4] = ON
WAIT TIME = 500
R[24] = 3
WAIT TIME = 500
WAIT R[26]= 0
'----------------------- 运动点 -----------------------
L LR[73] VEL=50
```

```
J JR[5]
J JR[6]
J JR[103]
R[24] = 12
WAIT TIME = 2000
R[24]=0
CALL "D.PRG"
<end>
```

CALL "D.PRG"，再调用料仓放料子程序

料仓放料子程序

```
<attr>
VERSION:0
GROUP:[0]
<end>
<pos>
<end>
<program>
J JR[102]

R[62]=R[12]
R[39]=R[62]-1        '根据取料号计算出行列号
R[39]=R[39] MOD 6
R[40]=R[62]-1
R[40]=R[40] DIV 6

R[42] = R[40]
'-------------------1-6 取 AND13AND18--------------------
LR[213]=LR[104]-LR[103]
LR[213]=LR[213]/5
LR[214]=LR[106]-LR[103]
LR[214]=LR[214]/2
'-------------------7-12 取 --------------------
LR[215]=LR[107]-LR[105]
LR[215]=LR[215]/5
'-------------------14-17,19-30 取 --------------------
LR[217]=LR[109]-LR[108]
LR[217] = LR[217]/5
LR[218]=LR[110]-LR[108]
LR[218] = LR[218]/1

IF R[12]=13 OR R[12]=18 OR (R[12]>0 AND R[12]<7) THEN
```

```
LR[53] = LR[103]+R[39]*LR[213]+R[40]*LR[214]
END IF
IF R[12]>6 AND R[12]<13 THEN
LR[53] = LR[111]+R[39]*LR[215]
END IF
IF R[12]>18 OR (R[12]>12 AND R[12]<18) THEN
R[40]  = R[40]-3
LR[53] = LR[108]+R[39]*LR[217]+R[40]*LR[218]
END IF

'---------------------------------------
DO[3] = OFF
DO[4] = ON
WAIT TIME = 10

J JR[102]
IF R[12]=18 OR (R[12]>0 AND R[12]<14) THEN
LR[54] = LR[53]+LR[5]
LR[55] = LR[53]+LR[4]
LR[56] = LR[53]+LR[6]
LR[57] = LR[53]+LR[3]
LR[58] = LR[53]+LR[2]
L LR[54] VEL=200
L LR[55] VEL=100
L LR[56] VEL=50
WAIT TIME = 1000
DO[3] = ON
DO[4] = OFF
WAIT TIME = 1000
L LR[57] VEL=100
L LR[58] VEL=200
END IF

IF R[12]>18 OR (R[12]>12 AND R[12]<18) THEN
LR[54] =  LR[53]+LR[16]
LR[55] =  LR[54]+LR[22]
LR[56] =  LR[53]+LR[15]
LR[57] =  LR[53]+LR[21]
L LR[54] VEL=200
L LR[55] VEL=100
L LR[53] VEL=50
```

```
WAIT TIME = 1000
DO[3] = ON
DO[4] = OFF
WAIT TIME = 1000
L LR[56] VEL=100
L LR[57] VEL=200
END IF
J JR[102]
WAIT TIME = 100
R[24]=15
WAIT TIME = 1000
R[24]= 0
J JR[1]
CALL "XIERFID.PRG"
<end>
```

放料完成再调用 RFID 写子程序：CALL "XIERFID.PRG"

WAIT R[19] = 0，等待 R[19]=0 即数控车床门开门，说明运行了程序 M 代码开门，加工结束了，机器人开始取料动作。

R[24]=3，机器人请求卡盘松开。等待 PLC 发出卡盘状态，WAIT R[26] = 0 确认卡盘松开。机器人手抓夹紧且铣床卡盘松开后带料返回。

R[24]=12，机器人发出取料完成信号。PLC 响应机床以清除加工完成信号。Q2.2 是 PLC 输出给数控车床（X6.2）响应信号，清除加工完成信号，复位机床。如图 4.2.11 所示。可以开始接收下一轮加工。

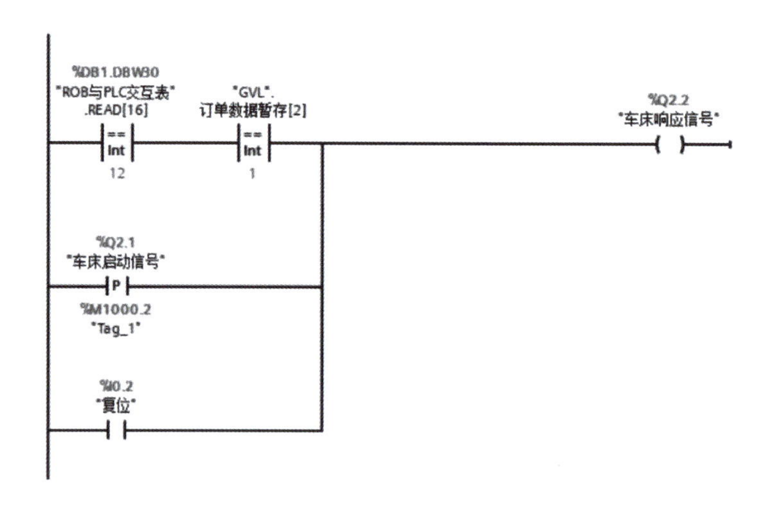


图 4.2.11　复位机床

机器人取料完成后，回到安全位。接下来调用子程序 D 完成料仓放料。其中有 WAIT R[18] =1，等待 PLC 发出的 RFID 读写完成信号。收到信号后往下执行。料仓放料完成后机器人输出 R[24]=15 信号，表示料仓放料完成。下料模式启动复位。PLC 控制程序如图 4.2.12 所示。

## 四、仿真平台操作

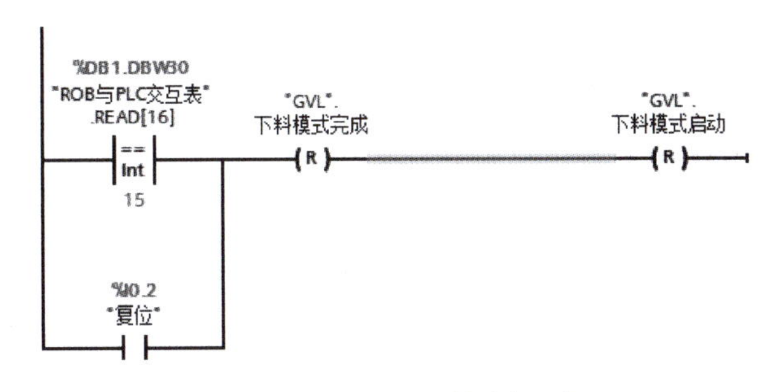

图 4.2.12 PLC 控制程序

这里的思路是让学生在智能制造仿真平台上掌握并完成 PLC 控制程序、机器人程序、数控车床加工程序编写并成功仿真，再到实际产线上加工。

在上述程序编写好后，仿真平台操作步骤如下：

（1）上电，打开电源开关。

（2）依次打开三台电脑及数控车床、加工中心系统。

（3）打开中间电脑中的 MES，顺序如下：先打开 Windows Server 适配器软件（以管理员身份运行）；再打开 DCAgent 软件（以管理员身份运行）；打开 MES；开启 MES 排程功能。

自动模式启动有以下几个条件：

① MES 界面上的“产线开启”按钮按下；

② 订单所需机床必须在线；

③ PLC 在线；

④ 机器人在 HOME 点，并且空闲；

⑤ 没有正在进行的工序；

⑥ 所有自动状态的订单的仓位都有物料及加工程序；

⑦ 两台机床在线。

MES 的具体操作详见 MES 系统使用手册。

（4）打到联动状态，并复位。

（5）打开左边电脑上的仿真软件。

（6）机器人打到自动模式，加载机器人主程序。

（7）两台机床数控系统打到自动，保证自动门开、信号灯亮。

（8）生成订单并下发订单。

## 五、产线实际操作

### （一）开机操作顺序

#### 1. 开机前准备

（1）检查各处螺栓、运动部件、安全防护装置等是否完好；

（2）接通经过干燥过滤的气源及保证气压稳定；

（3）确认周边设备的状态和周边的环境是否符合开机条件。

#### 2. 开机

（1）上气。

打开总气阀开关，分别给机器人、机床等提供气源，检查是否有漏气现象，检查并调节气压使之能达到生产要求，以保障生产顺利进行。

（2）通电。

① 机器人通电。给机器人控制柜通电，操作机器人控制柜上旋转开关，完成机器人的通电。

② 数控机床通电。将数控机床对应负荷开关打开，操作电源按钮完成通电。

③ 智能产线控制系统通电。给智能产线控制系统通电，完成后急停复位，再操作负荷开关即可。

然后的操作步骤与仿真平台操作步骤（3）～（8）相同。

### （二）停机操作顺序

#### 1. 停机

（1）智能产线控制系统中按下停止按钮，旋转负荷开关断电。

（2）待机器人停止运动。

（3）将机器人手动回到参考点位置。旋转机器人示教器上钥匙转换到手动 T1 模式，按下菜单键选择显示、变量位置，点击面板上 JR1 选择修改按键，左手按住手操盒背面的使能开关，点击面板上“MOVE 到点”，等待机器人回到参考点位置不动。

（4）数控车床回零完成后断电。

（5）关闭整体电源，关闭气源开关。

#### 2. 停机后工作

（1）清理干净各设备。

（2）打扫卫生，保持设备清洁。

## 六、任务实施内容解读

教师对任务实施内容进行解读，必要时可以进行示范。在解读任务实施内容的过程中，结合 PPT，对本任务涉及的重点、难点进行讲解。

## 七、工具整理

按要求整理好工具，清理实训平台，并由教师检查。

# 学习评价

根据本任务的学习情况，认真反思，填写下面的评价表。

| 评价内容 | 评分标准 | 分值 | 得分 | 备注 |
|---|---|---|---|---|
| 目标认知程度 | 工作目标明确，能快速准确收集相关资料，能合理列写自评表 | 10 | | |
| 情感态度 | 工作态度端正，注意力集中，工作积极、主动 | 10 | | |
| 团队协作 | 具有一定的组织、协调能力，积极与他人合作，顾全大局，共同完成工作任务 | 5 | | |
| 知识能力运用 | 知识准备充分，运用熟练正确 | 10 | | |
| 任务实施情况 | 机器人编程指令及其使用方法是否掌握 | 10 | | |
| | 西门子 PLC 的编程方法是否掌握 | 10 | | |
| | 实现数控车床编程及上下料 | 25 | | |
| 成果展示情况 | 作品完善、操作方便、功能多样、符合预期要求 | 10 | | |
| | 积极、主动、大方 | 5 | | |
| | 展示过程语言流畅、逻辑性强、表达准确到位 | 5 | | |
| 总分 | | 100 | | |

## 练习与作业

根据由教材学到的知识，完成图 4.2.13 所示模型的加工。

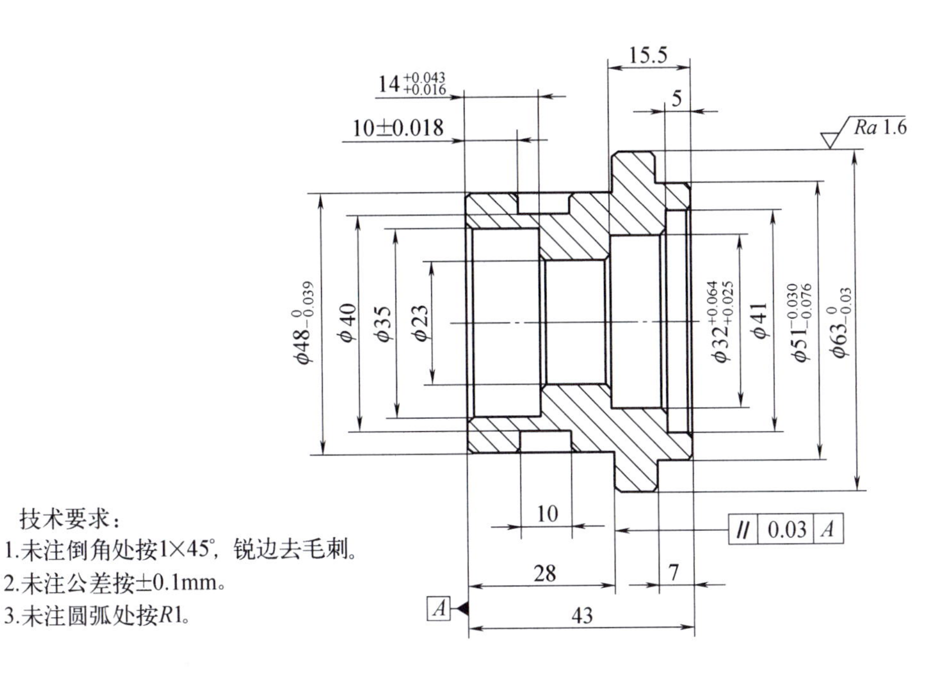


图 4.2.13　模型

## 生产任务工单

| 下单日期 | ××/×/× | | 交货日期 | | ××/×/× |
|---|---|---|---|---|---|
| 下单人 | | | 经手人 | | |
| 序号 | 产品名称 | 型号 / 规格 | 数量 | 单位 | 生产要求 |
| 1 | 编写机器人数控车床上下料程序 | 无 | 1 | 个 | 按照实施任务要求 |
| 2 | 编写 PLC 数控车床上下料控制程序 | 无 | 1 | 个 | 按照实施任务要求 |
| 3 | 编写上图零件加工程序，实现零件单车自动化加工 | 无 | 1 | 个 | 按照实施任务要求 |
| | | | | | |
| 备注 | | | | | |

制单人：________________　审核：________________　生产主管：________________

# 学习任务 3　车铣混合上下料信号交互及带料加工

## 学习内容

学习车铣混合上下料相关 PLC 控制程序、机器人程序，以及机器人、PLC、MES、料仓之间的信号交互；完成中间轴零件车削加工和 CNC 加工。

## 学习目标

通过本任务的深入学习，能够掌握设备信号交互基本知识，学会编写加工中心上下料 PLC 控制程序、机器人程序、加工程序。

## 思维导图

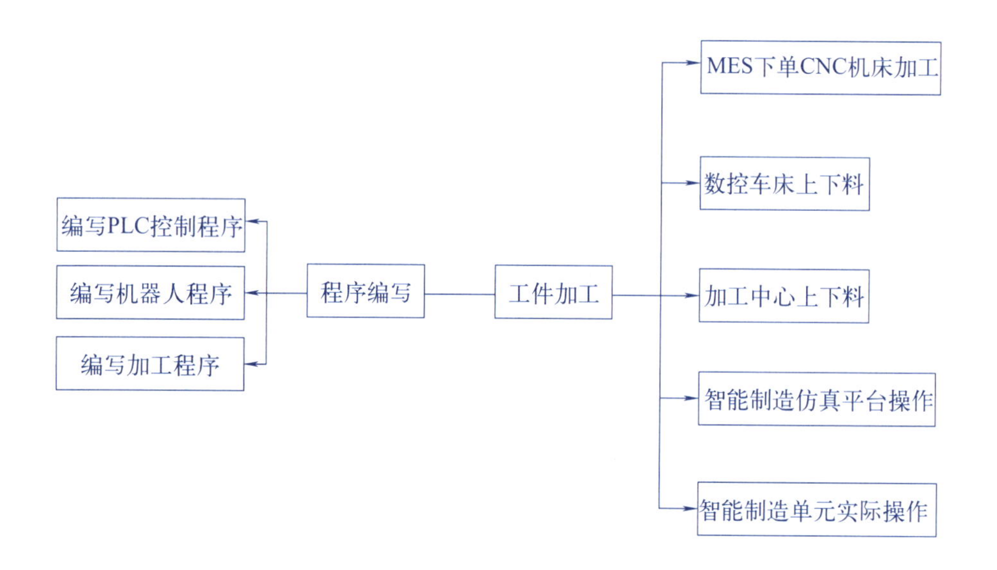


## 任务描述

完成与先车后铣上下料操作相关 PLC 控制程序的编写，机器人上下料程序的编写，加工程序的编写，并将中间轴加工成合格零件。注意设备间的交互信号。零件如图 4.3.1 所示。

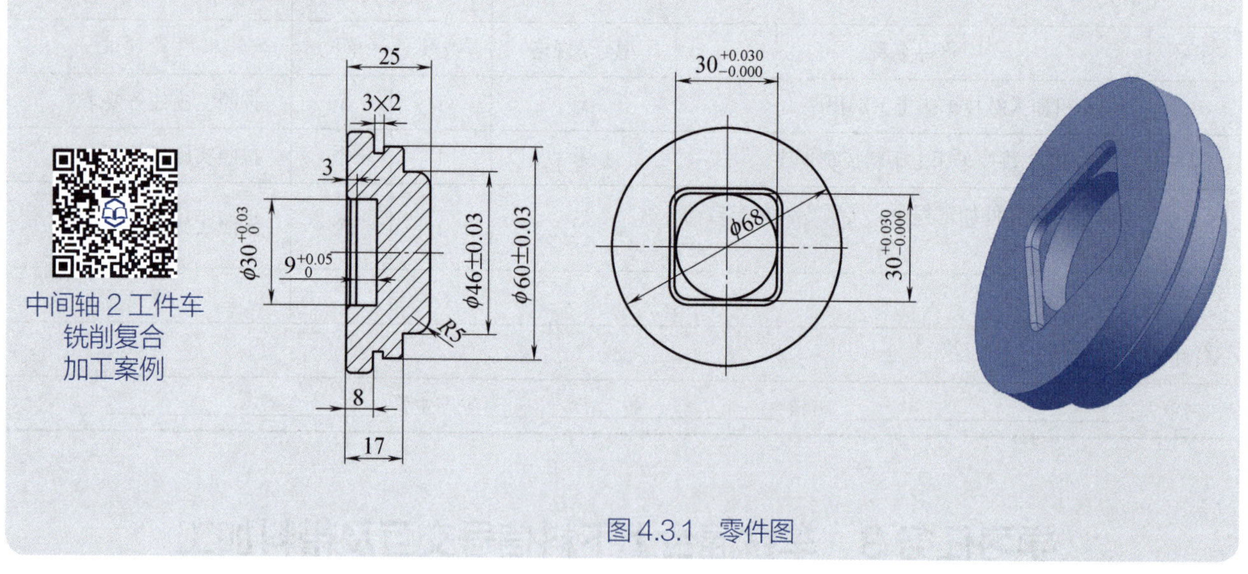


图 4.3.1　零件图

## 任务分析

### 一、智能制造产线控制流程图

智能制造产线控制流程如图 4.3.2 所示。

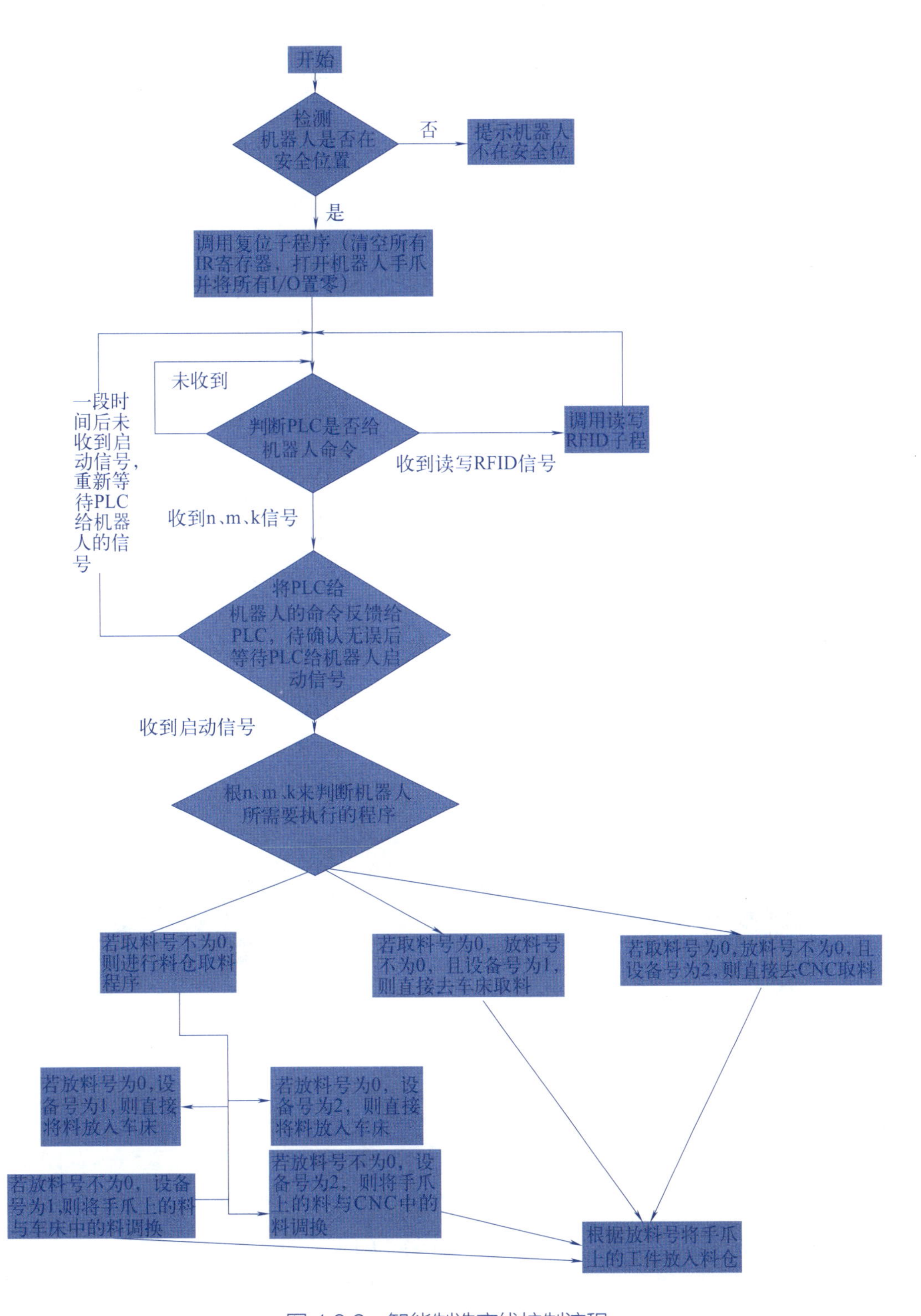

图 4.3.2　智能制造产线控制流程

## 二、机器人工具选择

PLC 程序如图 4.3.3 所示。

如图 4.3.4 所示的数字化料仓，第 1 行和第 2 行即仓位 1 ～ 12，用于放置小圆料；第 3 行和第 4 行即仓位 13 ～ 24，用于放置大圆料；第 5 行用于放置方料及料盘。

以上 PLC 程序写明了机器人夹具的使用：仓位 1 ～ 12，选用工具 3；仓位 13 ～ 24，选用工具 2；仓位 25 ～ 30，选用工具 1。

```
1  // 收到MES的上料仓位号
2  IF "MES与PLC交互表".MES表数据[4] <> 0 THEN
3      CASE "MES与PLC交互表".MES表数据[4] OF
4          1..12:  // 上料仓位为1-12，选用工具3
5              "MES与PLC交互表".MES表数据[52] := 3;
6              "ROB与PLC交互表".WRITE[7] := 3;
7          13..24:  // 上料仓位为13-24，选用工具2
8              "MES与PLC交互表".MES表数据[52] := 2;
9              "ROB与PLC交互表".WRITE[7] := 2;
10         25..30:  // 上料仓位为25-30，选用工具1
11             "MES与PLC交互表".MES表数据[52] := 1;
12             "ROB与PLC交互表".WRITE[7] := 1;
13     END_CASE;
14 END_IF;
15 // 收到MES的下料仓位号
16 IF "MES与PLC交互表".MES表数据[2] <> 0 THEN
17     CASE "MES与PLC交互表".MES表数据[2] OF
18         1..12:  // 上料仓位为1-12，选用工具3
19             "MES与PLC交互表".MES表数据[52] := 3;
20             "ROB与PLC交互表".WRITE[7] := 3;
21         13..24:  // 上料仓位为13-24，选用工具2
22             "MES与PLC交互表".MES表数据[52] := 2;
23             "ROB与PLC交互表".WRITE[7] := 2;
24         25..30:  // 上料仓位为25-30，选用工具1
25             "MES与PLC交互表".MES表数据[52] := 1;
26             "ROB与PLC交互表".WRITE[7] := 1;
27     END_CASE;
28 END_IF;
```

图 4.3.3　PLC 程序

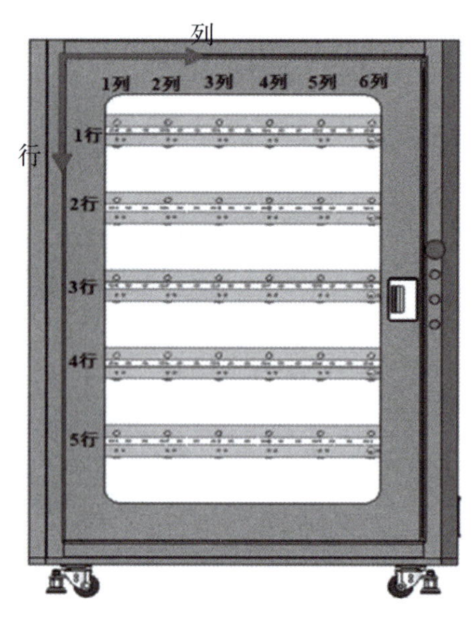


图 4.3.4　数字化料仓

## 三、数控车床手动编程

（1）识别图纸。

（2）选用刀具。

根据图纸可以看出只需要两把车刀就够了，分别为外圆车刀和切槽刀，如图 4.3.5 所示。

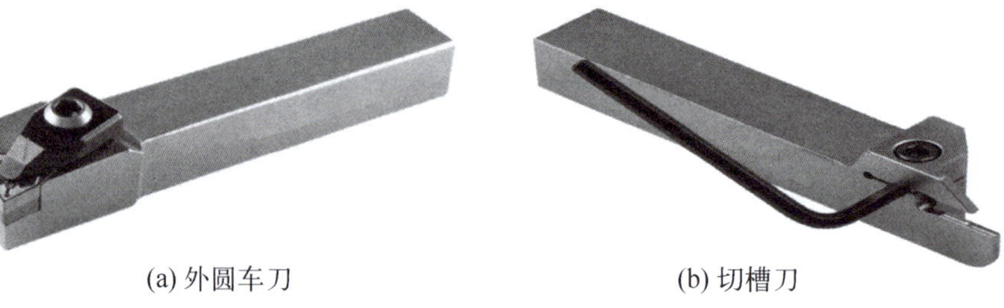
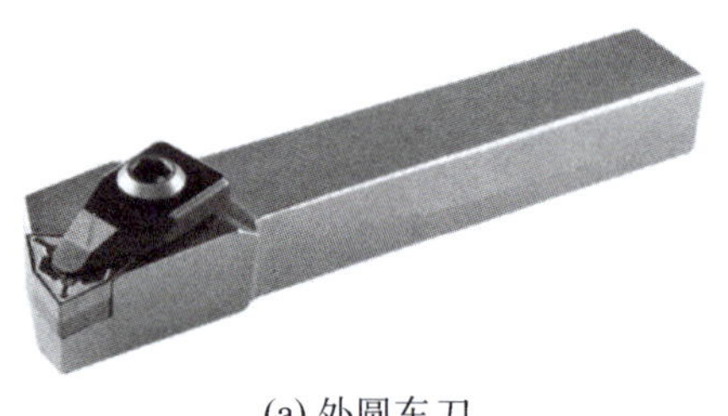

(a) 外圆车刀　　(b) 切槽刀

图 4.3.5　刀具

（3）G 代码手动编程。

```
G91 G28 Z0        ；回参考点
G90
M111              ；关门
M128              ；运行中
；顶料
T0606
G00 X0 Z5
G0 X0 Z-10
M10               ；卡盘松
G4X2
M11               ；卡盘紧
G4X5
G91 G28 Z0
```

```
G90
；车削外圆
N10 T0305
N20 G95 M04 S1000
M08
N30 G00 X71 Z3
N40 G71 U1.5 R1 P50 Q150 X0.4 Z0.1 F0.2
N50 G00 X-1 S1200
N60 G01 Z0 F0.06
N70 G01 X36
N80 G03 X46 Z-5R5
N90 G01 Z-8
N100 G01 X58
N110 G01 X60 Z-9
N120 G01 Z-17
N130 G01 X66
N140 G01 X68 Z-18
N150 G01 X71
G91 G28 Z0
G90
M05
；切槽
T0807
M03 S600
G00 X70 Z-17
G01 X56.0 F0.03
X70 F0.5
G91 G28 Z0
G91 G28 X0
G90
M09
M05
M103                          ；预完成
M100                          ；加工完成
M110                          ；开门
M30
```

因为机床 PLC 的要求，这里的程序有固定模板。车床放料完成后得到机床启动信号 R[24]=7 后，车床运行先回参考点后关门，然后给机器人一个关门到位信号 WAITR[19]=1，机器人程序使 R[24] 复位，车床上料结束。接着车床开始运行 G 代码进行工件加工。这里在 M100（加工完成）前应该加入 M103，这是机床 PLC 的条件要求，然后运行 M110 开门后结束，向机器人发出开门到位信号，等待机器人下料。要注意的是：这里的机床 PLC 要求加工完成时 X、Z 轴应该回到参考点位置，所以 G91 G28 Z0 和 G91 G28 X0 都要写。

## 四、CNC 自动编程

CNC 加工程序有固定模板，可以用 UG 软件生成程序，然后加在模板中的相应位置。

```
G91 G28 Z0              ；Z 轴回参考点
G90 G59 G00 X0 Y0       ；机床工作台运动到取、放料点位置
M111                    ；关门
M128                    ；机床运行中
G4 X20                  ；暂停（可以在这里删除 G4 X20 加入真实加工程序，但要记
                          得最后加上一段程序回取料点位置 G90 G59 G00 X0 Y0）
M100                    ；加工完成
M110                    ；开门
M30                     ；结束并返回程序起始段
```

由于受篇幅影响，全部的加工程序这里不列出。

## 任务实施

仿真平台操作流程如图 4.3.6 所示。

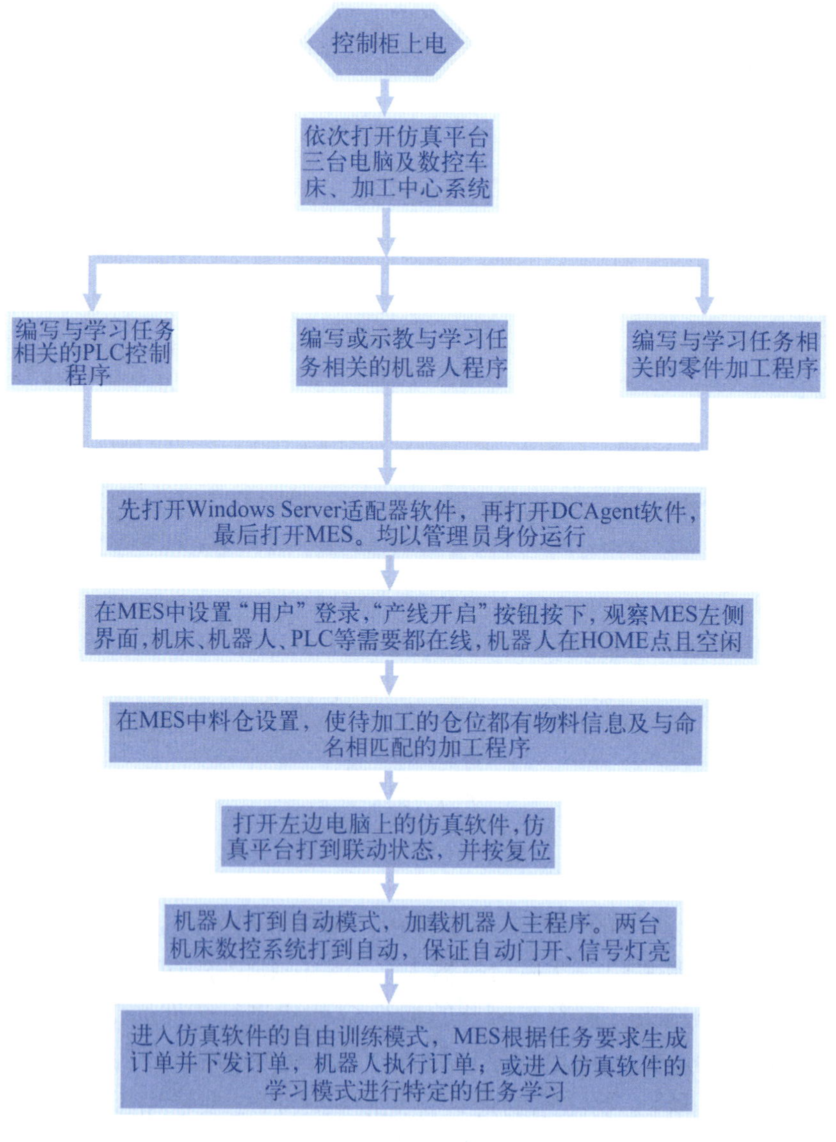


图 4.3.6 仿真平台操作流程

## 一、MES 下单机床加工（CNC）

仓位：要生成的订单绑定的仓位号。该仓位号不能与订单下发列表的仓位编号重复。加工程序也要绑定仓位号。

工序一：如图 4.3.7 所示选择第一道工序，“铣工序”表示第一道工序是 CNC 加工。

工序二：“无”表示没有第二道工序。

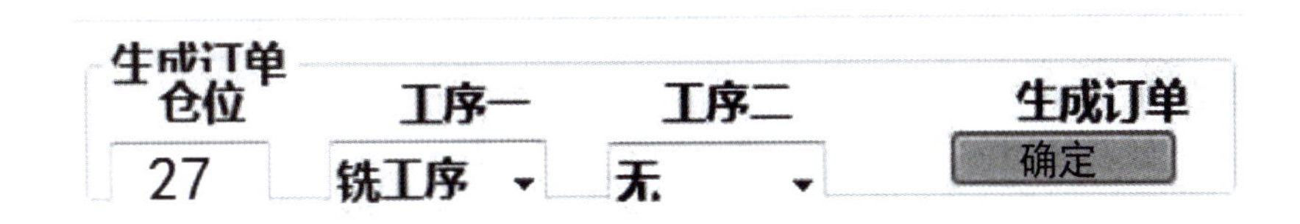


图 4.3.7 选择第一道工序

这样，27 号仓位件只有 CNC 加工。

## 二、PLC 控制程序及机器人程序

数控车床及加工中心上下料流程 PLC 控制程序、完成上下料操作的机器人程序及信号交互在前两个案例已详细讲解，这里不再赘述。

## 三、仿真平台操作

这里的思路是让学生在智能制造仿真平台上掌握并完成 PLC 控制程序、机器人程序、加工程序的编写并成功仿真，再在实际产线上加工。

在上述程序编写好后，仿真平台操作步骤如下：

（1）上电，打开电源开关。

（2）依次打开三台电脑及数控车床、加工中心系统。

（3）打开中间电脑中的 MES，顺序如下：先打开 Windows Server 适配器软件（以管理员身份运行）；再打开 DCAgent 软件（以管理员身份运行）；打开 MES；开启 MES 排程功能。

自动模式启动有以下几个条件：

① MES 界面上的“产线开启”按钮按下；

② 订单所需机床必须在线；

③ PLC 在线；

④ 机器人在 HOME 点，并且空闲；

⑤ 没有正在进行的工序；

⑥ 所有自动状态的订单的仓位都有物料及加工程序；

⑦ 两台机床在线。

MES 的具体操作详见 MES 系统使用手册。

（4）打到联动状态，并按复位。

（5）打开左边电脑上的仿真软件。

（6）机器人打到自动模式，加载机器人主程序。

（7）两台机床数控系统打到自动，保证自动门开信号灯亮。

（8）生成订单并下发订单。

## 四、产线实际操作

### （一）开机操作顺序

1. 开机前准备

（1）检查各处螺栓、运动部件、安全防护装置等是否完好。

（2）接通经过干燥过滤的气源及保证气压稳定。

（3）确认周边设备的状态和周边的环境，是否符合开机条件。

2. 开机

（1）上气。

打开总气阀开关，分别给机器人、机床等提供气源，检查是否有漏气现象，检查并调节气压使之能达到生产要求，以保障生产顺利进行。

（2）通电。

① 机器人通电。给机器人控制柜通电，操作机器人控制柜上旋转开关，完成机器人的通电。

② 数控机床通电。将数控机床对应负荷开关打开，操作加工中心电源按钮完成通电。

③ 智能产线控制系统通电。给智能产线控制系统通电，完成后急停复位，再操作负荷开关即可。

然后的操作步骤与仿真平台操作步骤（3）～（8）相同。

### （二）停机操作顺序

1. 停机

（1）智能产线控制系统按下停止按钮，旋转负荷开关断电。

（2）待机器人停止运动。

（3）将机器人手动回到参考点位置。旋转机器人示教器上钥匙转换到手动 T1 模式，按下菜单键选择显示、变量位置，点击面板上 JR1 选择修改按键，左手按住手操盒背面的使能开关，点击面板上“MOVE 到点”，等待机器人回到参考点位置不动。

（4）数控车床回零完成后断电。

（5）关闭整体电源，关闭气源开关。

2. 停机后工作

（1）清理干净各设备。

（2）打扫卫生，保持设备清洁。

## 五、任务实施内容解读

教师对任务实施内容进行解读，必要时可以进行示范。在解读任务实施内容的过程中，结合 PPT，对本任务所涉及的重点、难点进行讲解。

## 六、工具整理

按要求整理好工具，清理实训平台，并由教师检查。

# 学习评价

根据本任务的学习情况，认真反思，填写下面的评价表。

| 评价内容 | 评分标准 | 分值 | 得分 | 备注 |
|---|---|---|---|---|
| 目标认知程度 | 工作目标明确，能快速准确收集相关资料，能合理列写自评表 | 10 | | |
| 情感态度 | 工作态度端正，注意力集中，工作积极、主动 | 10 | | |
| 团队协作 | 具有一定的组织、协调能力，能积极与他人合作，顾全大局，共同完成工作任务 | 5 | | |
| 知识能力运用 | 知识准备充分，运用熟练正确 | 10 | | |
| 任务实施情况 | 机器人编程指令及其使用方法是否掌握 | 10 | | |
| | 西门子 PLC 的编程方法是否掌握 | 10 | | |
| | 实现机床编程及上下料 | 25 | | |
| 成果展示情况 | 作品完善、操作方便、功能多样、符合预期要求 | 10 | | |
| | 积极、主动、大方 | 5 | | |
| | 展示过程语言流畅、逻辑性强、表达准确到位 | 5 | | |
| 总分 | | 100 | | |

## 练习与作业

根据由教材学到的知识，完成图 4.3.8 所示模型的加工。

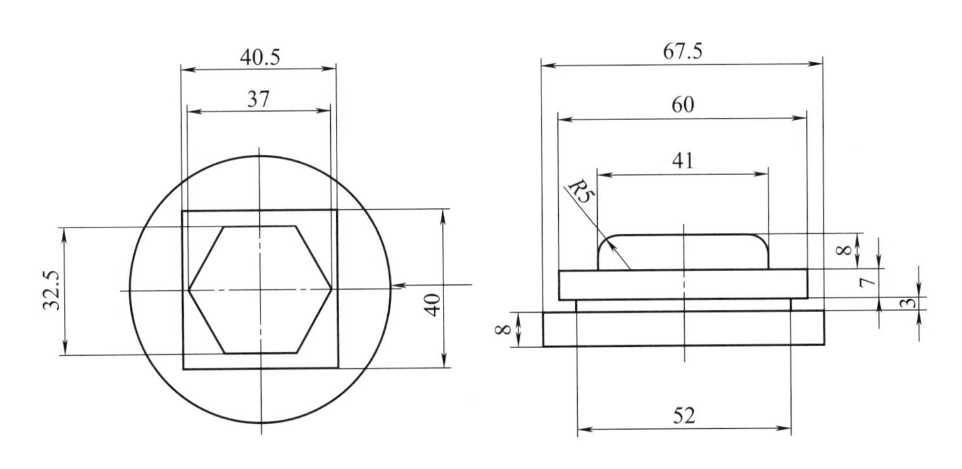


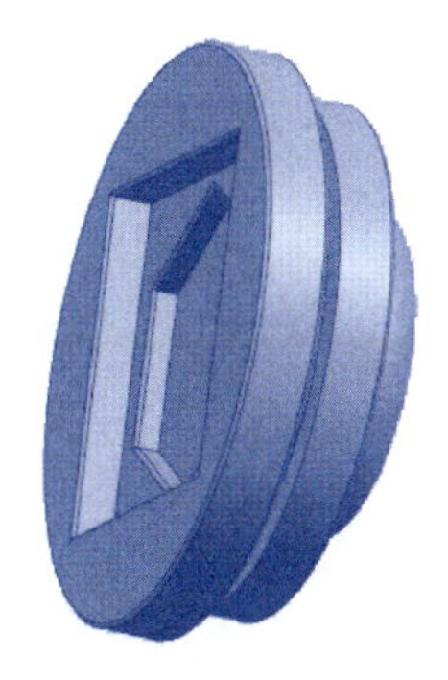

图 4.3.8 模型

## 生产任务工单

<table>
<tr><td>下单日期</td><td colspan="3">××/×/×</td><td colspan="2">交货日期</td><td>××/×/×</td></tr>
<tr><td>下单人</td><td colspan="3"></td><td colspan="2">经手人</td><td></td></tr>
<tr><td>序号</td><td colspan="2">产品名称</td><td>型号 / 规格</td><td>数量</td><td>单位</td><td>生产要求</td></tr>
<tr><td>1</td><td colspan="2">编写机器人车铣混合上下料程序</td><td>无</td><td>1</td><td>个</td><td>按照实施任务要求</td></tr>
<tr><td>2</td><td colspan="2">编写 PLC 车铣混合上下料控制程序</td><td>无</td><td>1</td><td>个</td><td>按照实施任务要求</td></tr>
<tr><td>3</td><td colspan="2">编写上图零件加工程序，实现零件车铣混合自动化加工</td><td>无</td><td>1</td><td>个</td><td>按照实施任务要求</td></tr>
<tr><td></td><td colspan="2"></td><td></td><td></td><td></td><td></td></tr>
<tr><td>备注</td><td colspan="6"></td></tr>
<tr><td colspan="7">制单人：________ 审核：________ 生产主管：________</td></tr>
</table>

# 附录 A　智能制造单元集成应用职业技能等级要求（初级）

## 1. 考核方式

考核分为理论知识考核、技能实操考核，职业素养部分包含在理论知识考核、技能实操考核环节。

理论知识考核实行 100 分制，成绩达 60 分以上者为合格。考核时间为 60 分钟。

技能实操考核分为 2 个模块，2 个模块考核都合格，则技能实操考核合格。每个模块总分为 100 分，成绩达 80 分以上为合格。技能实操考核的总的考核时间为 150 分钟。

理论知识考核、技能实操考核和答辩环节全部通过，则可以获取智能制造单元集成应用职业技能等级（初级）证书。

理论知识考核、技能实操考核的每个模块的考核成绩，可以保留一年。

## 2. 理论知识考核方案

（1）理论知识考核要素及考核分数比例

理论知识考核指的是对应工作领域、工作任务下的技能要求点上，对应的理论知识要求。各工作领域对应工作任务的理论知识考核点及分数占比如表 A.1 所示，安全及职业素养部分是理论知识考核的一部分。理论知识考核建有题库，题型分为判断题、单项选择题。

表 A.1　理论知识考核点及分数占比

| 工作领域 | | 工作任务 | | 理论和仿真知识考核点 | | | |
|---|---|---|---|---|---|---|---|
| 序号 | 名称 | 序号 | 名称 | 序号 | 技能要求 | 分数占比 | |
| 1 | 智能制造单元安装准备 | 1.1 | 工作安全 | 1.1.1 | 能认识车间安全标识，遵守车间文明规定和相关作业标准 | 5% | 20% |
| | | | | 1.1.2 | 能对工作环境（温度、湿度等）、工作电压和工作气压等进行检查 | | |
| | | | | 1.1.3 | 能对安全装置（如急停保护装置、安全光栅和安全门等）进行检查 | | |
| | | | | 1.1.4 | 能有效识别工业机器人潜在危险并采取降低风险的工作程序 | | |
| | | | | 1.1.5 | 能遵守通用安全操作规程 | | |

续表

| 工作领域 | | 工作任务 | | 理论和仿真知识考核点 | | | |
|---|---|---|---|---|---|---|---|
| 序号 | 名称 | 序号 | 名称 | 序号 | 技能要求 | 分数占比 | |
| 1 | 智能制造单元安装准备 | 1.2 | 技术文件识读 | 1.2.1 | 能识读智能制造单元使用说明书 | 10% | 20% |
| | | | | 1.2.2 | 能识读智能制造单元机械装配图 | | |
| | | | | 1.2.3 | 能识读智能制造单元气液原理图 | | |
| | | | | 1.2.4 | 能识读智能制造单元电气原理图 | | |
| | | | | 1.2.5 | 能识读智能制造单元网络拓扑图 | | |
| | | 1.3 | 安装准备 | 1.3.1 | 能根据物料清单准备物料 | 5% | |
| | | | | 1.3.2 | 能根据装配要求选择工、量具 | | |
| | | | | 1.3.3 | 能合理选择安装气管所需工具 | | |
| | | | | 1.3.4 | 能合理选择电气安装工具（剥线钳、压线钳等） | | |
| | | | | 1.3.5 | 能根据网络连接要求选择网络部件、线缆和工具 | | |
| 2 | 智能制造单元安装 | 2.1 | 智能制造单元部署 | 2.1.1 | 能对安装现场进行场地划线，确定设备落位位置 | 10% | 60% |
| | | | | 2.1.2 | 能完成智能制造单元中设备的落位工作 | | |
| | | | | 2.1.3 | 能完成智能制造单元中数控加工设备水平位置的调整 | | |
| | | | | 2.1.4 | 能完成智能制造单元中工业机器人水平位置的调整 | | |
| | | | | 2.1.5 | 能完成智能制造单元中自动化立体仓库水平位置的调整 | | |
| | | 2.2 | 智能制造单元机械安装和气、液回路安装 | 2.2.1 | 能完成钻孔、攻螺纹等基本操作 | 20% | |
| | | | | 2.2.2 | 能完成气动门、夹具、监控系统和快换装置等部件的安装 | | |
| | | | | 2.2.3 | 能根据气动原理图，选用正确的工具，完成气动回路的连接 | | |
| | | | | 2.2.4 | 能根据液压原理图，选用正确的工具，完成液压回路的连接 | | |
| | | 2.3 | 智能制造单元电气部件安装 | 2.3.1 | 能在安装现场制作连接线束和标识 | 20% | |
| | | | | 2.3.2 | 能使用电烙铁焊接通信电缆、接头 | | |
| | | | | 2.3.3 | 能进行电缆的敷设 | | |
| | | | | 2.3.4 | 能根据电气原理图完成单元设备及设备间I/O信号的连接 | | |
| | | | | 2.3.5 | 能完成常见传感器的安装，如接近开关、光电开关、安全光栅、气缸和液压缸位置传感器等 | | |
| | | 2.4 | 工业软件安装 | 2.4.1 | 能正确安装CAD/CAM软件 | 10% | |
| | | | | 2.4.2 | 能正确安装电气设计软件及PLC编程软件 | | |
| | | | | 2.4.3 | 能正确安装虚拟仿真软件 | | |
| | | | | 2.4.4 | 能正确安装制造执行系统、数据采集与监视控制系统 | | |
| 3 | 智能制造单元调试 | 3.1 | 智能制造单元上电前检查 | 3.1.1 | 能用万用表检测单元设备电气回路是否符合上电要求 | 5% | 20% |
| | | | | 3.1.2 | 能根据安装调试说明书检查运输固定装置是否拆除 | | |
| | | | | 3.1.3 | 能识读工业机器人、数控加工设备、总控PLC等各个主要装置的I/O信息交互表，检查I/O信号是否到位 | | |
| | | | | 3.1.4 | 能阅读安装调试说明书，正确启动设备 | | |

续表

| 工作领域 | | 工作任务 | | 理论和仿真知识考核点 | | | |
|---|---|---|---|---|---|---|---|
| 序号 | 名称 | 序号 | 名称 | 序号 | 技能要求 | 分数占比 | |
| 3 | 智能制造单元调试 | 3.2 | 智能制造单元通信配置和调试 | 3.2.1 | 能完成工业机器人、数控设备、自动化立体仓库、PLC 等设备的通信参数的设置 | 5% | 20% |
| | | | | 3.2.2 | 能完成工业机器人、数控设备、自动化立体仓库与 PLC 通信的测试 | | |
| | | | | 3.2.3 | 能完成制造执行系统、数据采集与监视控制系统等工业软件与数控设备、工业机器人、自动化立体仓库、PLC 等通信的配置和调试 | | |
| | | | | 3.2.4 | 能完成 HMI 与 PLC 通信的配置和调试 | | |
| | | 3.3 | 智能制造单元功能测试 | 3.3.1 | 能对智能制造单元主要装置进行通电、启停和系统恢复 | 5% | |
| | | | | 3.3.2 | 能对工业机器人进行运动测试 | | |
| | | | | 3.3.3 | 能对数控设备进行空运行测试 | | |
| | | | | 3.3.4 | 能对自动化立体仓库进行功能测试 | | |
| | | 3.4 | 智能制造单元维护 | 3.4.1 | 能根据维护保养手册、使用说明书中的要求和步骤，进行智能制造单元设备的维护保养 | 5% | |
| | | | | 3.4.2 | 能做好泄漏、异响、干涉、风冷等事项的日常检查，以及外围波纹管附件、外围电气附件等易损、易耗件的日常检查和风扇的定期清理 | | |
| | | | | 3.4.3 | 能够根据使用说明书中的要求和步骤，定期更换数控装置、伺服单元、在线测头的电池 | | |
| | | | | 3.4.4 | 能够正确填写设备维护保养记录 | | |

（2）组卷

理论知识考卷从题库中选题，题型包括：判断题、单项选择题。

（3）考试方式

判断题、单项选择题采用机考或笔试方法。总配分一般为 100 分，考核时间 60 分钟。

（4）理论知识组卷方案（表 A.2）

组卷方案用于确定理论知识考试的题型、题量、分值和配分等参数。

表 A.2　理论知识组卷方案

| 题型 | 题量 | | | |
|---|---|---|---|---|
| | 考试方法 | 鉴定题量 | 分值 /( 分 / 题 ) | 配分 / 分 |
| 判断题 | 闭卷 | 20 | 1 | 20 |
| 单项选择题 | | 80 | 1 | 80 |
| 小计 | | 100 | | 100 |

3. 技能实操考核方案

（1）技能实操考核模块设置

智能制造单元集成应用职业技能等级（初级）的技能实操考核分为 2 个模块，分别为智能制造单元安装、智能制造单元调试。各模块的考核时间、考核比重详见表 A.3。

表 A.3　技能实操考核时间、比重

| 考核模块 | | 考核时间 / 分钟 | 考核比重 |
|---|---|---|---|
| 序号 | 名称 | | |
| 1 | 智能制造单元安装 | 120 | 80% |
| 2 | 智能制造单元调试 | 30 | 20% |

（2）组卷

技能实操考核从题库中抽取考核试题。每个模块可以单独抽取进行考核。在组卷的时候，需要根据智能制造单元的考核平台确认所抽取试题的正确性。

（3）考试方式

技能实操考核在考核平台上进行。在考核之前，需要对考核平台的软硬件初始环境进行准备和检查。技能实操的总考核时间为 150 分钟。

**4. 其他考核**

根据各试点院校及企业的需要，可以通过技能大赛获奖、研发成果、项目课题等，开发相关考核模块，或者替代相关考核成绩，从而获取职业技能等级证书。具体的形式和内容，由相关单位与培训评价组织共同制定方案。

# 附录 B　智能制造单元集成应用职业技能等级实操考核任务书（初级）

日　期：________________________　工位号：________________________

姓　名：________________________　单　位：________________________

考生须知：

1. 任务书共 8 页，如出现任务书缺页、字迹不清等问题，请及时向考核师申请更换任务书。

2. 考生应在 150 分钟内完成任务书规定的内容。

3. 考核过程中，若发生危及设备或人身安全的事故，立即停止考核，该任务记零分。

4. 考核所需要的资料及软件都以电子版的形式保存在工位计算机里的指定位置。

5. 对考核过程中需考核师确认的部分，考生应当先举手示意，等待考核师前来处理。

6. 考生在考核过程中应该遵守相关的规章制度和安全守则，如有违反，则按照相关规定在考核的总成绩中扣除相应分值。

7. 考生在考核开始前，认真对照工具清单检查工位设备并确认，然后开始考核；考生完成任务后，检具、仪表和部件需现场统一收回再提供给其他考生使用。

8. 需要考核师验收的各项任务，除考核试题中的过程性任务外，其他任务完成后考核师只验收 1 次，请根据考核试题说明，确认完成后再提请考核师验收。

9. 考生严禁携带任何通信、存储设备及技术资料，如有发现将取消考核资格。

10. 考生必须认真填写各类文档，考核完成后所有文档按页码顺序排序并上交。

11. 考生必须及时保存自己编写的程序及资料，防止意外断电及其他情况造成程序或资料丢失。

12. 考场提供的任何物品不得带离。

## 任务一　总控 PLC 程序下载与通信配置（15 分）

任务描述：将所提供的封装 PLC 程序，通过程序编写软件完成组态参数的设置，下载至正确的设备中，并完成总控 PLC 与机器人、总控 PLC 与 RFID 设备、总控 PLC 与 MES 软件通信的参数配置，使其能正常通信。

1. PLC 组态设置与程序下载

打开电脑桌面存放的“1+X 智能制造单元集成应用（初级）PLC 封装程序”文件，打开组态参数文件（组态参数文件在电脑桌面“资料”文件夹中），完成组态参数的设置与总控 PLC 程序的下载。

2. 总控 PLC 与机器人通信的参数设置

打开封装 PLC 程序，找到总控 PLC 与机器人通信程序块，根据设备通信要求，完成通信指令块参数的设置。

3. 总控 PLC 与 RFID 设备通信的参数设置

打开封装 PLC 程序，找到总控 PLC 与 RFID 设备通信程序块，根据设备通信要求，完成通信指令块参数的设置。

4. 总控 PLC 与 MES 软件通信的参数设置

打开封装 PLC 程序，找到总控 PLC 与 MES 软件通信程序块，根据设备通信要求，完成通信指令块参数的设置。

| 完成任务一后，举手示意考核师进行评判！ |
| --- |

## 任务二　智能制造单元信号线缆的连接与测试（30 分）

任务描述：根据智能制造单元集成应用的要求，完成智能制造单元总控 PLC 与加工中心控制信号线缆的连接与调试。

初始状态为总控 PLC 侧的输入、输出为完整状态，加工中心侧与总控 PLC 连接的输入、输出信号线缆为断开状态，在数控机床 I/O 模块，根据所提供的信号表，完成该部分信号线缆的连接与调试。

注意：智能制造单元所有设备均为断电状态方可接线，经考核师检查合格以后，方能上电。

连接示意图如图 B.1 所示。

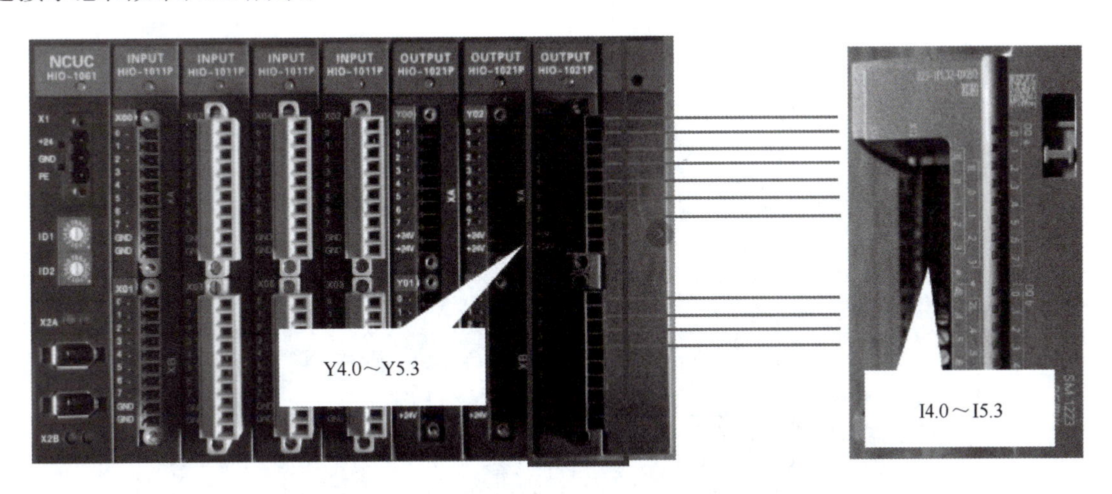


图 B.1　总控 PLC 与数控机床信号线缆连接示意图

信号分配及含义如表 B.1 所示。

表 B.1　信号分配及含义

| 地址 | | 定义 | 地址 | | 定义 |
|---|---|---|---|---|---|
| 总控 PLC 端输入信号 | %I4.0 | 加工中心已联机 | 加工中心对应输出信号 | Y4.0 | 加工中心已联机 |
| | %I4.1 | 加工中心卡盘有工件 | | Y4.1 | 加工中心卡盘有工件 |
| | %I4.2 | 加工中心在原点 | | Y4.2 | 加工中心在原点 |
| | %I4.3 | 加工中心运行中 | | Y4.3 | 加工中心运行中 |
| | %I4.4 | 加工中心加工完成 | | Y4.4 | 加工中心加工完成 |
| | %I4.5 | 加工中心报警 | | Y4.5 | 加工中心报警 |
| | %I4.6 | 加工中心虎钳卡盘张开状态 | | Y4.6 | 加工中心台虎钳卡盘张开状态 |
| | %I4.7 | 加工中心虎钳卡盘夹紧状态 | | Y4.7 | 加工中心台虎钳卡盘夹紧状态 |
| | %I5.0 | 加工中心开门状态 | | Y5.0 | 加工中心开门状态 |
| | %I5.1 | 加工中心允许上料 | | Y5.1 | 加工中心允许上料 |
| | %I5.2 | 加工中心零点卡盘夹紧到位 | | Y5.2 | 加工中心零点卡盘夹紧到位 |
| | %I5.3 | 加工中心零点卡盘松开到位 | | Y5.3 | 加工中心零点卡盘松开到位 |
| 总控 PLC 端输出信号 | %Q4.0 | 加工中心联机请求 | 加工中心对应输入信号 | X4.0 | 加工中心联机请求 |
| | %Q4.1 | 加工中心启动信号 | | X4.1 | 加工中心启动信号 |
| | %Q4.2 | 加工中心响应信号 | | X4.2 | 加工中心响应信号 |
| | %Q4.3 | CNC 零点卡盘控制 | | X4.3 | CNC 零点卡盘控制 |
| | %Q4.4 | 加工中心安全门控制 | | X4.4 | 加工中心安全门控制 |
| | %Q4.5 | 加工中心台虎钳卡盘控制信号 | | X4.5 | 加工中心台虎钳卡盘控制信号 |
| | %Q4.6 | 加工中心急停 | | X4.6 | 加工中心急停 |
| | %Q4.7 | 加工中心吹气 | | X4.7 | 加工中心吹气 |

连接完成后，通过使用总控 PLC 的触摸屏（该触摸屏提供封装程序），完成连接信号的测试，操作各设备，使各部件功能正常，且在触摸屏上能够正确显示与控制。测试触摸屏如图 B.2 所示。

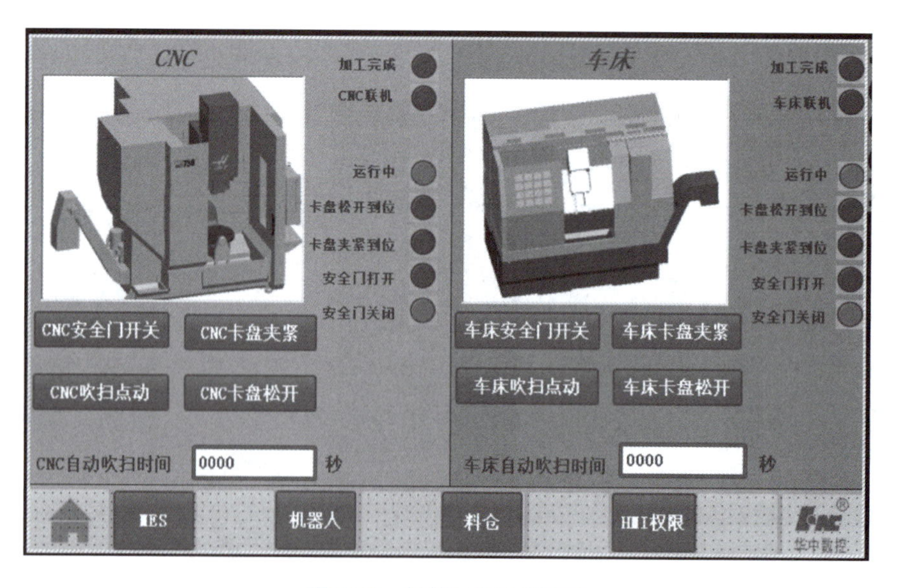


图 B.2　触摸屏控制界面

完成任务二后，举手示意考核师进行评判！

## 任务三　数字化立体仓库传感器功能的检测与调整（15 分）

任务描述：根据传感器控制要求，完成随机抽取的四种零件的各一个数字化立体仓库仓位的物料检测传感器的模式选择和距离调节。

如图 B.3 所示为光电传感器示意图，使用一字螺丝刀调节传感器动作转换旋钮和距离调节旋钮，完成物料检测传感器信号调节。

数字化立体仓库有 30 个仓位，检测每一个仓位的光电传感器的功能是否正常，如图 B.4 所示为数字化立体仓库仓位的光电传感器位置示意图。调整完成后可在 MES 软件中正确实时显示仓位的物料状态，如图 B.5 所示。

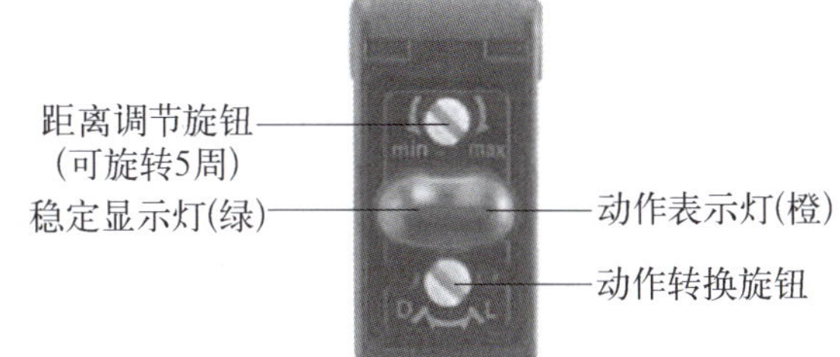


图 B.3　光电传感器

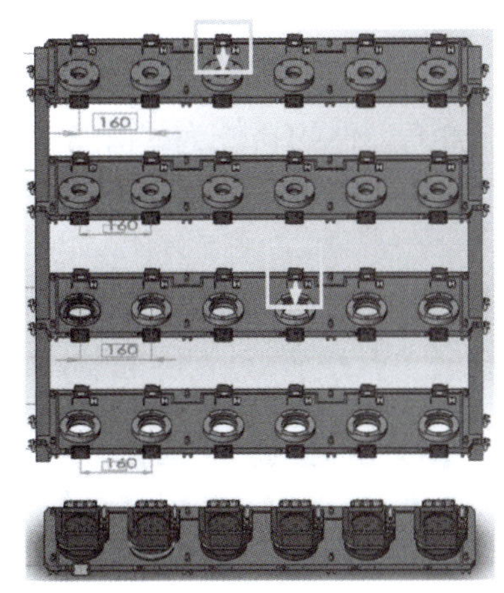


图 B.4　光电传感器位置示意图

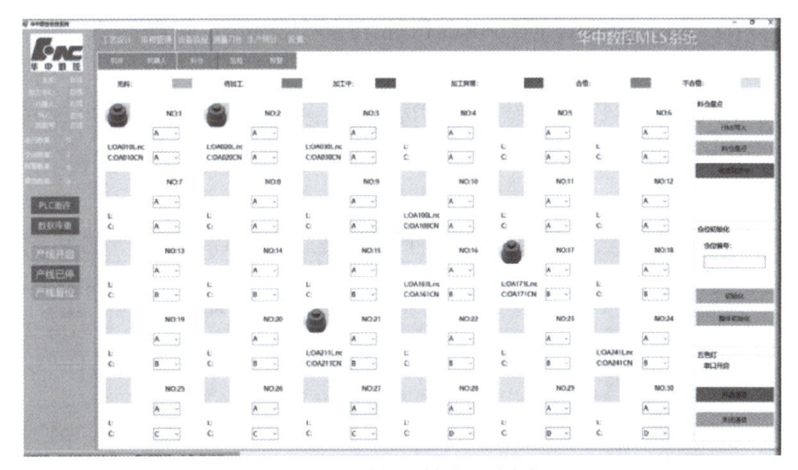


图 B.5　MES 软件数字化料仓界面

| 完成任务三后，举手示意考核师进行评判！ |
|---|

## 任务四　工业机器人末端执行器的安装与调试（10 分）

正确使用工具安装工业机器人末端执行器（任一个即可）。安装前，各部件为拆散状态，如图 B.6 所示。

根据末端执行器的部件安装顺序与工艺，使用正确的安装工具，完成末端执行器安装与调试，安装完成后的示意图如图 B.7 所示。使用扎带把长的线捆绑起来，使其不影响工业机器人的正常运行。

图 B.6　安装前

图 B.7　安装后

| 完成任务四后，举手示意考核师进行评判！ |
|---|

## 任务五　智能制造单元功能测试与试运行（20分）

任务描述：完成各设备连接与通信调试后，通过总控MES软件进行订单的创建，通过上下料操作，完成零件的智能制造。具体要求如下：

**1. 智能制造产线单元设备运行初始化**

（1）检查数控机床运行程序并放至于MES软件的正确路径（数控机床加工程序无需考生编写，已提前存放至桌面文件夹中），检查加工刀具有无缺失、损坏，数控机床夹具处在张开空置状态；

（2）机器人夹具放置于快换夹具台，加载运行工业机器人程序，工业机器人处于信号循环检索状态；

（3）毛坯物料放置于15号仓位；

（4）根据MES软件的生产要求，使数控机床运行至工业机器人上下料点（工业机器人上下料过程中，加工中心主轴和数控机床刀架不干涉工业机器人上下料）。

**2. 智能制造单元订单下发与试运行**

（1）完成各设备及软件的初始化后，通过MES软件手动排产，加工工件的仓位为（3，3）号，该仓位的工件需要完成两个加工工序（车铣工序）。订单下发界面如图B.8所示；

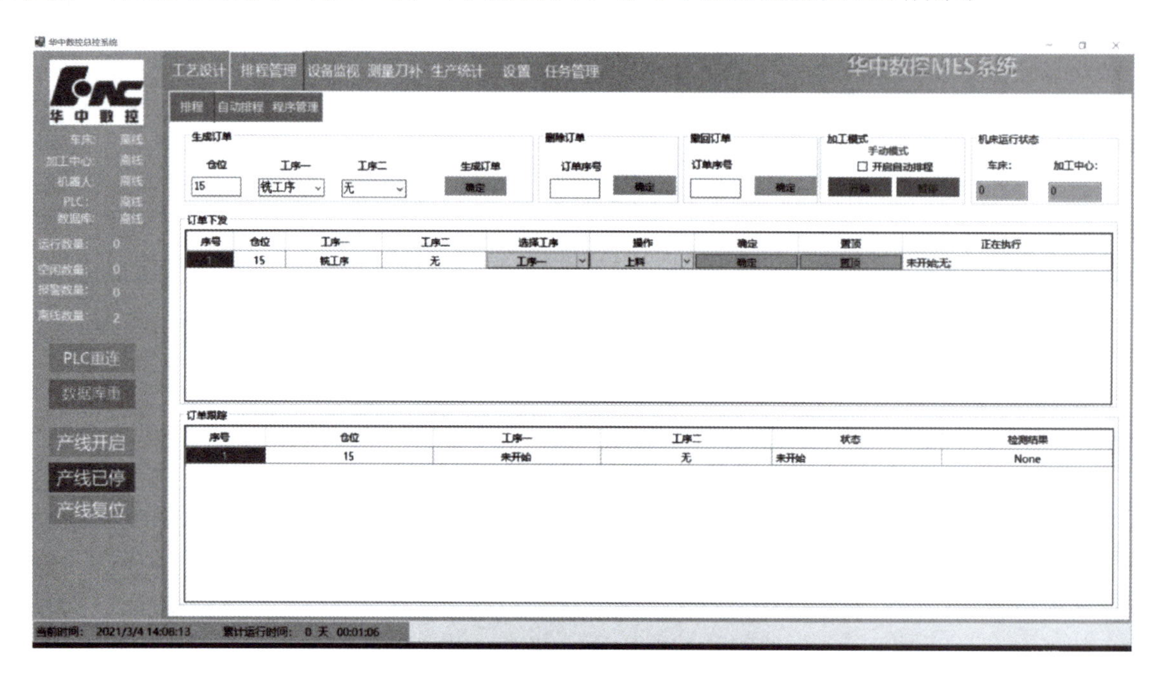


图B.8　MES软件订单下发界面

（2）完成一个零件的智能制造；

（3）加工过程中各设备协调运行；

（4）运行过程中正确使用RFID模块；

（5）加工中心加工程序放至正确的文件夹中。

完成任务五后，举手示意考核师进行评判！

## 任务六　职业素养与安全操作（10分）

严格遵循相关职业素养要求及安全规范，包括安全文明地考核，着装、操作规范，工具摆放整齐，资料归档完整等。

# 附录C 智能制造单元维护职业技能等级要求（初级）

## 一、考核方式

初级、中级、高级三个级别的考核方式均为闭卷考试。考试时间由理论知识考试时间、技能实操考试时间和答辩考试（高级）时间三部分组成。理论知识考核实行 100 分制，成绩达 60 分以上者为合格。考核时间为 60 分钟。技能实操考核总分为 100 分，成绩达 80 分以上为合格。其中，初级技能实操考核时间为 180 分钟，中级技能实操考核时间为 270 分钟，高级技能实操考核时间为 240 分钟。答辩考核时间为 15 分钟。

理论知识考核、技能实操考核全部通过，则可以获取智能制造单元维护职业技能等级（初级、中级）证书。

理论知识考核、技能实操考核、答辩考核全部通过，则可以获取智能制造单元维护职业技能等级（高级）证书。

理论知识考核、技能实操考核、答辩考核的每个模块的考核成绩可以保留一年（例如表 C.1）。

表 C.1 智能制造单元维护职业技能初级考核项目

| 工作领域 | 工作任务 | 职业技能要求 | 理论占比 | 实操占比 |
|---|---|---|---|---|
| 1. 智能制造单元工艺文件识读与运行准备 | 1.1 智能制造单元工艺、技术文件识读 | 1.1.1 能识读智能制造单元说明书，理解单元组成及运行与生产流程 | 20% | 25% |
| | | 1.1.2 能够操作计算机从服务器或本地计算机获取工艺文件，并上传至指定位置 | | |
| | | 1.1.3 能识读 EBOM、PBOM 等物料清单 | | |
| | | 1.1.4 能识读工装夹具的装配图 | | |
| | 1.2 智能制造单元生产物料准备 | 1.2.1 能根据工艺文件要求，完成生产所用刀具、量具的选取 | | |
| | | 1.2.2 能根据数控机床操作规程，遵循数控机床安全操作规范，正确安装与调整刀具 | | |
| | | 1.2.3 能规范使用量具、量仪 | | |
| | | 1.2.4 能根据生产物料清单和生产计划，完成生产物料的准备 | | |
| | 1.3 智能制造单元功能与安全检查 | 1.3.1 能根据安全生产规范，对智能制造单元周围环境因素进行安全检查 | | |
| | | 1.3.2 能够完成智能制造单元的气压站、液压站的压力检查，检查漏气、漏油情况并记录 | | |
| | | 1.3.3 能使用相应的工具和方法，对智能制造单元的夹具、软件等进行功能检查 | | |
| | | 1.3.4 能完成智能制造单元设备自检报告 | | |
| 2. 智能制造单元运行与生产 | 2.1 智能制单元生产前准备 | 2.1.1 能规范操作数控机床，完成设备上电、程序加载和对刀等生产前准备 | 50% | 55% |
| | | 2.1.2 能规范操作工业机器人，完成设备上电、程序加载和回安全位等生产前准备 | | |
| | | 2.1.3 能规范操作仓储物流系统，完成设备上电、回初始位、按单出入库、货物盘库等生产前准备 | | |
| | | 2.1.4 能规范操作质量检测装置，完成设备上电、程序加载和校正等生产前准备 | | |

续表

| 工作领域 | 工作任务 | 职业技能要求 | 理论占比 | 实操占比 |
| --- | --- | --- | --- | --- |
| 2. 智能制造单元运行与生产 | 2.2 智能制造单元运行前准备 | 2.2.1 能完成MES软件中物料信息与自动化立体仓库物料的一致性确认 | 50% | 55% |
| | | 2.2.2 能完成MES软件与设备信息的一致性确认 | | |
| | | 2.2.3 能完成智能制造单元生产管理软件的启动 | | |
| | | 2.2.4 能根据生产计划，通过MES软件生成生产工单 | | |
| | 2.3 智能制造单元运行管控 | 2.3.1 能完成设备运行异常状态的识别与记录 | | |
| | | 2.3.2 能完成智能制造单元产品质量异常的识别与记录 | | |
| | | 2.3.3 能完成智能制造单元生产数据的统计 | | |
| | | 2.3.4 能根据RFID信息采集系统，完成订单的跟踪与追溯 | | |
| | | 2.3.5 能根据智能制造单元生产计划，完成紧急插单任务 | | |
| 3. 智能制造单元维护与保养 | 3.1 维护保养准备 | 3.1.1 能识读智能制造单元说明书及维护手册 | 30% | 20% |
| | | 3.1.2 能识读智能制造单元安全警示标 | | |
| | | 3.1.3 能根据维护手册，准备相应的维护耗材（如润滑油脂、冷却液等） | | |
| | | 3.1.4 能根据维护手册，准备相应的维护工具（如扳具、起具、钳具等） | | |
| | 3.2 智能制造单元日常维护保养的实施 | 3.2.1 能完成智能制造单元数控机床、工业机器人、自动化立体仓库等设备油、气、液的日常保养与维护 | | |
| | | 3.2.2 能完成智能制造单元各设备电控柜电气元件的外观状态检查 | | |
| | | 3.2.3 能完成智能制造单元各设备散热系统的定期保养与维护 | | |
| | | 3.2.4 能完成智能制造单元工具、量具、附件等物品的规范摆放 | | |
| | | 3.2.5 能完成加工产生的废油、废液等工业垃圾的收集和处理 | | |
| | | 3.2.6 能完成智能制造单元维护与检查情况的记录 | | |
| | 3.3 备份与恢复 | 3.3.1 能完成数控机床、工业机器人和自动化立体仓库等设备运行程序的备份与恢复 | | |
| | | 3.3.2 能完成智能制造单元各软件系统的备份与恢复 | | |
| | | 3.3.3 能完成智能制造单元生产数据的备份 | | |
| | | 3.3.4 能根据智能制造单元运行和生产情况，制定数据备份计划 | | |
| 合计 | | | 100 | 100 |

## 二、理论知识考试方案

### 1. 组卷

理论知识考卷从题库中选题，题型包括：单选题、判断题及多选题。

采用机考，自动评卷。

总配分为100分，考核时间60分钟。

2. 理论知识组卷方案（表 C.2）

组卷方案用于确定理论知识考试的题型、题量、分值和配分等参数。

表 C.2　理论知识组卷方案

| 题型 | 考试方式 | 鉴定题量 | 分值 /（分 / 题） | 配分 / 分 |
|---|---|---|---|---|
| 单选题 | 闭卷 | 70 | 1 | 70 |
| 判断题 | | 20 | 0.5 | 10 |
| 多选题 | | 10 | 2 | 20 |
| 小计 | — | 100 | — | 100 |

## 三、技能实操与职业素养考核方案

1. 组卷

鉴定考卷包含任务书、工艺文件、BOM 表、设备使用功能代码表、零件图纸、评分细则等文件。

2. 考试方式

智能制造单元维护实操考核在鉴定设备上进行。

总配分为 100 分，考核时间 180 分钟。

3. 考核师配置

考核师与考生的比例不小于 1 ∶ 3。

4. 场地要求

（1）采光。应符合 GB/T 50033 的有关规定。

（2）照明。应符合 GB 50034 的有关规定。

（3）通风。应符合 GB 50016 的有关规定和与工业企业通风有关的要求。

（4）防火。应符合 GB 50016 的有关厂房、仓库防火的规定。

（5）安全与卫生。应符合 GBZ 1 和 GB/T 12801 的有关规定。安全标志应符合 GB 2893 和 GB 2894 的有关规定。

## 四、其他考核

根据各试点院校及企业的需要，可以通过答辩、研发成果、项目课题等替代相关考核成绩，从而获取职业技能等级证书。具体的形式和内容，由相关单位与培训评价组织共同制定方案。

# 附录 D　智能制造单元维护职业技能等级实操考核任务书（初级）

日　期：____________________工位号：____________________

姓　名：____________________单　位：____________________

考生须知：

1. 任务书共 7 页，如出现任务书缺页、字迹不清等问题，请及时向考核师申请更换任务书。
2. 考生应在 120 分钟内完成任务书规定的内容。
3. 考核过程中，若发生危及设备或人身安全的事故，立即停止考核，该任务记零分。
4. 考核所需要的资料及软件都以电子版的形式保存在工位计算机里的指定位置。
5. 对考核过程中需考核师确认的部分，考生应当先举手示意，等待考核师前来处理。
6. 考生在考核过程中应该遵守相关的规章制度和安全守则，如有违反，则按照相关规定在考核的总成绩中扣除相应分值。

7. 考生在考核开始前，认真对照工具清单检查工位设备并确认，然后开始考核；考生完成任务后，检具、仪表和部件需现场统一收回再提供给其他考生使用。

8. 需要考核师验收的各项任务，除考核试题中的过程性任务外，其他任务完成后考核师只验收 1 次，请根据考核试题说明，确认完成后再提请考核师验收。

9. 考生严禁携带任何通信、存储设备及技术资料，如有发现将取消考核资格。

10. 考生必须认真填写各类文档，考核完成后所有文档按页码顺序排序并上交。

11. 考生必须及时保存自己编写的程序及资料，防止意外断电及其他情况造成程序或资料丢失。

12. 考场提供的任何物品不得带离。

## 一、考核设备描述

现有一套智能制造单元。按照“设备自动化 + 生产精益化 + 管理信息化 + 人工高效化 ”的构建理念，将数控加工设备、工业机器人、产品检测设备、数据信息采集管控设备等典型加工制造设备集成为智能制造单元“硬件 ”系统，结合智能化控制技术、高效加工技术、工业物联网技术、RFID 数字信息技术等“软件”的综合运用，构成智能制造技术平台。着重展示数字化设备互联互通、人机协同、加工柔性化、加工过程可追溯以及 MES 等智能决策管理系统应用等技术技能。 如图 D.1 所示。

图 D.1　智能制造单元布局图

## 二、主要设备介绍

**1. 加工中心**（含在线检测）

如图 D.2 所示，加工中心作为整条生产线的制造中心，以工件加工工序为核心，以在线检测系统检测结果为导向，以刀具和加工程序为基础，衔接工业机器人上下料及智能产线总控系统的订单下发。

图 D.2　加工中心（含在线检测）

2. 数字化立体料仓

如图 D.3 所示，数字化立体料仓设置 5 层 6 列，每个仓位设置仓位传感器，每个托盘配备 RFID 电子标签，通过 RFID 电子标签信息的读取将物料信息传送至智能产线总控系统，实现数字化立体料仓的数字化管理。

3. 工业机器人

如图 D.4 所示，为了提高工业机器人利用率，在工业机器人原有 6 个轴的基础上增加了一个可移动的第七轴，使工业机器人能够适应多工位、多机台、大跨度的复杂工作场所。

图 D.3 数字化立体料仓

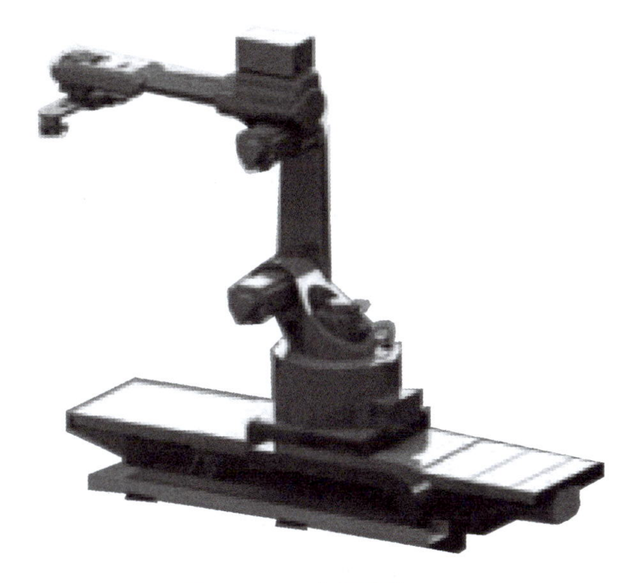

图 D.4 工业机器人

4. 机器人末端手爪

机器人末端手爪为气动手爪，手爪改用 1 公 3 母快换手爪，可根据不同的工序更换不同的手爪。如图 D.5 所示，其中，RFID 读写器安装于手爪侧面，随工业机器人运动；每个手爪安装有夹紧与松开到位检测信号发生器。

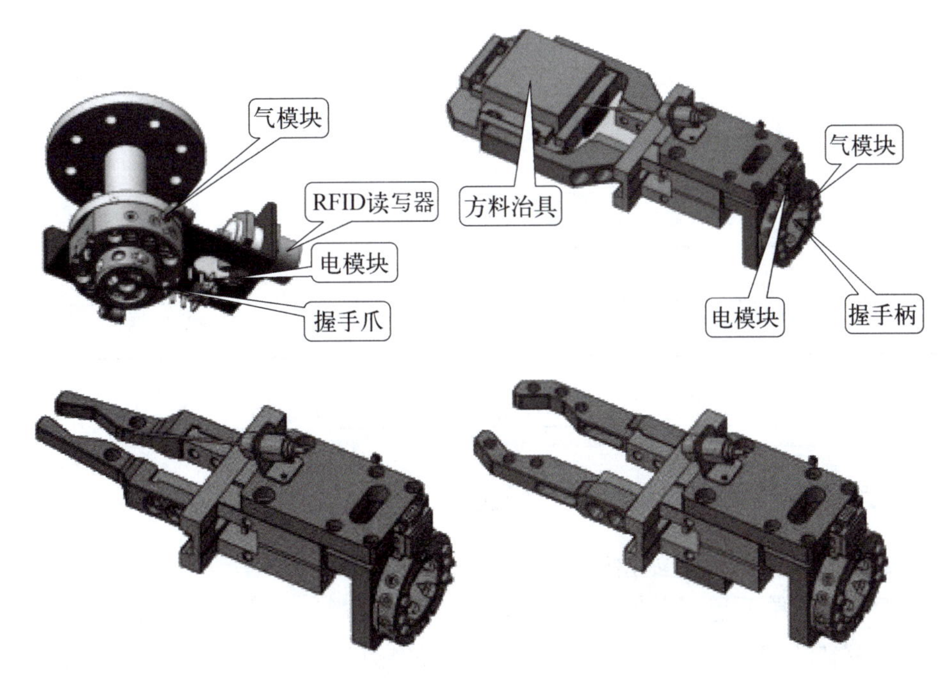


图 D.5 机器人末端手爪

5. 智能产线总控 MES 软件

智能产线总控系统是本单元“大数据”的核心层，主要负责产线设备数据采集（各个设备状态、I/O 状态、生产数据等）、状态显示、产线监控、RFID 读写控制、NC 文件传输、检测设备检测交互等，并将数据上传至云数控系统，再由云数控系统上传至数据库，从而实时获得每台机床当前加工的工件和工件生产数量等信息。

## 任务一　生产物料的准备（5 分）

任务描述：根据生产任务和计划，准备生产物料。

任务要求：依据生产计划和生产物料清单，能看懂物料图纸，完成生产物料的准备。根据准备的物料完成下表，并将毛坯放入（1，3）、（3，4）仓位。

| 序号 | 物料类型 | 物料材质 | 物料尺寸 | 数量 |
|---|---|---|---|---|
| 1 | | | | |
| 2 | | | | |
| 3 | | | | |
| 4 | | | | |

## 任务二　数控机床刀具安装与调整（15 分）

任务描述：操作数控机床，在安全的前提下，正确安装与调整刀具。

任务要求：根据工艺文件要求，遵循数控机床安全操作规范，正确安装刀具和调整刀具。根据安装实际情况将下表填写完整。

| 序号 | 名称 | 安装位置（刀位号） | 功能作用 |
|---|---|---|---|
| 1 | | | |
| 2 | | | |
| 3 | | | |
| 4 | | | |
| 5 | | | |
| 6 | | | |
| 7 | | | |
| 8 | | | |

完成任务二后，举手示意考核师进行评判！

## 任务三　智能制造系统基本单元检测（15 分）

### 1. 智能制造单元气压站、液压站检查

任务描述：智能制造单元运行前对单元气压站、液压站进行压力检查，并做好记录。

任务要求：智能制造单元运行前完成对气压站、液压站的压力检查，检查气压站、液压站是否漏气、漏油，做好记录并填写下表。

| 站位 | 压力值 | 是否漏气（油） | 原因 |
| --- | --- | --- | --- |
| 气压站 | | | |
| 液压站 | | | |

2. 智能制造单元夹具、软件功能检查

任务描述：操作相应的设备，检查智能制造单元夹具的功能是否完好；操作相应的软件，检查软件功能是否完好。

任务要求：操作数控车床面板及MDI功能，检查数控车床夹具是否正常；操作加工中心面板，检查加工中心台虎钳卡盘和零点卡盘是否正常；操作工业机器人示教器，检查工业机器人夹爪是否正常。根据检查结构完成下表。

| 序号 | 设备 | 是否正常 |
| --- | --- | --- |
| 1 | 数控车床卡盘（手动、自动） | 是□　否□ |
| 2 | 加工中心台虎钳卡盘（手动、自动） | 是□　否□ |
| 3 | 加工中心零点卡盘（手动、自动） | 是□　否□ |
| 4 | 数控车床自动门（手动、自动） | 是□　否□ |
| 5 | 加工中心自动门（手动、自动） | 是□　否□ |
| 6 | 工业机器人方料夹爪 | 是□　否□ |
| 7 | 工业机器人小圆料夹爪 | 是□　否□ |
| 8 | 工业机器人大圆料夹爪 | 是□　否□ |

打开MES软件，检查各设备是否在线。根据检查结构完成下表。

| 序号 | 设备名称 | 是否在线 |
| --- | --- | --- |
| 1 | 数控车床 | 是□　否□ |
| 2 | 加工中心 | 是□　否□ |
| 3 | 工业机器人 | 是□　否□ |
| 4 | 总控PLC | 是□　否□ |
| 5 | 编程电脑 | 是□　否□ |
| 6 | 刻录机 | 是□　否□ |
| 7 | 总控电脑 | 是□　否□ |

完成任务三后，举手示意考核师进行评判！

## 任务四　智能制造单元运行准备与调试（30分）

1. 数控加工设备运行准备与调试（10分）

任务描述：规范操作数控机床，完成设备上电、程序加载和对刀等生产前的准备工作。

任务要求：安全规范地操作数控机床，给数控机床上电，对各刀具进行对刀操作，安全、正确地完成任务后填写下表。

| 序号 | 刀具名称 | 刀具安装刀位号 | 刀补数据（坐标系或刀偏数据） |
| --- | --- | --- | --- |
| 1 | | | |
| 2 | | | |
| 3 | | | |
| 4 | | | |
| 5 | | | |

2. 工业机器人运行准备与调试（20 分）

任务描述：完成工业机器人与料仓、数控车床之间运行点位的点位数据的获取与保存。

任务要求：通过工业机器人示教器，使用所提供的工业机器人程序，根据工业机器人程序中所需要的运动轨迹点，完成工业机器人快换手爪的过渡点与换取点的点位数据的获取与保存，料仓中 $\phi35\times35$、$\phi68\times25$ 过渡点与抓取点的点位数据的获取与保存，数控机床过渡点与抓取点的点位数据的获取与保存，并完成工业机器人程序的加载与运行。根据要求填写下表。

| 点位 | 点位名称 | 点位数据（按获取到示教器的实际数据填写） |
| --- | --- | --- |
| 1 | | |
| 2 | | |
| 3 | | |
| 4 | | |
| 5 | | |
| 6 | | |
| 7 | | |
| 8 | | |
| 9 | | |
| 10 | | |
| 11 | | |
| 12 | | |
| 13 | | |
| 14 | | |
| 15 | | |
| 16 | | |
| 17 | | |
| 18 | | |
| 19 | | |

完成任务四后，举手示意考核师进行评判！

## 任务五　智能制造单元生产运行（15 分）

任务描述：通过操作 MES 软件，完成 2 个工件（加工程序已提前预设好）、1 套组件订单的生产。

任务要求：完成智能制造单元各软硬件设备的运行前准备，使用 MES 软件，生成生产订单，通过订单下发命令，完成工件的生产。

## 任务六　设备层数据的采集和可视化（10 分）

（1）实现 3 个显示终端页面的映射，完成指定页面看板显示，实现库位显示、加工过程显示，在线检测显示。

（2）考生手动操作工业机器人，在设备测试画面中能够显示机器人运动状态，第六、七两轴的坐标信息。工业机器人参考测试界面如图 D.6 所示。

（3）在指定的仓位中放入毛坯，并在仓库测试画面中实时显示有无料状态。

（4）手动操作机床设备，在测试画面中分别进行机床开关门、卡盘状态、主轴速度等状态信息的实时显示。机床参考测试界面如图 D.6 所示。

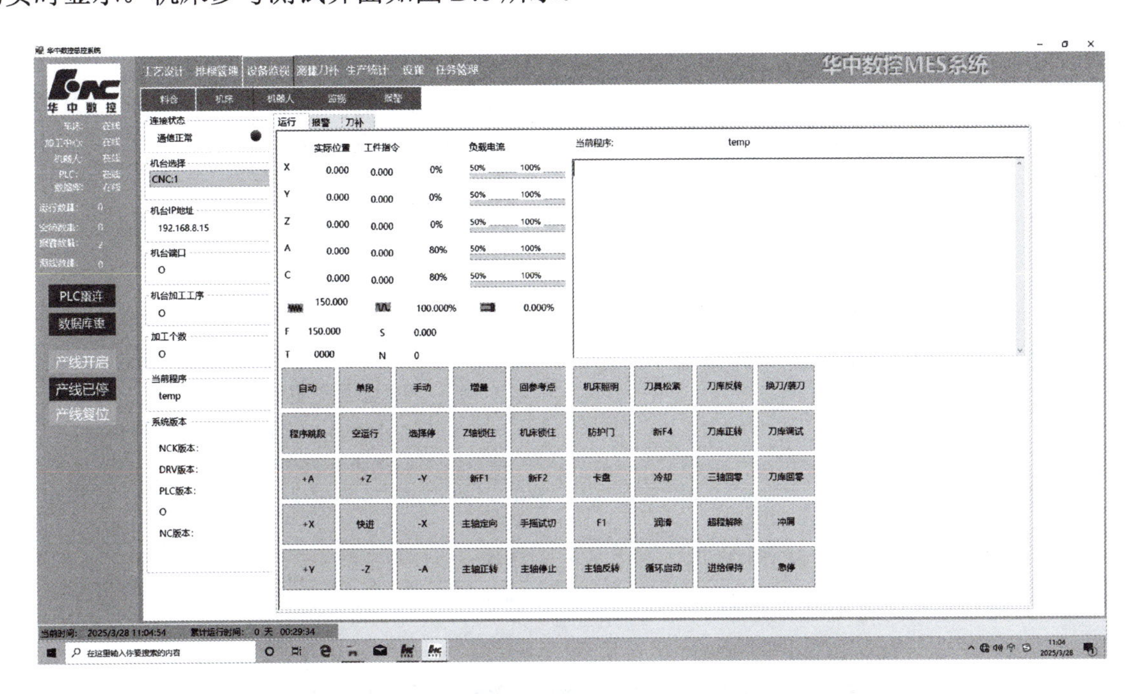


图 D.6　参考测试界面

## 任务七　智能制造控制系统各单元数据备份（5 分）

（1）完成数控机床加工程序的备份。

（2）完成工业机器人程序与点位数据的备份。

## 任务八　职业素养与安全操作（5 分）

任务描述：在整个实操考试期间，应严格防止机器人运动造成人身伤害，严格遵循相关职业素养要求及安全规范，包括安全文明地考核，着装、操作规范，工具摆放整齐，资料归档完整等。

附件一：加工图纸

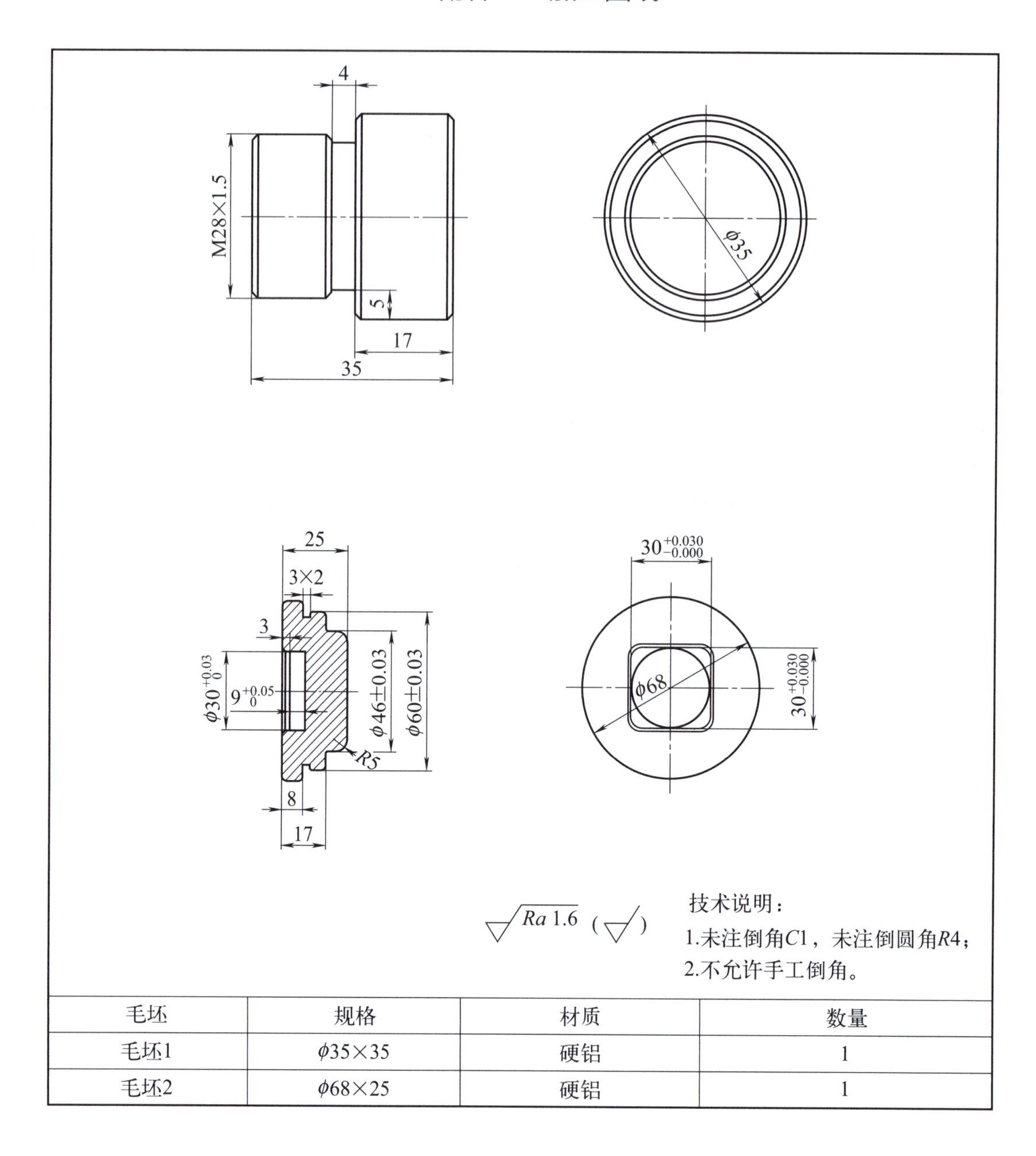


| 毛坯 | 规格 | 材质 | 数量 |
|---|---|---|---|
| 毛坯1 | ϕ35×35 | 硬铝 | 1 |
| 毛坯2 | ϕ68×25 | 硬铝 | 1 |

# 附录 E　机床安全文明生产和操作规程

## 1. 开动前

（1）检查机床各手柄是否处于正常位置。

（2）传动带、齿轮安全罩是否装好。

（3）进行加油润滑。

## 2. 安装工件、刀具

（1）安装的刀杆、支架、垫圈、分度头、台虎钳、刀具的接触面均应擦干净。

（2）工件要夹正、夹牢。

（3）工件安装、拆卸完毕随手取下台虎钳扳手。

（4）工件毛面不许直接压在工作台面或钳口上，必要时加垫。

（5）更换刀杆、刀盘、立铣头、铣刀时，均应停机。拉杆螺丝松脱后，注意避免砸手或损伤机床。

（6）装好工件和刀具后，进行极限位置检查。

3. 开动后

（1）不能改变主轴转速。

（2）不能度量工件尺寸。

（3）不能用手触摸工件。不允许用手触摸切屑。

（4）万能铣垂直进刀时，工件装夹要与工作台有一定的距离。

（5）在进行顺铣时一定要清除丝杠与螺母的间隙，防止打坏铣刀。

（6）开快速时，必须使手轮与转轴脱开，防止手轮转动伤人。

（7）高速铣削时，要防止铁屑伤人，并不准急刹车，防止将轴切断。

（8）机床的纵向、横向、垂直移动，应与操作手柄指的方向一致，否则不能工作。机床工作时，纵向、横向、垂直的自动走刀只能选择一个方向，不能随意拆下各方向的安全挡板。

（9）切削时要戴好防护眼镜。

（10）切削时要精力集中，不许离开机床。

4. 实训结束时

（1）工、夹、量具以及附件妥善放好，将工作台移到合适位置，擦净机床、清理场地、关闭电源。

（2）逐项填写设备使用卡。

（3）擦拭机床时要防止刀尖、切屑等物划伤手，并防止工作台、主轴等相碰。

5. 若发生事故

（1）立即停机，关闭电源。

（2）保护好现场。

（3）及时向有关人员汇报，以便分析原因、总结经验教训。

6. 特别强调

（1）不准戴手套操作设备。

（2）不准两人同时操作一台设备。

（3）留长发的人员必须戴工作帽方可操作设备。

## 附录 F　工业机器人安全文明生产和操作规程

1. 生产运行

（1）在开机运行前，必须知道工业机器人根据所编程序将要执行的全部任务。

（2）必须知道所有会使工业机器人移动的开关、传感器和控制信号的位置和状态。

（3）必须知道工业机器人控制器和周围设备上的紧急停止按钮的位置，准备在紧急状况下使用这些按钮。

（4）永远不要认为工业机器人没有移动其程序就已经完成，因为这时工业机器人很可能是在等待让它继续移动的输入信号。

2. 操作规范

（1）操作者必须对自己的安全负责，操作者使用工业机器人时必须使用安全设备，必须遵守安全条款。

（2）工业机器人程序设计者，工业机器人系统的设计、调试者和安装者必须熟悉机器人的编程方式和系统应用方式以及安装方式。

（3）工业机器人和其他设备有很大的不同，即可以以很高的速度移动很大的距离。

### 3. 生产示教和手动工业机器人运行

（1）不要戴着手套操作示教器。

（2）在点动工业机器人时要采用较低的倍率速度以增加对工业机器人的控制机会。

（3）在按下示教器上的点动键之前要考虑工业机器人的运动趋势。

（4）要预先考虑好避让工业机器人的运动轨迹，并且确认该路线不被干涉。

（5）工业机器人周围区域必须清洁，无油和水等杂质。

### 4. 不可使用工业机器人的场合

（1）易燃的环境。

（2）有爆炸可能的环境。

（3）有无线电干扰的环境。

（4）水或高湿的环境。

（5）以运输人或动物为目的。

（6）攀附。

（7）其他与工业机器人厂家推荐的安装和使用条件不一致的场合。

### 5. 操作安全

（1）进入围栏以内操作，戴好安全帽。

（2）要进入围栏以内操作，将模式开关切换到 T1 或者 T2 模式。

（3）只有控制 TP 者才被允许进入围栏内操作。

（4）操作结束后，将机器人调整到指定位置。

（5）操作结束后，将 TP 以及电缆放置到指定的位置。